普通高等教育国家级精品教材
普通高等教育"十一五"国家级规划教材

电子与光电子材料

朱建国 孙小松 李卫 编著

国防工业出版社
·北京·

内 容 简 介

全书共12章,分别介绍了电性材料、电介质材料、压电、热释电与铁电材料、磁性材料、超导材料、太阳能材料、激光材料、非线性光学材料、光纤材料、光信息存储材料、光显示材料和纳米电子材料的原理、制备方法、性能及应用领域。

本书可作为高等院校材料学、材料加工工程、材料物理与材料化学、电子信息科学与技术、光信息科学与技术等专业的研究生、高年级本科生的教材或参考书,也可供从事电子与光电子材料研究与开发的科研工作者和工程技术人员及相关人员阅读。

图书在版编目(CIP)数据

电子与光电子材料/朱建国,孙小松,李卫编著.—北京:国防工业出版社,2024.8重印
普通高等教育"十一五"国家级规划教材
ISBN 978-7-118-05244-2

Ⅰ.电… Ⅱ.①朱…②孙…③李… Ⅲ.①电子材料—高等学校—教材②光电材料—高等学校—教材 Ⅳ.TN04 TN204

中国版本图书馆 CIP 数据核字(2007)第 097270 号

※

*国防工业出版社*出版发行
(北京市海淀区紫竹院南路 23 号 邮政编码 100044)
北京虎彩文化传播有限公司印刷
新华书店经售

*

开本 787×1092 1/16 印张 19½ 字数 450 千字
2024 年 8 月第 1 版第 8 次印刷 印数 12001—12500 册 定价 58.00 元

(本书如有印装错误,我社负责调换)

国防书店:(010)68428422 发行邮购:(010)68414474
发行传真:(010)68411535 发行业务:(010)68472764

前　言

人类社会进入 21 世纪后，以超大规模集成电路为基础的现代信息技术正深刻地影响着人类社会生活的各个方面：移动通信、数字技术、掌上电脑、随身听、平板电视、DVD 等各种新技术、新产品层出不穷。所有这些划时代的技术进步无不凝聚着材料科学家、物理学家、化学家和电子工程师们的心血与智慧。而支撑现代电子、光电子产业的最重要的物质基础便是电子与光电子材料。

电子材料是指电子技术所用材料，主要通过材料内部电子的运动来完成信息的检测、识别、放大与存储，而光电子材料则指光电子技术中所用的材料。光电子技术是激光技术与电子技术结合的产物，也可以说光电子技术是电子技术在光频波段的延伸与扩展。光电子技术发展的主要趋势是光技术积极与微电子技术相结合，进行光、电综合的信息传输、存储与处理，制作新型激光、光探测器、光开关、远距离无中继光通信等。

为了让读者对电子、光电子材料的现状与发展趋势有个较全面的了解，编者在汇集国内外学者的研究成果和包含了作者若干年来的教学和科研工作的结晶的基础上，编著了这本教材，力图做到：基本概念清晰、基本内容深入浅出、易于理解。既有基本原理的阐述和必要理论知识的分析与讨论，也有典型应用事例、国内外近期发展现状与趋势。希望在有限的篇幅里让读者对电子与光电子材料的基本原理、主要材料体系及应用能够有所了解和掌握。由于电子、光电子材料种类众多，形态不同，本书主要对电性材料、电介质材料、压电、热释电与铁电材料、磁性材料、超导材料、太阳能材料、激光材料、非线性光学材料、光纤材料、光信息存储材料、光显示材料和纳米电子材料的原理、制备方法、性能及应用领域进行了基本的介绍。而应用十分广泛的半导体材料因另有多部专著介绍，故未列入本书范围。

本书由朱建国、孙小松和李卫编写，其中朱建国编写了第 1 章、第 2 章、第 3 章、第 5 章和第 11 章；孙小松编写了第 4 章、第 10 章和第 12 章；李卫编写了第 6 章～第 9 章。全书由朱建国统稿。

本书可作为高等院校材料学、材料加工、材料物理与材料化学、电子信息科学与技术、光信息科学与技术等专业的研究生、高年级本科生的教材或参考书，也可供从事电子与光电子材料研究与开发的科研工作者和工程技术人员及相关人员阅读。由于时间紧迫，本书涉及范围又很广，加上作者水平有限，本书定有许多不当之处。热忱欢迎读者不吝赐教，以使本书能更好地反映现代电子、光电子材料及其产业的发展概貌。

编　者
2007 年 4 月

目 录

第1章 电性材料 ………………………… 1

  1.1 电导理论 ……………………………… 1
      1.1.1 金属的电导理论 ………… 1
      1.1.2 电子输运 ………………… 1
      1.1.3 霍耳效应 ………………… 3
      1.1.4 金属的热电性 …………… 3
      1.1.5 电学性能与金属微观结构之间的关系 ……… 5
  1.2 陶瓷的导电性能 …………………… 6
      1.2.1 陶瓷导电特点 …………… 6
      1.2.2 离子电导 ………………… 7
      1.2.3 电子电导 ………………… 8
      1.2.4 电导混合法则 …………… 8
  1.3 导电材料 ……………………………… 9
      1.3.1 金属导电材料 …………… 9
      1.3.2 导电陶瓷材料 …………… 9
      1.3.3 电热和电极陶瓷 ………… 13
  1.4 电阻材料 ……………………………… 13
      1.4.1 电阻材料 ………………… 14
      1.4.2 电热材料 ………………… 15
  1.5 热电材料 ……………………………… 15
      1.5.1 金属热电材料 …………… 16
      1.5.2 半导体热电材料 ………… 16
      1.5.3 氧化物热电材料 ………… 17
  1.6 导电高分子 …………………………… 18
      1.6.1 复合型导电高分子材料 ………………… 18
      1.6.2 结构型导电高分子 …… 19
  习题与思考题 ………………………… 22

第2章 电介质材料 ……………………… 24

  2.1 电介质的基本物理性能 …………… 24
      2.1.1 电介质的介电常数 …… 24
      2.1.2 介质损耗 ………………… 27
      2.1.3 介电强度 ………………… 28
  2.2 微波介质材料 ………………………… 28
      2.2.1 $BaO-TiO_2$系微波陶瓷 … 29
      2.2.2 $A(B_{1/3}B'_{2/3})O_3$钙钛矿型陶瓷 …………………… 30
      2.2.3 $(Zr,Sn)TiO_4$系陶瓷 … 32
      2.2.4 低温烧结Bi基微波介质材料 …………………… 33
      2.2.5 其它系统的微波陶瓷材料 ………………… 35
      2.2.6 高介电微波介质材料 … 36
  2.3 多层电容器介质材料 ……………… 38
      2.3.1 低温烧结MLCC陶瓷材料 ………………… 39
      2.3.2 中温烧结MLCC陶瓷材料 ………………… 43
  习题与思考题 ………………………… 46

第3章 压电、热释电与铁电材料 …… 47

  3.1 压电材料 ……………………………… 47
      3.1.1 压电效应 ………………… 47
      3.1.2 压电单晶体 ……………… 49
      3.1.3 压电陶瓷 ………………… 51
      3.1.4 压电高分子材料 ………… 62
      3.1.5 压电复合材料 …………… 65
  3.2 热释电材料 …………………………… 67

3.2.1 热释电效应 ………… 67
3.2.2 热释电探测器 ………… 68
3.2.3 主要的热释电材料 …… 69
3.3 铁电材料 ………………………… 70
3.3.1 铁电效应 …………………… 70
3.3.2 正常铁电体 ………………… 72
3.3.3 弛豫性铁电体 ……………… 72
3.3.4 透明铁电陶瓷 ……………… 73
3.3.5 铁电电光晶体 ……………… 75
3.3.6 铁电薄膜 …………………… 76
习题与思考题 …………………………… 80

第4章 磁性材料 ……………………… 81
4.1 金属软磁材料 …………………… 81
4.1.1 电工纯铁和低碳电工钢 …… 82
4.1.2 Fe-Si 软磁合金 …………… 83
4.1.3 Ni-Fe 系软磁合金 ………… 83
4.1.4 Fe-Al 系和 Fe-Co 系软磁合金 ……………… 85
4.2 金属永磁材料 …………………… 85
4.2.1 马氏体磁钢 ………………… 86
4.2.2 α/γ 相变铁基永磁材料 …… 86
4.2.3 铁镍铝和铝镍钴系铸造永磁合金 …………… 87
4.2.4 Fe-Cr-Co 永磁合金 ……… 87
4.2.5 Mn 基和 Pt 基永磁合金 …… 87
4.2.6 钴基稀土永磁合金 ………… 88
4.2.7 Nd-Fe-B 系永磁合金 ……… 90
4.3 磁致伸缩材料 …………………… 92
4.3.1 概述 ………………………… 92
4.3.2 稀土超磁致伸缩材料 …… 93
4.3.3 Tb-Dy-Fe 合金的制造方法 ……………………… 95

4.3.4 Tb-Dy-Fe 合金磁畴结构、技术磁化与磁致伸缩曲线 ………… 95
4.3.5 Tb-Dy-Fe 合金成分、组织、工艺与性能的关系 … 96
4.4 铁氧体磁性材料 ………………… 96
4.4.1 概述 ………………………… 96
4.4.2 铁氧体的晶体结构和内禀磁特性 ……………… 97
4.4.3 铁氧体磁性材料的制造工艺 …………………… 99
4.4.4 硬磁铁氧体 ………………… 99
4.4.5 软磁铁氧体 ………………… 100
4.5 磁性薄膜 ………………………… 100
4.5.1 概述 ………………………… 100
4.5.2 磁记录薄膜 ………………… 101
4.5.3 磁光薄膜 …………………… 103
4.5.4 磁阻薄膜 …………………… 106
4.6 高分子磁性材料 ………………… 107
习题与思考题 …………………………… 108

第5章 超导材料 ……………………… 109
5.1 超导电性的基本性质 …………… 109
5.1.1 完全导电性 ………………… 109
5.1.2 完全抗磁性 ………………… 110
5.1.3 超导隧道效应 ……………… 110
5.2 第Ⅰ类超导体和第Ⅱ类超导体 ……………………… 112
5.3 低温超导体 ……………………… 113
5.3.1 元素超导体 ………………… 114
5.3.2 合金及化合物超导体 ……… 115
5.3.3 其它类型的超导材料 ……… 115
5.4 高温超导体 ……………………… 117
5.4.1 寻找高临界温度超导材料之路 ………………… 117
5.4.2 高温超导体的结构与性质 ………………… 118

5.4.3　高温超导电性的微观机理 …… 123
5.5　超导材料的应用 …… 124
习题与思考题 …… 125

第6章　太阳电池材料 …… 126

6.1　太阳电池的基本工作原理 …… 127
6.2　体太阳电池材料 …… 130
　　6.2.1　晶体硅太阳电池材料 …… 130
　　6.2.2　GaAs 太阳电池材料 …… 134
6.3　薄膜太阳电池材料 …… 137
　　6.3.1　非晶硅薄膜太阳电池材料 …… 138
　　6.3.2　CdTe 薄膜电池材料 …… 141
　　6.3.3　$CuInSe_2$ 薄膜电池材料 …… 144
　　6.3.4　有机薄膜太阳电池材料 …… 148
6.4　第三代太阳电池材料 …… 148
6.5　太阳电池的应用 …… 149
习题与思考题 …… 150

第7章　固体激光材料 …… 151

7.1　固体激光工作物质的性质 …… 151
　　7.1.1　固体激光工作物质应具备的基本条件 …… 151
　　7.1.2　固体激光工作物质的基质 …… 153
　　7.1.3　固体激光工作物质的激活剂 …… 154
7.2　激光晶体 …… 156
　　7.2.1　掺杂型激光晶体 …… 157
　　7.2.2　自激活激光晶体 …… 158
　　7.2.3　色心激光晶体 …… 158
　　7.2.4　半导体激光晶体 …… 159
　　7.2.5　几种主要的激光晶体 …… 159
7.3　激光玻璃 …… 163
　　7.3.1　激光玻璃中的激活离子 …… 163
　　7.3.2　几种主要的激光玻璃 …… 164
　　7.3.3　激光玻璃制造工艺特点 …… 168
7.4　激光陶瓷 …… 168
　　7.4.1　激光陶瓷中的激活离子 …… 169
　　7.4.2　激光陶瓷的种类 …… 169
　　7.4.3　激光陶瓷的制备 …… 171
习题与思考题 …… 172

第8章　非线性光学材料 …… 173

8.1　光学非线性效应 …… 173
　　8.1.1　极化波的产生 …… 173
　　8.1.2　线性极化与非线性极化 …… 174
　　8.1.3　非线性光学材料的特性参数 …… 175
8.2　无机非线性光学晶体 …… 179
　　8.2.1　KDP 族晶体 …… 179
　　8.2.2　KTP 晶体 …… 181
　　8.2.3　铌酸盐晶体 …… 182
　　8.2.4　LBO 族晶体 …… 184
　　8.2.5　BBO 晶体 …… 186
　　8.2.6　红外非线性光学晶体 …… 189
　　8.2.7　深紫外非线性光学晶体 …… 189
8.3　有机非线性光学晶体 …… 191
　　8.3.1　有机晶体分类、结构特点和生长方法 …… 191

8.3.2　有机物晶体 …………… 191
　8.4　非线性光学晶体的应用 …… 197
　习题与思考题 …………………… 198

第9章　光纤材料 …………………… 199

　9.1　导波光学原理 ………………… 199
　　　9.1.1　光纤中光线传输 ……… 200
　　　9.1.2　光纤的特性参数 ……… 202
　9.2　玻璃光纤 ……………………… 204
　　　9.2.1　石英系玻璃光纤 ……… 204
　　　9.2.2　卤化物玻璃光纤 ……… 207
　　　9.2.3　硫系玻璃光纤 ………… 211
　　　9.2.4　硫卤化物玻璃
　　　　　　光纤 …………………… 212
　9.3　塑料光纤与晶体光纤 ………… 213
　　　9.3.1　塑料光纤 ……………… 213
　　　9.3.2　晶体光纤 ……………… 214
　9.4　光纤的制备方法 ……………… 217
　　　9.4.1　石英玻璃光纤的
　　　　　　制备 …………………… 217
　　　9.4.2　多组分玻璃光纤的
　　　　　　制造工艺 ……………… 219
　　　9.4.3　氟化物玻璃光纤的
　　　　　　制造工艺 ……………… 220
　　　9.4.4　硫系玻璃与硫卤化
　　　　　　物玻璃光纤的制造 …… 220
　　　9.4.5　晶体光纤的制造
　　　　　　工艺 …………………… 221
　　　9.4.6　塑料光纤的制造 ……… 221
　　　9.4.7　光纤的成缆和
　　　　　　连接 …………………… 222
　9.5　光纤的应用 …………………… 223
　习题与思考题 …………………… 225

第10章　光信息存储材料 …………… 226

　10.1　光信息存储原理 …………… 226
　　　10.1.1　信息存储的意义 …… 226
　　　10.1.2　光信息存储技术 …… 226
　　　10.1.3　信息存储器的性能
　　　　　　　指标 ………………… 227
　10.2　光全息存储材料 …………… 227
　　　10.2.1　全息照相术的基本
　　　　　　　原理和特点 ………… 227
　　　10.2.2　卤化银（银盐）
　　　　　　　乳胶 ………………… 230
　　　10.2.3　重铬酸盐明胶 ……… 232
　　　10.2.4　光折变材料 ………… 233
　　　10.2.5　光致变色材料 ……… 235
　　　10.2.6　热塑材料 …………… 236
　　　10.2.7　光致抗蚀剂 ………… 238
　　　10.2.8　其它全息存储材料 … 239
　10.3　光盘存储材料 ……………… 240
　　　10.3.1　光盘存储技术简介 … 240
　　　10.3.2　光盘存储材料的
　　　　　　　要求 ………………… 242
　　　10.3.3　不可擦除光盘材料 … 243
　　　10.3.4　可擦除型光盘材料 … 244
　　　10.3.5　光信息存储材料和
　　　　　　　技术进展 …………… 246
　习题与思考题 …………………… 247

第11章　光显示材料 ………………… 248

　11.1　光显示技术发展概况 ……… 248
　　　11.1.1　显示技术的发展
　　　　　　　与分类 ……………… 248
　　　11.1.2　光显示材料特性 …… 249
　　　11.1.3　显示器件特性参数 … 249
　11.2　CRT 发光材料 ……………… 251
　　　11.2.1　CRT 荧光粉 ………… 251
　　　11.2.2　CRT 发光材料特性 … 251
　　　11.2.3　原料性质 …………… 252
　　　11.2.4　CRT 发光材料的
　　　　　　　制备 ………………… 253
　11.3　等离子体显示材料 ………… 253

11.3.1 气体材料 ………… 253
11.3.2 三基色荧光粉 ……… 254
11.3.3 基板材料 …………… 254
11.4 液晶显示材料 …………… 255
11.4.1 液晶分子结构和分类 ………… 255
11.4.2 液晶材料特性 …… 257
11.4.3 各种液晶显示方式 … 258
11.4.4 常用的LCD液晶材料 ………… 259
11.4.5 LCD辅助材料 …… 263
11.5 发光二极管材料 ………… 265
11.5.1 材料特性和发光机理 ………… 266
11.5.2 材料制备 ………… 267
11.5.3 各种LED简介 …… 268
11.6 场发射显示材料 ………… 269
11.6.1 FED发光材料 …… 269
11.6.2 冷阴极材料 ……… 270
11.7 电致发光材料 …………… 270
11.7.1 无机电致发光材料 … 270
11.7.2 有机电致发光材料 … 272
11.8 光显示技术与材料的发展前景 …………… 274
习题与思考题 ……………… 274

第12章 纳米电子材料 ……… 275
12.1 纳米碳管 ………………… 275
12.1.1 纳米碳管的结构 … 276
12.1.2 碳纳米管的制备 … 276
12.1.3 碳纳米管的应用 … 279
12.2 宽禁带化合物半导体纳米材料 ………… 279
12.2.1 氧化锌纳米材料的制备和应用 …… 280
12.2.2 氮化镓纳米线的制备 ………… 282
12.3 半导体超晶格 …………… 284
12.3.1 半导体超晶格结构 … 285
12.3.2 半导体超晶格制备 … 286
12.3.3 几种重要的半导体超晶格 ………… 287
12.4 硅基半导体纳米材料 …… 289
12.4.1 硅和二氧化硅纳米线 ………… 289
12.4.2 多孔硅 …………… 292
习题与思考题 ……………… 295

主要汉英词汇索引 …………… 297

参考文献 ……………………… 304

第1章 电性材料

电性材料是指在电场作用下,电子能够自由移动的材料,或者换句话说,具有导电的任何物质都可以看作是电性材料。由于电性材料包括的范围很广,用途也各不相同,本章着重介绍电子传导的基本性质及在电子、计算机、信息等技术中得到广泛应用的导电材料、电阻材料、热电材料、导电陶瓷和导电高分子材料。其余类型的电性材料可参见本书其它各章。

1.1 电导理论

表1-1列出了室温下一些材料的电阻率。从表1-1中可以看到不同材料的电阻率相差极大。另外,材料电阻率与温度的关系也有很大差别。如金属钯和钾的电阻率随温度的升高而增加,而半导体锗的电阻率随温度升高而下降,Pd-5‰Ag合金的电阻率随温度变化很小。材料在电子传导方面有如此巨大差异的原因,主要由固体中电子输运规律所决定。各种材料的电导理论是不相同的,本节主要介绍金属和陶瓷的电导理论。有关半导体和高分子材料的电导理论读者可以参考相应的书籍。

表1-1 室温下一些固体材料的电阻率

固体	电阻率/Ω·cm	固体	电阻率/Ω·cm	固体	电阻率/Ω·cm
Al_2O_3	10^{14}	纯硅	10^5	镍铬电阻丝	10^{-8}
金刚石	10^{14}	$LaCrO_2$	10^2	铜	10^{-10}
TiO_2	10^{11}	纯锗	10^2	ReO_3	10^{-6}
玻璃	10^{12}	NiO	10^0	SnO_2	10^{-3}
$BaTiO_3$	10^{10}	Fe_3O_4	10^{-2}		

1.1.1 金属的电导理论

如果样品的长度为 L,横截面积为 S,电阻为 R,则电阻率 ρ 和电导率 σ 由下式决定

$$\rho = \frac{RS}{L}; \sigma = \frac{1}{\rho} \tag{1-1}$$

一般 ρ 和 σ 是一个张量,但对各向同性的材料来说,ρ 和 σ 可以看成标量。

1.1.2 电子输运

如果在样品两端加一个稳定的电场,电子在 k 空间中将以均匀速率移动,产生电流。另一方面,电子在晶体中受到散射或碰撞,将使电子恢复到平衡状态。最终的电子分布将由电场效应和散射或碰撞效应之间的平衡来决定。对稳定的输运过程,即电子分布函数 f

不随时间变化,即有

$$\dot{k} = \frac{\mathrm{d}k}{\mathrm{d}t}; \hbar \frac{\mathrm{d}k}{\mathrm{d}t} = F; v \cdot \nabla f + \dot{k} \nabla_k f = b - a \tag{1-2}$$

$$\begin{cases} b = \dfrac{1}{(2\pi)^3} \int H(k',k) f(k',r) [1 - f(k,r)] \mathrm{d}k' \\ a = \dfrac{1}{(2\pi)^3} \int H(k',k) f(k,r) [1 - f(k,r)] \mathrm{d}k' \end{cases} \tag{1-3}$$

式中:b 代表单位时间内因碰撞进入(r,k)处单位体积的中电子数;a 代表单位时间内因碰撞离开(r,k)处单位体积中的电子数;积分内的 $H(k',k)$ 代表单位时间内从 k' 态碰撞而进入 k 态的几率;F 为电子所受到的力。

这就是用来确定分布函数 f 的玻耳兹曼微分 — 积分方程。

如果样品中没有温度梯度,f 只依赖于 k_x、k_y、k_z。当电子气处于温度 T 的平衡态时,电子气服从费米统计分布,即

$$f_0(E) = \frac{1}{\mathrm{e}^{\frac{E-E_F}{k_B T}} + 1} \tag{1-4}$$

式中:f_0 为平衡态时的电子分布,它仅是能量 E 的函数;k_B 为玻耳兹曼常数;E_F 为费米能。

常用弛豫时间 τ 来描述碰撞对电子分布的恢复作用,即

$$\left. \frac{\partial f}{\partial t} \right|_{碰撞} = b - a = -\frac{f - f_0}{\tau} \tag{1-5}$$

这表示,如果分布函数 f 在某个时刻偏离了平衡费米统计分布 f_0,那么在碰撞的作用下,它将按指数地回复到平衡分布,其特征回复时间即为弛豫时间 τ。

只有小电场 E 的作用下时有

$$f = f_0 + \frac{e\tau}{\hbar} E \times \nabla_k f_0 = f\left(k - \frac{e\tau}{\hbar} E\right) \tag{1-6}$$

在平衡分布时,f 在 k 空间中是原点对称的,所以电子电流总和为零;在电场作用下,f 偏离了 f_0,电子分布对原点已不再对称,所以电子电流总和不为零,这将有一个净宏观电流,如图 1-1 所示。对金属电导有贡献的只是费米面附近的电子,它们可以在电场作用下进入能量较高的能级,而能量比费米能低很多的电子不参与导电。由式(1-6)可以证明欧姆定律,并得到电导率

$$\sigma = \frac{n e^2 \tau}{m^*} + \frac{P e^2 \tau_h}{m_h^*} \tag{1-7}$$

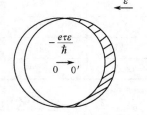

图 1-1 在电场作用下费米球发生刚性移动

式中,n,p 分别为载流子电子及空穴的浓度;而 τ_h,m_h^* 分别为空穴的弛豫时间及有效质量。

式(1-7)表明电导率与载流子浓度、弛豫时间、散射几率以及载流子的有效质量有关。在金属中只有电子导电,且电子浓度随温度变化不大。当温度升高时,因弛豫时间减少,致使电导率下降。而在半导体中,有电子和空穴参与导电。当温度升高时,载流子浓度以指数形式增加,因而使电导率增加。弛豫时间的倒数 $1/\tau$ 即为单位时间内载流子的散射概率。如果有几种散射机理,则有

$$\frac{1}{\tau} = \sum_i \frac{1}{\tau_i} \qquad (1-8)$$

式中：$1/\tau_i$ 为第 i 种散射机理对应的单位时间内载流子的散射概率；$1/\tau$ 为单位时间内总的载流子的散射概率。

通常主要考虑两种散射机理，即晶格振动散射 $1/\tau_L$ 及电离杂质散射 $1/\tau_I$，所以

$$\frac{1}{\tau} = \frac{1}{\tau_L} + \frac{1}{\tau_I} \qquad (1-9)$$

其中晶格振动散射是与温度有关的，随着温度升高，原子偏离平衡位置加大，造成周期性势场破坏增加，从而使电子遭到晶格散射的概率增加；而电离杂质散射是与温度无关的，这是由于电离杂质破坏了势场的周期性，从而增加了散射概率。

1.1.3 霍耳效应

将有电流通过的样品置于均匀磁场内，如图 1-2 所示那样，使磁场与电场方向互相垂直，则将会在样品内垂直于电流和磁场组成的平面方向形成稳定的横向电场，这种现象称为霍耳效应。如果通过样品的电流密度为 j，磁场的磁感应强度为 B，所测出的横向电场 ε_y 将正比于 j 和 B，其比例系数即为霍耳系数为

$$R_H = \frac{\varepsilon_y}{jB} \qquad (1-10)$$

霍耳系数的正负号是这样规定的，如果附加横向电场 ε_y 沿着 y 轴方向，则为正，若向 y 轴方向，则为负。霍耳效应来源于运动的载流子在均匀磁场中的偏转，由电场对载流子的作用力与磁场的洛伦兹力的平衡可以得出

$$\text{电子导电}: R_H = -\frac{1}{ne} \qquad \text{空穴导电}: R_H = -\frac{1}{pe} \qquad (1-11)$$

通过霍耳系数的测定不仅可以确定材料中载流子的浓度，而且还能确定载流子的类型。图 1-3 给出了一些金属的霍耳系数随温度的变化。由图可见霍耳系数随温度变化不大，这是因为金属中导电电子浓度随温度变化不太大。然而在半导体如硅中，由于载流子浓度随温度按指数地增加，故当温度升高时，霍耳系数按指数地下降。

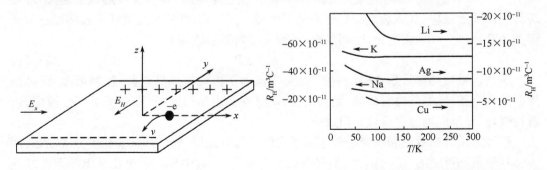

图 1-2 霍耳效应　　图 1-3 一些金属的霍耳系数 R_H 随温度的变化

1.1.4 金属的热电性

有三种热电效应，即塞贝克效应、珀耳帖效应及汤姆逊效应。

塞贝克效应是热电偶的基础。在如图 1-4 所示的回路中，有两种不同材料 A 和 B 相

连,而两个接触点处在不同的温度 T_1 和 T_2,断开点处在温度 T_0,那么在断开点的两端就会产生一个开路电压 ΔV,可以用电位差计测量。这个数值与材料 A 和 B 组成闭合回路时产生的回路热电动势相同。这种效应就是塞贝克效应。如果材料是均匀的,则 ΔV 与 T_0 及温度分布无关,而仅依赖于接触点的温差 $\Delta T = T_2 - T_1$,当 ΔT 很小时,和 ΔT 成正比,即

$$\Delta V = S_{AB} \Delta T \tag{1-12}$$

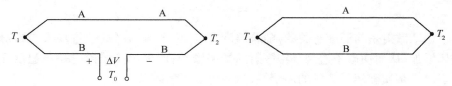

图 1-4 塞贝克效应

塞贝克系数就定义为

$$S_{AB} = \lim_{\Delta T \to 0} \frac{\Delta V}{\Delta T} \tag{1-13}$$

S_{AB} 的符号是这样规定的,如果冷端电流由 A 流到 B,则材料 A 对 B 来说是正的。S_{AB} 与两种材料 A 和 B 有关,也与温度有关,可以用绝对热电势率将 S_{AB} 分离为

$$S_{AB} = S_A - S_B \tag{1-14}$$

式中:S_A 是材料 A 的绝对热电势率,仅与 A 有关;S_B 是材料 B 的绝对热电势率,仅与 B 有关。实际上塞贝克系数是 A 和 B 的相对热电势率。

当两种材料 A 和 B 相接触时,若是接触点通以电流,则在接触点会放热或吸热,这种效应称为珀耳帖效应。其放热或吸热的热流密度 Q_P 与所通电流的电流密度 J 成正比,比例系数 Π_{AB} 称为珀耳帖系数,即

$$Q_P = \Pi_{AB} J \tag{1-15}$$

珀耳帖系数的符号是这样规定的,如果电流由 A 流到 B 时,接触点放热,则材料 A 对 B 来说是正的。反之如接触点吸热,则材料 A 对 B 来说是负的。珀耳帖效应是可逆的,即如果电流由 A 到 B 时接触点放热,则当电流反向流动时,接触点将吸热。

当一段均匀材料 A 的两端具有温差时,则当流过电流时,材料会放热或吸热,这种效应称为汤姆逊效应。其放热点吸热的热流密度 Q_t 与所通电流的电流密度 J 及两面三刀端温差 $\Delta T = T_1 - T_2$ 成正比,比例系数 μ_A 称为汤姆逊系数,即

$$Q_t = \mu_A J \Delta T \tag{1-16}$$

汤姆逊系数的符号是这样规定的,如果电流由低温段流到高温段,材料吸热,则其汤姆逊系数为正,反之若材料放热,则为负。汤姆逊系数也是可逆的,即电流沿某个流向,若材料吸热,则反向电流就造成材料放热。

正因为珀耳帖效应和汤姆逊效应是可逆的,因而可以将焦耳热从实验中分离出来。因为焦耳热是不可逆的,正比于 J^2,而且永远是放热。在实验中只要测出正反电流下的放热之差的 1/2,就可测定珀耳帖系数或汤姆逊系数。

上述三个系数不是独立的,用热力学可推出下述开尔文关系

$$\Pi_{AB} = T(S_A - S_B) \tag{1-17}$$

$$\mu_A = T \frac{dS_A}{dT} \tag{1-18}$$

由式(1-18)可积分得

$$S_A(T) = \int_0^T \frac{\mu_A(T)}{T} dT \qquad (1-19)$$

这样一来,只要仔细地测量不同温度下的汤姆逊系数 $\mu_A(T)$ 就可由式(1-19)计算出材料 A 的绝对热电率 $S_A(T)$。而热电偶的热电势率为两种材料的绝对热电势率之差。

一般来说,上述 S、Π 及 μ 是张量。对各向同性或立方晶格来说,张量变为标量。但对各向异性材料或研究磁场下的行为有时需考虑张量。

1.1.5 电学性能与金属微观结构之间的关系

1.1.5.1 纯金属的电阻

温度升高加剧晶格的热振动,使晶格热场偏离理想的周期性势场,造成电子受格波的散射增加。许多纯金属的电阻率满足布洛赫—格林爱森公式,即

$$\rho(T) = \frac{AT^5}{M\theta_D^6} \int_0^{\theta_D/T} \frac{x^5 dx}{(e^x - 1)(1 - e^{-x})} \qquad (1-20)$$

式中:M 为金属原子的质量;θ_D 为金属晶体的德拜温度;A 为金属的特性常数。

在压力不太大的情况下

$$\rho(p) = \rho_0(1 + \alpha p) \qquad (1-21)$$

式中:$\rho(p)$ 为压力 p 下的电阻率;$\alpha = \frac{1}{\rho_0}\frac{d\rho}{dp}$ 为电阻压力系数,一般为 $10^{-5} \sim 10^{-6}$,且为负数。

在强大的压力下,金属会发生相变,甚至绝缘体或半导体会变成金属导电物质。

如果说温度使晶格发生动畸变,则缺陷使晶格发生静畸变,结果引起电波散射概率的增加,从而增加电阻率。缺陷中点缺陷如空位及间隙原子对电阻率的影响最大。电阻率的增加 $\Delta\rho$ 与变形量 ε 的关系

$$\Delta\rho = C\varepsilon^n \qquad (1-22)$$

式中 n 在 $0 \sim 2$ 范围内;C 为比例系数。

1.1.5.2 固溶体的电阻

低浓度固溶体的电阻率可以分为两部分:一部分是溶剂金属的电阻率 $\rho'(T)$,它是与温度有关的部分;另一部分是同溶质含量有关的电阻率 ρ_0,它与温度无关,与溶质原子浓度成正比,即

$$\rho = \rho_0 + \rho'(T) \qquad (1-23)$$

这就是马西森定则。马西森定则是式(1-9)的直接结果。在这里电子的散射机制有两种,与温度有关的部分 $\rho'(T)$ 是晶格热振动引起的,而与温度无关的部分 ρ_0 是由杂质散射引起的。若将固溶体冷却至接近绝对零度,那么 $\rho'(T)$ 将趋于零,此时测出的电阻率即为 ρ_0,故称残留电阻率。

残留电阻率与溶剂和溶质的原子价有关,如果溶剂和溶质原子的原子价分别为 Z 和 Z',则

$$\rho_0 = A_1 + A_2(Z - Z')^2 \qquad (1-24)$$

式中：A_1 与 A_2 为与浓度有关的常数,这就是诺伯里定则。

这是由于溶质原子在固溶体中产生屏蔽库仑势,其有效电荷为 $Z'-Z$,而按照卢瑟福散射模型,散射几率将与散射中心的有效电荷的平方成正比,因此 ρ_0 与 $(Z-Z')^2$ 有线性关系。

1.2 陶瓷的导电性能

陶瓷材料多由离子键和共价键组成,键的结合牢固,大部分陶瓷的禁带宽度宽,为绝缘材料,例如氧化铝、氧化硅、氮化硅等。如果对绝缘陶瓷进行掺杂,或者制备非化学计量比化合物,可以得到半导体陶瓷,如 $NiO(Li)$、SnO_{2-x} 等。陶瓷导电机制比较复杂,参与导电的粒子可以是电子、正离子或负离子。陶瓷导电能力与陶瓷材料中载流子浓度及其迁移率有关。或者说,陶瓷材料的导电性能与材料组成、掺杂、微结构、晶体缺陷、制备工艺及后处理过程等密切相关。

1.2.1 陶瓷导电特点

化学上纯的陶瓷多为绝缘体。实际的陶瓷材料由于化学计量比偏离和掺杂等原因,晶体中存在一定数量的带电粒子,称为载流子。在定向电场的作用下,载流子的漂移和扩散使材料具有导电能力。材料中载流子浓度和其迁移率是影响陶瓷导电能力的重要因素。离子作为载流子形成的电导称为离子电导;电子作为载流子形成的电导称为电子电导。一般而言,电介质瓷主要是离子电导;半导体瓷和导电陶瓷主要是电子电导。

如陶瓷材料中带电粒子的浓度 n_i 和每个粒子的带电量 $Z_i e$（Z 为粒子带电价态）在所加电场 E 下某种带电粒子（载流子）的漂移速度 v_i,则加电场后电流密度 j_i 为

$$j_i = n_i Z_i e v_i \tag{1-25}$$

电导率 σ 为单位电场下带电粒子的电流密度,即

$$\sigma = \frac{J}{E} = \frac{nZev}{E} \tag{1-26}$$

载流子迁移率 μ 定义为单位电场下带电粒子的漂移速度 v

$$\mu = \frac{v}{E} \tag{1-27}$$

载流子迁移率的单位为 $cm^2 V^{-1} s^{-1}$,也常用 $(cm^2/s \cdot V)$。迁移率的大小与化学组成、晶体结构、温度等有关。离子的迁移率在 $10^{-3}(cm^2/s \cdot V) \sim 10^{-10}(cm^2/s \cdot V)$ 范围,电子的迁移率在 $1(cm^2/s \cdot V) \sim 100(cm^2/s \cdot V)$ 范围。

第 i 种带电粒子对导电的贡献为

$$\sigma_i = n_i Z_i e \mu_i \tag{1-28}$$

这个公式将实验上可测量到的电导率与微观量载流子浓度和载流子迁移率联系在一起。

由于材料中可能存在不同种类的带电粒子（载流子）,因此总的电导率是各种载流子贡献的电导率的代数和,即

$$\sigma = \sum_i \sigma_i \tag{1-29}$$

其中每一种载流子对电导的贡献为

$$t_i = \frac{\sigma_i}{\sigma} \quad \sum_i t_i = 1 \tag{1-30}$$

式中：t_i 称为迁移数。

此处的电导率应确切地称做体积电导率，因为表面电导率与材料的表面性质环境条件等因素有关，只有体积电导率才能表征材料的真实特性。

表 1-2 列出了几种化合物正、负离子、电子或空穴迁移数的值。很明显，同一材料中的不同带电粒子对电导率的贡献不同，且与温度有关。

表 1-2 几种化合物正、负离子和电子或空穴的迁移数

化合物	温度/℃	正离子 t_+	负离子 t_-	电子或空穴 $t_e、t_h$
NaCl	400	1.00	0	—
NaCl	600	0.95	0.05	—
AgBr	20~300	1.00	0	—
PbF$_2$	200	—	1.00	—
CuCl	20	0	—	1.00
CuCl	366	1.00	—	0
FeFO	800	10^{-4}	—	1.00
ZrO$_2$+18%CeO$_2$	1500	—	0.52	0.48
ZrO$_2$+50%CeO$_2$	1500	0	0.15	0.85
Na$_2$O·11Al$_2$O$_3$	<800	1.00(Na+)	0	<10^{-6}
ZrO$_2$+7%CaO	>700	—	1.00	10^{-4}

1.2.2 离子电导

如果陶瓷材料的离子电导率比电子电导率大许多，并且材料中的载流子几乎全部为离子，此时陶瓷材料的导电行为称为离子导电。离子导电的特征具有法拉第效应。

离子导电材料在结构上一般需要满足三个条件：① 晶格中导电离子可能占据的位置比实际填充的离子数目多得多；② 邻近导电离子之间的势垒不太大；③ 晶格中存在有导电离子运动的通道，如各种体积较大的八面体间隙和四面体间隙互相连通。另外，离子导电还常存在有明显的各向异性。

离子电导率与载流子浓度及其迁移率有关，即

$$\sigma_{\text{ion}} = n_{\text{ion}}(Z_{\text{ion}}e)\mu_{\text{ion}} \tag{1-31}$$

式中：下标"ion"代表参与导电的某种离子；n_{ion} 为单位体积的导电子数；Z_{ie} 代表离子载流子的电荷数；μ_{ion} 代表离子迁移率。

离子导体的迁移率为

$$\mu_{\text{ion}} = \gamma f_0 \lambda^2 \frac{Z_{\text{ion}}e}{kT} \exp\left(-\frac{\Delta G_m}{kT}\right) \tag{1-32}$$

式中：γ 为几何因子；f_0 为跃迁频率；λ 为跃迁距离；ΔG_m 为跃迁的激活能。

离子电导率与温度 T 的关系满足 Arrhenius 关系

$$\sigma_{\text{ion}} T = A \exp\left(-\frac{E}{k_B T}\right) \tag{1-33}$$

式中：A 为与温度无关的常数；E 为离子的电导活化能，它在不同温度区域可以有不同的值；k_B 为玻耳兹曼常数。

一般在同一温区，电导活化能随温度的升高而降低以及随掺杂浓度的增加而增加。当有多种载流子共同存在时，可用下式表示

$$\sigma_{总} = \sum_i \sigma_i \tag{1-34}$$

离子电导率与离子扩散系数 D_{ion} 间的关系可以用 Nernst-Einsten 关系式表示

$$\sigma_{ion} = \frac{n_{ion}(Z_{ion}e)^2}{kT}D_{ion} \tag{1-35}$$

式中：离子浓度 n_{ion} 为晶体中扩散离子的总浓度；D_{ion} 为导电离子的自扩散系数。

1.2.3 电子电导

电子或空穴的迁移率比离子大得多，因此材料中即使有少量的电子或空穴存在时，其对电导的贡献不能忽略，并取决于这类载流子的浓度。电子导电的特征是具有霍耳效应。陶瓷材料的电子导电从本质上说有两类：一类是由材料本身能带中的电子引起的，如过渡金属化物 VO、TiO、CrO_2 等；一类是由于电子或空穴的移动引起的，这是陶瓷材料中电子导电的主要原因。

利用霍耳效应和塞贝克效应可以区分电子导电时起作用的是电子还是空穴。如果霍耳系数或塞贝克系数为正值，则对应于空穴导电；为负，则对应于电子导电。如 ZnO 和 ZnS 是电子导电型的，而 Cu_2O 是空穴导电型的。有些多元陶瓷的导电行为与组分和温度密切相关，如 $Sm_{2-x}Ce_xCuO_4$ 在 $x<0.08$ 时是反铁磁相，在 $0.08<x<0.30$ 时表现为金属行为，在 $x=0.15$ 的很窄区域表现为超导体。在 $x=0.17$ 和 50K 附近，其导电类型发生从电子导电型向空穴导电型的转变。电子（空穴）电导率也可以通过霍耳效应和塞贝克效应的测量得到，它是霍耳系数与霍耳迁移率的比

$$\sigma = \frac{|R_H|}{\mu_H} \tag{1-36}$$

塞贝克系数与电导率的关系为

$$S = \frac{S_n\sigma_n + S_p\sigma_p}{\sigma} \tag{1-37}$$

式中的下标分别代表电子（n 型）和空穴（p 型）。

1.2.4 电导混合法则

材料中往往有主晶相、次晶相和其它等。设材料有两个均匀的相 A，B 组成，则有

$$\sigma_T^n = V_A\sigma_A^n + V_B\sigma_B^n \tag{1-38}$$

式中：V_A、V_B 为两相的体积分数；σ_A、σ_B 为两相的电导率；n 为状态指数。当两相为串联时，$n=-1$；当两相为并联时，$n=1$；当两相为混合时，$n=0$。

对式（1-38）取全微分，则有

$$n\sigma_T^{n-1}d\sigma_T = nV_A\sigma_A^{n-1}d\sigma_A + nV_B\sigma_B^{n-1}d\sigma_B \tag{1-39}$$

当 $n \to 0$ 时

$$\therefore \frac{d\sigma_T}{\sigma_T} = V_A\frac{d\sigma_A}{\sigma_A} + V_B\frac{d\sigma_B}{\sigma_B} \tag{1-40}$$

$$\therefore \ln\sigma_T = V_A\ln\sigma_A + V_B\ln\sigma_B \tag{1-41}$$

表明两相复合材料的电导满足指数和法则。

1.3 导电材料

利用材料,包括金属及合金、陶瓷等的优良导电性能来传输电流,输送电能的材料称为导电材料。导电材料广泛应用于电力工业、仪器仪表、计算机、电子微电子行业等,也用于电接点材料。实际应用中要求导电材料具有高的电导率,高的力学性能,良好的抗腐蚀性能,良好的工艺性能(热冷加工、焊接),并且价格便宜。

1.3.1 金属导电材料

纯金属中导电性能好的主要有银、铜、金、铝、铂、铱及其合金等。

铜是电工技术中最常用的导电材料,铜中杂质使电导率下降,冷加工也会使电导率下降,氧对铜的电导率影响显著。在保护气氛下可以重熔出无氧铜,其优点是塑性高,电导率高。在力学性能要求同等的情况下可使用铜合金,如铍青铜可用作导电弹簧、电刷、插头等。

铝的电阻为铜的 1.55 倍,但质量只是铜的 30%,铝在地壳内的资源极其丰富,价格也较便宜,故以铝代铜有很大意义。杂质使铝的电导率下降,冷加工对电阻影响不大。铝的缺点是强度太低,不易焊接。若需要提高强度,可使用铝合金,例如 Al-Si-Mg 三元铝合金既有高强度,而电导率也不太低。

金有很好的导电性,极强的抗蚀能力,但价格较贵。在集成电路中常用金膜或金的合金膜,金及其合金也可作电接点材料。

银具有金属中的最高电导率,加工性极好,银合金常作接点材料。

贵金属铂、铱等也是良导体,且可以在很高的温度下保持化学稳定性,但价格昂贵。

1.3.2 导电陶瓷材料

导电陶瓷包括快离子导体和其它固体电解质材料。快离子导体要求结构中有离子移动的通道和存在能够快速移动的离子,也可称其为超离子导体或固体电解质。随温度升高,快离子导体在从非导电相到导电相的转变过程中常有较大的熵变和电导率变化。快离子导体主要特点如下:

(1)晶体中存在各种间隙相连形成的通道,有一定数量的某种可迁移离子。如在 AgI 中的可迁移离子为 Ag 离子,其在晶格中的可占用位置数大大超过它们的实际数目,且随机分布在这些可占用位置上。迁移离子的浓度高,但迁移速度不快。

(2)由于快离子导体中的导电粒子为离子,因此材料中的电子载流子浓度几乎可忽略,离子电导率一般大于 $1(\Omega \cdot m)^{-1}$。

(3)温度降低时,晶体结构可从无序变为有序,离子电导率下降。

(4)用尺寸较大的离子部分替代晶格中的离子可使无序相稳定。

(5)材料在相变温度时发生的相变可以是突变型的,即其中某一种离子(负离子或正离子)的有序—无序转变(一级相变),如 AgI 等;也可以是缓变的扩散型相变,如 $RhAg_4I_5$ 等。

重要的快离子导体有银和铜的卤化物及硫化物,具有 β-Al_2O_3 结构的氧化物以及氟化钙结构氧化物等。快离子导电陶瓷可以应用在固态电池、传感器、物质提纯以及热力学测定等方面。本节主要介绍稳定 ZrO_2、$LaGaO_3$、CeO_2、β-Al_2O_3 以及 Nasicon 基导电陶瓷等。

1.3.2.1 ZrO_2 导电陶瓷

ZrO_2 是最早被发现并获得应用的一种离子导电陶瓷,在氧传感器、高温燃料电池以及热力学检测等方面均获应用。ZrO_2 具有单斜、四方和立方等三种晶型,在一定的温度时可以相互转变。单斜相在 1170℃时转化为四方相;四方相在 2370℃转化为立方相。立方相稳定存在于 2370℃~2680℃之间,具有萤石型结构。其中的 Zr^{4+} 占据氧八面体空隙使结构保持松弛状态,因此 O^{2-} 可以扩散、迁移。由于立方相 ZrO_2 仅在高温时存在,因而实用价值不大。通过添加适当的二价或三价离子可以获得室温下稳定存在的立方相 ZrO_2,常用的稳定剂离子为 Ca^{2+}、Mg^{2+}、Y^{3+} 以及其它三价稀土离子等。四方相稳定存在于 1170℃~2370℃,稳定剂可使其亚稳态存在于室温下。由单斜相变为四方相时产生约 7% 的体积收缩;当再冷却时,发生逆反应则发生体积膨胀,因而会使陶瓷制品开裂。因此,稳定剂对于 ZrO_2 导电陶瓷是必不可少的。

在各种掺杂的 ZrO_2 导电陶瓷中,掺钇稳定型氧化锆在氧化和还原气氛中都具有很好的稳定性,但所需的烧结温度高,力学性能较差。全稳定 ZrO_2 陶瓷中的晶粒在烧结过程中容易长大,并影响其离子导电性。掺入适量的第二相,如氧化铝可以抑制 ZrO_2 晶粒长大,从而提高其力学性能。ZrO_2 陶瓷的各种稳定剂的掺入量及其电导率见表 1-3。

ZrO_2-Y_2O_3 体系的相图(图 1-5)说明,在很宽的 Y_2O_3 含量范围内该体系出现立方型固溶体相。当 Y_2O_3 添加量为 8%~9%(摩尔分数)时,电导率达到最大,氧分压对 ZrO_2 的离子电导影响很小。在 1000℃时,YSZ 的电导活化能为 0.7eV~0.8eV。ZrO_2-Y_2O_3 在 900℃时的电子迁移率和电子空穴迁移率都很低,但在很低的氧分压条件下会产生电子电导。Y_2O_3 稳定的 ZrO_2 其电导率在较高温度时存在老化行为,这是在实际使用中需要注意的。

表 1-3 萤石型 ZrO_2 基固溶体的电导率

固溶体	电导率/$S \cdot cm^{-1}$	
	1000℃	800℃
$(ZrO_2)_{0.89}(CaO)_{0.11}$	4.5×10^{-2}	6×10^{-3}
$(ZrO_2)_{0.85}(CaO)_{0.15}$	2.5×10^{-2}	2×10^{-3}
$(ZrO_2)_{0.92}(Y_2O_3)_{0.08}$	1.0×10^{-1}	2×10^{-2}
$(ZrO_2)_{0.91}(Yb_2O_3)_{0.09}$	1.6×10^{-1}	3×10^{-2}
$(ZrO_2)_{0.85}(Sc_2O_3)_{0.15}$	1.3×10^{-1}	5×10^{-2}
$(ZrO_2)_{0.9}(Nd_2O_3)_{0.1}$	6.0×10^{-3}	1×10^{-3}
$(ZrO_2)_{0.9}(Gd_2O_3)_{0.1}$	—	2×10^{-3}
$(ZrO_2)_{0.9}(Sm_2O_3)_{0.1}$	5.8×10^{-2}	—
$(ZrO_2)_{0.85}(La_2O_3)_{0.1}$	1.5×10^{-3}	—

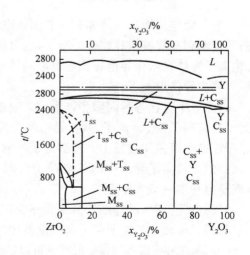

图 1-5 ZrO_2-Y_2O_3 体系的相

1.3.2.2 LaGaO₃基陶瓷

掺杂的 $LaGaO_3$ 是一种优良的氧离子导电材料。对于 $LaGaO_3$ 来说,A 位的 La^{3+} 离子可以被 Sr^{2+}、Ba^{2+}、Ca^{2+} 等碱土金属离子取代;B 位的 Ga^{3+} 离子可以被 Mg^{2+}、Fe^{2+} 等取代。为维持电中性,就会形成氧空位,氧空位作为载流子大幅度增加了离子导电率。

$LaGaO_3$ 基材料多采用 A,B 位双重掺杂。在 $LaGaO_3$ 基材料中,以 Sr,Mg 分别对 A,B 位同时取代形成的 (La,Sr)(Ga,Mg)O_3 (LSGM) 体系得到的结果最为理想。LSGM 体系的电导率显著高于 YSZ 基陶瓷,只略低于 Bi_2O_3 基陶瓷。例如,$La_{0.9}Sr_{0.1}Ga_{0.8}Mg_{0.2}O_{2.85}$ 在 571℃ 和 800℃ 电导率分别为 0.011/S·cm^{-1} 和 0.104/S·cm^{-1}。而在此温度下,9YSZ 的电导率分别为 0.003/S·cm^{-1} 和 0.036/S·cm^{-1}。图 1-6 为 LSGM9182 与传统萤石结构的电解质材料氧离子电导率的比较。

LSGM 的化学稳定性较好,在较宽的氧分压的范围内 LSGM 的电导率几乎保持恒定。在 $10^{-17} \leq P_{O_2} \leq 10^5$ Pa 之间变化时,LSGM 的体积电导率几乎不变。即使将 LSGM 试样在 700℃ 于空气中放置 1 周后,电导率也保持恒定。LSGM 的电导率随着 Sr、Mg 掺杂量的增加而增加,这是因为氧空位是由 Sr、Mg 的引入而产生的。表 1-4 为不同掺杂浓度的 LSGM 在不同温度下的电导率数据。

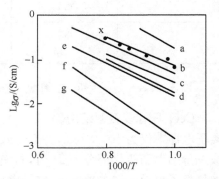

图 1-6 $La_{0.9}Sr_{0.1}Ga_{0.8}Mg_{0.2}O_3$ 与其它氧化物陶瓷的氧离子电导率的比较

x—$La_{0.9}Sr_{0.1}Ga_{0.8}Mg_{0.2}O_3$;
a—Bi_2O_3—25%(摩尔分数);
b—ZrO_2—7.5%(摩尔分数)Sc_2O_3;
c—CeO_2—5%(摩尔分数)Y_2O_3;
d—CeO_2—10%(摩尔分数)CaO;
e—ZrO_2%(摩尔分数)Y_2O_3;
f—ZrO_2—15%(摩尔分数)CuO;
g—ThO_2—9%(摩尔分数)Y_2O_3。

表 1-4 不同掺杂浓度的 LSGM 的电导率及电导率活化能

$La_{1-x}Sr_xGa_{1-y}Mg_yO_{3-\delta}$		σ_{600} /S·cm^{-1}	σ_{800} /S·cm^{-1}	E_a /eV
x	y			
0.1	0	8.97×10⁻³	2.65×10⁻²	0.81
	0.05	2.20×10⁻²	8.85×10⁻²	0.87
	0.1	2.53×10⁻²	0.107	1.02
	0.15	2.20×10⁻²	0.117	1.06
	0.2	1.98×10⁻²	0.121	1.13
	0.25	0.92×10⁻²	0.126	1.17
0.15	0.05	1.93×10⁻²	8.11×10⁻²	0.918
	0.1	2.80×10⁻²	0.121	0.98
	0.15	2.59×10⁻²	0.131	1.03
	0.2	2.11×10⁻²	0.124	1.09

(续)

$La_{1-x}Sr_xGa_{1-y}Mg_yO_{3-\delta}$		σ_{600} /S·cm^{-1}	σ_{800} /S·cm^{-1}	E_a /eV
x	y			
0.2	0.05	2.12×10^{-2}	9.13×10^{-2}	0.874
	0.1	2.92×10^{-2}	0.128	0.950
	0.15	2.85×10^{-2}	0.140	1.06
	0.2	2.21×10^{-2}	0.137	1.15
0.25	0.1	1.72×10^{-2}	4.48×10^{-2}	1.02
	0.15	1.91×10^{-2}	0.104	1.12

1.3.2.3 CeO_2导电陶瓷

CeO_2具有萤石型结构(图1-7)，但未掺杂的CeO_2本身的电导率很低，600℃时的氧离子电导率仅为10^{-5}S/cm，并远远低于电子电导。当用二价或三价阳离子取代部分Ce^{4+}时，氧离子空位大大增加，相应地氧离子电导占据主导地位，电子电导则大大减小。

CeO_2可以和碱土金属氧化物在一定组成范围内形成固溶体，同时引进氧缺位，并提高其电导率。其中以添加CaO的添加量在10mol～30mol范围内均具有很好的效果，但SrO则只有在添加量为10mol时有和CaO相似的效果。700℃时电导率接近10^{-2}S/cm。添加MgO和BaO则提高不多，但和YSZ有相同的数量级。以Sm_2O_3和Gd_2O_3掺杂的CeO_2在800℃时具有最高的氧离子电导率。一般情况下，掺杂离子半径在0.109nm附近时固溶体的电导率最高。

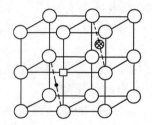

图1-7 含掺杂离子的萤石结构
○—O^{2-}；●—M^{4+}(主机阳离子)；
□—空位；⊕ M^{2+}或M^{3+}—掺杂物阳离子。

除了掺杂离子的种类外，掺杂浓度也是影响CeO_2电学性能关键因素。当掺杂离子浓度超过一定值即氧空位超过一定量后，离子传输活化能增加，同时离子电导率下降。$Ce_{0.9}Gd_{0.1}O_{1.95}$系统具有比$Ce_{0.8}Gd_{0.8}O_{1.9}$更高的中温电导率，500℃时的离子电导率接近10^{-2}S/cm，表1-5列出了具有较高电导率的CeO_2-Ln_2O_3固溶体及其一系列性能。

表1-5 典型的CeO_2-Ln_2O_3固溶体的电学性能

固溶体	掺杂离子	电导活化能/eV	电导率/S·cm^{-1}		
			500℃	600℃	700℃
$Ce_{0.9}Gd_{0.1}O_{1.95}$	Gd^{3+}	0.64	0.095	0.0253	0.05544
$Ce_{0.9}Sm_{0.1}O_{1.95}$	Sm^{3+}	0.66	0.0033	0.0090	0.0200
$Ce_{0.088}Y_{0.113}O_{1.9435}$	Y^{3+}	0.87	0.0087	0.0344	0.01015
$Ce_{0.8}Gd_{0.2}O_{1.9}$	Gd^{3+}	0.78	0.0053	0.0180	0.0470

1.3.2.4 其它导电陶瓷

β-Al_2O_3表示由铝酸纳形成的一系列层状化合物，除了通常涉及的Na-β-Al_2O_3和Na-β''-Al_2O_3外，还包括β'-Al_2O_3、β'''-Al_2O_3以及β''''-Al_2O_3等多种变体。化学通式可以表

示为 $Na_2O \cdot nAl_2O_3$，对于 $\beta-Al_2O_3$ 和 $\beta''-Al_2O_3$，n 分别为 11 和 5.33，而 $\beta'''-Al_2O_3$ 和 $\beta''''-Al_2O_3$ 在 Na-Al-O 的三元系统中并不存在。通常需要加入单价或二价的阳离子才能使 $Na-\beta-Al_2O_3$ 和 $Na-\beta''-Al_2O_3$ 结构稳定。Li^+ 和 Mf^{2+} 是最常用的稳定剂，这些作为稳定剂的离子占据在尖晶石基团中 Al^{3+} 的位置上。若用 Mg^{2+} 取代 Al^{3+} 作为稳定剂，当 $Al_{11-y}Mg_y$ 中 $0 \leqslant y \leqslant 0.6$ 时，得到 $Na-\beta-Al_2O_3$，其中的钠过量达 66%；当 $0.64 \leqslant y \leqslant 0.74$ 时形成 $Na-\beta''-Al_2O_3$。除 Li^+ 和 Mg^{2+} 外，还有其它二价元素可对 $\beta-Al_2O_3$ 的结构进行稳定。通常当这种离子的半径小于 0.1nm 时，如 Ni^{2+}、Co^{2+}、Cu^{2+}、Zn^{2+}、Mn^{2+}、Cd^{2+} 等，可稳定 β'' 相；而当半径大于 0.1nm 时，如 Pb^{2+}，则得到 β 相。

Nadsicon 是 $Na_3Zr_2Si_2PO_{12}$ 的简称，实际上是对 $ZaZr_2(PO_4)_3$ 进行离子置换而得到的产物，具有 R3c 空间群。300℃时它的离子电导率达到 0.2S/cm，能在三维方向导电，可以克服 $\beta-Al_2O_3$ 由于层状结构所引起的电导率和热膨胀等方面各向异性的缺点。Nadsicon 一般是指 $Na_3Zr_2Si_2PO_{12}$ 的晶体结构以及在此基础上通过各种离子取代形成的一系列钠离子导体。直接以 Li^+ 置换 Na^+ 离子后得到的 $Li_3Zr_2SiPO_{12}$ 陶瓷的离子电导率很低，而通过离子取代得到的一系列通式为 $Li_{1+x}M^{4+}P_3O_{12}$ 或 $Li_{1+2x}P_3O_{12}$（$M^{4+}=Ti^{4+}$，Ge^{4+}；$M^{3+}=Al^{3+}$，Ca^{3+}，In^{3+}，$Sc^{3+} \cdot Cr^{3+}$；$M^{2+}=Mg2^+$，Zn^{2+}）的化合物的离子电导率得到了大幅度的提高。

1.3.3 电热和电极陶瓷

陶瓷电热材料的使用温度高、抗氧化，可在空气中使用，目前有 SiC、$MoSi_2$ 和 ZrO_2 等。磁流体发电机的电极材料要求在 1500℃以上长期使用，$LaCrO_3$、ZrO_2 是候选材料。

碳化硅是最早使用的陶瓷电热材料，最高使用温度为 1560℃。二硅化钼抗氧化性好，最高使用温度 1800℃，在 1700℃空气中可连续使用几千小时。其表面形成一薄层 SiO_2 或耐热硅酸盐起保护作用。$MoSi_2$ 电热元件在挤压成型时，加入少量糊精等黏结剂。工业二硅化钼电热元件含有一定量铝硅酸盐玻璃相。燃烧合成的 $MoSi_2$ 和 $MoSi_2-Al_2O_3$ 热元件已工业应用。$MoSi_2-Al_2O_3$ 加热元件的使用浊度比 $MoSi_2$ 高。

稳定的氧化锆电热元件不受氧化的影响，最高使用温度可达 2000℃。在 1800℃空气中工作时间超过 1 万 h。氧化锆的低温电阻大，需要预热到 1000℃以上才具有足够的导电性进行工作。一般采用 SiC 或 $MoSi_2$ 热元件对其预热。氧化锆发热体的加热方式有：电阻加热和感应加热。添加 CeO_2 和 Ta_2O_5 的氧化锆可用作磁流体发电机的电极材料。CaO 稳定的氧化锆可以和低温导电性好的铬酸钙镧制成混合式或复合式电极。

$LaCrO_3$ 是钙钛矿型结构的复合氧化物，熔点 2400℃，电导率较高，200℃~300℃时电导率为 $1/S \cdot cm^{-1}$。$LaCrO_3$ 的缺点是 CrO_3 易挥发。加入 Ca^{2+}、Sr^{2+} 置换部分 La^{3+}，形成半导性 $La_{1-x}(Ca,Sr)xCrO_3$（$x=0.0 \sim 0.12$），其性能和电导性比纯 $LaCrO_3$ 好。例如，$La_{0.98}Ca_{0.02}CrO_3$ 在 900℃的电导率达 $3.25\Omega^{-1} \cdot cm^{-1}$。铬酸钙镧陶瓷以 La_2O_3、Cr_2O_3 和 $CaCO_3$ 为原料，成型后在 2000℃烧成。铬酸镧陶瓷是电子导电，用作电极材料和发热体。

1.4 电阻材料

电阻材料包括精密电阻材料和电阻敏感材料。精密电阻材料一般具有较恒定的高电阻率，电阻率随温度的变化小，即电阻温度系数小，并且电阻随时间的变化小。因此常用作标准电阻器，在仪器仪表及控制系统中有广泛的应用。电阻敏感材料是指制作通过电阻的变化来获取系统中所需信息的元器件的材料，如应变电阻、热敏电阻、光敏电阻、气敏电阻等材料。

1.4.1 电阻材料

Cu-Mn 二元合金的 γ 固溶体，在电阻温度曲线上具有负电阻温度系数，因此以此为基体制成了各种 Cu-Mn 系电阻合金。其锰铜合金是最广泛使用的一种典型电阻合金，其标准成分为 Cu86%、Mn12% 和 Ni2%。加入 Ni 可降低合金对铜的热电势，改善电阻温度系数并提高耐蚀性能。为了使合金性能更佳，可以加入少量 Fe 和 Si。Cu-Mn 系加入少量 Ge 可使合金电阻增加，加工性能更好。

Ni-Cr 系改良型电阻合金是在 Ni-Cr 电热合金的基础上开发的一种高电阻，具有更宽的使用温度，电阻温度系数更小，耐热性良好，耐腐蚀性更佳的，易于拉丝的电阻材料。但锡焊较困难。其成分 Cr20%，Al3%，Mn1%，Fe2.5%，其余的 Ni。

Ni 和 Cu 在周期表中位置很近，原子半径相差很小，均有 f.c.c 结构，故可形成连续固溶体。其中康铜的成分为 Cu60%，Ni40%，康铜的电阻温度线性比锰铜好，但合金对铜的热电势大，为了进一步提高康铜性能，可以加入一些合金元素如 Mn、Si 和 Be 以提高耐热性能，并可控制电阻温度系数。

贵金属合金由于耐腐蚀，抗氧化，接触电阻小，电阻温度系数很小（$\alpha \leqslant 0.1 \times 10^{-6}/℃$），稳定性好，因而受到各国的重视。这类合金主要有 Pt 基、Au 基、Pd 基和 Ag 基电阻材料，见表 1-6。

表 1-6 贵金属合金的性能指标

名称	主要成分	电阻率/$10^{-6}\Omega \cdot m$	电阻温度系数/$10^{-6}℃^{-1}$	对铜热电势/$\mu V \cdot ℃^{-1}$	抗拉强度/MPa
金镍铬 5-1	AuNiCr 5-1	0.24~0.26	350		350~400
金镍铬 5-2	AuNiCr 5-2	0.40~0.42	110	0.027	400~450
金镍铜	AuNiCu 7.5-1.5	0.18~0.19	610		550
金镍铁锆	AuNiFeZr 5-1.5-0.5	0.44~0.46	250~270	15~22	
金银铜	AuAgCu 35-5	0.12	68.6		390
金银铜锰	AuAgCuMn 33.5-3-3	0.25	160~190	-0.001~+0.002	500
金银铜锰钆	AuAgCuMnGd 33.5-3-2.5-0.5	0.24	170		600
金钯铁铝	AuPdFeAl 50-11-1	2.1~2.3	0		950~1000
铂铱 5	PtIr 5	0.18~0.19	188		400~490
铂铱 10	PtIr 10	0.24	130	0.55	430
铂铜 2.5	PtCu 2.5	0.32~0.37	220		520~630
铂铜 8.5	PtCu 8.5	0.50	330		950~1100
钯银 40	PdAg 40	0.42	30	-4.22	650~800
钯银铜	PdAgCu 36-4	0.45	40		500
银锰	AgMn 5.5	0.15~0.25	200	2.5	300~400
银锰锡	AgMnSn 6.5-1	0.23	50	3	300~400

Fe-Cr-Al系精密电阻是在电热合金的基础上进行成分的调整后获得的,它可以通过改变Al和Cr的组成使电阻温度系数从正到负值之间变化,因此可制作出电阻温度系数较小的精密电阻合金。但加工性能稍差,焊接性能不好。

1.4.2 电热材料

电流通过导体将放出焦耳热,利用电流热效应的材料就是电热材料,因此广泛用作电热器。对电热材料的性能要求是:有高的电阻率和低的电阻温度系数;在高温时具有良好的抗氧化性并有长期的稳定性;有足够的高温强度,易于拉丝。目前常用的为Ni-Cr系和Fe-Cr-Al系合金。

Ni-Cr系合金的成分见表1-7。这类合金随Cr量的不同,氧化性能也不同,在15% Cr以上,性能良好。

表1-7 Ni-Cr系电热合金的成分及特点

名称	化学成分/%				用途及特点	最高工作温度/℃
	Ni	Cr	Fe	Mn		
Ni80Cr20合金	78~80	20~22	<1.5	0~2	普遍使用的高耐热合金	1100~1150
Ni70Cr20Fe8合金	70	20	8	2	高耐热合金	1050~1100
Ni60Cr15Fe30合金	60~63	12~15	20~23	0~2	最易加工,价格低廉	1050~1100
Ni50Cr30Fe25合金	50~52	30~33	30~33	2~3	制造厚带和粗线	1200~1250

Fe-Cr-Al合金的成分见表1-8,这类合金的耐热性随着Al和Cr含量的增加而提高,但同时增高合金的硬度和脆性,使工艺性能恶化,在高温下使用易产生脆性。

表1-8 Fe-Cr-Al系电热合金的成分及特点

序号	化学成分/%				加工性能	工作温度/℃
	Cr	Al	C	Fe		
1	16~18	4.5~6.5	<0.05	余	热、冷态中加工	1000
2	23~27	4.5~7	<0.05	余	热、冷态中加工	1250
3	40~45	7.5~12	<0.05	余	热态中加工	1350
4	65~68	7.5~11.5	<0.05	余	只有研磨	1500

1.5 热电材料

热电材料是一种将热能和电能直接转换的功能材料,在热电发电和制冷、恒温控制与温度测量等领域具有极为重要的应用前景。用热电材料制成的热电器件具有很多独特的优点,如结构紧凑、工作无噪声、无污染、安全不失效等,在一些尖端科技领域已获得了成功的应用。利用珀耳帖效应的热电制冷器可以将电能转换成热能,具有体积小(可以制成不到1cm^3的制冷器)、质量轻(只有几克或几十克)、无任何机械转动部件,工作无噪声、无液态或气态工质,因而不存在污染,安全可靠性高,控制灵活(改变供电电流,可实现制冷量的连续调节;改变电流方向,可逆向供热)等优点。但不足的是产冷量低,工作温度较低时转换效率也较低。目前热电材料主要有金属热电材料、半导体热电材料和氧化物热电

材料等。热电材料以性能指数 Z 来评价,即

$$Z=\frac{S^2}{\rho\kappa} \tag{1-42}$$

式中:S 为热电功率;ρ 为电阻率;κ 为热导率。

好的热电材料应为:S 大而 ρ 及 κ 小,使 Z 大。Z 乘以温度 T 得 ZT,它是热电转换效率的指标,希望大于1。

1.5.1 金属热电材料

金属热电材料主要是利用其塞贝克效应制作热电偶,因而是重要的测温材料之一。对金属热电偶材料的性能要求为具有高的热电势及同等的热电势温度系数,保证高的灵敏度。同时要求热电势随温度的变是单值的,最好呈线性关系。具有良好的高温抗氧化性和抗环境介质的腐蚀性,在使用过程中稳定性好,重复性好,并容易加工,价格低廉。一般根据使用温度范围来选择使有热电偶材料。为了确定两种材料组成热电偶后的热电势,技术上选用铂作为标准热电极材料,这是因为铂的熔点高,抗氧化性强及较好的重复性。

较常用的非贵金属热电偶材料有镍铬—镍铝、镍铬—镍硅、铁—康铜、铜—康铜等;贵金属热电偶材料最常使用的有铂—铂铑及铱—铱铑等;低于室温的低温热电偶材料常用的有铜—康铜、铁—镍铬、铁—康铜、金铁—镍铬等。表1-9列出了常用国际标准化热电极材料的成分和使用温度范围,其中使用了国际标准化热电偶正、负热电极材料的代号,一般用两个字母表示:第一个字母表示型号,第二个字母中的 P 代表正电极材料,N 代表负电极材料。

表1-9 常用热电偶材料

序号	型号	正电极材料		负电极材料		使用温度范围/K
		代号	成分/%(质量分数)	代号	成分/%(质量分数)	
1	B	BP	Pt70Rh30	BN	Pt94Rh6	273~2093
2	R	RP	Pt87Rh13	RN	Pt100	2231~2040
3	S	SP	Pt90Rh10	SN	Pt100	223~2040
4	N	NP	Ni84Cr14.5Si1.5	NN	Ni54.9Si45Mg0.1	3~1645
5	K	KP	Ni90Cr10	KN	Ni95Al2Mn2Si1	3~1645
6	J	JP	Fe100	JN	Ni45Cu55	63~1473
7	E	EP	Ni90Cr10	EN	Ni45Cu55	3~1273
8	T	TP	Cu100	TN	Ni45Cu55	3~673

1.5.2 半导体热电材料

20世纪60年代以来,人们研究并发现了许多有价值的热电半导体材料,包括 ZnSb、PbTe、$(Bi,Sb)_2(Te,Se)_3$、$In(Sb,As,P)$、$Bi_{1-x}Sb_x$ 等,其中以 $(Bi,Sb)_2(Te,Se)_3$ 和 $Bi_{1-x}Sb_x$ 性能最好。

$(Bi,Sb)_2(Te,Se)_3$ 类固溶体材料是研究最早也是最成熟的热电材料,目前大多数电制冷元件都是采用这类材料。Bi_2Te_3 为三方晶系,晶胞内原子数为15个,被公认为是最好的热电材料。SbT3 掺杂可以使 $Bi_2Te_{2.85}Se_{0.15}$ 材料的热导率在室温时低于 $2W/K\cdot m$,

并且随温度升高有较大程度的下降。对这类材料掺杂有可能获得ZT>1的热电材料。

$Bi_{1-x}Sb_x$材料是一类具有六方结构的无限固溶体，由于其具有较大的Seebeck系数和较低的导热系数因而具有较大的ZT值（室温下ZT≤0.8）。由于这类材料结构简单，每个晶胞内仅有6个原子，因此晶格声子热导率可调节范围较小，故近年来有关这种材料的研究已很少见。

具有Skutterudite晶体结构的热电材料又称为方钴矿材料。方钴矿是一类通式为AB_3的化合物（其中A是金属元素，如Ir，Co，Rh，Fe等；B是族元素，如As，Sb，P等）。具有复杂的立方晶系晶体结构，一个单位晶胞包含了AB3分子，计32个原子，每个晶胞内还有2个较大的孔隙。实验表明K在方钴矿晶胞的孔隙中填入直径较大的稀土原子，其热导率大幅度降低。其组成公式为RA_4B_{12}，R为稀土原子，由于R原子可以在笼状孔隙内震颤，从而可以大大降低材料的声子热导率。虽然Zn-Sb材料早已被作为热电材料进行了大量的研究，但近年才发现β-Zn_4Sb_3材料具有很高热电性能的材料。由于其ZT值可达1.3，因而倍受关注。β-Zn_4Sb_3具有复杂的菱形六面体结构，晶胞中有12个Zn原子、4个Sb原子具有确定的位置，另外6个位置Zn原子出现的几率为11%，Sb原子出现的几率为89%。因此，实际上这种材料的结构为每个单位晶胞含有22个原子，其化学式可以写成Zn_6Sb_5。

1.5.3 氧化物热电材料

氧化物热电材料的最大特点是可以在氧化气氛的高温下长期工作，其大多无毒性，无环境污染等问题，且制备简单；制样时在空气中直接烧结即可，无需抽真空等。一般来说，氧化物热电材料主要有两大类：Na-Co-O系热电材料和Ca-Co-O系热电材料。

1.5.3.1 Na-Co-O系热电材料

$NaCo_2O_4$热电材料是一种具有层状结构的过渡金属氧化物，它是由Na^+和CoO_2单元沿着c轴交替堆叠形成层状六边形结构，Na^+处于CoO_2层之间，随机地占据一半空位原子，Na^+的质量分数可在50%～70%之间变化，但Na^+质量分数在50%时其热电性能最好。在$NaCo_2O_4$这种结构中，CoO_2主要起导电作用，Na^+层呈无序排列，对声子起到了很好的散射作用。$NaCo_2O_4$具有反常的热电性能，在300K时其Seebeck系数为$100\mu V/K$，电阻率为$2\Omega \cdot m$。$NaCo_2O_4$是一种强电子相关系统，在这种系统中，电子之间的库仑斥力使得通常的电子能带结构发生分裂，从而材料的参数可能超出传统能带理论的计算。

分别对$NaCo_2O_4$进行了掺入Ba^{2+}、Ca^{2+}和Ag^+的实验，研究了在不同条件下掺入Ba^{2+}、Ca^{2+}和Ag^+后，$NaCo_2O_4$材料的热电性能的变化情况。尽管$NaCo_2O_4$具有良好的热电性能，但温度超过1073K时，由于Na^+的挥发限制了该材料的应用。

1.5.3.2 Ca-Co-O系热电材料

$Ca_3Co_4O_9$结构与$NaCo_2O_4$相似，也是一种层状结构，由绝缘层Ca_2CoO_3和导电层CoO_2交替沿c轴排列组成。沿层方向的电导率是其垂直方向电导率的2倍。此类材料有低的电阻率，300K时电阻率为$(4～6)×10^{-4}\Omega \cdot m$。Seebeck系数为$140\mu V/K$，ZT为0.066。与$NaCo_2O_4$相比，此类半导体在1000K以上仍有较高的热电优值，这是传统热电材料无法比拟的。$Ca_2Co_2O_5$ 热电材料具有类似于 $Ca_3Co_4O_9$ 的层状结构。电阻率 ρ 随温度的升高而下降，Seebeck 系数随温度的升高而增大。在 T 为 873K 时，Seebeck 系数大于 $200\mu V/K$，ZT 值为 1.2～1.7。对 Ca-Co-O 体系进行了掺杂研究，如掺入 Sr、Sm、La 等，可以有效地改善 $Ca_3Co_4O_9$ 的热电性能。

$Bi_2Sr_2Co_2O_3$ 的结构与 $Ca_3Co_4O_9$ 和 $NaCo_2O_4$ 的结构相似，同为层状结构，由 $Bi_2Sr_2O_4$ 层和 CoO_2 层交替堆积而成。$Bi_2Sr_2Co_2O_3$ 晶须在 973K 时，Seebeck 系数为 $300\mu V/K$，ZT 值为 1.1。ZT 值为 1.2～1.7 研究表明，不等价替代如 Pb 替代 Bi 可以很好地改善 Bi-Sr-Co-O 体系的热电性能。

1.6 导电高分子

导电高分子材料是指电导率在半导体和导体范围内的高分子材料。按导电原理，导电高分子材料可分为复合型和结构型两大类。所谓结构型，导电高分子是指那些分子结构本身能提供载流子从而显示"固有"导电性的高分子材料。复合型电导高分子是以绝缘聚合物作基体，与导电性物质（如炭黑、金属粉等）通过各种复合方法而制得的材料，它的导电性是靠导电性物质提供的。

1.6.1 复合型导电高分子材料

原则上，任何高分子都可用作复合型导电高分子材料的基质，导电填料也有很多种，如各种金属粉、炭黑、碳化钨、碳化镍等。如果按高分子基体材料的性质可分为导电塑料、导电橡胶、导电胶粘剂等；按其电性能可分为半导性材料（$\rho > 10^7 \Omega \cdot cm$）、防静电材料（$\rho \approx 10^4 \Omega \cdot cm \sim 10^7 \Omega \cdot cm$）、导电材料（$\rho < 10^4 \Omega \cdot cm$）、高导电材料（$\rho \approx 10^{-3} \Omega \cdot cm$）等；根据导电填料的不同，可划分为碳系（炭黑、石墨等）、金属系（各种金属粉、纤维、片等）等。

1.6.1.1 导电机理

实验表明，当复合体系中导电填料浓度较低时，材料的电导率随导电填料浓度的增加变化很小；但当导电填料浓度达到某一数值时，电导率急剧上升，变化幅度达 10 个数量级左右。超过这一值后，体系电导率增加又趋平缓。目前解释这种导电现象的有两种机理：一种是导电通道学说。认为当导电炭黑浓度较低时，互相接触少，故导电性很低。当炭黑浓度增加时，颗粒间接触机会增多，电导率逐步上升。当炭黑浓度达到某一临界值时，体系内的导电炭黑微粒形成一个无限网链，电子通过链移动产生导电现象；另一种隧道效应学说。认为除了粒子之间的接触，电子也可在基体中的导电粒子间隙中进行迁移而导电。电子穿过导电颗粒之间隔离层的几率的大小与隔离层的厚度 a 及隔离层势垒的能量 U_0 与电子能量 E 的差值 (U_0-E) 有关。a 值和 (U_0-E) 值愈小，电子穿过隔离层的几率就愈大。当隔离层厚度小到一定值时，电子就能容易地穿过，使导电颗粒间的绝缘隔离层变为导电层。

除这两种机理外，还有电场发射导电机理。

1.6.1.2 影响导电性的因素

影响复合型导电高分子材料导电性的因素很多,主要有导电填料、聚合物基质以及各种加工、环境等情况。

不同填料制得的复合导电材料性质不同,其中炭黑具有耐热、耐化学药品、质轻、导热、导电性良好、价格低的特点,应用较广,但着色性较差。针对炭黑着色性差的问题,开发了一些易于着色的白色粉末填料,如镀锑的氧化物(Sb/SnO_2)、沉积有一层 Sb/SnO_2 的 TiO_2 等。此外,还研制了银包覆玻璃丝、玻璃箔、铜包覆石墨纤维、金属包覆玻璃微球、金属包覆瓷微球等填料,导电效果较好。

对同一基材的复合型导电复合材料,用不同加工方法所制得产品的电导率往往是不同的。此外,压力、加工温度等加工参数的改变,对制品导电性能也有较大影响。

影响导电材料性能的环境因素主要有相对湿度、温度、电场、磁场等,如添加炭黑导电材料的电导率对外电场强度和温度有强烈的依赖性,如图1-8所示。从图1-8可以看出,在低电场强度下,电导率符合欧姆定律;而在高电场强度下,电导率符合幂定律。这是由于在低电场强度下,材料导电主要是由界面极化引起的离子导电,极化导电的载流子数目较少,故电导率较低。而在高电场强度下,炭黑中的载流子自由电子获得足够的能

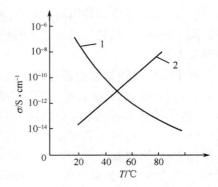

图1-8 高低场强时聚乙炔-炭黑
体系电导率与温度的关系
1—$E=10^6$ V/cm;
2—$E=10^3$ V/cm。

量,能够穿过炭黑颗粒间的聚合物隔离层而使材料导电,隧道效应起了主要作用,电子电导为主,电导率较高。

1.6.2 结构型导电高分子

一般四类聚合物具有导电性:共轭体系聚合物、电荷转移络合物、金属有机螯合物及高分子电解质。其中高分子电解质是以离子传导为主,其余三类均以电子传导为主。

1.6.2.1 共轭高聚物

共轭聚合物主要是指分子主链中碳—碳单键和双键交替排列的聚合物,如聚乙炔等。另外也有碳—氮、碳硫、氮硫等共轭体系,如聚(2,5-噻吩)、聚吡咯、聚苯撑硫、聚(对—苯撑)、聚苯胺等。由于这些分子中双键 π 电子的非定域性,这类高聚物大都表现出一定的导电性。

从共轭结构上看,共轭链又可分为受阻共轭和无阻共轭两类。

受阻共轭是指共轭链分子轨道上存在"缺陷"。当共轭链中存在庞大的侧基或强极性基团时,往往会引起共轭链的扭曲、折叠等,从而使 π 电子离域受到限制。π 电子离域受阻程度越大,分子链的电子导电性就越差,如聚烷基乙炔,$\sigma=10^{-15}$ S/cm~10^{-10} S/cm,就属于受阻共轭聚合物。

无阻共轭是指共轭链分子轨道上不存在的"缺陷",整个共轭链的 π 电子离域不受阻碍,因此这类聚合物是较好的导电材料或半导体材料,如反式聚乙炔、聚苯撑等。石墨是典型的无阻共轭体系,它是稠合苯环组成的平面网。苯环中 π 电子离域很强烈,而且数量较多,其在平面网上的电导率可达 $10^6\text{S/cm}\sim10^7\text{S/m}$。石墨中平面网之间的距离为 0.335nm,平面网的 π 电子轨道可以重叠,于是在垂直于平面网的方向也构成了一个导电通路,但这个方向的电导率要小得多,只有 $10^2\text{S/cm}\sim10^3\text{S/m}$。

实际上,要合成共轭体系十分完整的长共轭链高聚物是有困难的,这使共轭聚合物的导电率并不很高。但是与饱和高聚物相比,共轭聚合物的能隙很小,电子亲和力较大,这表明它们容易与适当的电子受体或电子给体发生电荷转移,从而形成电荷转移络合物。在聚乙炔、聚苯撑硫等共轭高聚物中掺入 I_2、AsF_5 和碱金属等电子受体或给体后,其导电性提高了很多,有些甚至具有导体的性质。图 1-9 给出了聚乙炔掺杂了 AsF_5、I_2、Br_2 时电导率的变化。

对于线性共轭聚合物进行掺杂的方法有化学掺杂和物理掺杂两大类:前者包括气相掺杂、液相掺杂、电化学掺杂、光引发掺杂等;后者则有离子注入法等。掺杂剂可分两大类,即电子受体和给体:电子受体有卤素(Cl_2、Br_2 等)、路易斯酸(PF_5、SbF_5 等)、质子酸(HF、HCl 等)、过渡金属卤化物(TaF_5、$ZrCl_4$ 等)、过渡金属化合物($AgClO_3$、$AgBF_4$ 等)、有机化合物(四氰基乙烯(TCNE)、四氰代二次甲基苯醌(TCNQ)、二氯二氰代苯醌(DDQ 等);电子给体主要为碱金属等。目前,对于聚乙炔、聚苯、聚苯硫醚、聚苯胺等共轭型导电高分子的研究进展较快,有些已应用于生产实际。

1.6.2.2 高分子电荷转移络合物

电荷转移络合物是由容易给出电子的电子给体 D 和容易接受电子的电子受体 A 之间形成的复合体(CTC)

$$\underset{(\text{I})}{D+A} \leftrightarrow \underset{(\text{II})}{D^{\delta+}\cdots A^{\delta-}} \leftrightarrow \underset{(\text{III})}{D^{+}\cdots A^{-}}$$

当电子不完全转移时,形成络合物(Ⅱ)而完全转移时,则形成络合物(Ⅲ)。电子的非定域化,使电子更容易沿着 D—A 分子叠层移动,$A^{\delta-}$ 的孤对电子在 A 分子间跃迁传导,加之在 CTC 中由于 D—A 键长的动态变化(扬—特尔效应)促进电子跃迁,因而 CTC 具有较高的电导率。

高分子电荷转移络合物可分为两大类:一类是主链或侧链含有 π 电子体系的聚合物与小分子电子给体或受体所组成的非离子型或离子型电荷转移络合物;第二类由侧链或主链含有正离子自由基或正离子的聚合物与小分子电子受体所组成的高分子离子自由基盐型转移络合物。表 1-10 给出了一些高分子电荷转移络合物的例子。

表 1-10 高分子电荷转移络合物及其电导率

聚 合 物	电子受体		受体分子/聚合物结构单元		电导率/S·m^{-1}	
	受体 A	受体 B	受体 A	受体 B	受体 A	
聚苯乙烯	$AgClO_4$		0.89		2.3×10^{-7}	
聚二甲氨基苯乙烯	P—CA		0.28		10^{-8}	
聚苯乙烯	TCNE		1.0		3.2×10^{-13}	
聚三甲基苯乙烯	TCNE		1.0		5.6×10^{-12}	

(续)

聚合物	电子受体		受体分子/聚合物结构单元		电导率/S·m^{-1}	
聚蒽乙烯	TCNB	Br$_2$ I$_2$	0.71	0.58	8.3×10^{-2}	1.4×10^{-11}
聚芘乙烯	TCNQ	I$_2$	0.13	0.19	9.1×10^{-13}	4.8×10^{-5}
聚乙烯咔唑	TCNQ	I$_2$	0.03	1.3	8.3×10^{-11}	7.7×10^{-9}
聚乙烯吡啶	TCNE	I$_2$	0.5	0.6	10^{-3}	10^{-5}
聚二苯胺	TCNE	I$_2$	0.33	1.5	10^{-4}	10^{-4}
聚乙烯咪唑	TCNQ		0.26		10^{-4}	10^{-4}

注：P—CA：四氯对苯醌；TCNE：四氰基乙烯；TCNB：1,3,5—三氰基苯；TCNQ：7,7,8,8—四氰基对苯醌二甲烷

1.6.2.3 金属有机聚合物

将金属引入聚合物主链即得到金属有机聚合物。由于有机金属基团存在，使聚合物的电子电导增加。

一、主链型高分子金属络合物

由含共轭体系的高分子配位体与金属构成的主链型络合物是导电性较好的一类金属有机聚合物，它们是通过金属自由电子导电的，其导电性往往与金属种类有关，如图 1-10 所示。主链型高分子金属络合物是梯形结构，其分子链十分僵硬，因此成型较困难。

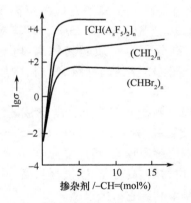

图 1-9 聚乙炔经掺杂后电导率的变化　　图 1-10 主链型络合物

二、金属酞菁聚合物

1958 年，伍费特等首次发现了聚酞菁铜具有半导体性能，其结构如图 1-11 所示。结构庞大的酞菁基团具有平面状的 π 电子体系结构，中心金属的 d 轨道与酞菁基团中 π 轨道相互重叠，使整个体系形成一个硕大的大共轭体系，这种大共轭体系的相互交叠导致了电子流通。常见的中心金属除 Cu 外还有 Ni、Mg、Al 等。在相分子质量较大的情况下，σ 为 10^0 S/m～10^1 S/m。这类聚合物柔性小、溶解性和熔融性都极差，因而不易加工。若将芳基和烷基引入金属酞菁聚合物后，其柔性和溶解性有所改善。

三、二茂铁型金属有机聚合物

纯的含二茂铁聚合物电导率并不高,一般在 10^{-8} S/m ~ 10^{-12} S/m。但是当将这类聚合物用 Ag^+、P-CA 等温和的氧化剂部分氧化剂部分氧化后,电导率可增加 5 个~7 个数量级。这时铁原子处于混合氧化态,如图 1-12 所示。电子可直接在不同氧化态的金属原子间传递,电导率从未部分氧化的 10^{-12} S/m 增至 4×10^{-3} S/m。一般情况下,二茂铁型聚合物的电导率随氧化程度的提高而迅速上升,但通常以氧化度为 70% 左右时电导率最高。另外,聚合中二铁的密度也影响电导率。二茂铁型金属有机聚合物的价格低廉、来源丰富,有较好的加工性和良好的导电性,是一类有发展前途的导电高分子。

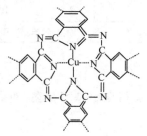

图 1-11 聚酞菁铜结构   图 1-12 二茂铁聚合物结构

1.6.2.4 高分子电解质

高分子电解质主要有两大类,即阳离聚合物(如各种聚季铵盐、聚硫盐等)和阴离子聚合物(如聚丙烯酸及其盐等),其导电性是通过与高分子离子对应的反离子迁移实现的。高分子电解质固体的电导率较小,一般在 10^{-10} S/m ~ 10^{-7} S/m。环境湿度对高分子电解质的导电性影响较大,相对湿度越大,高分子电解质越易解离,电导率就越高。高分子电解质的这种电学特性常被用作电子照样、纸张、纤维、塑料、橡胶等的抗静电剂。

除上述电解质外,聚环氧乙烷(PEO)与某些碱金属盐如 CsS、NaI 等形成的络合物也具有离子导电性,且电导率比一般的高分子电解质要高($\sigma = 10^{-2}$ S/m ~ 10^{-3} S/m)。这类络合物常被称为快乐离子导体,可作为固体电池的电解质隔膜,可反复充电。

除此之外,还有光电导高分子材料、高分子压电材料、高分子超导材料、高分子热电材料以及高分子磁性材料,读者可以参看本书其它章节和其它有关书籍。

习题与思考题

1. 某种陶瓷,实验测试得到的电阻率与温度的关系为 $T_1 = 600K$,$\ln\rho_1 = 8$;$T_2 = 300K$,$\ln\rho_2 = 12$,求其电导激活能 E 为多少?

2. 已知 NaI 的 $A_1 = 2 \times 10^8 (\Omega \cdot cm)^{-1}$;$A_2 = 6(\Omega \cdot cm)^{-1}$;$W_1 = 118(kJ/mol)$;$W_2 = 59(kJ/mol)$,求 $T = 300K$ 时其电导率为多少?($W = E/k_B$)

3. 一材料含体积百分比为 95% 的 A 相,电导率为 2.4×10^8 S/cm;还有 5% 的 B 相,

电导率为 1.2×10^2 S/cm。试计算材料的总电导率。

4. 试推出纯金属的电阻率满足布洛赫—格林爱森公式。
5. 试由电子输运理论给出金属的电导率的表达式。
6. 怎样判定是电子导电、离子导电还是空穴导电？
7. 试按照 ZT 对热电材料进行分类，并讨论其性能与结构的关系。
8. 高分子导电的机理是什么？

第 2 章　电介质材料

电介质材料是指在电场作用下，能建立极化的一切物质，或具有介电常数的任何物质，都可以看作是电介质。本章着重介绍电介质材料的基本性质及在电子、通信行业中得到广泛应用的微波介质材料、多层电容器材料。其余类型的电介质材料可参见本书其它各章。

2.1　电介质的基本物理性能

表征电介质材料的物理性质主要有介电常数、介电损耗、介电强度等。

2.1.1　电介质的介电常数

2.1.1.1　介电常数与极化

电介质在电场作用下产生感应电荷，也称束缚电荷的现象称为电介质的极化。对真空平行板电容器，电容 C_0 为

$$C_0 = \frac{A}{d} \varepsilon_0 \tag{2-1}$$

式中：A 为面积；d 为板极间距；ε_0 是真空介电常数；$\varepsilon_0 = 8.85 \times 10^{-12}$ F/m（法拉/米）。

如果在真空电容器中嵌入电介质，则电容 C 为

$$C = C_0 \times \frac{\varepsilon}{\varepsilon_0} = C_0 \varepsilon_r \tag{2-2}$$

式中：ε 是电介质的介电常数；ε_r 称相对介电常数。

由以上两式不难推出

$$\varepsilon_r = \frac{C}{C_0} = \frac{1}{\varepsilon_0} \times \frac{Cd}{A} \tag{2-3}$$

ε_r 反映了电介质极化的能力。

介质的总极化一般包括三个部分：电子极化、离子极化和偶极子转向极化。除此之外，还有界面极化、谐振式极化和自发极化等多种形式的极化。各种极化形式的综合比较见表 2-1、图 2-1。

表 2-1　各种极化形式的比较

极化形式	具有此种极化的电介质	发生极化的频率范围	与温度的关系	能量消耗
电子位移极化	发生在一切介质中	直流—光频	无关	没有
离子位移极化	离子结构介质	直流—红外	温度升高，极化增强	很微弱

(续)

极化形式	具有此种极化的电介质	发生极化的频率范围	与温度的关系	能量消耗
离子松弛极化	离子结构的玻璃、结构不紧密的晶体及陶瓷	直流—超高频	随温度变化有极大值	有
电子松弛极化	钛质瓷、以高价金属氧化物为基的陶瓷	直流—超高频	随温度变化有极大值	有
转向极化	有机材料	直流—超高频	随温度变化有极大值	有
空间电荷极化	结构不均匀的陶瓷介质	直流—高频	随温度升高而减弱	有
自发极化	温度低于居里点的铁电材料	直流—超高频	随温度变化有显著极大值	很大

2.1.1.2 复介电常数

考虑一个在真空中的容量为 $C_0=\varepsilon_0 S/d$ 的平行平板式电容器，如果把交变电压 $U=U_0 e^{i\omega t}$ 加在这个电容器上，则在电极上出现电荷 $Q=C_0 U$，并且与外电压同相位。该电容上的电流为

$$I_0=\dot{Q}=i\omega C_0 U \tag{2-4}$$

它与外电压相差 90°的相位，如图 2-2 所示，是一种非损耗性的电流。

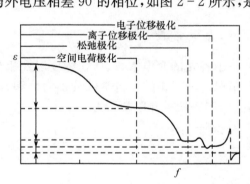 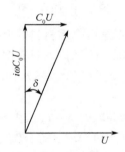

图 2-1　各种极化的频率范围及其对 ε 的贡献　　图 2-2　电容器上的电流

当两电极间充以非极性的完全绝缘的材料时，$C=\varepsilon_r C_0$（$\varepsilon_r>1$，为介质的相对介电常数），则电流变为

$$I_0=\dot{Q}=i\omega CU=\varepsilon_r I_0 \tag{2-5}$$

此时，它比 I_0 大，但与外电压仍相差 90°相位。

如果试样材料是弱导电性的，或是极性的，或兼有此两种特性，那么电容器不再是理想的，电流与电压的相位不恰好相差 90°。这是由于存在一个与电压相位相同的很小的电导分量 GU，它来源于电荷的运动。如果这些电荷是自由的，则电导 G 实际上与外电压频率无关；如果这些电荷是被符号相反的电荷所束缚，如振动偶极子的情况，则 G 为频率的函数。

在上述两种情况下，合成电流为

$$I_0=(i\omega C+G)U \tag{2-6}$$

设 G 是由自由电荷产生的纯电导,则 $G=\sigma S/d$。由于 $C=\varepsilon S/d$,故电流密度 j 为

$$j=(i\omega\varepsilon+\sigma)E \tag{2-7}$$

式中:$i\omega\varepsilon E$ 项为位移电流密度 D;σE 项为传导电流密度;ε 为绝对介电常数。

于是可以由 $j=\sigma^* E$ 定义复电导率

$$\sigma^* = i\omega\varepsilon + \sigma \tag{2-8}$$

也可以由 $j=i\omega\varepsilon^* E$ 定义复介电常数

$$\varepsilon^* = \frac{\sigma^*}{i\omega} = \varepsilon - i\frac{\sigma}{\varepsilon} \tag{2-9}$$

损耗角(图 2-2 中的 δ)由下式定义,即

$$\tan\delta = \frac{损耗项}{电容项} = \frac{\sigma}{\omega\varepsilon} \tag{2-10}$$

只要电导(或损耗)不完全由自由电荷产生,也由束缚电荷产生,那么电导率 σ 本身就是一个依赖于频率的复量,所以 ε^* 的实部不是精确地等于 ε,虚部也不是精确地等于 $\frac{|\sigma|}{\omega}$。

复介电常数最普通的表示式为

$$\varepsilon^* = \varepsilon' - i\varepsilon'' \tag{2-11}$$

式中,ε' 和 ε'' 是依赖于频率的量。所以

$$\tan\delta = \frac{\varepsilon''}{\varepsilon'} \tag{2-12}$$

2.1.1.3 多相系统电介质材料的介电常数

多相系统电介质材料的介电常数取决于各相的介电常数、体积浓度以及相与相之间的配置情况。下面讨论只有两相的简单情况。设两相的介电常数分别为 ε_1 和 ε_2,浓度分别为 x_1 和 x_2($x_1+x_2=1$),当两相混合分布时系统的介电常数为

$$\varepsilon^k = x_1\varepsilon_1^k + x_2\varepsilon_2^k \tag{2-13}$$

式中:二相并联时 $k=1$;二相串联时 $k=-1$。

对式(2-13)求 ε 的全微分可得

$$k\varepsilon^{k-1}d\varepsilon = x_1 k\varepsilon_1^{k-1}d\varepsilon_1 + x_2 k\varepsilon_2^{k-1}d\varepsilon_2 \tag{2-14}$$

两边除以 k,当 $k\to 0$ 时得

$$\frac{d\varepsilon}{\varepsilon} = x_1\frac{d\varepsilon_1}{\varepsilon_1} + x_2\frac{d\varepsilon_2}{\varepsilon_2} \tag{2-15}$$

对式(2-15)积分,得二相混合物的介电常数为

$$\ln\varepsilon = x_1\ln\varepsilon_1 + x_2\ln\varepsilon_2 \tag{2-16}$$

上式只适用于二相的介电常数相差不大,而且均匀分布的场合。

当介电常数为 ε_d 的球形颗粒均匀地分散在介电常数为 ε_m 的基相中时,Maxwell 推导出计算该混合物介电常数 ε 的一般关系式如下:

$$\varepsilon = \frac{x_m\varepsilon_m\left(\frac{2}{3}+\frac{\varepsilon_d}{3\varepsilon_m}\right)+x_d\varepsilon_d}{x_m\left(\frac{2}{3}+\frac{\varepsilon_d}{3\varepsilon_m}\right)+x_d} \tag{2-17}$$

表 2-2 列出了根据式(2-17)计算的结果,其数值与实验值比较接近。

表2-2 复合材料的介电常数

成分	体积浓度/%	根据式(2-17)计算	测量结果		
			10^2 Hz	10^6 Hz	10^{10} Hz
TiO$_2$＋聚二氯苯乙烯	41.9	5.2	5.3	5.3	5.3
	65.3	10.2	10.2	10.2	10.2
	81.4	22.1	23.6	23.0	23.0
SrTiO$_3$＋聚二氯苯乙烯	37.0	4.9	5.20	5.18	4.9
	59.5	9.6	9.65	9.61	9.36
	74.8	18.0	18.0	16.6	15.2
	80.6	28.5	25.0	20.2	20.2

2.1.1.4 介电常数的温度系数

介电常数的温度系数是指随温度变化,介电常数的相对变化率,即

$$TK\varepsilon = \frac{1}{\varepsilon}\frac{d\varepsilon}{dT} \tag{2-18}$$

实际中常采用实验方法求 $TK\varepsilon$

$$TK\varepsilon = \frac{\Delta\varepsilon}{\varepsilon_0 \Delta t} = \frac{\varepsilon_t - \varepsilon_0}{\varepsilon_0(t - t_0)} \tag{2-19}$$

式中:t_0为起始温度(一般为25℃);t为终了温度(一般为75℃);ε_0、ε_t分别为介质在t_0,t时的介电常数。

如果电介质只有电子极化,因为温度升高,介质密度降低,极化强度降低,这类材料的介电系数的温度系数是负的。以离子极化为主的材料随温度升高,其离子极化率增加,并且对极化强度增加的影响超过了密度降低对极化强度的影响,因而这类材料的介电常数的温度系数为正。以松弛极化为主的材料,其ε和T的关系中可能出现极大值,因而$TK\varepsilon$可正、可负。但是此类大多数材料在广阔的温度范围内,$TK\varepsilon$为正值。

当一种材料由两种介质(包括两种不同成分,不同晶体结构的化合物)复合而成,而这两种介质的粒度都非常小,分布又很均匀时,可用式(2-16)计算介电常数,如把式(2-16)两边对温度微分可得

$$\frac{1}{\varepsilon}\times\frac{d\varepsilon}{dT} = x_1 \times \frac{1}{\varepsilon_1}\times\frac{d\varepsilon_1}{dT} + x_2 \times \frac{1}{\varepsilon_2}\times\frac{d\varepsilon_2}{dT} \tag{2-20}$$

即 $$TK\varepsilon = x_1 TK\varepsilon_1 + x_2 TK\varepsilon_2$$

从上式可知,如果要做一种热稳定陶瓷电容器,就可以用一种$TK\varepsilon$值为很小正值的晶体作为主晶相,再加入适量的另一种具有负$TK\varepsilon$值的晶体,调节材料$TK\varepsilon$的绝对值到最小值。具有负$TK\varepsilon$值的化合物有:TiO_2,$CaTiO_3$,$SrTiO_3$等;具有正$TK\varepsilon$值的化合物有:$CaSnO_3$、$2MgO \cdot TiO_2$、$CaZrO_3$、$CaSiO_3$、$MgO \cdot SiO_2$以及Al_2O_3、MgO、CaO、ZrO_2等。

2.1.2 介质损耗

电介质在恒定电场作用下所损耗的能量与通过其内部的电流有关。加上电场后通过介质的电流包括:①由样品的几何电容的充电所造成的电流,简称电容电流,不损耗能量;②由各种介质极化的建立所造成的电流,所引起的损耗称为极化损耗;③由介质的电导

(漏导)造成的电流,所引起的损耗称为电导损耗。

在直流电压下,介质损耗仅由电导引起,损耗功率为

$$P_w = IU = GU^2 \tag{2-21}$$

式中:G 为介质的电导,单位为 S 西门子。

定义单位体积的介质损耗为介质损耗率 p,则

$$p = \frac{P_w}{V} = \frac{GU^2}{V} = \sigma E^2 \tag{2-22}$$

式中:V 为介质体积;σ 为纯自由电荷产生的电导率(S/m)。

由此可见,在一定的直流电场下,介质损耗率取决于材料的电导率。

在交变电场下,介质损耗不仅与自由电荷的电导有关,还与松弛极化过程有关,所以 δ 不仅决定于自由电荷电导,还由束缚电荷产生,它与频率有关。由式(2-10)可得

$$\sigma = \omega \varepsilon \tan\delta \tag{2-23}$$

当外界条件(外施电压)一定时,介质损耗只与 $\varepsilon \tan\delta$ 有关。$\varepsilon \tan\delta$ 仅由介质本身决定,称为损耗因素。式(2-23)中的 σ 应理解为交流电压下的介质等效电导率。

2.1.3 介电强度

当电场强度超过某一临界时,介质由介电状态变为导电状态。这种现象称为介电强度的破坏,或叫介质的击穿。相应的临界电场强度称为介电强度,或称为击穿电场强度。

对于凝聚态绝缘体,通常所观测到的击穿电场范围约为 $(1 \times 10^5 \sim 5 \times 10^6) \mathrm{V \cdot cm^{-1}}$。但比原子中的电子所受库仑场 $(5 \times 10^8 \mathrm{V \cdot cm^{-1}})$ 小得多。因此电击穿不是由于电场对原子或分子的直接作用所导致的。电击穿是一种集体现象,能量通过其它粒子(如已经从电场中获得了足够能量的电子和离子)传送到被击穿的组分中的原子或分子上。通常可以将击穿类型分为三种:热击穿、电击穿和局部放电击穿。

热击穿的本质是:处于电场中的介质,由于其中的介质损耗而受热,当外加电压足够高时,可能从散热与发热的热平衡状态转入不平衡状态,若发出的热量比散去的多,介质温度将愈来愈高,直至出现永久性损坏,这就是热击穿。

电击穿的本质是:在强电场下,固体导带中可能因冷发射或热发射存在一些电子。这些电子一方面在外电场作用下被加速,获得动能;另一方面与晶格振动相互作用,把电场能量传递给晶格。当这两个过程在一定的温度和场强下平衡时,固体介质有稳定的电导;当电子从电场中得到的能量大于传递给晶格振动的能量时,电子的动能就越来越大,至电子能量大到一定值时,电子与晶格振动的相互作用导致电离产生新电子,使自由电子数迅速增加,电导进入不稳定阶段,击穿发生。

2.2 微波介质材料

随着现代通信技术的飞跃发展,工作在微波频段的移动通信,卫星通信技术获得了广泛的应用。微波陶瓷主要用于制造介质谐振器、微波集成电路基片、微波元件、介质波导、介质天线、衰减器、匹配终端、行波管夹持棒等微波器件。1939 年,首次报道了 TiO_2(金

红石)可以作为介质谐振器使用的微波介质陶瓷。1955年,Rase和Roy首先研究成功了$BaTi_4O_9$。20世纪60年代后期,人们又研制出ε_r约为100,Q值为1000,τ_f约为400×10^{-6}/℃的微波陶瓷。但其τ_f值太高,导致其使用受限较大。20世纪70年代,美国最先研制出实用化的新型微波陶瓷材料$Ba_2Ti_9O_{20}$。Paladino首次把两种低损耗、分别具有正、负频率温度系数的材料$MgTi_2O_5$和TiO_2复合,得到了零温度系数的材料体系。微波介质陶瓷材料在微波频率下介质损耗很小,一般$\tan\delta \leqslant 3\times10^{-4}$,$Q \geqslant 3000$。同时,它们有较大的介电常数,一般在30~200范围。这些材料在-50℃~$+100$℃温度范围内,介电常数的温度系数较小或近于零,能满足各种微波器件的需要。目前,研究较为成熟的微波介质陶瓷材料主要有:$BaO-TiO_2$系、$A(B_{1/3}B'_{2/3})O_3$系、$(Zr,Sn)TiO_4$系、$BaO-Ln_2O_3-TiO_2$系和其它系列微波介质陶瓷。

2.2.1 BaO-TiO$_2$系微波陶瓷

在$BaO-TiO_2$系中,TiO_2的含量在75mol%~100mol%的范围内,有多种化合物:$Ba_2Ti_9O_{20}$、$BaTi_4O_9$、$BaTi_5O_7$、$BaTi_6O_{11}$和$BaTi_6O_{13}$等。$BaO-TiO_2$系化学组成与相组成的关系列于表2-3。$Ba_2Ti_9O_{20}$是该系统性能最佳的组成。

表2-3 在1350℃烧结时BaO-TiO$_2$系统的相组成

组 成		存在的相*		组 成		存在的相*	
TiO_2/BaO	TiO_2/mol%	x射线	微观结构	TiO_2/BaO	TiO_2/mol%	x射线	微观结构
3.8	79.2	BT_4,BT_3	BT_4,BT_3	4.45	81.65	$BT_{4.5}$	$BT_{4.5}$
3.9	79.6	BT_4	BT_4,BT_3	4.5	81.8	$BT_{4.5}$	$BT_{4.5}$,TiO_2
4.0	80.0	BT_4	BT_4	4.6	82.1	$BT_{4.5}$	$BT_{4.5}$,TiO_2
4.1	80.4	BT_4,$BT_{4.5}$	BT_4,$BT_{4.5}$	4.8	82.8	$BT_{4.5}$,TiO_2	$BT_{4.5}$,TiO_2
4.2	80.8	BT_4,$BT_{4.5}$	BT_4,$BT_{4.5}$	5.0	83.3	$BT_{4.5}$,TiO_2	$BT_{4.5}$,TiO_2
4.3	81.1	BT_4,$BT_{4.5}$	BT_4,$BT_{4.5}$	6.0	85.7	$BT_{4.5}$,TiO_2	$BT_{4.5}$,TiO_2
4.4	81.5	$BT_{4.5}$	$BT_{4.5}$				

* $BT_3=BaTi_3O_7$; $BT_4=BaTi_4O_9$; $BT_{4.5}=Ba_2Ti_9O_{20}$

$Ba_2Ti_9O_{20}$是这个系统中获得较早应用的一种微波陶瓷介质,它具有高ε_r、高Q和低介电常数的温度系数。图2-3表示出在4GHz下,组成范围为79mol%~85mol%TiO_2(其余为BaO)时,陶瓷介质的ε_r,谐振器的品质因数Q值和谐振频率的温度系数TCf与TiO_2含量的关系。$Ba_2Ti_9O_{20}$的$\varepsilon_r=39.8$,$Q=8000$,$TCf=(2\pm1)\times10^{-6}$/℃,已能较好地满足作为介质谐振器的性能要求。图2-4是一个典型的$Ba_2Ti_9O_{20}$谐振器,在频率4GHz~10GHz范围Q值与频率的关系。当频率由4GHz升到10GHz时,其Q值由8000降到4200。因此,$Ba_2Ti_9O_{20}$瓷在X波段的应用受到限制。表2-4是$Ba_2Ti_9O_{20}$陶瓷与其它陶瓷的性质对比。

表2-4 4GHz的介电性质

组 分	Q	$TCf/\times10^{-5}$/℃	ε_r
$Ba_2Ti_9O_{20}$	8000	$+2$	39.8
$BaTi_4O_9$	2560	$\approx+15$	37.97
$CaZr_{0.985}Ti_{0.015}$	3300	$\approx+12$	29

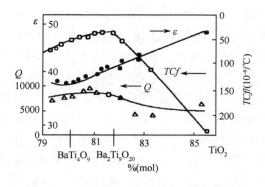
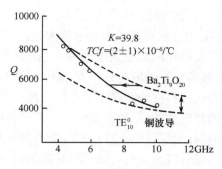

图 2-3 在 4GHz 时介质的 ε 介质谐振器的 Q、TCf 与 TiO_2 含量的关系

图 2-4 $Ba_2Ti_9O_{20}$ 谐振器 Q 与频率的关系

$Ba_2Ti_9O_{20}$ 陶瓷可用普通烧结法和热压或连续热压法烧成。普通烧结法的温度为 1350℃～1400℃，保温 6h。热压烧结的条件为：温度 1250℃～1290℃氧化气氛，压力 18MPa～69MPa，加压速度 1cm～10cm。$Ba_2Ti_9O_{20}$ 陶瓷的性质与其密度密切相关。瓷体密度越高，Q 值和 ε 值越大，TCf 越小。虽然热压的瓷体密度比普通烧结法要高，但实验表明，热压试样的 Q 值比烧结试样小得多，这是由于热压试样晶粒尺寸远小于普通烧结试样晶粒尺寸的缘故。在上述 $BaO-TiO_2$ 系统的基础上加入适量的 ZrO_2 及其它少量的加入物，以促进烧结，可制得密度为 $5.4g/cm^3$ 的陶瓷材料，比体积电阻率为 $10^{13}Ω·cm$，在 7GHz 下，$ε_r=37.0$，$Q=8500$，$TCf=10^{-6}/℃$。

2.2.2 $A(B_{1/3}B'_{2/3})O_3$ 钙钛矿型陶瓷

具有 $A(B_{1/3}B'_{2/3})O_3$（A 为 Ba、Sr，B 为 Mg、Zn、Mn 等，B' 为 Nb、Ta）形式的材料具有高 Q 值特征。表 2-5 列出了一些 $A(B_{1/3}B'_{2/3})O_3$ 材料的介电特性。该类材料是具有钙钛矿型结构的复合化合物，如 $Ba(Mg_{1/3}Ta_{2/3})O_3$ 和 $Ba(Zn_{1/3}Ta_{2/3})O_3$ 等，见表 2-6。在这些材料中加入少量的 Mn 可以在较低的温度下烧结成致密的瓷体，同时还可提高它们在高频波段的 Q 值。通常 Mn 的加入量为 1mol%～2mol%，在 10GHz 波段的性质见表 2-7。

表 2-5 $A(B_{1/3}B'_{2/3})O_3$ 陶瓷特性

材料	$ε_r$	Q (7GHz)	TCf /($×10^{-6}/℃$)	材料	$ε_r$	Q (7GHz)	TCf /($×10^{-6}/℃$)
$Ba(Ni,Ta)O_3$	23	7100	−18	$Sr(Ni,Ta)O_3$	23	3000	−57
$Ba(Co,Ta)O_3$	25	6600	−16	$Sr(Co,Ta)O_3$	23	2500	−71
$Ba(Mg,Ta)O_3$	25	10200	5	$Sr(Mg,Ta)O_3$	22	800	−50
$Ba(Zn,Ta)O_3$	29	10000	1	$Sr(Zn,Ta)O_3$	28	3100	−54
$Ba(Ca,Ta)O_3$	30	3900	145	$Sr(Ca,Ta)O_3$	22	3900	−91

表2-6 钙钛矿型陶瓷晶格常数,理论密度和烧结温度

化合物	结构	晶格常数/0.1nm		理论密度ρ/(g/cm³)	烧结温度/℃
		a	c		
$Ba(Mg_{1/3}Nb_{2/3})O_3$ (BMN)	四方	5.776	7.089	6.211	1550
$Ba(Mg_{1/3}Na_{2/3})O_3$ (BMT)	四方	5.774	7.095	7.637	1550~1600
$Ba(Zn_{1/3}Nb_{2/3})O_3$ (BZN)	四方	4.093		6.515	1500
$Ba(Mg_{1/3}Na_{2/3})O_3$ (BZT)	四方	5.787	7.087	7.944	1550
$Ba(Mg_{1/3}Nb_{2/3})O_3$ (BMnN)	假立方	4.113		6.337	1550
$Ba(Mg_{1/3}Ta_{2/3})O_3$ (BMnT)	四方	5.814	7.156	7.709	1600
$Ba(Mg_{1/3}Nb_{2/3})O_3$ (SMN)	四方	5.638	6.920	5.378	1500
$Ba(Mg_{1/3}Nb_{2/3})O_3$ (SZN)	四方	5.658	6.929	5.698	1500

表2-7 钙钛矿型陶瓷的 ε_r、Q 及 TCf

化合物	ε_r	Q	$TCf/(\times 10^{-6}/℃)$	特征
BMN	32	5600	33	
BMT	25	16800	4.4	Mn2%(mol),9.9GHz Mn1%(mol),105.GHz
BZN	41	9150	31	在N_2中热处理,9.5GHz
BZT	30	14500	0.6	Mn1%(mol),11.4GHz
BMnN	39	100	27	9.3GHz
BMnT	22	5100	34	在N_2中热处理11.4GHz
SMN	33	2300	—14	Mn2%(mol),10.3GHz
SZN	40	4000	—39	9.2GHz

该系统瓷料的一个重要特性是高温热处理可大大提高 Q 值。如 BMnT 陶瓷,在 1200℃氮气中处理 10h,Q 值增加 5 倍,即由 1000 提高到 5100(在 11.4GHz)。对其它钙铁矿型的瓷料也发现有类似的情况。这种情况仅限于在 N_2 中而不是在 O_2 中。热处理能够提高 Q 值的原因,是由于热处理使晶体进一步完整,减少结构上的缺陷所致。

此外,BZN 陶瓷加入微量的 La_2O_3 后 Q 值可高达 18000(在 5GHz),而加入 Li_2CO_3、$SrCO_3$、Bi_2O_3 等都使 Q 值降低。La^{3+} 的加入,使瓷体积密度增加,晶粒尺寸明显增大,因而导致 Q 值增加。当 $La_2O_3 > 0.01$mol%时,体积密度和晶粒尺寸不再增加,而 Q 值下降。用电子探针检查,发现 La^{3+} 聚集在晶界上形成了异相。

一般地说,介质谐振器的 Q 值随频率的升高而降低,如图 2-5 所示。然而,BMT 和 BZT 陶瓷在高频仍能保持较高的 Q 值,甚至在 20GHz 它的 Q 值仍可超过 6000,这是一个非常有价值的优良特性。另一方面,介质谐振器的 Q 值随温度的降低而升高。

Q 的倒数即 $\tan\delta$ 与温度的关系如图 2-6 所示。可以看出,只有不含 Mn 加入物的 BMT 瓷料例外,它在 -50℃~50℃ 之间,随温度的升高 Q 值下降。

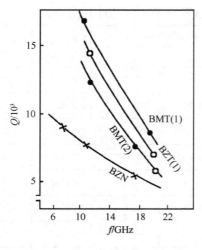
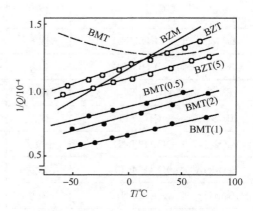

图 2-5　Q 与频率的关系　　图 2-6　1/Q 与温度的关系

在钙钛矿型陶瓷的制备中,一般采用高纯原料。如加 Mn 的 BMT 材料,原料采用纯度为 99.9% 的 $BaCO_3$、MgO 和 Ta_2O_5 等粉末。Mn 的加入是通过 $MnSO_4 \cdot 4H_2O$ 溶液与粉状原料混合后煅烧而得到。没有加入 Mn 的 BMT 和 BZT 坯片在空气中即使煅烧到 1600℃,也不能得到致密的陶瓷体。

BZT 陶瓷烧结工艺的研究结果如表 2-8 所列。显然延长烧结时间可大幅度地提高 BZT 陶瓷的 Q 值,如在 1350℃ 保温 120h,可使 BZT 陶瓷在 12GHz 下的 Q 值由 6500 提高到 14000。

表 2-8　BZT 陶瓷烧结条件与物理性质的关系

烧结温度 /℃	保温时间 /h	晶格常数/×10^{-10} m			密度 /(g/cm³)	介电常数	TCf /(×10^{-6}/℃)	无载 Q_0 (在 12GHz 时)
		a	c	c/a①				
1350	120	5.779	7.108	1.230	7.73	29.5	0±0.5	14000
1350	2	6.790	7.091	1.225	7.75	29.6	0±0.5	6500
1550	2	5.787	7.088	1.225	7.44	28.4	0±0.5	10000
1650	2	6.791	7.093	1.225	7.92	30.2	0±0.5	12000

① $c/a=(3/2)^{1/2}$,没有发现晶格畸变

2.2.3　(Zr,Sn)TiO_4 系陶瓷

(Zr,Sn)TiO_4 材料介电常数居中,Q 值高,温度稳定性好,是性能优异、应用较广的一种微波介质材料,主要应用于 4GHz~8GHz 的微波段。ZrO_2-TiO-SnO_2 三元系统相见图 2-7,其中阴影表示单相 $Zr_xTi_ySn_zO_4$(x+y+z=2) 的存在范围。阴影外随位置不同存在 TiO_2、SnO_2、ZrO_2 等相。(Zr,Sn)TiO_4 是由 Sn 添加到 $ZrTiO_4$ 中形成的固溶体,其晶体结构与 $ZrTiO_4$ 相同,属 a-PbO_2 结构,正方晶系,空间群为 Pbcn,晶格常数为 $a=0.4806$nm,$b=0.5447$nm,$c=0.5302$nm。高温冷却时,$ZrTiO_4$ 将经历两次相转变,一是在 1125℃ 高温顺电相→不对称相的转变;一是在 845℃ 时不对称相→对称相的转变。

(Zr,Sn)TiO₄材料具有较高的介电常数,而Sn离子的引入可以进一步改善Q值,并使谐振频率的温度系数近于零。(Zr,Sn)TiO₄材料的介电性能见表2-9。在$(Zr_{1-x}Sn_x)TiO_4$ ($x=0 \sim 0.2$)中,随着Sn离子对Zr离子的取代,Q值逐渐增大。在1GHz～10GHz下,$x=0$时,Q值为2000～5000;$x=0.2$时,Q值为6000～10000。此外,由于$ZrTiO_4$和$SnTiO_4$分别具有正、负温度系数(TCf分别为$55\times10^{-6}/℃$和$-250\times10^{-6}/℃$),形成的固溶体TCf值可以调至零。

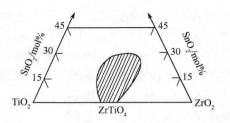

图2-7 ZrO_2-TiO_2-SnO_2系统固溶体形成范围

按传统固相反应法制备(Zr,Sn)TiO₄系陶瓷时,如果不添加烧结助剂,(Zr,Sn)TiO₄陶瓷很难达到充分致密化。因而,在(Zr,Sn)TiO₄中选取适宜的添加剂来促进烧结并保证介质材料的优良性能是十分重要的。

表2-9 (Zr,Sn)TiO₄系微波陶瓷的介电特性

材料	ε_r	Q	频率f/GHz	$TCf/(\times10^{-6}/℃)$
$ZrTiO_4$	42.4	3079	8.3	58
$Zr_{0.91}Sn_{0.09}TiO_4$	38.6	3233	8.7	24
$Zr_{0.8}Sn_{0.2}TiO_4$	38.0	7000	7	0
$Zr_{0.648}Sn_{0.382}TiO_4$	37.1	10375	4	

在(Zr,Sn)TiO₄材料中已进行了Fe_2O_3、NiO、La_2O_3、ZnO、Nb_2O_5、Ta_2O_5、Sb_2O_3、MgO等的添加研究。Ni具有抑制晶粒生长并有利于改善Q值的作用;Zn具有较好的助烧作用,添加3%(mol)的$Zn(NO_3)_2$作助剂,可在1250℃烧结,介电性能为:$\varepsilon=40.9$, $Qf=49000$GHz,$TCf=-2\times10^{-6}/℃$;Zn和Cu复合添加也能显著降低烧结温度,1200℃烧结即可达理论密度的96%,$\varepsilon_r=38$,$Qf=50000$GHz,$TCf=3\times10^{-6}/℃$。ZnO-WO_3复合掺杂对提高材料致密度和改善Q值有明显作用。

2.2.4 低温烧结Bi基微波介质材料

为满足现代通信技术日益向微型化、集成化和高频化发展的需要,可以采用多层集成电路技术来制造片式微波介质谐振器、滤波器等。但目前已研究开发的微波介质陶瓷的烧结温度大多在1000℃以上,不适合低温共烧陶瓷技术以及贱金属化的要求。B基微波介质材料既符合LTCC的要求,又具有介电常数ε_r范围宽(30～200)、介电常数温度系数α_ε可调($-600\times10^{-6}/℃ \sim +300\times10^{-6}/℃$)、介电损耗$\tan\delta$小(1MHz下,$\tan=10^{-4}\sim10^{-3}$)等优点,是一种开发新一代片式多层微波器件很有前途的材料。按材料的ε_r大小来分类,Bi基微波介质陶瓷可分为低ε_r类($\varepsilon_r<50$)、中ε_r类($50<\varepsilon_r<80$)和高ε_r类($\varepsilon_r>80$)三大类。

2.2.4.1 低介电常数Bi基材料

1992年,Kagata等首次报道了$BiNbO_4$材料具有良好的微波介电性能。$BiNbO_4$有低温正交相α-$BiNbO_4$和高温三斜相β-$BiNbO_4$两种晶体结构,温度低于1020℃,α-$BiNbO_4$能

稳定存在,超过此温度会发生不可逆相变而转变为 β-BiNbO$_4$,很难获得纯 BiNbO$_4$ 致密陶瓷。采用用 CuO,V$_2$O$_5$ 作烧结助剂,在低于 960℃ 可以获得烧结致密的单相 α-BiNbO$_4$。致密的单相 α-BiNbO$_4$ 的介电常数为 $\varepsilon_n=43\sim44$,添加质量分数 0.1% 的 CuO 和 0.4% V$_2$O$_5$ 的 BiNbO$_4$ 的 $Qf\approx20400$ GHz,其谐振频率 $f=6.3$ GHz;添加 V$_2$O$_5$ 的样品的频率温度系数 τ_f 为正值,添加 CuO 的样品的 τ_f 为负值,复合添加 CuO/V$_2$O$_5$ 并仔细调节两者比例可以获得 τ_f 近零的样品。

采用 ZnO-B$_2$O$_3$,ZnO-B$_2$O$_3$-SiO$_2$,B$_2$O$_3$ 为烧结助剂时,烧结时在晶粒和晶界上存在液相,能不同程度促进陶瓷的烧结,降低 BiNbO$_4$ 的相变温度。ZnO-B$_2$O$_3$-SiO$_2$,B$_2$O$_3$ 的加入对 BiNbO$_4$ 的 ε 和 Q 值影响较大。相同条件下,ZnO-B$_2$O$_3$ 比 B$_2$O$_3$,ZnO-B$_2$O$_3$-SiO$_2$ 更能均匀润湿包裹固体颗粒,得到晶粒尺寸均一、结构致密并有优良介电性能的样品,920℃ 保温 4 h 制备的样品的 $\varepsilon_r\approx41$,$Qf\approx13\ 500$ GHz。由于 BiNbO$_4$ 陶瓷易与 Ag 反应,因而选择 Cu 作内电极。而 Cu 做内电极共烧时,须在保护气氛中烧结。

2.2.4.2 中介电常数 Bi 基材料

Bi$_2$O$_3$-ZnO-M$_2$O$_5$(BZM,M=Nb,Ta)基陶瓷具有相对较高的介电常数,较低的烧结温度,能够与 Ag 电极兼容 MLC 工艺。随组分变化,BZM 体系存在两个具有不同介电性能的主要结构:(Bi$_{1.5}$Zn$_{0.5}$)·(Zn$_{0.5}$M$_{1.5}$)O$_7$(α-BZM)立方焦绿石和 Bi$_2$Zn$_{2/3}$M$_{4/3}$O$_7$(β-BZM)单斜钙钛锆石结构。

Bi$_2$Zn$_{2/3}$Nb$_{4/3}$O$_7$(β-BZN)的空间群为 $C2/c$,晶胞参数 $a=1.31037(9)$ nm,$b=0.76735(3)$ nm,$c=1.21584(6)$ nm,$\beta=101.318(5)°$。β-BZM 在微波频段具有优良特性,β-BZN[3] 在 1 MHz 下,$\varepsilon_r\approx80$,$\tan\delta<0.0002$,$\alpha_\varepsilon\approx200\times10^{-6}$/℃;在 3 GHz 下,$\varepsilon_r\approx73$,$Q\approx1000$。Bi$_2Zn_{2/3}Ta_{4/3}O_7$($\beta$-BZT)在 1 MHz 下的 $\varepsilon_r\approx63$,$\tan\delta<0.0002$,$TK\varepsilon\approx73\times10^{-6}$/℃;5.6 GHz 下 $\varepsilon_r\approx61.5$,$Q\approx1\ 250$。β-BZM 的烧结温度在 940℃ 以上,尤其 β-BZT 的最佳烧结温度在 1050℃ 左右,对使用 Ag 作为金属电极来讲偏高。β-BZT 中添加少量 CuO 和 V$_2$O$_5$,可在 930℃ 获得显微结构均匀致密的陶瓷样品。CuO 的掺入量 $\leqslant$ 1% 时,样品均为单斜钙钛锆石结构;而 V$_2$O$_5$ 添加量在很少时,相结构就已发生改变。复合添加 0.05% CuO 和 0.05% V$_2$O$_5$ 时,样品的 $\varepsilon_r\approx63$,$Q\times f\approx6787$ GHz(5.35 GHz),$TK\varepsilon\approx73\times10^{-6}$/℃。

β-BZT 中有高温相(H-BZT)和低温相(L-BZT),在 950℃~1100℃ 的范围内,低温相不可逆转地变为高温相。H-BZT 的晶格常数为:$a=1.302$ nm,$b=0.765$ nm,$c=1.218$ nm,$\beta=101.32°$,L-BZT 的晶格常数为:$a=1.315$ nm,$b=0.759$ nm,$c=1.213$ nm,$\beta=100.38°$。两相的晶格常数很接近。H-BZT 的 $\varepsilon_r\approx63.6$,$Qf\approx6\ 100$ GHz(6.3 GHz),$\tau_f\approx-33.7\times10^{-6}$/℃;L-BZT 的 $\varepsilon_r\approx66.3$,$Q\times f\approx3200$ GHz,$\tau_f\approx-8.8\times10^{-6}$/℃。

在 N$_2$ 中烧结 β-BZT 发现,样品的晶粒尺寸减小、致密度降低。N2 中烧结样品的 $\varepsilon_r\approx64.5$,$Qf\approx4976$ GHz,$\alpha_\varepsilon\approx64.7\times10^{-6}$/℃。微波烧结样品的 $\varepsilon_r\approx60$,$Qf\approx8074$ GHz,$TK\varepsilon\approx51.7\times10^{-6}$/℃。

2.2.4.3 高介电常数 Bi 基材料

立方焦绿石(Bi$_{1.5}$Zn$_{0.5}$)(Zn$_{0.5}$Nb$_{1.5}$)O$_7$(α-BZN,简称 BZN)的空间群为 $Fd3m$,晶格

常数 $a=1.0556$nm，100 kHz 时的 $\varepsilon_r\approx145$，$\tan\delta<0.0002$，$TC\varepsilon\approx-360\times10^{-6}$/℃。立方相 α-BZT 的低频介电性能 $\varepsilon_r\approx73$，$\tan\delta\approx0.007$，$TK\varepsilon\approx-172\times10^{-6}$/℃，弛豫温度约在 -190 ℃；微波下介电性能 $\varepsilon_r\approx64$，$\tan\delta\approx0.018$，$Q\approx56$ (5.2 GHz)。α-BZN 的组分和介电性能可在较大的范围内进行调整，用 La_2O_3 替代 Bi^{3+}；用 K^+，La^{3+} 联合替代 A 位 Zn^{2+} 均可改善 α-BZN 的性能。

以 $Bi(OOCCH_3)_3$，$Zn(OOCCH_3)_2$，$Nb(OCH_2CH_3)_5$ 为原料，采用 MOD 方法制备出匀细的 α-BZN 粉料，800 ℃烧结样品的晶粒尺寸在 200nm～500nm 之间。与传统固相制备工艺相比，MOD 方法制备的 BZN 陶瓷，烧结温度降低，晶粒尺寸减小，900 ℃烧结样品的 $\varepsilon_r\approx142$，$\tan\delta\approx0.0003$，$TK\varepsilon\approx-480\times10^{-6}$/℃。

2.2.5 其它系统的微波陶瓷材料

表 2-10 和表 2-11 列出了 $(Ba,Sr)ZrO_3$（BSZ）、$CaZrO_3$、$Ca(Zr,Ti)O_3$（CZT）、$Sr(Zr,Ti)O_3$（SZT）、$(Ba,Sr)(Zr,Ta)O_3$ 等系统的组成和性能，用少量的 Nb、Ta（约 1mol%）置换上述系统中的 Zr 或 Ti，可进一步降低介质损耗和介电常数的温度系数。介电常数和介质损耗按 CZT<SZT<BSZ 的顺序递增，这与离子半径的大小（Ca<Sr<Ba）和晶胞体积大小顺序是一致的。

表 2-10 高稳钛锆酸盐固溶体的性能

组成 （ABO$_3$型化合物）	Nb$_2$O$_5$ 添加量 /mol%	1.6kHz 介电常数的温度系数 /($\times10^{-6}$/℃)	20℃ ε_r	100℃ $\tan\delta$ /$\times10^{-4}$	5GHz 介电常数的温度系数 /($\times10^{-6}$/℃)	20℃ ε_r	20℃ $\tan\delta$ /$\times10^{-4}$
Ba$_x$Sr$_{1-x}$ZrO$_3$							
$x=0.7$		+45	39	5	-58		
$x=0.6$		-22	38.2	19			
$x=0.5$		+15	36.8	11	-21.9		
$x=0.45$		+5	37.6	40		34.8	15
$x=0.46$		0	38.1	11	-17.6	34.7	18
$x=0.46$	0.25	-11	30.6	<4	-14.4	31.3	4.7
$x=0.46$	1.0	0	30.6	<4	-23.4	32.3	4.4
CaZr$_x$Ti$_{1-x}$O$_3$							
$x=0.935$		-129	36.7	20			
$x=0.96$		-59	34.7	95	+4.7	31.5	4.0
$x=0.987$		-17	32.9	3	+6.6	30.3	2.5
$x=0.987$	0.25	+23	30.6	340	-12	26.8	6.1
$x=0.987$	1.0	-39	32.9	3	-15.4	26.8	6.2
SrZr$_x$Ti$_{1-x}$O$_3$							
$x=0.955$		0	36.1	<3	-21.1	33.4	7.0
$x=0.956$	0.25	0	37.2	<3	-14.4	33.4	6.2
$x=0.955$	1.0	+20	36.1	<3	-23.7	33.3	4.9
$x=0.965$		+32	35.4	12	-30.2	32.7	8.1
CaZrO$_3$		+33	32.0	60		28.0	7.6
CaZrO$_3$	0.25	+32	31.0	72	-17.3	27.2	5.5
CaZrO$_3$	1.0	+91	30.9	247	-15.7	27.1	6.3

表 2-11 高稳定钛锆酸盐固溶体的特性

组成① 特性	CZT	SZT	BSZ	BSZTa	BSZTTa
理论密度/(g/cm³)(由 X 射线衍射测定)	4.66	5.45	5.89	5.89	5.65
密度(占理论密度的%)	96.8	98.0	96.5	92.2	95.2
晶粒平均尺寸/μm	7	5	5	5	5
1.6 kHz 下的特性					
介电常数 ε	29.0	34.2	35.4	32.5	34.2
20℃的 $\tan\delta / \times 10^{-4}$	2.6	1.5	1.8	1.6	2.6
100℃的 $\tan\delta / \times 10^{-4}$	6	34	216	6.2	4.3
平均电容温度系数(-50℃~100℃)/($\times 10^{-6}$/℃)	-5	+9	+19	-4	+17.8
4GHz 下的特性					
介电常数 ε	29.0	33.9	35.0	32.3	34.0
20℃的 $\tan\delta / \times 10^{-4}$	3.0	6.2	11.3	5.7	6.0
平均介电常数温度系数(0~60℃)/($\times 10^{-6}$/℃)	-23	+30	+25	—	+28

①CZT=$CaZr_{0.985}Ti_{0.015}O_3$；SZT=$SrZr_{0.955}Ti_{0.045}O_3$；BSZ=$Ba_{0.56}Sr_{0.44}ZrO_3$；BSZTa=$Ba_{0.56}Sr_{0.44}Zr_{0.90}Ta_{0.01}O_3$；BSZTTa=$Ba_{0.27}Sr_{0.73}Zr_{0.9875}Ti_{0.027}Ta_{0.01}O_3$

2.2.6 高介电微波介质材料

为了满足未来信息终端的便携化、轻量化和小型化要求，寻求高相对介电常数 ε_r、高品质因数 Qf 和低频率温度系数 τ_f 的材料和发展多层片式元件一直是研究的热点。目前研究最多，且某些已付诸实用的高介电微波介质主要材料有三大系列：BaO-Ln_2O_3-TiO_2 系(Ln 为稀土元素)、复合钙钛矿结构$(Pb_{1-x}Ca_x)(Fe_{0.5}Nb_{0.5})O_3$ 系列和 CaO-Li_2O-Ln_2O_3-TiO_2 系列(Ln 为稀土元素)。

2.2.6.1 BaO-Ln_2O_3-TiO_2 钨青铜型陶瓷(BLT 系)

BLT 系微波陶瓷基本上都属于钨青铜型晶体结构，主相组成通常简写为 $BaO \cdot Ln_2O_3 \cdot nTiO_2$($n=3\sim5$)。对 $n=4$，组成也可以表示为 $Ba_{6-3x}Ln_{8+2x}Ti_{18}O_{54}$ 或 $Ba_{6-x}Ln_{8+2/3x}Ti_{18}O_{54}$，这是该系统中性能较好的一种材料组成。BLT 系微波陶瓷主要的特点是具有高的介电常数 ε_r，容易获得 $\varepsilon_r \geq 80$，通过适当掺杂改性可以实现 $\varepsilon_r > 90$。在适当的配方与工艺条件下，可以同时获得较高的 Q 值和较低的 TCf 值，如表 2-12 所列。TiO_2 含量的不同对 BLT 系微波陶瓷性能有显著影响，表 2-13 列出了 BaO-Pr_2O_3-TiO_2 系不同 TiO_2 含量与介电性能的关系。

表 2-12　BaO-TiO$_2$-Ln$_2$O$_3$系陶瓷的介电特性

组成	烧成温度/℃	ε_r	Q(5GHz)	TCf/($\times 10^{-6}$/℃)
BaO-TiO$_2$-La$_2$O$_3$	1370	92	400	380
BaO-TiO$_2$-Ce$_2$O$_3$	1330	32	500	9
BaO-TiO$_2$-Pr$_6$O$_{11}$	1370	81	1800	130
BaO-TiO$_2$-Nd$_2$O$_3$	1370	83	2100	70
BaO-TiO$_2$-Sm$_2$O$_3$	1370	74	2400	10
BaO-TiO$_2$-Gd$_2$O$_3$	1350	53	200	130

表 2-13　BiO-Nd$_2$O$_3$-TiO$_2$系 TiO$_2$含量与介电性能

组成	ε_r	Q(5GHz)	TCf/($\times 10^{-6}$/℃)
BaO-Nd$_2$O$_3$-5TiO$_2$	83	2100	70
BaO-Nd$_2$O$_3$-4TiO$_2$	84	1500	96
BaO-Nd$_2$O$_3$-TiO$_2$	45	3000	70

在 BLT 系微波陶瓷中，共有三种阳离子位：Ba 位、Ln 位、Ti 位，这三种阳离子位均可被相应的离子取代。

①Ba 位取代。Ba^{2+}可被 Li$^+$、Sr^{2+}和 Pb^{2+}等离子取代。如在 BaNd$_2$Ti$_4$O$_{12}$材料中添加 Li$_2$O 可使介电常数 ε_r得到改善，并使 TCf 从负值变化到正值。少量的 Sr^{2+}[5%(mol)]取代 Ba^{2+}可得到最佳的微波性能。Pb^{2+}的固溶限在 0.3mol～0.35mol 之间，在固溶限内随 Pb^{2+}含量的增加，介电常数 ε_r上升，但 Q 值和 TCf 有下降的趋势。

②Ln 位的取代。在 BLT 陶瓷中，常见的稀土离子主要有 Nd、Sm、Pr、Gd 等。对于不同的离子，保持单相结构存在不同的固溶限，并且随稀土离子半径的下降，其固溶范围变窄，如对应于 Ba$_{6-3x}$Ln$_{8+2x}$Ti$_{18}$O$_{54}$材料，不同离子固溶范围的摩尔分数分别为 Pr：$0<x<0.75$；Nd：$0<x<0.7$；Sm：$0.3<x<0.7$；Gd：$x=0.5$。同时，随着稀土离子极化率的降低，介电常数有所下降。最为明显的变化是 TCf，从负值变化到正值。

在 Nd-114 相中加入 Bi$_2$O$_3$可以显著提高介电常数，Bi 的添加可显著提高介电常数，如在 BaO・(Nd$_{1-y}$Y$_{a_y}$)O$_3$・4TiO$_2$中，$y=0.04～0.08$，可得到 $\varepsilon_r=89～92$，$Qf=1855$GHz～6091GHz 的性能，在 $y=0.08$ 附近，TCf 接近于 0，如图 2-8 所示。

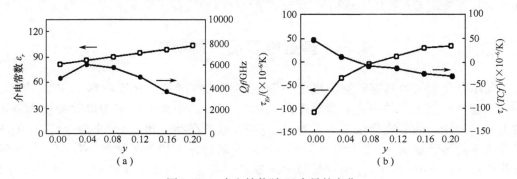

图 2-8　介电性能随 Bi 含量的变化
(a)Qf 随 Bi 含量的变化；(b)TCf 随 Bi 含量的变化。

2.2.6.2 铅基复合钙钛矿系材料

该系列主要指$(Pb_{1-x}Ca_x)(Fe_{1/2}Nb_{1/2})O_3$和$(Pb_{1-x}Ca_x)(Mg_{1/3}Nb_{2/3})O_3$系材料。实验发现,在众多的铅基复合钙钛矿系材料中,$(Pb_{1-x}Ca_x)(Fe_{0.5}Nb_{0.5})O_3$($x=0.4\sim0.5$)系材料(简称PCFN)的微波介电性能最为优良,其性能会随Ca的置换量x值而改变。

早在20世纪90年代,人们就以Sn^{4+}、Ti^{4+}、Zr^{4+}等置换了B位(Fe^{3+}/Nb^{5+})离子,均在不显著影响体系的ε_r和τ_f的前提下改善了$\tan\delta$。以Ta^{5+}置换PCFN中部分Nb^{5+},$(Pb_{0.45}Ca_{0.05})[Fe_{0.5}(Nb_{1-x}Ta_x)]O_3$陶瓷的$\varepsilon_r$随$x$的增加而降低;$Qf$则从6000 GHz($x=0$)升高至8400 GHz($x=1$);$\tau_f$随$x$的增加而下降,并由正值经零成为负值。还可以用$Nd^{3+}$、$La^{5+}/Nd^{3+}$取代A位离子及添加$CeO_2$对PCFN材料进行掺杂改性。虽然改性的PCFN陶瓷具有烧结温度较低、微波介电性能优良等特点,但其毕竟是一类含铅陶瓷,因此在进行材料研究的同时应该考虑环境保护等问题。

2.2.6.3 CaO-Li_2O-Ln_2O_3-TiO_2系陶瓷材料

这是迄今为止研制的微波介质陶瓷材料中,ε_r最高($\varepsilon_r\geqslant100$)、$Qf$较高($Qf>7000$ GHz)、τ_f较低($\tau_f<10\times10^{-6}$℃)的一种材料系列。该系列实质上是由$CaTiO_3$($\varepsilon_r=175$,$Qf=3600$ GHz,$\tau_f=+800\times10^{-6}$℃)或改性$CaTiO_3$即$Ca_{1-x}Ln_{2/3x}TiO_3$(Ln为稀土元素)和$(Li_{1/2}Ln_{1/2})TiO_3$(较高的ε_r和"负"的τ_f值)组成的固溶体陶瓷。对该系列材料进行研究时,可以按两种方式选择其化学组成:

第一种是组成符合化学计量比,即可以用$(1-y)Ca_{1-x}Ln_{2/3x}TiO_{3-y}(Li_{1/2}Ln_{1/2})TiO_3$表示,最常用的Ln=La, Nd和Sm或$(Li_{1/2}Nd_{1/2})$等。

第二种是组成不符合化学计量比,组成可以写成$CaO:Li_2O:Ln_2O_3:TiO_2=16:9:12:63$(摩尔比)。其组成离子(Ca, Li)均可被等价或不等价置换,其中Ln为稀土元素。对此系统,人们进行了Sr或Ba置换部分Ca对于材料晶体结构及微波介电性能的影响研究。开展了CaO-Li_2O-Ln_2O_3-TiO_2系(简称CLLnT系)及CaO-SrO-Li_2O-Ln_2O_3-TiO_2系(简称CSLLnT系)中Ln半径对其晶相组成及微波介电性能的影响研究以及CaO-SrO-Li_2O-Sm_2O_3-TiO_2系中部分Sm_{3+}被其它Ln^{3+}置换的影响研究。发现在CsLLnT系材料(CLLnT系材料有类似的结果)中,随着Ln^{3+}半径的减小(由La^{3+}至Dy^{3+}),ε_r下降而Qf上升。当Ln^{3+}为Sm^{3+}时,材料的综合性能最佳。

2.3 多层电容器介质材料

利用电介质材料具有较高介电常数制造陶瓷电容器是电介质材料的主要用途之一。全世界每年生产的陶瓷电容器高达14000亿只,其中大部分采用以钛酸钡为基础的电介质陶瓷。随着现代信息产业的飞速发展,电子产品的集成化、小型化、多功能化以及表面封装已经成为21世纪电子元器件的发展目标。如为了增加小体积元件中的电荷容量,在一个元件中,介质材料与电极多采用夹层化和多层化结构。一个3225型电容器,可以叠700多层,电容量达到$100\mu F$。这种陶瓷介质(如$BaTiO_3$)与金属电极(如Ag、Pd/Ag、Ni或Cu等)交错叠层形成了多层陶瓷电容器。MLCC具有体积小、成本低、单位体积电容量大、温度等环境因素对性能影响小等优点,除在广播电视、通信、计算机、家用电器、测量仪器、自动控制、医疗设备等民用电子设备产品中得到广泛应用外,在航空航天电子设备、坦克电子设备、军用移动通信设备、警用袖珍式军用计算机、武器弹头控制和军事信号监控等军用电子设备上也有越来越广泛的用途。MLCC 从20世纪90年代初期开始规模化生产,每年以30%以上的速度增加,到2004年已经成为电容器的主流。在全世界14000亿只电容器中,仅陶瓷电容器就达到了12000亿只以上,而MLCC达到6000亿只以上,约占据了电容器市场的半壁江山。目前,正在使用和研发的MLCC主要为NP0(C0G)、X7R、Z5U、Y5V、X8R和X9R,它们的各项指标和特性如表2-14所列。

表2-14 各类MLCC的指标和特性

种类	使用温度/℃	容温变化率/%(25℃)	ε_r(max)	$w(BaTiO_3)$/%	掺杂剂	晶粒尺寸/μm
NP0(C0G)	-55~125	±30	100	10~50	TiO_2,$CaTiO_3$,$Nd_2Ti_2O_7$	1
X7R(BX)	-55~125	±15	4000	90~98	MgO,MnO,Nb_2O_5,CoO,稀土	<1.5
Z5U	10~85	-56~+22	14000	80~90	$CaZrO_3$,$BaZrO_3$	3~10
Y5V	-30~85	-82~+22	18000	80~90	$CaZrO_3$,$BaZrO_3$	3~10
X8R	-55~150	±15	≥2500(室温)			
X9R	-55~175	±15	≥2000(室温)			

MLCC的结构形式是将涂有金属电极浆料的陶瓷坯体,以多层交替堆叠的方式叠合起来,使陶瓷材料与电极同时烧成一个整体,如图2-9所示。MLCC中介质厚度仅$10\mu m$~$50\mu m$,叠层可多达几十层至几百层。这样可以使电容器具有较大的比容,如$1\mu F$容量的MLCC,比容可达$140\mu F/cm^3$,且可靠性较好。各种电容器瓷料均可用于制造MLCC。

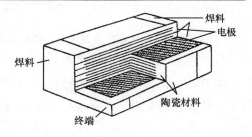

图2-9 多层陶瓷电容器的结构

MLCC可分为三种类型:①高温烧结型,烧结温度在1300℃以上,电极材料必须采用Pt、Pd等耐高温的贵金属。②中温烧结型,烧结温度为1000℃~1250℃的瓷料,采用不同的Ag/Pd的合金电极。③低温烧结型,将瓷料的烧结温度降低到900℃以下,采用全银电极或低含量钯的银钯合金电极,使鳌石型电容器的成本大幅度降低。

由于高温型MLCC需采用铂(Pt)或钯(Pd)等贵金属做内电极,产品成本较高,生产规模较小,本节着重介绍中、低温烧结MLCC陶瓷材料。

2.3.1 低温烧结MLCC陶瓷材料

低温烧结MLCC陶瓷材料大体有$PMN-PT-Bi_2O_3$、PMN-PT-PCW、PMN-PT-PCW、铌铋镁系、铌铋锌系和PMW-PMN系等六大类。

2.3.1.1　Pb(Mg$_{2/3}$Nb$_{2/3}$)O$_3$-PbTiO$_3$-Bi$_2$O$_3$系统

铌镁酸铅 Pb(Mg$_{1/3}$Nb$_{2/3}$)O$_3$缩写为PMN,是该系统中的主晶相。铌镁酸铅是复合钙钛矿型铁电体,其居里温度为-15℃。居里温度的介电常数为12600,室温的介电常数为8500,常温的tanδ＜100×10^{-4}。PMN 在不同频率的弱电场作用下,介电常数与tanδ随温度的变化如图2-10所示。从图中可看出,随着频率的增加,居里点向高温方向移动,同时ε下降,而tanδ增大。PMN 的理论密度为8.12g/cm^3,呈透明的浅黄色。

为了使PNM的居里点移入经常使用的温度范围内,通常使用PbTiO$_3$做为移峰剂。PbTiO$_3$属钙钛矿型铁电体,其居里温度为490℃,常温的介电常数为150,tanδ＜300×10^{-4}。PTiO$_3$可与PMN形成连续固溶体(图2-11)。固溶体的居里温度随PbTiO$_3$含量的增加向高温方向移动。

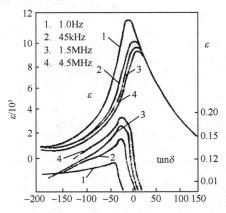

图2-10　PMN 多晶体的ε和tanδ随温度的变化关系

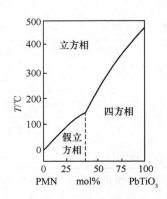

图2-11　PbTiO$_3$-PMN 系的居里温度

在PMN 中引入不同数量的PbTiO$_3$的实验结果见表2-5。从实验数据中可以看出,引入不同数量的PbTiO$_3$,不仅可以移动居里温度,而且可以改变介电常数的温度曲线。

表2-15　PbTiO$_3$的加入量对PMN瓷料居里温度和烧成温度的影响

编　号	PbTiO$_3$加入量/mol%	居里温度/℃	烧成温度/℃
1	10	15	1100
2	14	45	1100
3	20	55	1100
4	30	85	1100
5	40	125	1100

在PMN 中加入一定量的PbTiO$_3$后,烧成温度仍在1100℃,故需要引入助熔剂,以使瓷料烧成温度降到900℃,以与银电极共烧。通常加入Bi$_2$O$_3$做为助熔剂,Bi$_2$O$_3$的熔点为820℃,Bi$_2$O$_3$与MgO的共熔点为785℃,与PbO的低共熔点约为730℃。因此,引入Bi$_2$O$_3$可以使瓷料在较低温度下出现液相,降低瓷料的烧结温度。

Bi$_2$O$_3$能与TiO$_2$生成Bi$_{2/3}$TiO$_3$,起压峰作用,使介电常数温度特性变化平缓的同时也使瓷料的介电常数显著降低。根据实验,Pb(Mg$_{1/3}$Nb$_{2/3}$)O$_3$-0.14PbTiO$_3$-0.04Bi$_2$O$_3$的组

成可以获得较好的效果。为了弥补烧结过程中 PbO 及 Bi_2O_3 的挥发,PbO 及 Bi_2O_3 的用量可以根据计算用量再加 3%~5%,而 MgO 的用量则必须比计算配方过量才能在 900℃下达到致密烧结,实用的配方常比计算用量超过 15%~20%。

2.3.1.2　$Pb(Mg_{1/3}Nb_{2/3})O_3$-$PbTiO_3$-$Pb(Cd_{1/2}W_{1/2})O_3$ 系统

该系统用 $PbCd_{1/2}W_{1/2}O_3$(缩写为 PCW)代替 Bi_2O_3 作为熔剂。PCW 是钙钛矿型反铁电体。PCW 的介电常数与 $tan\delta$ 随温度的变化关系示于图 2-12。PCW 由立方相转变为单斜相的温度为 400℃。室温的介电常数约为 70,$tan\delta < 150\times 10^{-4}$。PCW 的成瓷温度为 750℃,860℃左右熔化,900℃流动性很好,因此可以作为易熔物引入。

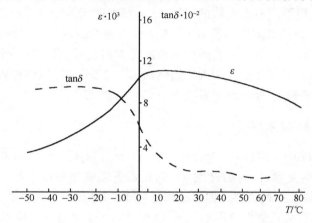

图 2-12　PMN-0.1PT-0.055PCW(MgO 过量 15%)的电性能温度特性曲线

该系统较合适的分子比为 $Pb(Mg_{1/3}Nb_{2/3})O_3$-$0.1PbTiO_3$-$0.055Pb(Cd_{1/2}W_{1/2})O_3$。该瓷料的介电性能见表 2-16。PCW 虽然起着助熔剂作用,但瓷料的烧成温度仍在 900℃以上,降温效果仍不能满足改善烧结的目的。所以,又在上述配方中引入 1%(质量分数)的硼硅铅玻璃,以降低烧结温度。硼硅铅玻璃的组成如下:Pb_3O_4:17%,ZnO:5%,石英:5%,硼酸:42%,Cr_2O_3:5%,萤石:8%,滑石:8%,Al_2O_3:5%,$SrCO_3$:5%。

表 2-16　$Pb(Mg_{1/3}Nb_{2/3})O_3$-$Pb(Cd_{1/2}W_{1/2})O_3$ 瓷料的性能

居里温度 /℃	$\varepsilon_{最大}$	$\varepsilon_{20℃}$	$tan\delta, \times 10^{-4}$	绝缘电阻 /Ω	$\Delta C/C$/%		烧成温度 /℃
					-55℃~20℃	20℃~85℃	
+8	11150	10950	170	10^{11}	-66	-35	920

2.3.1.3　改性的 $Pb(Mg_{1/3}Nb_{2/3})O_3$-$PbTiO_3$-$Pb(Cd_{1/2}W_{1/2})O_3$ 系统

PMN-0.1PT-0.05PCW 系统的瓷料具有介电常数高,可靠性较好,工艺比较稳定等优点。但这种瓷料的负温容量变化率一般在 65% 左右,且负温损耗也较大。可引入 $Pb(Mg_{1/2}W_{1/2})O_3$ 做为压降剂来改善负温容量变化率。$Pb(Mg_{1/2}W_{1/2})O_3$(缩写为 PMW)是钙钛矿型的反铁电体,从立方相转变为正交相的温度为 38℃。

为了使瓷料的介电常数高于现有的 PMN-PT-PCW 的瓷料,可采用 PMN 为主晶相,用 $PbFe_{1/2}Nb_{1/2}O_3$(缩写为 PFN)改变居里点得到高介电常数,再以碳酸锂及氧化锑来降低烧结温度。$Pb(Fe_{1/2}Nb_{1/2})O_3$ 为铁电体，其居里温度为 114℃。

2.3.1.4 铌铋镁系统

在 $MgO\text{-}Bi_2O_3\text{-}Nb_2O_5$ 系统中，当各氧化物的分子比为 1 时，得到 $MgBi_2O_9$ 层状结构的铁电体，若变动分子比，则可获得顺电体。铌铋镁系低温烧结高瓷料就是以这种顺电体为主晶相的。当 MgO 和 Nb_2O_5 不变的情况下，Bi_2O_3 增加则温度系数向正移动，反之则向负移动。综合考虑后，在 MgO 为 2mol，Nb_2O_5 为 1mol 时，铌铋镁系瓷料的温度系数在 $-75\times10^{-6}/℃\sim-470\times10^{-6}/℃$ 范围内可调。

铌铋镁系瓷料的烧结温度约 1100℃，为了与银电极配合，需要加入助熔剂降低烧结温度。同时，为了获得不同温度系数的瓷料，还需添加适当的温度系数调整剂。常用的助熔剂有 ZnO、硼酸及铌铋锶熔块一起引入，使介质损耗不致恶化。铌铋锶熔块的组成为：$SrO\cdot1.5Bi_2O_3\cdot Nb_2O_5$。为了调整温度系数向负方向发展，常加入一定量的 TiO_2，TiO_2 的温度系数约为 $-800\times10^{-6}/℃$。加入二锆钙（$CaO\cdot2ZrO_2$）可以使瓷料的温度系数向正方向移动。$CaO\cdot2ZrO_2$ 本身的温度系数为 $+100\times10^{-6}/℃$。

2.3.1.5 铌铋锌系统

在 $ZnO\text{-}Bi_2O_3\text{-}Nb_2O_5$ 系统中，当 ZnO 为 0.8mol，Bi_2O_3 为 1mol 时，Nb_2O_3 在 0.75mol～1.25mol 范围内变动（同时加硼酸 0.15g）时，可以调出温度系数从 $+120\times10^{-6}/℃$ 至 $-750\times10^{-6}/℃$ 的一系列瓷料。但由这些瓷料制成 MLCC 后，电容器的介质损耗角的正切值均大于 25×10^{-4}，并且绝缘电阻率低于 $10^{10}\Omega\cdot cm$，瓷料与银电极起反应，使实际采用遇到困难。在 $ZnO\text{-}Bi_2O_3\text{-}Nb_2O_5$ 系统瓷料中，引入适当数量的 $NiO\text{-}Bi_2O_3\text{-}Nb_2O_5$ 烧块，可以解决电容器 $tan\delta$ 过高的困难。根据实验确定，采用组成 $0.66NiO\cdot Bi_2O_3\cdot0.33Nb_2O_5$ 的铌铋镍烧块的效果较好。这种铌铋镍烧块的重量组成为 NiO:49.86g，Bi_2O_3:209.7g，Nb_2O_5:39.51g。熔块在 760℃左右合成。

2.3.1.6 $Pb(Mg_{1/2}W_{1/2})O_3\text{-}Pb(Mg_{1/3}Nb_{2/3})O_3$ 系统

PMW-PMN 系统的组成与居里温度的关系如图 2-13 所示。从图可以看出，组成在相当范围内，居里温度都在 -50℃以下。即在常温条件下，大部分的组成处于居里温度以上而呈顺电体。当改变组成的比例时，可以获得负温度系数的瓷料。通过改变 PMW-PMN 的分子比，可以合成温度系数不同的瓷料。例如：0.3PMN-0.7PMW-$TK\varepsilon=-2200\times10^6/℃$；0.7PMN-0.3PMW-$TK\varepsilon=-3300\times10^6/℃$；0.8PMN-0.2PMW-$TK\varepsilon=-5600\times10^6/℃$。相应于图 2-13 中曲线上的 A、B、C 点。

实验发现，在 0.3PMN-0.7PMW 和 0.7PMN-0.3PMW 中加入适当数量的 $Pb(Cd_{1/2}W_{1/2})O_3$ 和玻璃，在 0.8PMN-0.2PMW 中加入适量铌镍锶烧块（$2SrO\text{-}NiO\text{-}Nb_2O_5$）和玻璃，并稍微调整一下 PMN 和 PNW 的

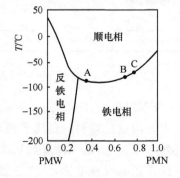

图 2-13 PMW-PMN 系相

比例即可得到性能较好的瓷料。

2.3.2 中温烧结MLCC陶瓷材料

由于MLCC成本的重要构成是内电极材料。因此,如何采用贱金属替代贵金属为电极材料成为降低成本的重要途径。一般贱金属耐温均低,所以瓷料的烧结温度也应与之相匹配。于是,以银钯合金为内电极的中温烧结(1100℃左右)MLCC瓷料相继问世。

2.3.2.1 中温烧结Ⅰ型(高频)MLCC瓷料

这类瓷料的性能、烧结温度及电极材料见表2-17、表2-18。目前所采用的瓷料系统有$BaO\text{-}TiO_2\text{-}Na_2O_3$和$CaO\text{-}TiO_2\text{-}SiO_2$。

表2.17 中温烧结MLCC瓷料系列性能比较

介 质		CL 750	CL 800	A150	A 220	A 600	C 800
介电常数		62~66	85~90	13~15	21~25	60~65	75~82
$\tan(\times 10^{-4})$		≤10	≤10	≤10	≤10	≤10	≤10
$TCC(\times 10^{-6}/℃)$		0±30	0±30	0±40	0±30	0±30	0±30
体电阻率/$\times 10^9 \Omega \cdot cm$	25℃	≥1000	≥1000	≥1000	≥1000	≥1000	≥1000
	125℃	≥100	≥100	≥100	≥100	≥100	≥100
击穿电压(kV/mm)		24	24	24	24	24	24
烧结温度/℃		1105~1135	1090~1105	1277~1316	1205~1243	1277~1316	1227~1260
内电极%Ag		70	70	30	50	30	Au/Pt/Pd/60/20/20
内电极代号		4772	4772	4346	4625	4346	4325

表2-18 高频负温度系数NL系列

介质	NL080	NL150	NL220	NL330	NL470	NL750	NL1500	NL2200
介电常数	64~70	58~70	60~80	60~86	80~95	108~120	150~180	185~220
$\tan\delta$	1~3	3~6	4~6	3~5	3~7	4~7	1~2	1~6
$TCC\times 10^{-6}/℃$	-80±30	-150±60	-220±60	-330±60	-570±80	-750±220	-1500±300	-2200±500
烧成温度/℃	1105~1135	1105~1135	1105~1135	1105~1135	1105~1135	1105~1135	1105~1135	1105~1135

①$BaO\text{-}TiO_2\text{-}Na_2O_3$系统。在众多材料系统中$BaO\text{-}TiO_2\text{-}Na_2O_3$系以高稳定而著称,其代号为NPO,杜邦公司为CL750,介电常数的温度系数$TK\varepsilon=0\pm30\times10^{-6}/℃$。基本组成为$BaO \cdot Nd_2O_3\text{-}5TO_2$。为了调整工艺和介电特性,引入助熔剂$SiO_2\text{-}Pb_3O_4\text{-}BaO_3$~5%,$TiO_2$过量5%~8%,改性加入物$Bi_2O_3\text{-}2TiO_2$(3~10)%(质量分数),烧结温度1150℃,$\varepsilon$75~90,$\tan\delta\leq3\times10^{-4}$,$\rho_v>10^{14}\Omega \cdot cm$。用过量$TiO_2$是为了使介电常数增加及$TK\varepsilon$向负值方向移动。材料中引入$Bi_2O_3\text{-}2TiO_2$也将使$\varepsilon$增大,但同时$TK\varepsilon$向正值方向移动。当过量$TiO_2$和$Bi_2O_3\text{-}2TiO_2$控制在10%(质量分数)时瓷料的$\varepsilon=90$。此系统具有介电常数高,介质损耗低,绝缘电阻率高,稳定性好等优点。

②$CaO\text{-}TiO_2\text{-}SiO_2$系统。$CaO\text{-}TiO_2\text{-}SiO_2$系能形成硅钛酸钙瓷,其介电常数高,介质损耗低,$TK\varepsilon=+1200\times10^{-6}/℃$。通过调整$CaTiO_3$和$TiO_2$可做出NPO瓷料和一系列负温度系数的瓷料、再引入$La_2O_3$,$CeO_2$、$Nb_2O_5$等,可使烧结温度降至1100℃左右,而且

成本低,是较理想的中温高频瓷料系统。除上述两个系统外,还有一些瓷料也能适应中温烧结高频瓷料。

2.3.2.2 中温烧结Ⅱ型低频 MLCC 瓷料

这类瓷料主要有 X_7R、Z_5U、Y_5V 等三个系列,其介电特性,烧结温度,电极材料等见表 2-19 及表 2-20。

表 2-19 X_7R 系列

介 质	BL172	BL162	BL601	XL282	X352
介电常数	1900~2300	1900~2300	750~900	2700~3000	>3000
$tan\delta/\times 10^{-4}$	≤250	≤250	≤250	≤250	≤250
$\Delta C/C/\%$	±15	±15	±5	±15	±15
体电阻率$\times 10^9 \Omega \cdot cm$ 25℃	≥1000	≥1000	≥1000	≥1000	≥1000
125℃	≥100	≥100	≥100	≥100	≥100
击穿电压(kV_{DC}/mm)	≥20	≥20	≥20	≥20	≥20
烧结温度/℃	1040~1105	1079~1105	1040~1105	1095~1135	
内电极 Ag/Pd	70/30	70/30	70/30	70/30	0/100

表 2-20 Z_5、Y_5V 系列

介 质	PL802 Z5U	XL103 Z5U	H602 Z5U	H123 Y5V
介电常数	8000~10000	8000~10000	8000~10000	12000~15000
$tan\delta/\times 10^4 \cdot cm$	250	250	250	250
$\Delta C/C$	+22/-56	+22/-56	+22/-56	+22/-82
体电阻率$/\times 10^9 \Omega \cdot cm$ 25℃	1000	1000	1000	1000
125℃	100	100	100	100
击穿电压(kV_{DC}/mm)	>16	24	14	18
烧结温度/℃	970~995	1100	1260~1290	1348
内电极 Ag/Pd	85/15	70/30	30/20	0/100
内电极代号	4755	4772	4346	

以上三类瓷料系统,目前大体采用以 $BaTiO_3$ 为基的铁电陶瓷和以铅为基的复合钙钛矿型化合物两大类陶瓷材料。

(1) 以 $BaTiO_3$ 为基的瓷料。以 $BaTiO_3$ 为基的瓷料,因 $BaTiO_3$ 合成方法不同,其烧结温度和介电特性差异较大,见表 2-21。

表 2-21 不同方法合成的 $BaTiO_3$ 瓷体的介电特性比较

指标 合成法	烧结温度/℃	烧结密度/(g/cm³)	晶粒尺寸	介电常数 20℃	居里温度/℃	$tan\delta$ 20℃/%	电阻率 20℃/$\Omega \cdot cm$
水热合成法	1200	5.83	2.1	3300	9400 125		0.9	4.6×10^{11}
草酸法	1300	5.83	4.3	3150	10200 130		3.3	9.7×10^{11}
干式法	1350	5.84	7.1	2000	6000 124		1.9	1.0×10^{12}

由表 2-18 可知,水热合成法制得的钛酸钡的烧结温度最低,干式法的最高,草酸盐法界于两者之间。但要达到中温烧结(1100℃),无论用哪种方法制造 $BaTiO_3$ 均需加少量助熔剂或低熔点玻璃,用液相烧结促进致密化。而干式法制得 $BaTiO_3$ 需增大玻璃成分的添加量才能达到中温烧结。

(2)铅基复合钙钛矿型化合物介质陶瓷。铅基复合钙钛矿型介质陶瓷大多属于扩散相变的弛豫型铁电体。其介电常数 $\varepsilon_r=8000\sim34000$,并具有低的介质损耗角正切值(0.7%~2%)。电容温度变化率能在较宽的温度范围内满足 Z_5U、Y_5V 温度特性的要求,其烧结温度为 $T=850℃\sim1000℃$,可采用银或含银量很高的银钯合金作为内电极材料。表 2-22 为各种铅基复合钙钛矿型介质陶瓷材料性能比较。

表 2-22 常用复合钙钛矿化合物性能

化合物	居里温度 T_c/℃	介电常数 ε_{max}	合成温度 /℃	铁电体(F)或反铁电体(AF)	晶胞参数(室温)
$Pb(Mg_{1/2}W_{1/2})O_3$	38	$\varepsilon_{RT}=75$ $\varepsilon_{max}=115$	960	AF	$a=(4.156\pm0.002)$Å, $\beta=91°9'\pm5'$ $b=(4.074\pm0.002)$ Å
$Pb(Cd_{1/2}W_{1/2})O_3$	400	$\varepsilon_{RT}=90$ $\varepsilon_{max}=165$	750	AF	$a=4.063$ Å, $b=4.033$ Å, $\beta=90°12'$
$Pb(Mn_{1/2}W_{1/2})O_3$	150	200	—	AF	$a=4.008$ Å
$Pb(Co_{1/2}W_{1/2})O_3$	32	245	850	AF	$a=(4.074\pm0.001)$ Å
$Pb(Sc_{1/2}Nb_{1/2})O_3$	90	2400	—	F	$a=(4.083\pm0.001)$ Å
$Pb(Mn_{1/2}Nb_{1/2})O_3$	—	—	—	—	—
$Pb(Fe_{1/2}Nb_{1/2})O_3$	114	12000	1150	F	$a=4.014$ Å, $\alpha=89.92°$
$Pb(Co_{1/2}Nb_{1/2})O_3$	−70	6000	1100	F	
$Pb(Ni_{1/2}Nb_{1/2})O_3$	−180	2400	—	F	
$Pb(In_{1/2}Nb_{1/2})O_3$	90	550	—	F	$a=4.11$ Å
$Pb(Yb_{1/2}Nb_{1/2})O_3$	300	350	—	AF	$a=4.118$ Å $b=4.107$ Å, $\beta=90°27'$
$Pb(Sc_{1/2}Ta_{1/2})O_3$	26	1500	—	F	$a=(4.072\pm0.001)$ Å
$Pb(Mn_{1/2}Ta_{1/2})O_3$	—	—	—	—	—
$Pb(Fe_{1/2}Ta_{1/2})O_3$	−30	3700	1150	F	$a=(4.007\pm0.001)$ Å
$Pb(Co_{1/2}Ta_{1/2})O_3$	−140	4000	—	F	—
$Pb(Yb_{1/2}Ta_{1/2})O_3$	280	100	—	AF	$a=4.154$ Å $b=4.108$ Å, $\beta=90°30'$
$Pb(Fe_{1/2}W_{1/3})O_3$	—	—	—	—	$a=3.97$ Å
$Pb(Mg_{1/3}Nb_{2/3})O_3$	−12	12600	1050	F	$a=4.04$ Å
$Pb(Zn_{1/3}Nb_{2/3})O_3$	140	22000	959	F	$a=4.04$ Å
$Pb(Cd_{1/3}Nb_{2/3})O_3$	270	—	—	F	
$Pb(Co_{1/3}Nb_{2/3})O_3$	−98	6000	1100	F	$a=4.04$ Å
$Pb(Ni_{1/3}Nb_{2/3})O_3$	−120	4000	920	F	$a=4.03$ Å
$Pb(Mg_{1/3}Ta_{2/3})O_3$	−98	7000	1100	F	$a=4.02$ Å
$Pb(Co_{1/3}Ta_{2/3})O_3$	−140	4000	—	F	$a=4.01$ Å
$Pb(Ni_{1/3}Ta_{2/3})O_3$	−180	2400	—	F	$a=4.01$ Å
$Pb(Mn_{2/3}W_{1/3})O_3$	200	380	—	AF	$a=c=4.098$ Å $b=4.014$ Å, $\beta=90°23'$
$Pb(Fe_{2/3}W_{1/3})O_3$	−95	—	900	F	$a=4.02$ Å

注:ε_{max}—ε—T 曲线上的最高点;ε_{RT}—室温下的 ε

习题与思考题

1. 某种电介质薄片的直径为 1cm，厚度为 1mm，在 1kHz 下测得其电容为 20pF，求该种电介质的相对介电常数为多少？
2. 什么是电介质的极化？介质极化是由哪些因素决定的？
3. 已知金红石（TiO_2）晶体的介电常数为 100，求气孔率为 10% 的金红石陶瓷介质的介电常数 ε_r 为多少？
4. 已知 $CaSnO_4$ 的介电温度系数 $TK\varepsilon$ 为 110×10^{-6} ℃，加入 3% 的 $CaTiO_3$ 后，使其 $TK\varepsilon$ 变为 30×10^{-6} ℃。求 $CaTiO_3$ 的 $TK\varepsilon$ 为多少？
5. 试举例说明三大类已实用化的微波介质陶瓷材料体系。
6. 试写出 BMN，BMT，BZN，BMnN 所代表的钙钛矿型微波陶瓷的化学分子式。
7. 已知 PNM 的介电常数为 8500，若要制作一个面积为 $1cm^2$ 的电容器，对单层电容器，其电容量为多少？若制成多层电容器，则当层厚为 $15\mu m$，100 层，面积相同时，电容量又为多少？
8. 在 PMN 中添加 $PbTiO_3$ 和 Bi_2O_3，各有什么作用？

第3章 压电、热释电与铁电材料

如果电介质材料不在外电场作用下,仍然能在其内部建立极化,这样的电介质称为极性电介质。极性电介质的介电、压电、铁电、热释电等性质,以及与之相关的电致伸缩性质、非线性光学性质、电光性质、声光(弹)性质、光折变性质等都与其电极化性质有关。本章主要介绍压电材料、热释电材料和铁电材料的基本结构、性质和应用。

3.1 压电材料

3.1.1 压电效应

1880年,居里兄弟发现电气石有压电效应。1881年,居里兄弟实验验证了逆压电效应,并给出了石英相同的正逆压电常数。1894年,Voigt推证只有无对称中心的20种点群的晶体才可能具有压电效应。正、逆效应统称为压电效应。就材料种类而言,有压电单晶体、压电多晶体(压电陶瓷)、压电聚合物和压电复合材料四大类;就材料形态来看,有压电体材料(含厚膜)和压电薄膜两大类(图3-1)。

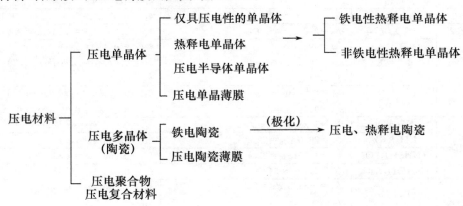

图3-1 压电材料

当压电晶体在外力作用下发生形变时,在其某些相对应的表面上会出现等量异号电荷。这种没有电场作用,只有形变而产生电极化的现象称为正压电效应

$$P = d\sigma \tag{3-1}$$

式中:P是晶体的电极化矢量,单位是C/m^2;d是压电常数,单位为C/N;σ为应力,单位为N/m^2。

若在压电晶体上施加一电场时,它不仅要产生电极化,而且还要产生形变。这种由于电场作用产生形变的现象称为逆压电效应

$$S = d_t E \tag{3-2}$$

式中：S 是晶体的弹性应变矢量；d_t 是压电常数，单位为 m/V；E 为电场强度矢量，单位为 V/m。

由热力学关系，可以证明逆压电效应和正压电效应中的系数在数值上是相等的，具有正压电效应的材料必定具有逆压电效应。

在较强的外加电场作用下，压电晶体中出现了与外加电场强度的平方成正比的应变，称为电致伸缩效应

$$S = \mu EE \tag{3-3}$$

式中：μ 为电致伸缩系数，单位为 m^4/C^2。

主要的压电材料及其压电常数见表 3-1。

表 3-1 主要压电材料及压电常数

晶系/点群	压电材料	压电常数 $d/C \cdot N^{-1}$	耦合系数
立方/23	$Bi_{12}SiO_{20}$	$d_{14}=40$	$k_{14}=k_{15}=0.31; k_{31}=0.28; k=0.20$
	$Bi_{12}GeO_{20}$	$d_{14}=31$	$k_{14}=0.32$
	$NaBrO_3$	$d_{14}=2.42$	
	$NaClO_3$	$d_{14}=1.74$	
立方/622	CdS	$d_{31}=-5.81; d_{33}=10.32$ $d_{15}=-13.98$	$k_{31}=0.1191; k_{33}=0.262; k_{15}=0.1885$ $k_t=0.154$
立方/6mm	AlN	$d_{31}=-2; d_{33}=5$ $d_{15}=4$	$k_{33}\approx 0.30$
	AlN 薄膜	$d_{15}=4$	$k_t=0.20$
	ZnO	$d_{31}=-5.12; d_{33}=12.3$ $d_{15}=8.3$	$k_{31}=0.181; k_{33}=0.466; k_{15}=0.199$ $k_t=0.229$
	ZnO 薄膜		$k_t=0.22$
立方/6	$LiIO_3$	$d_{31}=7.3; d_{33}=92.7; d_{14}=7.3; d_{15}=49.3$	$k_{14}=0.07; k_{15}=0.615; k_t=0.0084$
菱方/32	$\alpha-SiO_2$（石英）	$d_{11}=2.3; d_{14}=-0.67$	$k_{11}=0.098; k_{26}=0.137; k_t=0.498$
菱方/3m	$LiNbO_3$	$d_{22}=20.7; d_{31}=-0.86$ $d_{33}=16.2; d_{15}=74.0$ $d_n=6.310$	$k_{22}=0.32; k_{31}=0.50; k_{33}=0.47$ $k_{15}=0.67; k_{24}=0.60; k_{12}=0.29$ $k_{t3}=0.17$
菱方/3m	$LiTaO_3$	$d_{22}=8.5; d_{31}=-3.0;$ $d_{33}=9.2; d_{15}=26$	$k_{31}=0.08; k_{15}=0.44; k_{24}=0.38$ $k_{12}=0.21; k_{t3}=0.19$
四方/42m	KH_2PO_4	$d_{14}=1.28; d_{36}=-20.9$	$k_{14}=0.008; k_{36}=0.121$
	KH_2AsO_4	$d_{14}=26.6; d_{36}=22.4$	$k_{14}=0.095; k_{36}=0.13$
	$(NH_3)H_2PO_4$	$d_{14}=1.76; d_{36}=22.4$	$k_{14}=0.006; k_{36}=0.33$
	$(NH_4)H_2AsO_4$	$d_{14}=41; d_{36}=31$	$k_{14}=0.136; k_{36}=0.24$
四方/4mm	$BaTiO_3$	$d_{31}=-34.5; d_{33}=85.6$ $d_{15}=392$	$k_{31}=0.315; k_{33}=0.560;$ $k_{15}=0.570$
	$PbTiO_3$	$d_{31}=-2.5; d_{33}=117.3; d_{15}=392$	$k_{31}=0.24; k_{33}=0.64; k_{13}=0.43; k=0.40$
正交/2mm	Li_2GeO_3	$d_{31}=-4.0; d_{32}=-5.6$ $d_{33}=11.1; d_{15}=-3.2$ $d_{24}=-2.5$	$k_{31}=0.131; k_{32}=0.178; k_{33}=0.364$ $k_{14}=0.089; k_{23}=0.075; k_t=0.344$
	$LiGaO_2$	$d_{31}=-2.5; d_{32}=-4.7; d_{33}=8.5$ $d_{15}=-6.9; d_{24}=-6.0$	$k_{31}=0.10; k_{32}=0.17; k_{33}=0.33$ $k_{14}=0.18; k_{24}=0.18; k_t=0.25$
单斜/2	$Li_2SO_4 \cdot H_2O$	$d_{21}=-3.6; d_{22}=16.3; d_{23}=1.7;$ $d_{14}=0.7; d_{16}=-2.0; d_{25}=-5.0;$ $d_{34}=-2.1; d_{36}=-4.2$	$k_t=0.30$

按照晶体的宏观对称性，可以把晶体分为七大晶系、32 个点群。再按物理性质（主要

是压电、热释电和铁电性质)分,又可以把32个点群的晶体分为如下几个亚类,见表3-2。

表3-2 32种晶体点群的分类

介电晶体点群(32种)	不具有对称中心的晶体点群(21种)	极性晶体点群(10种)	$1,2,3,4,6,m,mm2,4mm,3m,6mm$
	其中压电晶类(20种)	非极性晶类(11种)	$222,\bar{4},\bar{6},23,432,422,\bar{4}2m,32,622,\bar{6}m2$
	具有对称中心的晶体点群(11种)		$\bar{1},2/m,4/m,\bar{3},6/m,m3,mmm,4/mmm,6/mmm,m3m,\bar{3}m$

注:除432晶体点群外,其余20种不具有对称中心的晶体点群均具有压电性。

3.1.2 压电单晶体

压电单晶体种类很多,除少数是只具有压电效应的晶体(如石英、CdS、ZnO、AlN,其中CdS、ZnO等兼具压电性和半导体性)外,其余大多是铁电晶体。这些铁电晶体主要有:

①含氧八面体的铁电晶体,如具有钙钛矿型结构的钛酸钡($BaTiO_3$)晶体、具有铌酸锂型结构的铌酸锂($LiNbO_3$)和钽酸锂($LiTaO_3$)晶体以及具有钨青铜型结构的铌酸锶钡$Ba_xSr_{1-x}Nb_2O_6$(简称为SBN)的晶体。

②含氢键的铁电晶体,如磷酸二氢钾(KH_2PO_4,简称KDP)、磷酸二氢铵($NH_4H_2PO_4$,简称ADP)以及在20世纪70年代才发现的磷酸氢铅($PbHPO_4$,简称LHP)和磷酸氘铅($PbDPO_4$,简称LDP)晶体。

③含层状结构的钛酸铋晶体($Bi_4Ti_3O_{12}$)等。

虽然各种压电晶体各有特色,但目前广泛使用的压电晶体主要是非铁电性压电晶体石英、铁电性压电晶体铌酸锂和钽酸锂等。

3.1.2.1 石英晶体

石英晶体是一种同质多相变体较多的晶体,它具有12种晶态,自然界中存在较多的有石英、鳞石英、方石英等。石英晶体主要形态为α石英(低温石英)和β石英(高温石英)。α石英属三方晶系,属32点群。α石英晶体加热到573℃时即变成β石英。α石英晶体具有压电效应,由晶体对称性可知,α石英晶体只有两个独立的压电常数d_{11}和d_{14}。α石英晶体有天然发育的,也有人工培育的。实用的α石英晶体绝大部分是人工培育的。人工培育的α石英晶体通常采用水热温差法,利用高压釜在SiO_2过饱和溶液中生长,目前已形成一定规模的产业。α石英晶体主要用来制作压电谐振器,其特点是机械品质因数高、频率温度系数小(选择一定的切型,甚至可以制作零温度系数的谐振器)。已经广泛应用于选频、控频及频标等方面。

3.1.2.2 铌酸锂晶体

$LiNbO_3$是无色或略带淡黄色的透明晶体,熔点为1253℃,密度为$4.64\times10^3 kg/m^3$,莫氏硬度为5~5.5。$LiNbO_3$是由八面体NbO_6组成的晶体,顺电相和铁电相的空间群分

别为 $R\bar{3}c$ 和 $R3c$。LiNbO₃ 晶体结构常用六方晶胞描写,室温时晶胞参数为:$c=1.3863$nm,a_H(也记为 $a_1=a_2$ 或 $a=b$)=0.5150nm。LiNbO₃ 结构也可用菱面体晶胞描写,其参量为 $a_R=0.5494$nm、$\alpha=55.867°$。铌酸锂(LiNbO₃)是现在已知居里点最高(1210℃)和自发极化最大(室温时约为 0.70C/m²)的铁电晶体。该晶体属 3m 点群,是由 NbO₆ 八面体组成的晶体,自发极化主要是铌离子沿氧八面体三重轴偏离中心造成的。常用的六方晶胞及其在 c 平面上的投影如图 3-2 所示。

LiNbO₃ 熔点为 1253℃,熔化时不分解,故可用提拉法在大气气氛中从熔体中生长单晶。LiNbO₃ 固液同成分点的组成是 48.6mol%Li₂O,51.4mol%Nb₂O₅[42]。因此,该组分是制备高质量单晶最佳的配比。由于 Nb 在固体中的溶解度小于在熔体中的溶解度,随着温度的降低,在提拉过程中,固体中含 Nb 量减少,熔体中含 Nb 量增多。最后得到符合化学计量比的 LiNbO₃ 单晶。

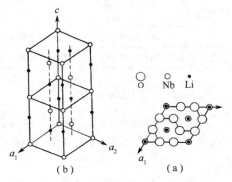

图 3-2 室温下 LiNbO₃ 晶体结构
(a)六方晶胞(其中氧未画出);
(b)六方晶胞在 c 平面上的投影。

LiNbO₃ 单晶的压电性能如表 3-1 所列。它的机电耦合系数大,机械品质因素 Q_m 高达 10^5,声传播速度高,超声吸收系数和声衰减小,化学稳定性好,机械加工性能好,可进行精密加工。铌酸锂晶体在高达 1050℃的条件下,LiNbO₃ 压电换能器仍无明显的退化现象。因此,LiNbO₃ 晶体是制备优良的压电换能器、微声延迟线和声表面波器件首选的材料。

3.1.2.3 钽酸锂晶体

钽酸锂晶体(LiTaO₃)为无色或淡绿色透明晶体,密度为 7.4564×10^3kg/m³,熔点为 1650℃,居里温度 T_C 为 665℃,自发极化为 0.50C/m²。

LiTaO₃ 晶体结构与 LiNbO₃ 的晶体结构十分相似,LiTaO₃ 晶体在 T_C 以上属三方晶系 $\bar{3}m$ 点群,为顺电相,空间群 $R\bar{3}c$。由于晶体存在对称中心,故此时无压电性。在 T_C 以下,晶体属三方晶系 $3m$ 点群(可用六方晶系表示),为铁电相,空间群 $R3c$。在 25℃,三方晶系晶胞参数 $a_H=0.5474$nm,$a=56.17'$;等效六方晶系晶胞参数 $a_H=0.515428$nm,$c_H=1.378351$nm。LiTaO₃ 的自发极化是 Ta 沿 c 轴偏离氧八面体中心、Li 沿 c 轴偏离氧平面造成的,但这种位移较 LiNbO₃ 中的小,所以自发极化较小,居里点也较低。

由于 LiTaO₃ 晶体的矫顽场很高,难以用测量 P—E 电滞回线的方法来测量 P_s。现多用热电电流法来测定 P_s。用该方法测得室温时 LiTaO₃ 单晶的 $P_s=0.5$C/m²。LiTaO₃ 单晶热释电系数 p 较大,室温时 $p\approx(2.1\sim2.3)\times10^{-4}$C/m²·K;损耗小,$\tan\delta$ 为 $(2\sim3)\times10^{-3}$;电阻率高,$\rho\approx3.6\times10^{10}\Omega\cdot$cm。LiTaO₃ 可制成薄膜,其薄膜的 $p=0.60\times10^{-4}$C/m²·K,$\varepsilon=32$。LiTaO₃ 单晶与薄膜均能在很宽的温度范围内使用,不退极化,化学、物理性能稳定,能承受高能量入射辐射。因此,它是良好的热释电红外探

测器材料。

3.1.2.4 弛豫铁电单晶体

近年在压电新晶体研究中,弛豫型铁电单晶铌镁酸铅—钛酸铅[$(1-x)$Pb(Mg$_{1/3}$Nb$_{2/3}$)O$_{3-x}$PbTiO$_3$,简称 PMN-PT]和铌锌酸铅—钛酸铅[$(1-x)$Pb(Zn$_{1/3}$Nb$_{2/3}$)O$_{3-x}$PbTiO$_3$,简称 PZN-PT]特别引人注目。1996年和1997年,美国的 Park 和 Shrout 报道了利用熔盐法生长 PZN-PT 单晶的技术工艺和晶体各种切向晶片的介电、压电和电致伸缩特性,发现当切向为(001)时,晶体具有最佳的性能,压电性能为 $d_{33}=2500$ PC/N(为 PZT 材料的 3 倍~6 倍),$k_{33}=0.94$(为现有压电材料中最高的)。图 3-3 为不同切型的 PZNT 单晶的压电性能。该类晶体的耐高电压特性也很好,电场诱导应变(电致伸缩特性)高达 1.75%(是 PMN-PT 陶瓷的十几倍),且场诱应变滞后很小,甚至接近于零。这些特性使研究高性能大应变驱动器成为可能。图 3-4 为 PMNT、PZNT 单晶与几种陶瓷的压电性能的比较。可以看出,PZNT、PMNT 单晶的压电性能是相当优秀的。"Science"评论说,这类材料将是制备新一代超声换能器和高性能微位移和微驱动器的理想材料。

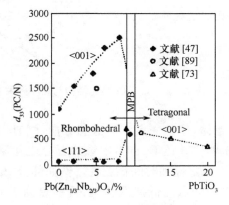 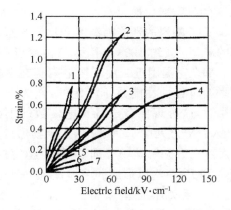

图 3-3 PZN 单晶的压电
常数 d_{33} 与组分、晶向的关系

图 3-4 PZNT、PMNT 单晶((001)面)
及几种压电陶瓷的应变
—电场特征(直至击穿)
1—PZN-8.0%PT;
2—PZN-4.5%PT;3—PZN;4—PMN-24%PT;
5—PZT-5H;6—PMN-PT;7—PZT-8。

3.1.3 压电陶瓷

陶瓷具有压电性要有两个条件:一是组成陶瓷的晶粒具有铁电性;二是需经强直流电场处理(人工极化)。人工极化是在压电陶瓷上施加直流强电场进行极化,极化后陶瓷的各个晶粒内的自发极化方向将平均地取向于电场方向,因而具有近似于单晶的极性,并沿电场方向有剩余极化强度,外加电场方向就成为陶瓷的特殊极性方向。显然,这时陶瓷不再是各向同性的。

陶瓷的压电性首先是在 BaTiO$_3$ 上发现的。但纯 BaTiO$_3$ 陶瓷难以烧结,且居里温度不高(约 120℃),室温附近(约 5℃)存在相变,虽经不同掺杂改性,压电性能仍属中等,因而使用范围不大。20世纪50年代发明的锆钛酸铅($PbZr_xTi_{1-x}O_3$，简称PZT)是迄今使用最多的压电陶瓷。

3.1.3.1 钛酸钡系压电陶瓷

$BaTiO_3$的居里温度是120℃。高于120℃时，$BaTiO_3$具有立方结构，为顺电相。当温度降至120℃时，结构转变为四方对称性结构，这时c轴略有伸长，$c/a \approx 1.01$，晶体沿c轴方向有自发极化，为铁电相。室温时自发极化值为$26 \times 10^{-2} C/m^2$。当温度降至-5℃以下时，晶格结构转变为正交晶系(三个相互垂直的a、b、c轴)，自发极化方向变为(011)。通常，把正交晶系的a轴取在极化方向上，正交晶系的b轴取相邻的立方体的(011)方向，并与a轴垂直，c轴则取与a轴及b轴垂直的方向，并平等于原来立方棱边(100)。如果温度继续降至-80℃附近，晶格结构变为三角对称性，这时晶胞的三个棱边相等，$a=b=c$，且角$\alpha=82.92°$，自发极化沿着原来立方晶系的(111)方向。图3-5为温度改变时$BaTiO_3$的晶胞变化情况。

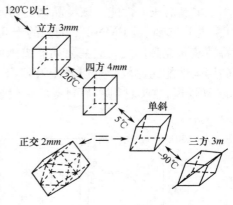

图3-5 $BaTiO_3$晶胞结构与温度的关系

$BaTiO_3$陶瓷的性能随温度变化大的原因是它的居里点(约120℃)和第二相变点(约-5℃)都在室温附近。由于压电陶瓷在其相变点附近时各种性能是不稳定的，作为压电体使用时，这种现象造成各压电常数的不稳定，加入百分之几摩尔ABO_3型化合物形成固溶体，使相变点移向低温方向，同时造成居里温度点上升和矫顽场增加，可得到稳定的压电体。在$BaTiO_3$中添加百分之几摩尔的$CaTiO_3$和$PbTiO_3$以形成固溶体，改善它的温度稳定性和时间稳定性。例如部分$BaTiO_3$被$CaTiO_3$置换时，居里点几乎不移动，但第二相变点向低温区移动，置换量为16mol%时，第二相变点就降为-55℃。但是随着$CaTiO_3$的置换量增加，压电性降低，所以一般不超过8mol%。

另一方面，以$PbTiO_3$来置换$BaTiO_3$，居里点移向高温区，而且第二相变点移向低温区，矫顽场增高，从而能够得到稳定的压电陶瓷。如果$PbTiO_3$的置换量较多，温度稳定性虽然得到改善，但是压电性却降低，故实际上也只限于8mol%。工业上，以8 mol% $PbTiO_3$、4 mol% $CaTiO_3$来置换$BaTiO_3$，制得易烧结的(Ba、Pb、Ca)TiO_3陶瓷。它的居里点上升为160℃，第二相变点下降至-55℃。

$BaTiO_3$陶瓷的铁电性发现成为了探索新型氧化物铁电体的转折点。在对$BaTiO_3$的晶体结构及单晶电畴结构研究的基础上，以Pb置换$BaTiO_3$中的Ba或以Zr置换其中的Ti，合成了$PbTiO_3$、$(Ba、Pb)TiO_3$、$PbZrO_3$和$(Ba、Pb)ZrO_3$等新型压电陶瓷。

3.1.3.2 钛酸铅压电陶瓷

由$PbO-TiO_2$系相平衡图可知$PbTiO_3$属一致熔融化合物，熔点为1286℃，居里点$T_c=490℃$。在T_c以上结晶出来的$PbTiO_3$为立方晶型，$m3m$点群，此时晶胞参数$a=b=$

c,此时 $PbTiO_3$ 为顺电相。当温度降低到 T_c 以下,$PbTiO_3$ 由立方晶系转变成四方晶系,这时晶胞参数 $a=b<c$,如 25℃ 时 $a=b=0.3905nm$,$c=0.4152nm$,$c/a=1.063$,密度为 $6.96×10^3 kg/cm^3$。此时 $PbTiO_3$ 为铁电相。室温下,$PbTiO_3$ 单晶的 $P_s=52\mu C/cm^2$,矫顽场 $E_c=6.75kV/cm$。

$PbTiO_3$ 的晶胞参数和 c/a 的比值随温度 T 的变化关系如图 3-6 所示。在相同的温度下,$PbTiO_3$ 的 c/a 比值比 $BaTiO_3$ 的 c/a 比值大得多。如 20℃ 时,$BaTiO_3$ 的 $c/a\approx 1.011$。与 $BaTiO_3$ 相比,$PbTiO_3$ 的各向异性大得多,在 T_c 附近的反常特性也显著得多。

$PbTiO_3$ 单晶自发极化强度 P_s 随温度 T 的变化关系如图 3-7 所示。在 T_c 处 P_s 发生不连续变化,表现出一级相变特征。$PbTiO_3$ 单晶介电系数 ε 在 T_0 时出现锐峰,ε_{max} 可达 10^4 以上。在居里温度 T_c 以上,ε 随 T 的变化遵从居里—外斯定律

$$\varepsilon=\frac{C}{(T-T_0)} \tag{3-4}$$

居里—外斯常数 $C=4.1\times 10^5$,特征温度 $T_0=485℃$,$T_C\neq T_0$ 表现为一级相变特征。

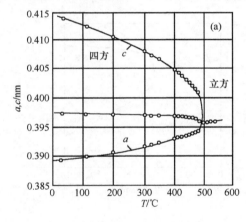
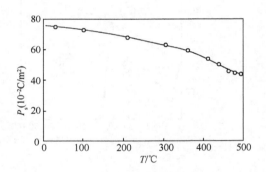

图 3-6 $PbTiO_3$ 的晶胞参数和 c/a 随 T 的关系

图 3-7 $PbTiO_3$ 单晶 P_s 随温度 T 的变化关系

$PbTiO_3$ 单晶具有较好的压电性能。室温时,$d_{31}=-2.5pC/N$,$d_{33}=19.3pC/N$,$d_{15}=-6.5pC/N$,$k_P=0.40$,$k_{31}=0.24$,$k_{33}=0.64$,$k_{15}=0.43$。

纯 $PbTiO_3$ 极难烧结成陶瓷,主要原因在于 $PbTiO_3$ 陶瓷晶粒的晶界能较高,四方相有很大的各向异性的缘故。当陶瓷冷却通过 T_c 时,$PbTiO_3$ 的晶体结构从立方结构转变成四方结构,有较大的内应力产生,因而陶瓷容易碎裂,甚至粉化。采用微细原料、新型陶瓷工艺(如热压烧结或快速烧结等)或在 $PbTiO_3$ 基本配方中掺入一定量的其它元素以抑制晶粒生长,降低晶界能等方法可以得到性能优良的 $PbTiO_3$ 致密陶瓷。当 $PbTiO_3$ 原料中含有微量 Bi、Zn、Nb 等元素时,可制备出 $PbTiO_3$ 致密陶瓷。例如,添加 Li_2CO_3、NiO、Fe_2O_3 或 MnO,均能获得密度高达理论值 97% 以上的陶瓷。添加 Li_2CO_3、Cr_2O_3 时晶格中没有产生显著的结构变化。纯 $PbTiO_3$ 陶瓷的介电常数约为 200。添加 NiO、Fe_2O_3、Gd_2O_3、Nb_2O_5 或 WO_3 以后,介电常数增大;添加 Cr_2O_3 或 MnO_2 后介电常数降低。添加 Cr_2O_3 或 MnO_2,可使介电损耗变小,Q 值提高;添加 Li_2CO_3 或 NiO 时,介电损耗变大。纯

PbTiO$_3$ 陶瓷的电阻率 $\rho=10^7\Omega\cdot cm\sim10^8\Omega\cdot cm$，但掺入 Zn、Nb 后 $\rho=10^{16}\Omega\cdot cm$，即使在 200℃ 时，$\rho=10^9\Omega\cdot cm$。掺 Nd$_2O_3$、In$_2O_3$ 和 MnO$_2$ 的 PbTiO$_3$ 陶瓷具有良好的压电性能，是一种优良的声表面波器件材料。

3.1.3.3 PZT 压电陶瓷

PbTiO$_3$ 和 PbZrO$_3$ 固溶体的相图和晶格常数如图 3-8 所示。该系统 Zr/Ti＝52/48 处的组成具有四方铁电相（F$_T$）和三方铁电相（F$_R$）共存的相界，称为准同型相界，这个相界几乎不随温度变化。在此附近，随着钛离子浓度的增加，自发极化的取向由（111）向（001）变化。在这过程中，晶体结构是不稳定的，因此介电性和压电性都显著提高。处于 MPB 附近的 PZT 的压电性几乎比 BaTiO$_3$ 大两倍，如图 3-9 所示，且在 -50℃～200℃ 的温度范围内不存在晶相转变。但这种材料的主要成分含有大量的铅，在烧成过程中因 PbO 的挥发，难以得到致密的烧结体。此外，在相界附近的压电性和 Ti、Zr 的组成（即 ZrO$_2$/TiO$_2$）密切相关，它的重复性和均匀性就难以保证。为改善上述缺点，用其它元素去置换原组成元素或添加微量杂质进行改性。

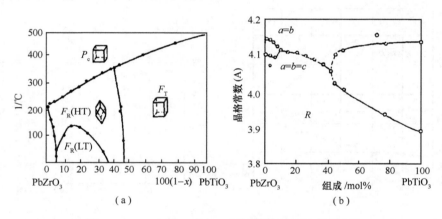

图 3-8　PbTiO$_3$-PbZrO$_3$ 固溶体的相图和晶格常数

通过广泛的改性研究，在 PZT 系统中已获得了多种性能优良的压电陶瓷，表 3-3 列出了几种具代表性的 PZT 压电陶瓷的主要性能。其中，PZT-S 和 PZT-H 的 Zr/Ti 位于离相界较远的四方相区。PZT-S 和 PZT-H 分别掺有施主和受主杂质，PZT-ST 则掺有稳定性杂质。PZT-S 的机电耦合因数和压电常量大、介电常数大、频率常数小，称为"软"性材料，适合于高灵敏度的应用，如水听器、拾音器、微音器、接收型换能器等。PZT-H 是"硬"性材料，机电耦合因数较大、机械损耗和电气损耗小（Q_m 和 Q_e 高）、频率常数大，适合于大功率应用，如声呐的发射换能器、超声清洗或

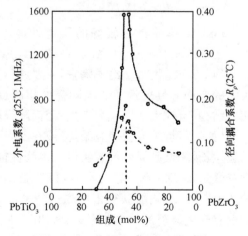

图 3-9　PbTiO$_3$-PbZrO$_3$ 压电陶瓷的介电常数和机电耦合系数

表 3-3 几种代表性的 PZT 陶瓷的主要性能

材料	居里温度 $T_c/℃$	密度 $\rho/kg/m^3$	介电常数				损耗因数		机电耦合系数/%				
			$\varepsilon_{33}^T/\varepsilon_0$	$\varepsilon_{33}^S/\varepsilon_0$	$\varepsilon_{11}^T/\varepsilon_0$	$\varepsilon_{11}^S/\varepsilon_0$	Q_e	Q_m	k_p	k_t	k_{33}	k_{31}	k_{15}
PZT-S	320	7.52	3300	1500	3100	1700	50	110	65	51	77	40	68
PZT-H	290	7.61	1000	600	1250	880	200	900	50	47	65	30	53
PZT-ST	380	7.63	450	370	470	410	110	400	28	31	39	15	38

材料	压电应变常数 /10^{-12}C/N			压电电压常数 /10^{-3}V·m/N			频率常数 /Hz·m	$\Delta N_r/N_r(-60℃\sim85℃)$ (10^{-2})
	d_{33}	d_{31}	d_{15}	g_{33}	g_{31}	g_{15}	N_r	
PZT-S	600	−270	750	20.5	−9.0	26.5	1450	9.5
PZT-H	220	−100	335	24.5	−11.0	28.0	1800	2.5
PZT-ST	70	−25	125	17.5	−6.5	30.5	1970	0.2

加工的换能器等。PZT-ST 的温度系数和老化率小,称为高稳定性材料,适合于高稳定性的应用,如滤波器、延迟线、谐振器等。

3.1.3.4 复合钙钛矿系压电陶瓷

组成复合钙钛矿型结构的多组元氧化物,其化学通式一般可写成 $(A_1、A_2、\cdots、A_k)(B_1、B_2、\cdots、B_l)O_3$,这时 A、B 位置的各离子应满足下列条件

$$\sum_{i=1}^{k}\chi_{A_i} = 1 \quad 0 < \chi_{A_i} \leq 1$$

$$\sum_{j=1}^{l}\chi_{B_j} = 1 \quad 0 < \chi_{B_j} \leq 1$$

$$\sum_{i=1}^{k}\chi_{A_i}n_{A_i} = \overline{n_A}; \quad \sum_{j=1}^{l}\chi_{B_j}n_{B_j} = \overline{n_B}; \quad \overline{n_A} + \overline{n_B} = 6$$

$$\overline{r_A} = \sum_{i=1}^{k}r_{A_i}\chi_{A_i} \quad \overline{r_B} = \sum_{j=1}^{l}r_{B_j}\chi_{B_j} \tag{3-5}$$

式中:χ_{A_i} 和 χ_{B_j} 为 A 位置和 B 位置各离子摩尔分数;r_{A_i} 和 r_{B_j} 为 A 位置和 B 位置各离子的离子半径;$\overline{r_A}$ 和 $\overline{r_B}$ 为 A 位置和 B 位置各离子的平均半径。

其组成复合钙钛矿型结构的条件是

$$t = \frac{(\overline{r_A} + r_O)}{\sqrt{2}(\overline{r_B} + r_O)}, 0.9 \leq t \leq 1.1 \tag{3-6}$$

利用固溶方法来制备复合钙钛矿型氧化物,此时在 A 位置和 B 位置都是由两种以上不同原子价的元素组成,其平均原子价 A 位置是 +2 价,B 位置是 +4 价。如 $Pb(Mg_{1/3}Nb_{2/3})O_3$-$PbZrO_3$,$Pb(Mg_{1/3}Ta_{2/3})O_3$-$PbTiO_3$-$PbZrO_3$;$Pb(Ni_{1/3}Nb_{2/3})O_3$-$PbTiO_3$-$PbZrO_3$;$Pb(Zn_{1/3}Nb_{2/3})O_3$-$PbTiO_3$-$PbZrO_3$;$Pb(Mn_{1/3}Nb_{2/3})O_3$-$PbTiO_3$-$PbZrO_3$ 等等。$Pb(Mg_{1/3}Nb_{2/3})O_3$-$PbTiO_3$-$PbZrO_3$ 的相如图 3-10 所示。由于组分变化而引起结晶结构变化的类质异晶相界是在 $Pb(Mg_{1/3}Nb_{2/3})TiO_3:PbTiO_3 = 59:41$ mol% 与 $PbTiO_3:PbZrO_3 = 45:55$ mol% 之间,即图中实线部分。在相界附近的组成,其压电性和铁电性均增强。由图中可清楚地看到:在二元系统中,类质异晶相界是一个点,而在三元系统中则用线来表示。它不仅能容易地把 ε 和 k_p 组合成应用上所要求的性能,而且还超过了原来的

值。此外，在三元系压电陶瓷中添加微量的 MnO_2、NiO、CoO、Fe_2O_3、Cr_2O_3 等，或以 Ba、Sr 等置换 Pb，可以改善烧结性、介电性、弹性性能、机械品质因数等等。如在相界附近的组成 $Pb(Mg_{1/3}Nb_{2/3})_{0.375}Ti_{0.375}Zr_{0.25}O_3$ 中加入 0.5% 的 NiO，可使 k_p 从 0.5 提高到 0.64；添加 0.5% 的 MnO，可使 Q 值由 73 提高到 1640。对 $PMN_{0.375}$ 的样品，变化组成对 k_p 的影响如图 3-11 所示。

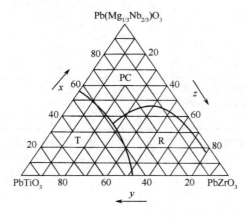

图 3-10 $Pb(Mg_{1/3}Nb_{2/3})O_3$-$PbTiO_3$-$PbZrO_3$ 的相

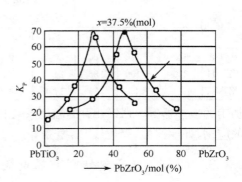

图 3-11 $PMN_{0.375}$ 样品的 k_p 随组成的变化

迄今为止，人们研究了大量的复合钙钛矿结构的压电陶瓷材料，典型的有：①$Pb(Mg_{1/3}Nb_{2/3})O_3$-$PbTiO_3$-$PbZrO_3$，该系统材料广泛用于拾音器、微音器、压电变压器和引燃引爆等方面；②$Pb(Co_{1/3}Nb_{2/3})O_3$-$PbTiO_3$-$PbZrO_3$，该系统压电陶瓷的平面机电耦合系数 $k_p > 0.70$；③$Pb(Cd_{1/3}Nb_{2/3})O_3$-$PbTiO_3$-$PbZrO_3$，该系统的特点是 k_p 大，添加某些杂质（如 MnO_2）后，机电品质因数高、振子的谐振频率温度系数小，可用于制作滤波器等高稳定性器件；④$Pb(Zn_{1/3}Nb_{2/3})O_3$-$PbTiO_3$-$PbZrO_3$，适当选择组分，可制得高致密度的压电陶瓷，其表面波有效机电耦合系数大、插入损耗小，是优良的表面波器件用压电陶瓷材料；⑤$Pb(Mn_{1/3}Nb_{2/3})O_3$-$PbTiO_3$-$PbZrO_3$，该系统的特点是机电耦合系数大，机械品质因数高，老化特性好，适合于宽带滤波器使用。

另外，还研究了更复杂的四元、五元复合钙钛矿结构的压电陶瓷材料。

3.1.3.5 无铅压电陶瓷

为了满足保护环境，适应人类社会可持续发展的要求，无铅压电铁电陶瓷及其与之相关的制备技术已在世界范围内引起人们的极大关注。我国学者在世界上第一个提出了"无铅铁电压电陶瓷"的新概念。无铅压电铁电陶瓷是指既具有满意的压电铁电性能又不含铅、有良好的环境协调性的一大类新型压电铁电陶瓷。

无铅压电铁电陶瓷应不含或尽可能少含可能对生态环境造成损害的铅；相应的制备技术应当是对生态环境损害尽可能小的环境协调性制备技术；所制备的电子器件应当是依据无铅化原则设计的，这些制品的加工工艺流程也应是环境协调性的；可以采用环境协调性评价技术对无铅压电铁电陶瓷及其相关器件，以及这些材料和制品的加工工艺等进行评价，并使评价的结果满足国际标准化组织 14000 系列文件的要求。

目前,无铅压电铁电材料的研究主要集中在三个方面:即无铅压电铁电陶瓷新体系研究、无铅压电铁电陶瓷材料的器件应用研究以及无铅压电铁电陶瓷材料及其器件的环境协调性评价研究。现阶段,无铅压电陶瓷研究的材料体系主要集中在以下五种材料体系,如图3-12所示。

$$
\text{无铅压电陶瓷体系}
\begin{cases}
\text{BaTiO}_3\text{基}
\begin{cases}
(1-x)\text{BaTiO}_3-x\text{ABO}_3(A=\text{Ba},\text{Ca};B=\text{Zr},\text{Sn}\ \text{等}) \\
(1-x)\text{BaTiO}_3-x\text{ABO}_3(A^I=\text{K},\text{Na};B^I=\text{Nb},\text{Ta}) \\
(1-x)\text{BaTiO}_3-x\text{A}_{0.5}^{II}\text{NbO}_3(A^{II}=\text{Ca},\text{Sr},\text{Ba}) \\
(1-x)\text{BNT}-x\text{Bi}_{0.5}\text{K}_{0.5}\text{TiO}_3 \\
(1-x)\text{BNT}-x\text{ATiO}_3(A=\text{Ba},\text{Sr},\text{Ca})
\end{cases} \\
\text{BNT基}
\begin{cases}
(1-x)\text{BNT}-x\text{A}^I\text{NbO}_3(A^I=\text{K},\text{Li},\text{Na}) \\
(1-x)\text{BNT}-x\text{A}^{II}\text{B}^{II}\text{O}_3(A^{II}=\text{Bi},\text{La};B^{II}=\text{Cr},\text{Fe}) \\
(1-x-y)\text{BNT}-x\text{BaTiO}_3-y\text{BiFeO}_3 \\
(1-x-y)\text{BNT}-y\text{NaNbO}_3-y/2[\text{Bi}_2\text{O}_3\cdot\text{Sc}_2\text{O}_3] \\
\text{BNT}-\text{BaTiO}_3-\text{Bi}_{0.5}\text{K}_{0.5}\text{TiO}_3
\end{cases} \\
\text{碱金属铌酸盐基}
\begin{cases}
\text{NaNbO}_3\text{基压电陶瓷} \\
\text{LiNbO}_3\text{基压电陶瓷} \\
\text{KNbO}_3\text{基压电陶瓷}
\end{cases} \\
\text{钨青铜结构无铅压电陶瓷} \\
\text{铋层状结构}
\begin{cases}
\text{Bi}_4\text{Ti}_3\text{O}_{12}\text{基压电陶瓷} \\
\text{MBi}_4\text{Ti}_4\text{O}_{15}\text{基压电陶瓷} \\
\text{MBi}_2\text{Nb}_2\text{O}_9\text{基压电陶瓷}(M=+2\text{价离子}) \\
\text{Bi}_3\text{TiNO}_9\text{基压电陶瓷}(N=\text{Ta},\text{Nb})
\end{cases}
\end{cases}
$$

图3-12 无铅压电陶瓷体系

在这些材料体系中,目前,以钛酸铋钠$(\text{Bi}_{0.5}\text{Na}_{0.5})\text{TiO}_3$(BNT)基、碱金属铌酸盐$(\text{Na},\text{K})\text{NbO}_3$(KNK)基压电陶瓷的研究最为集中。

根据Smolenshy原则,研究和开发新的无铅压电陶瓷体系。

BNT是1960年由Smolensky等人发明的A位复合离子钙钛矿型铁电体,室温时属三角晶系,居里温度为320℃。BNT具有铁电性强、压电性能好、介电常数小、声学性能好、烧结温度低等优良特征,被认为是最有可能取代铅基压电陶瓷的材料之一。然而,室温下BNT的矫顽场大($E_c=73\text{kV/cm}$),在铁电相区电导率高,因而极化困难。加之该系陶瓷中Na_2O易吸水,烧结温度范围较窄,使陶瓷的化学物理性质稳定性和陶瓷致密性欠佳。因此,单纯的$(\text{Ba}_{0.5}\text{Na}_{0.5})\text{TiO}_3$陶瓷难以实用化。为改进BNT的性能,集中对BNT进行了A位掺杂开展了深入的研究,先后研究了$\text{Bi}_{0.5}(\text{Na}_{1-x-y}\text{K}_x\text{Li}_y)_{0.5}\text{TiO}_3$、$[(\text{Bi}_{1-x-y}\text{La}_x)\text{Na}_{1-y}]_{0.5}\text{Ba}_y\text{TiO}_3$、$[\text{Bi}_{1-x}(\text{Na}_{1-x-y-z}\text{K}_x\text{Li}_y)]_{0.5}\text{Ba}_z\text{TiO}_3$、$[\text{Bi}_{1-z}(\text{Na}_{1-y-z}\text{Li}_y)]_{0.5}\text{Ba}_z\text{TiO}_3$、$[\text{Bi}_{1-z-u}(\text{Na}_{1-y-z-u}\text{Li}_y)]_{0.5}\text{Ba}_z\text{Sr}_u\text{TiO}_3$、$[\text{Bi}_{1-z-u}(\text{Na}_{1-x-z-u}\text{K}_x)]_{0.5}\text{Ba}_z\text{Sr}_u\text{TiO}_3$、$(\text{Bi}_{0.5}\text{Na}_{0.5})_{1-x-y-z}\text{Ba}_x\text{Sr}_y\text{Ca}_z\text{TiO}_3$等多种新型的A位复合BNT基无铅压电陶瓷体系。图3-13所示为

$Bi_{0.5}(Na_{1-x-y}K_xLi_y)_{0.5}TiO_3$($x$, $y = 0.10$)体系压电陶瓷的压电和介电性能随掺钾的变化关系。该体系的压电常数的 $d_{33} = 220pC/N$；平面机电耦合系数 $k_p = 0.43$；相对介电常数 $\varepsilon_r = 1180$；介电损耗仅为 0.043。图 3-14 为不同温度下 $Bi_{0.5}(Na_{1-x-y}K_xLi_y)_{0.5}TiO_3$($x = 0.15$, $y = 0.075$)陶瓷的电滞曲线和 k_p 随温度的变化关系。由图可知，BNKLT-0.15/0.075 陶瓷的自发极化强度可达 $38pC/cm^2$，且在温度为 190℃ 时仍有 $24pC/cm^2$，显示了良好的热稳定性能。k_p 随温度的变化关系也说明该陶瓷在 160℃ 左右仍有较强的压电性能。

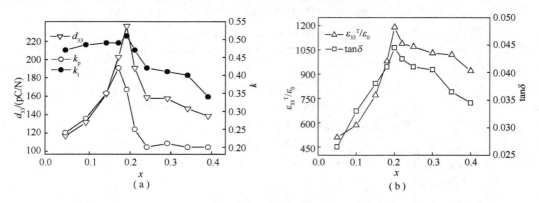

图 3-13　1100℃ 烧结 2h 的 BNKLT-x/0.10 陶瓷的压电和介电性能随 k 的掺杂量的变化关系
(a) 压电；(b) 介电。

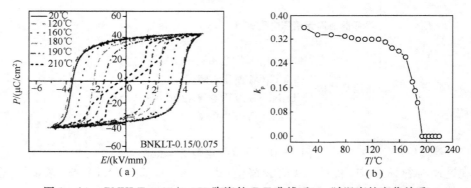

图 3-14　BNKLT-0.15/0.075 陶瓷的 P-E 曲线和 k_p 随温度的变化关系
(a) P-E 曲线；(b) k_p-T 曲线。

$KNbO_3$、$NaNbO_3$ 在室温时具有相似的结构特征，即为正交晶系钙钛矿型结构化合物，但是 $KNbO_3$ 为铁电材料，而 $NaNbO_3$ 却为反铁电材料。1954 年，Shirane 首先报道了对 $KNbO_3$-$NaNbO_3$ 固溶体的研究。少量 $KNbO_3$ 添加到纯 $NaNbO_3$ 中，可产生铁电相，相变温度出现在 200℃ 和 400℃ 附近，分别对应于正交-四方相变和四方-立方相变。Egerton 指出 $KNbO_3$-$NaNbO_3$ 体系在 K/Na=1 的成分附近即 $(Na_{0.5}K_{0.5})NbO_3$(NKN) 陶瓷具有最高的机电耦合系数 $k_p \approx 0.34 \sim 0.39$。如以热压工艺制备 NKN 陶瓷，其性能还可进一步提高，平面机电耦合系数 k_p 由传统方法的 0.32 提高到 0.48，压电常数 d_{33} 由 80pC/N 提高到 160pC/N，剩余极化强度 $p_r = 33\mu C/cm^2$。

2004 年，Saito 在"Nature"上报道了掺杂的 $(Na_{0.5}K_{0.5})NbO_3$ 基无铅压电陶瓷的性能已经达到或超过 PZT 基陶瓷。Saito 等主要以 Li^+ 部分取代 $(Na_{0.5}K_{0.5})NbO_3$ 晶格 A 位复

合离子$(Na_{0.5}K_{0.5})^+$，Ta^{5+}和/或Sb^{5+}部分取代B位Nb^{5+}，以反应模板晶粒生长法制备的$(Na_{0.5}K_{0.5})NbO_3$-$LiTaO_3$-$LiSbO_3$基陶瓷的电$d_{33}=416pC/N$，$k_p=0.61$，$T_c=280℃\sim450℃$。如图3-15和表3-4所示，其中LF4T代表不同组分的NKN基织构陶瓷。欧盟研制了NKN基压电陶瓷超声换能器件，性能指标几乎达到铅基(Pz34)器件水平。表3-5列出了近2年NKN基无铅压电陶瓷相关性能参数。可以看出，以Li^+部分取代$(Na_{0.5}K_{0.5})^+$，Ta^{5+}、Sb^{5+}部分取代Nb^{5+}可以极大地提高NKN陶瓷压电性能，并保持较高的居里温度；而对$(Na_{0.5}K_{0.5})NbO_3$添加一定量烧结助剂（如$K_{5.4}Cu_{1.3}Ta_{10}O_{29}$、$K_4CuNb_8O_{23}$），不仅能够有效改善$(Na_{0.5}K_{0.5})NbO_3$陶瓷的烧结特性，而且能够显著提高其机械品质因数$(Q_m>1000)$。可以认为，NKN基无铅压电陶瓷完全有可能作为铅基压电陶瓷材料的替代材料在某些领域得到广泛的应用。近年来，采用晶粒取向技

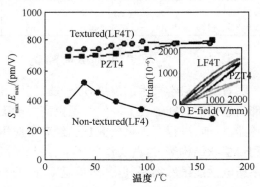

图3-15 结构的NKN基陶瓷的性能

术，使晶粒择优定向排列，能够获得性能良好的非铅体系的压电织构陶瓷。此外还研究和开发了水热法、溶胶—凝胶法、柠檬酸盐法、电化学法以及水热—电化学法等陶瓷材料的制备技术，这些技术被认为是21世纪制备高性能铁电压电陶瓷材料的先进技术之一。

表3-4 NKN基陶瓷与PZT基陶瓷性能比较

压电性能		LF4T	PZT4
居里温度	$T_c/℃$	253	250
机电耦合系数	k_p	0.61	0.60
压电电流常数	$d_{31}/(pC/N)$	152	170
	$d_{33}/(pC/N)$	416	410
压电电压常数	$g_{31}(10^{-3}V\cdot m/N)$	11.0	8.3
	$g_{33}(10^{-3}V\cdot m/N)$	29.9	20.2
介电常数	$\varepsilon_{33}^T/\varepsilon_0$	1570	2300
归一化应变	$S_{max}/E_{max}/pm/V$	750	700

表3-5 NKN基无铅压电陶瓷相关性能列表

材料成分	$d_{33}/(pC/N)$	$k_p/\%$	Q_m	ε_r	$\tan\delta$	$T_c/℃$
$(K_{0.44}Na_{0.52}Li_{0.04})(Nb_{0.86}Ta_{0.1}Sb_{0.04})O_3$	416	61		1570		253
$[(Na_{0.5}K_{0.5})_{1-x}Li_x]NbO_3$	200~235	38~44				>450
$(Na_{0.5}K_{0.5})NbO_3+Al_2O_3$				994		
$(Na_{0.5}K_{0.5})NbO_3+Ta_2O_5$				968		
$(Na_{0.5}K_{0.5})NbO_3+1\%Sr$	110	35				
$(Na_{0.5}K_{0.5})NbO_3+1\%Ba$		32				
$(Na_{0.5}K_{0.5})NbO_3$	70	25				
$(Na_{0.5}K_{0.5})NbO_3$	148			606		
$0.94(Na_{0.5}K_{0.5})NbO_3-0.06LiTaO_3$	200	36		570		
$(K_{0.49}Na_{0.5}Li_{0.01})NbO_3+K_{5.4}Cu_{1.3}Ta_{10}O_{29}$		43	2000	340		
$(K_{0.4675}Na_{0.4675}Li_{0.065})NbO_3$	250	44		680	18	450
$(K_{0.475}Na_{0.475}Li_{0.07})NbO_3$	240	45		950	8.4	460
$(Na_{0.5}K_{0.5})NbO_3+K_4CuNb_8O_{23}$		~40	1400			

(续)

材料成分	d_{33}(pC/N)	k_p(%)	Q_m	ε_r	$\tan\delta$	T_c(℃)
$[(K_{0.5}Na_{0.5})_{1-x}Li_x](Nb_{1-x}Sb_x)O_3$	265~286	47		>1224	>1.7	>385
$(K_{0.44}Na_{0.52}Li_{0.04})(Nb_{0.76}Ta_{0.2}Sb_{0.04})$	253	42		1503	2.5	
$0.97(Na_{0.5}K_{0.5})NbO_3-0.03(Bi_{0.5}Na_{0.5})TiO_3$	195	43				375
$(Na_{0.506}K_{0.44}Li_{0.0594})(Nb_{0.95}Sb_{0.05})O_3$	243	49.5		1286	1.8	
$(Na_{0.52}K_{0.435}Li_{0.045})(Nb_{0.905}Sb_{0.045}Ta_{0.05})O_3$	308	51		1009	1.9	339
$0.948(K_{0.5}Na_{0.48})NbO_3-0.052LiSbO_3$	265	50	40	1380	2	368

3.1.3.6 高居里温度压电陶瓷

随着现代科学技术的发展,原子能、能源、航空航天、冶金、石油化工等许多工业和科研部门迫切需要能够在500℃乃至更高温度下工作、使用寿命能达到10万h的各类压电传感器。目前,进行了大量研究且已经获得应用压电陶瓷材料主要有钙钛矿型、钨青铜矿型和铋层状结构等,这些类型的压电材料的性能对比见表3-6。由表3-6可知,PZT材料体系压电性能虽然很好,但其居里温度 T_c 只有386℃,限制了PZT陶瓷在高温领域的应用;钛酸铅(PT)压电陶瓷的居里温度为490℃,介电常数小、压电性能高、压电各向异性大,三次谐波的温度系数是现有陶瓷材料中最小的。但钛酸铅陶瓷存在着烧结上的困难,在冷却过程中立方至四方相变中,容易出现裂纹,大的轴向比率使得其矫顽场大,难以极化。通过添加适量的改性添加剂,可克服以上工艺难点而得到性能优良的压电陶瓷材料。铋层状压电陶瓷的居里点温度超过了600℃,但压电常数 d_{33} 很小。LiNbO$_3$ 陶瓷的居里温度是目前已知的压电陶瓷材料中最高的,其居里温度 T_c 可达1210℃,是目前已知的居里温度最高的铁电材料,因此也被称为高温铁电体,在高温压电器件应用方面有着广阔的前景,但是却很难得到纯LN陶瓷。这主要是由于在烧结过程中由于Li具有一定的流动性,如在一般的大气氛围中常压烧结,很难得到致密的陶瓷体,从而对陶瓷的结晶性及电学性能产生较大的影响。纯LN陶瓷的压电常数 d_{33} 也相当小。铋系钙钛矿化合物如 BiScO$_3$、BiGaO$_3$、BiInO$_3$ 等的居里温度均超过了600℃,但却难以合成稳定的陶瓷材料。不同压电陶瓷的压电常数 d_{33} 与居里温度 T_c 的关系如图3-16所示。显然,T_c 越高,d_{33} 就越低。

表3-6 实用的高居里温度压电陶瓷材料的电学性能

名称	结构	居里温度 T_c/℃	介电常数	压电常数 d_{33}/(pC/N)	机电耦合系数 k_{33}	机械品质因素 Q_m	电阻率 ρ /$10^{10}\Omega\cdot cm$	矫顽场 E_c /(kV/cm)
Pb(Zr,Ti)O$_3$(软PZT)	钙钛矿	330	1800	417	0.73	75	100	10~12
(Ba,Pb)Nb$_2$O$_6$(BPN)	钨青铜	400	300	85	0.30	15	1	
PbTiO$_3$(PT)	钙钛矿	490	190	56	0.45	1300	10	>40
Bi$_4$Ti$_4$O$_{15}$(BTO)	铋层状	~600	140	18	0.15	100	1000	>50
(Bi$_{0.5}$Na$_{0.5}$)TiO$_3$(BNT)	钙钛矿	315	300	70	0.40	240		73
LiNbO$_3$(LN)	刚玉	1150	25	6	0.23	NR	1	200
SiO$_2$/单晶	α石英	573	4.5	2(d_{11})	NR	10^5	1000	

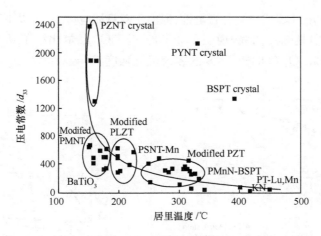

图 3-16　不同压电陶瓷的 d_{33} 与 T_c 的关系

2001年，Eitel等发现通过将$PbTiO_3$(PT)掺入到$BiScO_3$中，第一次制备在常压下结构稳定的具有高居里温度($T_c>450℃$)的钙钛矿型结构铁电体，且压电性能同PZT陶瓷相当的$(1-x)BiScO_3$-$xPbTiO_3$(BSPT)压电陶瓷。由于BSPT的居里温度比PZT的居里温度差不多高出100℃，因此BSPT能够在更高的工作温度下使用。表3-7给出了不同组分BSPT陶瓷的压电性能。BSPT体系在MPB处具有高居里温度T_c(450℃)、高介电以及压电性能。处于MPB处的$0.36BiScO_3$-$0.64PbTiO_3$的$d_{33}=460pC/N$，$k_p=0.56$，压电性能优异。由于BSPT的居里温度T_c比PZT的高将近100℃，因此BSPT可以比PZT在更高的温度下使用。

表 3-7　$(1-x)BiScO_3$-$xPbTiO_3$ 体系的压电性能

含量	结构	T_c/℃	ε_{33}^T	d_{33}(pC/N)	k_p
$x=0.62$	三方	440	900	290	0.49
$x=0.64$	MPB	450	2010	460	0.56
$x=0.66$	四方	460	1370	260	0.43

图3-17是$PbTiO_3$含量在50%～100%之间的BSPT二元相，图中$x=64$～66之间为三方相和四方相之间的准同型相界区域。$(1-x)BiScO_3$-$xPbTiO_3$体系中x在64～66以上时为四方相结构，x在64～66以下为三方相结构。在三方相区域，由于[Sc/TiO_6]八面体旋转，晶体结构随温度降低从高温正八面体结构的铁电相R3m，过渡到具有倾斜八面体结构的低温铁电相R3c。图中MPB区域在接近300℃以上时变成了一条弯曲线，这说明BSPT体系中MPB存在的组分摩尔比只在一定温度范围内与温度无关，这一点同在PZT体系中观测到的结果一致。相图的上方是立方顺电相区。

Inaguma等人还研究了BSPT的$PbTiO_3$含量在50%以下的晶体结构。发现在常温时随$PbTiO_3$含量的减少，BSPT的晶体对称性依次为四方、三方、准立方、单斜，直至$PbTiO_3$含量为0时的纯$BiScO_3$的三斜，其中准立方相结构的$PbTiO_3$含量范围在40%～50%之间。在$PbTiO_3$含量小于35%的单斜相的XRD图中还发现了超结构峰，这些峰被认为是由BSPT中含四个单斜结构单元的较大的正交结构单胞所产生。

图3-18是$(1-x)BiScO_3$-$xPbTiO_3(x=0.50\sim0.80)$体系的室温电滞回线。当$x>0.8$

以及=0.40～0.50时BSPT也具有铁电性,但由于对直流电可导,所以不能测出电滞曲线。当$x<0.4$时,无明显电滞曲线,说明BSPT的$PbTiO_3$摩尔比小于0.4时没有铁电性。Eitel等测得$0.36BiScO_3$-$0.64PbTiO_3$的剩余极化强度$P_r=32\mu C/cm^2$,矫顽场强度$E_c=20kV/cm$。

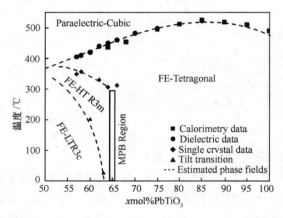

图3-17 $(1-x)BiScO_3$-$xPbTiO_3$体系二元相

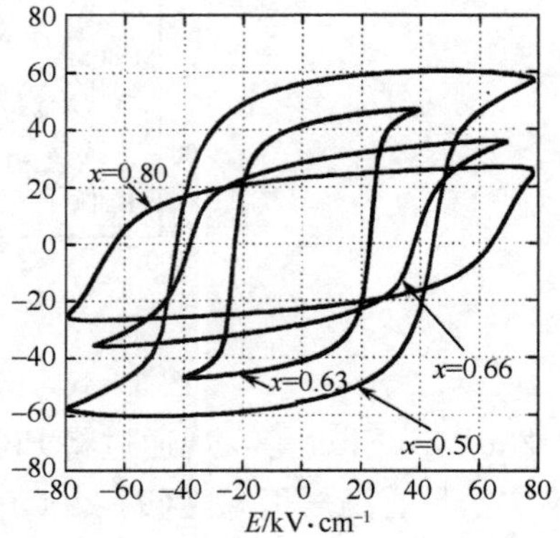

图3-18 BSPT陶瓷的电滞回线

图3-19是BSPT体系在100kHz下的介温曲线。由图中可以看出,随着$BiScO_3$含量增加,介电常数峰值温度(T_c)朝低温方向移动。最大的介电常数峰值出现在$x=0.70\sim 0.67$之间,而不在MPB区域。但当$BiScO_3$含量大于0.33时,介电常数峰值却随着$BiScO_3$含量增大而减小,这是由于$BiScO_3$含量增加导致无序度增大。图3-20给出了BSPT陶瓷的平面机电耦合系数k_p同x的关系。k_p峰值0.425出现在邻近MPB区域的$x=0.63$处,而在三方和准立方以及准立方和单斜的相界处没有k_p值的异常增大出现。

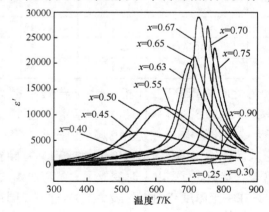

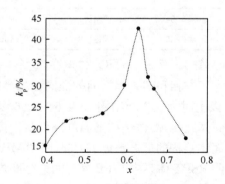

图3-19 100kHz下$(1-x)BiScO_3$-$xPbTiO_3$体系介温曲线

图3-20 BSPT体系的平面机电耦合系数

3.1.4 压电高分子材料

3.1.4.1 发展概况及分类

1940年,苏联发现木材有压电性,之后又相继发现了苎麻、丝竹、动物的骨、腱、皮肤、筋肉眼、头发和血管等都具有压电性。1960年发现了人工合成高聚物的压电性，1969年发现极化的聚偏二氟乙烯具有强的压电性后。目前压电性较强的高分子材料除了PVDF及其共聚物外，还有聚氟乙烯、聚氯乙烯、聚-γ-甲基-L-谷氨酸酯、聚碳酸酯和尼龙-11等。

高分子压电材料柔而韧，可制成大面积的薄膜，以便于大规模集成化，具有力学阻抗低、易于水及人体等声阻抗配合等优越性，比常规无机压电材料有更为广泛的应用前景。通常可把具有实用价值的压电高分子材料分为三类：天然高分子压电材料；合成高分子压电材料；复合压电材料（结晶高分子与压电陶瓷，非晶高分子与压电陶瓷）。

3.1.4.2 天然高分子压电材料

晶格对称的天然高分子，例如一些骨头在弯曲时会产生电位，另外像腱、纤维素、羊毛、木材、青麻纤维等许多天然高分子都具有某种程度的压电性，表3-8给出了这些天然高分子的压电常数。

表3-8 天然高分子的压电常数

材料种类	压电常数 d/pC·N^{-1}				材料种类	压电常数 d/pC·N^{-1}			
	d_{14}	d_{15}	d_{33}	d_{31}		d_{14}	d_{15}	d_{33}	d_{31}
马腱	−1.9	0.53	0.07	0.01	羊毛	−0.07	0.07	0.003	0.01
马大腿骨	−0.23	0.04	0.003	0.003	木材	−0.1			
牛腱	−0.26	1.4	0.07	0.09	青麻纤维	−0.17			
纤维素	−1.1	0.23	0.02	0.02					

3.1.4.3 合成高分子压电材料

合成多肽、聚羟基丁酸酯等也有压电性，压电性由具有光活性基团的特性决定。表3-9给出了一些合成多肽的压电常数。

表3-9 室温下合成多肽的压电常数

聚合物种类	分子结构	取向方法	拉伸比	d_{25}/pC·N^{-1}
聚-L-丙氨酸	α	滚压	1.5	1
聚-γ-甲基-L-谷氨酸盐	α	拉伸	2	2
	β	滚压	2	0.5
聚-γ-苄基-D-谷氨酸盐	α	拉伸	2	−1.3
聚-γ-苄基-L-谷氨酸盐	α	磁场	—	4
	α	滚压	2	0.3
聚-β-苄基-L-天冬氨酸盐	ω	滚压	2	0.3
聚-γ-2基-D-谷氨酸盐	α	滚压	2	−0.6
脱氧核糖核酸				0.03

聚乙烯、聚丙烯等高分子材料在分子中没有极性基团。因此在电场中不发生因偶极取向而极化，这类材料压电性不明显。聚偏二氟乙烯、聚氯乙烯、尼龙-11和聚碳酸本等极性高分子在高温下处于软化或溶融状态时，若加以高直流电压使之极化，并在冷却后才撤去电场，使极化状态冻结下来可对外显示电场，这种半永久极化的高分子材料称为驻极体。高分子驻极体是最有实用价值的压电材料，表3-10给出了充分延伸并极化后的高分子驻极体的压电常数。驻极体内的电荷包括真实电荷（表面电荷及体电荷）与介质极化

电荷。真实电荷是指被俘获在体内或表面上的正负电荷,极化电荷是指定向排列且被"冻住"的偶极子。高分子驻极体的电荷不仅分布在表面,而且还具有体积分布的特性。因此,若在极化前将薄膜拉伸,即可获得强压电性。

表 3-10 室温下高分子驻极体的压电常数

聚合物	$d_{31}/\text{pC}\cdot\text{N}^{-1}$	聚合物	$d_{31}/\text{pC}\cdot\text{N}^{-1}$
聚偏二氟乙烯	30	聚丙烯腈	1
聚氟乙烯	6.7	聚碳酸酯	0.5
聚氯乙烯	10	尼龙-11	0.5

一、聚偏氟乙烯(PVDF)

PVDF 是由 $CH_2\text{-}CF_2$ 形成的链状化合物 $(CH_2CF_2)_n$,其中 $n>10000$。结构分析表明,该种材料中晶相和非晶相的体积约各为 50% 左右。PVDF 的密度仅为压电陶瓷的 1/4,弹性柔顺常数则要比陶瓷大 30 倍,柔软而有韧性,耐冲击,可以加工成几微米厚的薄膜,也可弯曲成任何形状,适用于弯曲表面,易于加工成大面积或复杂的形状,也利于器件小型化。由于它的声阻低,可与液体很好地匹配。PVDF 常见的晶型有 α、β、γ 和 δ 四个相。其中只有 β 相的极性最强,铁电性只存在于 β 相中。从熔体急冷得到的通常是 α 相,将其拉伸至原长的几倍可得到高度取向的 β 相,链轴与拉伸方向平行,极化方向与拉伸方向垂直。图 3-21 给出了 PVDF 的结构,图 3-22 给出了 β 相 PVDF 中的拉力方向、电偶极子取向和晶轴。PVDF 膜的压力、介电和热释电系数见表 3-11。

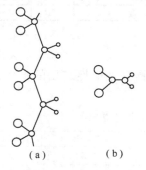

图 3-21 全反式构象 PVDF 的结构
(a)垂直于链轴;(b)沿链轴。

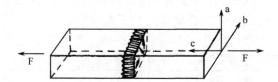

图 3-22 β 相 PVDF 膜晶轴

表 3-11 PVDF 膜的主要特性

材料参量	不同频率时的数值			
	静态	10Hz	25kHz	41MHz
$d_{31}(\text{pC/N})$		−21.4	−28	−17.5
$d_{32}(\text{pC/N})$		−2.3	−4	−3.2
$d_{33}(\text{pC/N})$		31.5	35	
$d_h(\text{pC/N})$		9.6	3	
$\varepsilon_{33}/\varepsilon_0$			15	13.6	4.9
$\tan\delta$				0.06	0.22
$p_2(10^{-4}\text{Cm}^{-2}\text{K}^{-1})$	0.274			
$k_{31}(10^{-2})$			1.3	10.2	
$k_{32}(10^{-2})$			1.7	1.8	
$k_t(10^{-2})$					14.4

二、奇数尼龙

另一类压电铁电聚合物是奇数尼龙,如尼龙 11、尼龙 9、尼龙 7 和尼龙 5。它们是由 ω 氨基酸与偶数 CH_2 基团形成的聚酰胺,其铁电性来源于酰胺基团的电偶极矩。自熔体淬火并经拉伸后,这些尼龙与 PVDF 相似,具有与膜面垂直的自发极化。在室温下,尼龙 11、尼龙 9、龙尼 7 和尼龙 5 的剩余极化分别为 $0.056C/m^2$、$0.068 C/m^2$、$0.086 C/m^2$ 和 $0.125 C/m^2$,矫顽场分别为 64MV/m、75 MV/m、80 MV/m 和 100 MV/m。它们的压电常量比 PVDF 的低,但有一个显著特点,在室温至约 150℃ 的范围内,压电常数(如 d_{31}、g_{31})随温度升高而大幅度增大。

三、P(VDF-TrFE)共聚物

P(VDF-TrFE)是偏氟乙烯和三氟乙烯的共聚物,可认为是 PVDF 中的 VDF 单体部分地被 TrFE 单体取代形成的。其铁电性仍来源于 β 的 PVDF。该材料的特点是厚度伸缩机电耦合因数比 PVDF 的大,更适用于医用超声换能器或压力传感器。近来的研究表明,P(VDF-TrFE)与铁电陶瓷复合后,还具有较好的热释电性能。

与压电陶瓷或压电单晶比较,PVDF 等铁电聚合物的弹性顺度大两个数量级。在计算这些材料的压电性和热释电性时,需要考虑由于电极面积的变化而带来的影响。

3.1.5 压电复合材料

3.1.5.1 定义与特性

压电复合材料是由两相或多相材料复合而成的压电材料。常见的压电复合材料是由压电陶瓷(如 PZT 或 $PbTiO_3$)和聚合物(如聚偏氟乙烯或环氧树脂)组成的两相材料。压电复合材料兼具压电陶瓷和聚合物的优点,与传统的压电陶瓷(或单晶)相比,它具有良好的柔顺性和机械加工性能,克服了易碎和难以加工成各种形状的缺点,且密度 ρ 小、声速 v 低(故声阻抗率 ρv 小),易与空气、水及生物组织实现声阻抗匹配。与聚合物压电材料相比,它具有较高的压电常数和机电耦合系数,故灵敏度高。例如,压电水声换能器材料的优值为

$$q = d_h g_h = (d_{33} + 2d_{31})^2 / \varepsilon_{33}^T \tag{3-7}$$

式中:d_h 和 g_h 为静压压电常数。一般压电陶瓷 $d_{31} \approx -d_{33}/2$,而且电容率很大,故 Q 很低,约为 $200 \times 10^{-15} m^2/N$。压电陶瓷与聚合物复合后,$d_{33} \gg d_{31}$,且介电常数大幅度减小,$Q$ 可达 $200000 \times 10^{-15} m^2/N$,约为一般压电陶瓷的 1000 倍。

压电复合材料还具有单相材料所不具备的新性能。例如,压电材料与磁致伸缩材料的复合材料具有磁电效应,磁场通过磁致伸缩产生应变,后者通过压电效应改变材料的极化;无自发极化的压电材料与另一种材料复合后具有热释电效应,因为温度变化可由热膨胀引起应变,后者通过压电效应改变极化。由于压电复合材料有这些优点,因而越来越得到人们的重视,在医疗、传感、计测等方面得到广泛应用。

3.1.5.2 结构表征

表征压电复合材料结构的主要参数有联结型、对称性、各相的体积占有率及其形状和尺寸等。复合材料的联结型反映了各组元在三维空间自身相互联结的方式。它决定了复

合材料中电场、磁场和应力的分布情况,因而对性能有很大的影响。复合材料中,某一相被其它相所隔离,则该相称为 0 维的;某一相在三维空间的一个、二个或三个方向上自我连通,则称为一维、二维和三维的。活性微粉分散在连续媒质中形成 0-3 型联结,纤维分散在连续媒质中形成 1-3 型联结,多层薄膜则属于 2-2 型联结。习惯上,把对功能效应起主要作用的组元放在前面,称为活性组元,因此 0-3 型和 3-0 型尽管属于相同的联结型但却是不同的两种复合材料。联结型的设计要使电磁场或应力场集中在能够产生最强烈功能效应的部位,以充分发挥复合材料的优点。图 3-23 是复合材料常见的联结型。两相复合材料中有 10 种可能的联结型,其中最重要的是 1-3 型和 0-3 型压电复合材料。

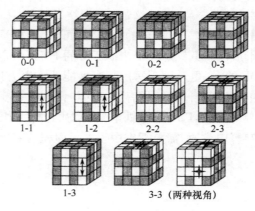

图 3-23　复合材料的联结型

3.1.5.3　1-3 型压电复合材料

1-3 型压电复合材料中,压电陶瓷相(如 PZT)一维自我连通、聚合物相三维自我连通,如图 3-24 所示。1-3 型压电复合材料的制备方法有切割—填充法(dice-and-fill)、去模法(lost mould)。切割—填充法是沿与陶瓷块极化方向垂直的水平方向上,通过精确的锯割在陶瓷块上刻出许多深槽,或利用与光刻蚀类似的方法用掩膜覆盖一部分而将其余部分刻蚀掉以形成许多深槽。在槽内填充聚合物后,将剩余的陶瓷基底切除掉,从而形成 1-3 复合体。1-3 型压电复合材料作为压电水声换能器时优值指数特别高,可达相应 PZT 陶瓷的数百倍至上千倍,目前已得到实际应用。

3.1.5.4　0-3 型压电复合材料

0-3 型压电复合材料是另一种常用的压电复合材料,它由均匀分散的压电陶瓷颗粒与聚合物基体构成。与 1-3 型复合材料比较,它的制备方法简便,易于机械加工,易与水或生物组织实现阻抗匹配,宜批量生产。

制备 0-3 型复合材料的常用方法是将聚合物溶解于某种溶剂中,加入压电陶瓷粉体并使之均匀分布,待有机溶剂挥发后加压成型。对于薄片材料,通常采用热轧工艺,即在较高温度下将混合物轧膜成型。对某些聚合物(如环氧树脂),可以通过加入固化剂使之固化;对于像 PVDF 这样的聚合物,还可将其加热至熔融,加入陶瓷粉后降温固化,再加压成型。成型后的坯体经进一步固化(如在 80℃左右保温 10h)后,抛光,真空蒸镀电极,进行人工极化处理,即可制得 0-3 型压电复合材料。实用的 0-3 型压电复合材料中压电陶瓷粉体为 PZT 或 PbTiO$_3$，体积占有率一般为 0.5～0.7。利用化学共沉淀法制备 PbTiO$_3$ 粉体，当按体积比为 0.67 并与环氧树脂复合后，介电、压电性能为：$\varepsilon_r=50$，$d_{33}=60\times10^{-12}$ C/N，$d_h=43\times10^{-12}$ C/N，$g_h=97\times10^{-3}$ Vm/N，$d_hg_h=4\,170\times10^{-15}$ m^2/N。

3.1.5.5 磁电复合材料

磁电感应是指磁电材料在电场中磁化，在磁场中极化。早在 1894 年，居里先生在研究晶体对称性后指明，非对称性分子晶体在磁场作用下会定向极化。随后人们在反铁磁物质 Cr$_2$O$_3$ 中发现了磁电效应。能产生磁电感应的材料可分为两大类，即单相材料和复相材料。单相磁电材料有钙钛矿、水锰矿、伪钛铁矿和尖晶石结构等，如 Pb(Fe$_{1/2}$Nb$_{1/2}$)O$_3$（PFN）、BiFeO$_3$、BiMnO$_3$、REMnO$_3$ 型和 REMn$_2$O$_5$ 型（RE＝La、Pr、…、Y、Ho、…）。但由于这些单相磁电材料的尼尔温度或居里温度大多都远低于室温，只有在较低的温度下才表现出明显的磁电效应，而且磁电效应比较小（磁电系数 $a_E\approx20$ mV/cm·Oe），使得这些单相磁电材料难于获得实际的应用。由于复相材料的磁电效应比单相材料高几百倍，因此从 20 世纪 70 年代起，Philips 公司首先开始研究了铁电－铁磁固相烧结陶瓷以及铁电/铁磁/聚合物等各种磁电复合材料。20 世纪 90 年代，GE 公司开始了压电/压磁复合磁传感器的研制，目前已经有 Ni(Co,Mn)Fe$_2$O$_4$-BaTiO$_3$、CoFe$_2$O$_4$-BaTiO$_3$、NiFe$_2$O$_4$-BaTiO$_3$、LiFe$_5$O$_8$-BaTiO$_3$、PZT-Terfenol-D（即 Tb$_{1-x}$Dy$_x$Fe$_{2-y}$）、Terfenol-D/Epoxy-PZT/Epoxy 等。2001 年，美国宾州大学报道了所研制的 Terfenol-D/PZT 三明治层状复合磁电材料（图 3-25），其磁电系数可以达到 6.0V/cm·Oe，这一巨大的磁电效应吸引了许多人投入了磁电材料及其相关器件的应用研究。

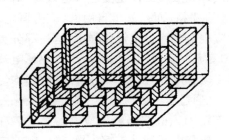

图 3-24　1-3 型电复合材料结构　　　　图 3-25　磁电效应原理

近年来，磁电材料的研制出现了新的机遇，这主要因为压电材料和磁致伸缩材料的种类、制备方法有了新的突破。特别是近年来出现的弛豫铁电材料 PMNT 和 PZNT 材料，其压电常数 d_{33} 最高可以达到 2000 pC/N 以上，机电耦合系数 k_{33} 可达到 90% 以上。高性能磁致伸缩材料-铽镝铁合金 Tb$_{0.27-0.30}$Dy$_{0.73-0.70}$Fe$_{1.90-1.95}$（Terfenol-D）的饱和应变可以达到 1500×10^{-6}，能量转化效率（耦合系数）可达到 75%。因此，积极开展磁电复合材料研究具有重要意义。

3.2　热释电材料

3.2.1　热释电效应

热释电效应是指极性晶体的自发极化强度随温度改变的现象。由于温度变化，某些压电器体出现正负电荷相对位移,产生电极化,从而在晶体两端表面产生异号束缚电荷引起了热释电效应。反之,当外加电场施于热释电晶体时,电场的改变会引起晶体温度的变化,这种现象称为电卡效应。

具有热释电效应的晶体称为热释电晶体。只有属于极性点群的晶体才可能具有热释电性。目前已发现的热释电晶体有 1000 多种。热释电晶体大致可分为两类:一类是兼具有热释电性和铁电性的晶体,如硫酸三甘肽(TGS)、钽酸锂($LiTaO_3$)、铌酸锶钡、钛酸铅、锆钛酸铅镧等;一类是只有热释电性质而不具有铁电性质的晶体,如硫酸锂、锗酸铅($Pb_5Ge_3O_{11}$),硫化镉(CdS)等晶体。但具有实用价值的热释电晶体不过 10 余种。

热释电晶体中的热释电效应的强弱可用热释电系数的大小来表示。假设整个晶体的温度均匀地改变了一个微小量 ΔT,极化强度改变量 ΔP 由下式给出

$$\Delta P = p \Delta T \tag{3-8}$$

式中,p 是热释电系数($c/m^2 \cdot K$),它是一个矢量,一般有三个非零分量

$$p_m = \frac{\partial p_m}{\partial T}, m = 1, 2, 3 \tag{3-9}$$

热释电系数的符号一般是相对于晶体压电轴的符号定义的。按照 IRE 标准的规定,晶轴的正端为晶体沿该轴受张力时出现正电荷的一端。在加热时,如果靠近正端的一面产生正电荷,就定义热释电系数为正,反之则为负。铁电体的自发极化强度一般随温度的升高而降低,故热释电系数多为负。

在均匀受热(冷却)的条件下,如果样品受到夹持(应变恒定),则热释电效应仅来源于温度改变直接造成的自发极化强度改变,称为初级热释电效应或恒定变热释电效应,对应的热释电系数称为第一热释电系数 p_1。若样品未受到夹持,而是处于自由的(应力恒定)状态,这时,样品因热潮胀发生的改变,通过压电效应也会改变自发极化强度,这一部分贡献会叠加到初级热释电效应上。恒应力样品在均匀变温时表现出来的这一附加热释电效应称为次级热释电效应,对应的热释电系数称为第二热释电系数 p_2。如果样品被非均匀地加热(冷却),则因温度梯变而产生附加应力梯变,又通过压电效应也会引起自发极化强度发生变化,对热释电效应有贡献。这种因非均匀变温引入的热释电效应称为第三热释电效应或假热释电效应,对应的热释电系数称为第三热释电系数 p_3。称为假热释电效应是因为任何压电体(即使不属于 10 个极性点群中的任何一个)都可能表现出这种热释电效应。而在均匀变温的条件下,不属于极性点群的压电体是不可能有热释电效应的,因此晶体的总热释电系数 p 为

$$p = p_1 + p_2 + p_3 \tag{3-10}$$

式中,p_1 和 p_2 均具有相同的数量级。

测量中应特别注意减少第三热释电系数,以防止第三热释电效应对第一、第二热释电效应造成误差。热释电系数 p 是量热释电材料性能的重要参数之一,p 越大,表明材料的热释电性能越好。

3.2.2 热释电探测器

利用晶体的热释电效应制成的热释电探测器在探测红外辐射能量方面具有独特的优点。当外界辐射功率被热释电探测器吸收后,热释电探测器的敏感元材料的温度发生变

化,引起热释电敏感元件材料的自发极化强度改变,在它的表面上产生感应电荷的变化,于是在外回路中就获得了与输入辐射功率成比例变化的电信号。为了使因热释电效应所产生的表面电荷不被杂散电荷所中和,辐射源必须加以调制或将探测器移动。热释电探测器是响应于温度随时间的变化率来工作的,因此,它的工作过程中不需要建立热平衡、响应速度快、响应频谱宽、可在室温下工作。热释电探测器的响应时间为毫微秒数量级,而其它热探测器的响应时间为毫秒数量级。热释电探测器理论的极限灵敏度 D^* 可达 1.8×10^{10} cmHz$^{1/2}$W^{-1}。目前,国外实用的热释电探测器极限灵敏度已达到 3×10^9 cmHz$^{1/2}$W^{-1}水平。各类热释电探测器目前已达到的灵敏度比较见表 3-12。

表 3-11 各类热释电探测器目前已达到的灵敏度比较

探测器 灵敏度	热电堆	气动探测器	热敏电阻器	热释电探测器
$D^*/\text{cmHz}^{1/2}\text{W}^{-1}$	4.4×10^3	3×10^9	1×10^6	3×10^9

热释电红外探测器的敏感元材料是热释电材料。为表征热释电材料制备热释电探测器的能力,引入了电流响应优值 F_i、电压响应优值 F_v 和探测率响应优值 F_d 为

$$F_i=\frac{p}{C(V)}; F_v=\frac{p}{\varepsilon C(V)}; F_d=\frac{p}{C(V)\sqrt{\varepsilon\tan\delta}} \tag{3-11}$$

式中:p 为热释电系数;ε 为介电常数;$\tan\delta$ 为介电损耗;C_V 为体积比热。一般 $C_V \propto C\rho Ad$,其中 ρ 为材料的密度;C 为比热;A 为材料的面积;d 为材料的厚度。

显然,热释电材料的 p/ε 和 F_i、F_v、F_d 值越大,表明用其制备的热释电探测器的性能越好。

为了提高热释电探测器的探测率 D^* 和电流响应率 R_i、电压响应率 R_v,要求热释电材料具有高的 p/ε 和 F_i、F_v、F_d 值,即要求热释电系数 p 和电阻率 ρ 要高,介电常数 ε、介电损耗 $\tan\delta$ 和体积比热容 $C(V)$ 要小。对于具有铁电性的热释电材料,还要求其居里温度 T_c 要高,以保证器件工作的稳定性。

利用 LiTaO$_3$ 热释电晶片或 BST 等铁电厚膜陶瓷片制作热释电型室温红外探测器列阵和红外焦平面也已取得重大进展。美国德州仪器公司采用陶瓷减薄技术已制备出 280 元×340 元的热释电非致冷红外焦平面阵列,并已在军事及民品上实用。

3.2.3 主要的热释电材料

表 3-13 列出一些代表性热释电材料的性能。可以看出,TGS 和 DTGS(氘化的 TGS)具有很高的电压响应优值 F_v。它们大量用于高性能的单元热释电探测器,并且也是热释电摄像管靶的优选材料。不过,由于介电损耗较大,故探测率优值不很高。在该系列材料中近年来出现了两种优秀的改性材料,即 ATGSAs(掺丙氨酸并以砷酸根取代部分硫酸根的 TGS)和 ATGSP(掺丙氨酸并以磷酸根取代部分硫酸根的 TGS)。它们的热释电系数增高、介电常数降低、介电损耗减小,因此性能全面优于 TGS。该系列材料的缺点是易水解,需要密封,而且加工不方便。

掺 La$_2$O$_3$ 或 Ca 的 PbTiO$_3$ 陶瓷的热释电系数 p 大、介电系数小、抗辐射性能好,是良好的释电材料。LiTaO$_3$ 是铌酸锂型结构的晶体。虽然它的热释电系数小和优值 F_v 较低,但因介电损耗很小,故优值 F_d 相当高。这种材料很稳定,广泛用于单元热释电探测器。

表 3-13 某些代表性的热释电材料性能

热释电材料	$p/10^{-8}C \cdot cm^{-2} \cdot K^{-1}$	$T_c/℃$	$\tan\delta$	ε	$F_v/10^{-10}C \cdot cm \cdot J^{-1}$	$F_d/10^{-8}C \cdot cm \cdot J^{-1}$
PT 陶瓷	6			~200		
PZT 陶瓷	~1.8	~200		~380		
PLZT 陶瓷	2.9		0.3	381	0.3	
PCZT 陶瓷	2			521	0.12	
PZNFT 陶瓷	3.8	220	0.003	290		
PST 陶瓷	230	−1	0.07	4500		
PST 薄膜	31.6		0.0064	2170	0.54	3.14
PT 薄膜	1.27~3.6		0.01	150	0.39~0.9	0.13~0.73
ZnO 薄膜	0.09			10.3		
PLZT 薄膜	8.2	346	0.013	193	1.3	1.6
PVDF	0.27	80	0.015	12		
TGS	5.5	49	0.025	55		
LiTaO$_3$ 单晶	2.3	660	0.003	47		
SBN 单晶	5.6	121	0.003	390		
LiNbO$_3$ 单晶	0.4	1200		30		

因其介电常数低,所以它不适合于探测器阵列中的小面积探测器。

$(Sr_{0.5}Ba_{0.5})Nb_2O_6$(SBN-50)是一种钨青铜型结构的晶体,因热释电系数较大、介电损耗较小,所以优值 F_d 相当高。其另一特点是电容率很大,故适用于探测器阵列中的小面积探测器。

$(Ba_{1-x}Sr_x)TiO_3$(BST)的居里温度随 x 的值不同而在 30K~400K 之间变化。利用外电场作用下的介电常数变化率所引起的热释电效应,BST 陶瓷及其薄膜是很好的热释电材料之一。利用 BST 陶瓷已经制备了非致冷红外焦平面阵列。

$(Sc_{1-x}Ta_x)TiO_3$(PST)是目前已知的热释电系数最高的材料,但 PST 的居里温度偏低(−5℃~20℃)且合成温度很高(≈1500℃)。需要对 PST 进行掺杂改性才能有效地利用 PST 基材料。

为了进一步提高热释电材料的性能,除对现有材料进行掺杂、改性或改变晶体切型外,人们还在以下两方面开展了不少研究工作。①研制新的复合材料,设计电压响应优值或探测率优值可能比单一材料高的复合材料,如 TGS 颗粒/PVDF 热释电复合材料。②设计新的材料或工作模式,让热释电探测器工作于铁电相变区附近。这是因为,在材料的铁电相变(包括非本征铁电相变或铁电—铁电相变)区附近,材料的介电常数变化不大,而热释电系数呈现峰值,因而可大大提高电压响应优值,如 $Pb(Zr_xTi_{1-x})O_3$($0.65<x<0.95$)和 $(Ba_xSr_{1-x})TiO_3$ 等。

3.3 铁电材料

3.3.1 铁电效应

1921 年,Valasek 首先在酒石酸钾钠晶体($NaKC_4H_4O \cdot 4H_2O$,又称罗息盐)中发现了铁电现象。这种材料在外加电场不存在时具有自发极化,而且自发极化的方向可以被外加电场所改变。材料的极化强度 P 和电场 E 之间存着像铁磁体那样的 B-H 磁滞回线关系,于是具有这种性质的材料就被称为铁电体。不过铁电体与铁磁体本质上是两大类性质完全不同的材料。1935 年,Busch 等又在磷酸二氢钾晶体(KH_2PO_3)中发现了铁电现象。在 20 世纪 40 年代初期,美国、苏联和日本的科学家几乎是同时、独立地发现了具有简单钙钛矿型的钛酸钡($BaTiO_3$)也具有铁电性。1947 年美国的 Roberts 在 $BiTiO_3$ 陶瓷上加高压进行极化处理,获得了 $BaTiO_3$ 陶瓷的压电性。1955 年美国的 B.Jaffe 等发现比 $BaTiO_3$ 性能更优越的 PZT 压电陶瓷,且具有优异铁电性,从而奠定了铁电材料在现代科学技术中的重要地位。现在已经发现了 200 多种化合物具有铁电性。

电介质的自化极化强度矢量在外场作用下能重新定向或反转,极化强度矢量 P 和外电场 E 之间形成电滞回线关系。图 3-26 是一个理想铁电单晶体的电滞回线。描叙电滞回线的主要参数是 $E=0$ 时极化强度—饱和极化强度 P_s 和 $P=0$ 时的电场—矫顽场强度 E_c。例如钛酸钡在室温时的 $P_s=0.26 C/m^2$, $E_c=0.15 MV/m$。在外电场等于零时,从实际电滞回线上得到的极化强度称为剩余极化强度 P_r,P_r 要比 P_s 小。

晶体的铁电性通常只存在于一定的温度范围。当温度超过某一值时,自发极化消失,铁电体变成顺电体。铁电相与顺电相之间的转变通常简称为铁电相变,该温度称为居里温度或居里点 T_c。

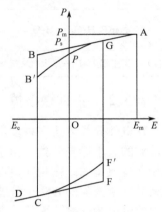

图 3-26 电滞回线

铁电材料由于兼具铁电性、压电性、热释电性、线性电光效应、非线性光学效应等,因而它们在现代电子技术与光电子技术领域中具有重要的应用。现已广泛地用于制备各类功能器件,如滤波器、电容器、延迟线、光电子转换开关等。70 年多年来,铁电材料的研究日益深入,应用日趋广泛。铁电材料研究的对象也沿着单晶→陶瓷→薄膜方向发展。表 3-14 为典型的铁电材料。

表 3-14 典型的铁电材料

铁电材料	简写	$T_c/℃$	$P_s/C·m^{-2}$	结构类型
$BaTiO_3$	BT	120	0.26	钙钛矿型
$PbTiO_3$	PT	492	0.57	钙钛矿型
$PbZr_xTi_{1-x}O_3(x=0.52)$	PZT	386	0.39	钙钛矿型
$KNbO_3$	KN	435	0.30	钙钛矿型
$LiNbO_3$	LN	1210	0.71	铌酸锂型
$LiTaO_3$	LT	620	0.50	铌酸锂型
$Sr_{1-x}Ba_xNb_2O_6$ ($0.25<x<0.75, x=0.25$)	SBN	75	0.32	钨青铜型
$Ba_{0.8}Na_{0.4}Nb_2O_6$	BNN	560	0.40	钨青铜型
$Pb_{1-x}Ba_xNb_2O_6$ ($10<x<1, x=0.57$)	PBN	316	0.30	钨青铜型

(续)

铁电材料	简写	$T_c/℃$	$P_s/C·m^{-2}$	结构类型
KH_2PO_4	KDP	−150	0.05	氢键型
KD_2PO_4	DKDP	−60	0.062	氢键型
$PbHPO_4$	LHP	37	0.018	氢键型
$(NH_2CH_2COOH)_3H_2SO_4$	TGS	49	0.03	氢键型
$NaNO_2$	NN	163.9	0.115	氢键型
$NaKC_4H_4O_6·4H_2O$	RS	24 18	0.0025	氢键型

注：T_c—居里温度；P_s—最大自发极化强度

3.3.2 正常铁电体

铁电体分类方法多种多样，一般可按其结晶化学、相转变机制、极性轴数目、居里—外斯常数的大小等来分类。由于铁电材料的基本性质与其晶体结构的关系十分密切，如铁电相变是典型的结构相变、自发极化是晶体中的原子位置发生了变化等，因此以铁电材料的结晶化学分类的方法十分普遍。考虑到铁电体的晶体结构与自发极化的关系，铁电材料大致可分为含氧八面体铁电体、含氢键铁电体、含氟八面体铁电体、含其它离子基团铁电体、铁电聚合物和铁电液晶等五大类。也可以按照铁电材料的性质与温度变化的规律分成正常铁电体和弛豫铁电体。正常铁电体一般具有特定的居里温度 T_c，介电常数随温度的变化的峰值很高且十分锐利，满足居里-外斯定理。前述的 $BaTiO_3$，$PbTiO_3$，$Pb(Zr,Ti)O_3$ 等都属于正常铁电体。

3.3.3 弛豫性铁电体

具有 ABO_3 型钙钛矿结构的铁电体是为数最多的一类铁电体，其中 AB 的价态可为 $A^{2+}B^{4+}$ 或 $A^{1+}B^{5+}$。苏联学者 Smolensky 等人于 20 世纪 60 年代末首次合成的复合钙钛矿结构铌镁酸铅[$Pb(Mg_{1/3}Nb_{2/3})O_3$，简称 PMN]具有重要意义。PMN 具有的独特的弛豫特性将传统电介质理论认为互无联系的弛豫现象和铁电现象联系到一起。后来，人们将 PMN 类材料称为弛豫型铁电体，而将 $BaTiO_3$ 等铁电体称为普通铁电体或正常铁电体。

与普通铁电体相比，弛豫性铁电体最基本的介电特征有：一是弥散相变，即从铁电到顺电的相变是一个渐变过程，没有一个确定的居里温度 T_c，通常将其介电常数最大值所对应的温度 T_m 作为一个特征温度，在转变温度 T_m 以上仍然存在较大的自发极化强度；二是频率色散，即在 T_m 温度以下，随着频率增加，介电常数下降，损耗增加，介电峰和损耗峰向高温方向移动。

表 3-15 给出普通铁电体与弛豫铁电体介电特性的主要区别，图 3-27 为弛豫铁电体和普通铁电体自发极化与温度的关系。图中还给出普通铁电体的一级或二级相变，以及弛豫铁电体的弥散性相变特征。

表 3-15 普通铁电体与弛豫铁电体介电特性的主要区别

性质	普通铁电体	弛豫铁电体
介电温度特性	在居里温度 T_c 有一级或二级相变，ε 陡变；温度在 T_c 以上时，ε 与 T 服从居里—外斯定律	在转变温度 T_m 附近存在弥散相变(DPT)，ε 渐变；温度在 T_m 以上，ε 与 T 服从二次方定律
介电频率特性	ε 与频率依赖关系弱；T_c 不随测试频率变化	ε 与频率依赖关系强；T_m 随测试频率增大而向高温方向移动(频率)色散
自发极化强度(P_s)	P_s 很大，温度在 T_c 以上时 P_s 为 0	P_s 较小，温度在 T_m 以上时 P_s 仍然存在

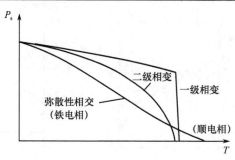

图 3-27 弛豫铁电体及普通铁电体的相变特征

迄今为止，研究最多和应用较广的弛豫型铁电体主要是各类铅系复合钙钛矿结构的 $Pb(B'B'')O_3$ 系列材料。其中 B' 为低价阳离子，如 Mg^{2+}、Zn^{2+}、Ni^{2+}、Fe^{3+} 和 Sc^{3+} 等；B'' 为高价阳离子，如 Nb^{5+}、Ta^{5+} 和 W^{6+} 等。最具代表性的有 $Pb(Mg_{1/3}Nb_{2/3})O_3$(PMN)、铌锌酸铅 $Pb(Zn_{1/3}Nb_{2/3})O_3$(PZN)和钽钪酸铅 $Pb(Sc_{1/2}Ta_{1/2})O_3$(PST)等。由于钨青铜结构型弛豫型铁电体铌酸锶钡 $(Sr_{1-x}Ba_xNb_2O_5$，简称 SBN)和铌酸铅钡 $(Pb_{1-x}Ba_xNb_2O_5$，简称 PBN)等具有良好的热释电和电光特性，在电光方面有着广泛的应用。

3.3.4 透明铁电陶瓷

3.3.4.1 组成和组图

目前发展的透明铁电陶瓷的基本组成主要是锆钛酸铅(PZT)，并添加 Bi 和 La 改性，尤以用 La 改性的居多，形成 $(Pb,La)(Zr,Ti)O_3$ 四元系固溶体(简称 PLZT)。化学式为：$Pb_{1-x}La_x(Zr_yTi_{1-y})_{1-x/4}O_3$。La 的浓度 x(摩尔百分数)可在 2mol%～30mol% 之间变动。而锆与钛的比值范围则可以从 100:0 到 0:100 之间连续变化。在 ABO_3 钙钛矿结构中，全部 A 位置由 Pb^{2+} 和 La^{3+} 离子填满。为了使正、负离子价数平衡，由 B 位置(Zr,Ti)出现空位来作电荷的补偿。因此，每加入 4 个原子的 La，就会出现一个 B 位置的空位。不同组成的 PLZT 固溶体的标记往往用"$x/y/z$"来表示。例如，8/65/35 表示该材料的化学式为 $Pb_{0.92}La_{0.08}(Zr_{0.65}Ti_{0.35})_{1-0.02}O_3$，即在锆离子与钛离子比例为 65/35 的 PZT 中，加入 8% 的 La。图 3-28 是 PLZT 固溶体的室温截面相。

实验发现，晶体的晶胞体积随 La，锆钛比为 65/35 组成的 PLZT，在居里温度以下和转变温度以上，存在一个"准铁电相"，如图 3-29 所示。这个相表现出既非铁电，也非顺电的特征。这个相存在着极化畸变的微观区域(极化短程有序)，它是非立方的，自发极化很小,没有电畴的状态,光学上和力学上都是各向同性的。施加外电场后,可使"准铁电相"转变为铁电相,同时光学上变成各向异性。但撤去外电场以后,在转变温度以上的这个相并不稳定。在这种组成范围内,极化后的透明铁电陶瓷属于"多种晶型"结构,即在其中包括有几种晶体结构(四方、三角、正交)。除 PLZT 外,还可以在 PZT 中添加 Bi[如 $Pb_{0.09}Bi_{0.02}(Zr_xTi_{1-x})_{0.09}O_3$]和 Hf[如$(Pb,La)(Hf,Ti)O_3$]形成 PBZT 和 PLHT 透明铁电陶瓷,其性能与 PLZT 相似。

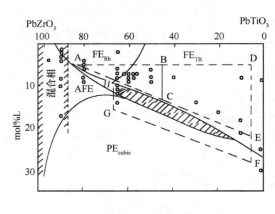

图 3-28 PLZT 固溶体的室温截面相

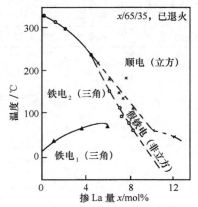

图 3-29 已退火的(65/35)PLZT 陶瓷随温度 T 和 La 浓度 x 的变化关系

3.3.4.2 电光特性

铁电陶瓷的 P_s 方向为光轴。极化后的铁电陶瓷具有有效双折射率 Δn。陶瓷的平均双折射率可以看作为所有晶粒的 Δn 的平均值。在饱和极化时,陶瓷的平均双折射率大约为 $0.64\Delta n$。该值可由外电场控制,利用这种性质可以制成电控双折射装置。

在 PLZT 系统中,不同组成表现出不同特点的电控双折射行为。如图 3-30 所示,图中以虚线划分出三个区域:A、B 和 C。三个区域的电控双折射行为是不同的,分别表现出"记忆"、"一次"和"二次"电光效应。A 区组成的特点是具有低的矫顽场、方形的电滞回线、高的压电系数、大的电光系数。主要应用在记忆、光阀、光记忆显示、光谱滤波器等方面。典型的组成为 PLZT(8/65/35),居里点为 130℃。B 区组成的特点是具有高的矫顽场,在饱和极化时有一次电光效应。C 区组成的特点是矫顽场几乎为零,加上电场时有双

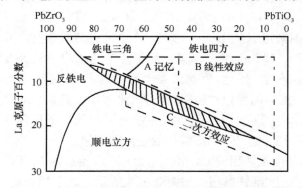

图 3-30 PLZT 系统中不同组成表现出不同特点的电控双折射行为

折射,是电诱导铁电相,而电场为零时即成为非双折射的各向同性状态。C区有典型的二次电光效应,主要用作二次电光调制。

3.3.5 铁电电光晶体

在强的光频电场或低频(直流)电场作用下,铁电晶体显示出一系列非线性现象,如非线性光学效应、光电效应、反常光生伏打效应和光折变效应。由外加电场引起介质折射率发生变化的现象称为电光效应。若介质折射率的变化与外加电场成正比,该效应叫一次(线性)电光效应,又称为Pockels效应;若折射率的变化与外加电场的平方成正比,叫二次(平方)电光效应,又称为Kerr效应。线性电光效应用电光系数r描述。它是一个三阶张量,只有压电晶体才具有线性电光效应。二次电光系数用四阶张量描述,所有电介质都具有二次电光效应。

电光晶体在光电子学、集成光学、激光技术中主要用于高速光快门、Q开关、光波导、光调制器、激光锁模等。对电光晶体的要求是:电光系数大,半波电压低;折射率大,光学均匀性好;透明波段范围宽,透光率高;介质损耗小,导热性好,耐电压强度高,温度效应小;抗光损伤能力强,物化性能稳定,易加工成合适的器件;容易获得尺寸大、光学质量高的单晶等。某些铁电型一次电光晶体的参数见表3-16。

表3-16 某些铁电型一次电光晶体的性能

晶体	晶类	电光系数/10^{-10}cm·V^{-1}	折射率	波长/μm	透明波段/μm
KH$_2$PO$_4$(KDP)	$\bar{4}2m$	$\gamma^T_{63}=-10.5$; $\gamma^S_{63}=9.7$; $\gamma_{41}=8.6$	$n_o=1.5064$ $n_e=1.4664$	0.656	0.2~1.55
KD$_2$PO$_4$(KDKP)	$\bar{4}2m$	$\gamma^T_{63}=-26.4$; $\gamma^S_{63}=17.2$; $\gamma_{41}=8.8$	$n_o=1.5079$ $n_e=1.4683$	0.546	0.2~2.15
NH$_4$H$_2$PO$_4$(ADP)	$\bar{4}2m$	$\gamma^T_{63}=-8.5$; $\gamma^S_{63}=5.5$; $\gamma_{41}=24.5$	$n_o=1.5210$ $n_e=1.4763$	0.656	0.19~1.4
LiNbO$_3$(LN)	$3m$	$\gamma_c=\gamma_{33}-(n_1/n_3)^3\gamma_{13}=19$ $\gamma_{22}=7$; $\gamma_{33}=7$; $\gamma_{13}=10$ $\gamma_{51}=32$	$n_o=2.2716$ $n_e=2.1874$	0.633	0.4~5.0
LiTaO$_3$(LT)	$3m$	$\gamma^T_c=22$; $\gamma^S_{33}=30.3$; $\gamma^S_{51}=20$ $\gamma^S_{13}=7$; $\gamma^S_{22}=1$ $\gamma^T_{51}=15$	$n_o=2.1834$ $n_e=2.1878$	0.633	0.9~2.9 3.2~4.0
BaTiO$_3$(BT)	$4mm$	$\gamma^T_c=108$; $\gamma^S_c=23$; $\gamma_{13}=28$ $\gamma_{13}=8$; $\gamma^T_{51}=1640$ $\gamma^S_{51}=820$	$n_o=2.41$ $n_e=2.36$	0.633	0.45~0.7
Sr$_{0.75}$Ba$_{0.25}$Nb$_2$O$_6$(SBN)	$4mm$	$\gamma^T_c=1410$; $\gamma^S_{33}=1340$; $\gamma_{13}=67$ $\gamma_{51}=42$; $\gamma^S_c=1090$	$n_o=2.2777$ $n_e=2.2987$	0.633	
KTa$_x$Nb$_{1-x}$O$_3$(KTN)	$4mm$	$\gamma^S_c=450$; $\gamma_{51}=50$	$n_o=2.318$ $n_e=2.277$	0.633	0.6~6
LiIO$_3$(LI)	6	$\gamma^S_{ss}=6.4$; $\gamma^S_{13}=4.1$; $\gamma^S_{41}=1.4$ $\gamma^S_{51}=3.3$	$n_o=1.881$ $n_e=1.763$	0.633	0.3~5.5
Ba$_2$NaNb$_5$O$_{15}$(BNN)	$2mm$	$\gamma^T_c=34$ $\gamma_{33}=48$ $\gamma_{13}=15$ $\gamma_{23}=13$	$n_1=2.322$ $n_2=2.321$ $n_3=2.318$	0.633	0.4~4.0

3.3.6 铁电薄膜

由于铁电体材料的矫顽场相当高,如钛酸钡的矫顽场高达 1500V/cm,因此不利于各种功能器件的小型化、集成化和智能化。为此,人们在 20 世纪 50 年代便开始了制备铁电薄膜的尝试。20 世纪 70 年代末至 80 年代初,随着现代薄膜制备技术取得重大突破,利用各种现代薄膜制备技术在多种衬底上制备优良的铁电薄膜并加之以应用已成为近年来国际上高技术新材料研究的热点之一。美国于 1987 年首次报导研制成功 256 位的铁电随机存取存储器,1966 年 NEC 公司研制成功 1M 位的 FRAM。到目前为止,利用铁电薄膜已经相继研制成功了全内反射开关(TIR)、声表面波(SAW)器件、热释电单元探测器及线性陈列探测器、声光调制器件等原型器件。

3.3.6.1 铁电薄膜的制备

早在 20 世纪 50 年代,人们便开始进行铁电薄膜的制备研究工作。由于薄膜制备技术及铁电薄器件制备等方面遇到了种种困难,20 世纪 70 年代以前铁电薄膜的研究进展缓慢。20 世纪 80 年代初,随着电子器件和光电子器件微型化、集成化与智能化的发展,现代薄膜制备技术取得重大突破,铁电薄膜受到了人们普遍的关注。利用各种薄膜制备技术,如射频磁控溅射、溶胶—凝胶、金属有机化学气相沉积、脉冲激光沉积、分子束外延等方法,已经能够在多种衬底上制备结构完整、性能优良的铁电薄膜,并用于器件制备研究。由于铁电薄膜大多数是化学组成相当复杂的多组元金属氧化物薄膜材料,因此制备铁电薄膜要比制备一般单组元或双组元薄膜更为困难。目前应用最为广泛的铁电薄膜制备技术主要有溅射法、脉冲激光沉积、溶胶—凝胶和化学气相沉积等四种。

铁电薄膜制备技术按其制膜机理可分为物理方法和化学方法两大类见表 3-17 和表 3-18。

表 3-17 铁电薄膜制备的物理方法

真空蒸发法	溅射法		分子束外延法(MBE)	激光闪蒸法
	磁控溅射	离子束溅射		
单层单源蒸发,电阻加热,电子束加热,弧光加热,高频加热,多层单源蒸发,多源共蒸发	单靶 DC/RF 溅射,双靶 DC/RF 溅射,多靶 DC/RF 反应溅射,粉末靶 DC/RF 溅射	单靶单离子束溅射,双靶双离子束溅射,多离子束反应共溅射	MBE,MOMBE,Laser-MBE	连续激光沉积,脉冲激光沉积

注:多种带能束辅助溅射,各种在位监测(LEED,RHEED、膜厚监测、计算机监测)

表 3-18 铁电薄膜制备的化学方法

电解	CVD	Sol-Gel	其它
阳极氧化,电镀	MOCVD,热解 CVD,低温 CVD,常压 CVD,低压 CVD,光 CVD	常规 Sol-Gel,金属凝胶热分解	液相外延法,水热法,水热电化学法,电化学法

3.3.6.2 铁电薄膜的组成与性能

目前,研究较为深入并取得实际应用的铁电薄膜有两大类:钛酸盐系列和铌酸盐、硼酸盐系列。钛酸盐系列的铁电薄膜包括钛酸铅($PbTiO_3$)、锆钛酸铅(PZT)、掺镧锆钛酸铅(PLZT)、钛酸钡($BaTiO_3$)、钛酸锶钡(BST)和钛酸铋($Bi_4Ti_3O_{12}$)等在微电子、光电子学中均有重要应用前景；铌酸盐、硼酸盐系列的铁电薄膜有铌酸锂($LiNbO_3$)、铌酸钾($KNbO_3$)、铌酸锶钡(SBN)、锂铌酸钾[$K(Ta,Nb)O_3$,简称KTN]、三硼酸锂(LiB_3O_9)等，主要应用于光电子学方面。

在以开关效应为基础的铁电随机存取存储器(FRAM)应用中,PZT基铁电薄膜是较常用的材料。由于PZT系铁电材料耐疲劳性能较差,近年来人们对铋系层状结构的$Sr-Bi_2Ta_2O_9$(SBT)铁电薄膜进行了深入研究,发现SBT薄膜具有良好的抗疲劳特性,用其制作的FRAM,在10^{12}次重复开关极化后仍无显著疲劳现象,且具有良好的存储寿命和较低的漏电流。以高电容容量为基础的动态随机存取存储器,常采用高介电常数的铁电薄膜作为电容器的介质材料,选用介电常数高达$10^3 \sim 10^4$的铁电薄膜作为电容介质,可大大降低平面存储电容的面积,有利于制备超大规模集成的DRAM。由于工作在铁电相的铅系铁电薄膜(如PZT)具有易疲劳、老化、漏电流大、不稳定等缺点,目前介质膜的研究主要集中在高介电常数、顺电相的BST薄膜。

在光电子学应用方面,PLZT基铁电薄膜是最受关注的材料,可望用于集成光学,是一类很有希望的光波导材料。但PLZT铁电薄膜的化学组成复杂,且性能对组分的变化很敏感,很不利于薄膜的制备。$KTa_xNb_{1-x}O_3$(KTN)亦是一类很有希望用于光电子学的薄膜材料。LZT和KTN均为钙钛矿结构材料。钨青铜结构的SBN等铁电薄膜的研究也受到高度重视。

1. PZT薄膜

PZT薄膜是$PbZrO_3-PbTiO_3$陶瓷固溶体,具有高的介电常数、大的机电耦合系数和高的自发极化,在信息科学计算与技术领域有广泛的应用。由于PZT的性质与膜组成的化学计量比关系密切,而Pb、Ti和Zr的不同含量又直接影响到膜是否为钙钛矿结晶的结构。在采用PZT粉末靶或合金靶反应溅射制备PZT薄膜时,由于Pb的熔点低、饱和蒸气压较高,难以在衬底上淀积,因而往往在刚生长薄膜中造成明显的缺铅。为了补偿铅的缺失,可在靶材中加入过量氧化铅。另外,淀积膜的结构与衬底温度有关,在较低的温度(200℃)时淀积的膜是无定形结构,只有在700℃空气中热处理4h～8h后,膜的晶体结构才有明显改善。试验表明,为了获得所需晶体结构和化学计量比,衬底温度应选择在600℃以上。然而,在衬底温度为600℃时,Pb在衬底表面的蒸气压将高达0.1333Pa左右,与磁控溅射过程中溅射气体的压强接近,大大减少Pb在基板表面的淀积几率,因而很容易导致膜成分发生偏离。所以,在制备钛酸铅系铁电薄膜过程中对铅含量的控制是十分重要的。

2. PLZT薄膜

PLZT($x/y/z$)薄膜是由Pb、La、Zr和Ti四种成分构成的金属氧化物薄膜,$x/y/z$表示PLZT固溶体中La、Zr、Li的百分比。目前,大多采用射频溅射法来制备PLZT薄膜。现已在MgO、$SrTiO_3$、GaP和蓝宝石基板上外延生长出具有钙钛矿结构的PLZT薄膜。成膜条件对PLZT膜的性能影响很大,必须仔细选择合适的制备条件。用射频射法制造PLZT薄膜,其外延生长温度在550℃～700℃较合适。PLZT薄膜的介电常数与其晶体结构的完整性有关,而热处理条件又对膜结构有很大影响。增加热处理温度、时间和薄膜厚度,介电常数随之增大,并逐渐与陶瓷的值相接近。

3. BST 薄膜

钛酸锶钡($Ba_{1-x}Sr_xTiO_3$,BST)铁电薄膜具有良好的介电、铁电等电学性能,如介电常数高、介电损耗小、介电调谐率高、漏电流密度低、热释电性能好等,可以利用 BST 的这些优良性能来制作多种电子元器件。BST 薄膜被认为是制作动态随机存储器(DRAMS)的一种很有潜力的材料,而且 BST 薄膜还具有良好的介电调谐性能,介电调谐率高,介电损耗小,可以用来制作多种介电调谐器件,例如微波调谐器、滤波器、变容二极管、延迟线、相移器、振荡器等。此外,BST 薄膜还具有很好的热释电性能,而且它的居里温度随着 Ba/Sr 比值的改变,可以在 30K~400K 的范围内调整。因此,它可以用来制作热释电探测器、室温红外探测器等,在探测器方面有广阔的应用前景。BST 材料的室温介电常数可达数千,而在基板温度为 300℃左右的制备的 BST 薄膜介电常数也在 200 以上。

4. 铁电多层薄膜与铁电超晶格

利用铁电薄膜形成铁电/非铁电、铁电/铁电超晶格和多层膜是近年来研究的热点之一。由于铁电超晶格或铁电多层膜存在衬底—薄膜、薄膜—薄膜等界面,介电、铁电增强效应十分明显。利用 MBE 和溅射技术,已经研究了 $PbTiO_3$/PZT、$BaTiO_3$/$SrTiO_3$ 以及 $Ba_{0.2}Ti_{0.8}O_3$/$Ba_{0.8}Ti_{0.2}O_3$、$Pb(Zr_{0.8}Ti_{0.2})O_3$/$Pb(Zr_{0.2}Ti_{0.8})O_3$ 等铁电超晶格和铁电多层膜。与一般氧化物超晶格和多层膜相比,铁电超晶格和铁电多层膜都呈现了一定的介电和铁电异常情况,即铁电超晶格或铁电多层膜的介电、铁电等性能在某个周期结构下出现极值。如在 $SrTiO_3$ 衬底上外延生长 $Ba_{0.5}Sr_{0.5}TiO_3$ 成薄膜,在膜平面内方向,有强的压应力,与它有相同组成的体材料,室温时为顺电体,而膜材料则显铁电性,这是因衬底和介质之间有二维应力。Haeni 等在 2004 年 8 月"Nature"杂志发表了他们的研究工作,发现利用合适的衬底,控制膜的厚度,改变膜的应变,可使 $BaTiO_3$ 膜的居里温度 T_c 从 120℃提高到 400℃~540℃,剩余极化 $P_r=50\mu C/cm^2 \sim 70\mu C/cm^2$。此项成果为近 10 年来铁电膜材料的重大进展。图 3-31 是铁电薄膜居里温度与应变的关系。可以发现,当 $BaTiO_3$ 薄膜无应变时,居里温度很低。随着受到应变的增加,薄膜的居里温度逐渐提高。红色方块是理论预期值。

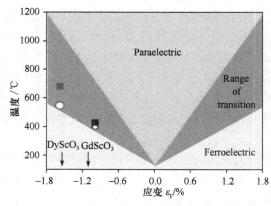

图 3-31 铁电薄膜居里温度与应变的关系

图 3-32 是 $Pb(Zr_{0.8}Ti_{0.2})O_3$/$Pb(Zr_{0.2}Ti_{0.8})O_3$ 铁电多层膜的介电常数 ε_r 和自发极化 P_r 随层厚的变化关系。可以发现在 $Pb(Zr_{0.8}Ti_{0.2})O_3$/$Pb(Zr_{0.2}Ti_{0.8})O_3$ 铁电多层膜每个周期的总厚度一定(~130nm)的情况下,随着四方相 $Pb(Zr_{0.2}Ti_{0.8})O_3$ 膜的厚度 d_R 与三

方相 $Pb(Zr_{0.8}Ti_{0.2})O_3$ 膜的厚度 d_T 的比例不同，多层膜的 ε_r 和自发极化 P_r 在 $d_R/d_T=1/3$ 时取得极值。这主要是因为薄膜之间界面耦合的缘故。

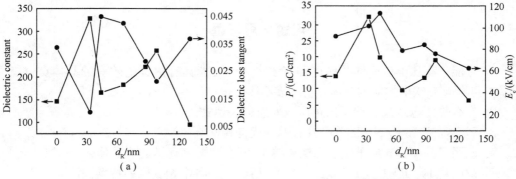

图 3-32　$Pb(Zr_{0.8}Ti_{0.2})O_3/Pb(Zr_{0.2}Ti_{0.8})O_3$ 铁电多层膜的 ε_r 和 P_r 随四方相 $Pb(Zr_{0.2}Ti_{0.8})O_3$ 膜的厚度 d_R 的变化关系

3.3.6.3　集成铁电学

集成铁电学是研究铁电薄膜与半导体芯片实现直接接触，在发生可控制的相互作用过程中所涉及到的一系列科学技术问题而产生的交叉学科。集成铁电器件的基本结构是：半导体芯片（衬底）＋铁电薄膜（元件）。在集成铁电器件中，作为衬底的半导体集成电路芯片，提供必要的控制、放大、传送、反馈等微电子学的功能；而作为多功能介电材料的铁电薄膜，与集成电路中特定的晶体管集成，并根据集成铁电器件的总要求，通过铁电、压电、介电、热电、电光或非线性光学等效应，起存储、转换、调制、开关、传感或其它功能作用。具有代表性的几种集成器件及其对材料的要求见表 3-19。此外，集成铁电器件还有铁电场效应晶体管（FETs），声表面波器件（SAW）、红外热释电阵列、薄膜型光学倍频器、铁电光学图像比较仪、可擦重写铁电光盘等。

表 3-19　几种有代表性的集成铁电器件

器件名称	对材料的要求	首选材料	薄膜厚度/μm	制备与加工的关键技术
铁电随机存取存储器（FRAM）	①剩余极化大 ②矫顽场低 ③耐疲劳性好 D-E 回线矩形度高	①锆钛酸铅 ②钽酸锶铋	0.1～0.3	①与硅技术兼容 ②电极材料的选择 ③阻挡层材料的选择 ④光刻
高容量动态随机存取存储器（DRAM）	①介电常数大 ②耐击穿场强高	①钛酸钡 ②锆钛酸铅 ③钛酸锶钡	0.2～0.5	①与硅技术兼容 ②在非平整表面上沉积均匀薄膜 ③电极材料的选择 ④光刻
薄膜电容器	①介电常数大 ②介电损耗小 ③介电性随温度变化小 ④耐击穿场强高	①锆钛酸铅 ②钛酸锶钡 ③铌镁酸铅	0.1～0.5	①与衬底材料兼容 ②电极材料的选择 ③光刻
微型压电驱动器	①压电系数大 ②机械损耗小	锆钛酸铅	1～10	①与衬底材料的兼容 ②器件结构设计 ③光刻

习题与思考题

1. 可能具有压电效应的晶体点群有多少个？可能具有热释电效应的晶体点群有多少了？可能具有铁电效应的晶体点群有多少个？
2. 什么是压电效应？请写出正压电效应的表达式。
3. PMN-PT 和 PZN-PT 单晶具有哪些优良特性？
4. 欲用 Pb、Al、Ta 离子组成钙钛矿结构的化合物，其化学通式是什么？
5. 试简述 $BaTiO_3$ 从 $+150℃$ 到 $-150℃$ 所经历的各个相变区的特点。
6. 在 PZT 中，分别添入 Al^{3+} 取代 Ti^{4+}，La^{3+} 取代 Pb^{2+}，试分析其掺杂后对 PZT 陶瓷性能的影响。
7. 给出二相复合压电材料可能的十种联结型。
8. 热释电材料的主要应用是什么？
9. 按结构分，铁电体大体可分为哪几类？
10. 弛豫铁电体有什么基本特性？
11. PLZT(8/65/35)的意义是什么？
12. 目前应用最广的铁电薄膜的制备技术有哪几种？
13. 什么是集成铁电学？试举出至少两种集成铁电器件。

第 4 章 磁性材料

物质磁化状态(磁化强度矢量,M)随外磁场的变化由磁化率χ描写。磁化率大于1的强磁性材料常简称为磁性材料,以区别磁化率在$10^{-9} \sim 10^{-4}$的弱磁性材料。从微观本质上说,物质的磁性都是来自原子中电子的自旋磁性、轨道运动磁性和原子核磁性。由于原子核质量约为电子质量的10^3倍以上,故原子核磁性仅为电子磁性的$1/1^3$或更低,在一般情况下可以忽略。当原子中各饱和电子壳层内电子成对出现,其自旋和轨道运动各自相互抵消,仅当受到外磁场作用,才解除部分抵消而显示出与外磁场反平行的感生净磁矩,这种性质称为抗磁性,即感生净磁矩方向与外磁场方向相反,表征其磁性的磁化率χ(单位体积内净磁矩有与磁场之比)约为$10^{-7} \sim 10^{-6}$,且为负值。当原子中有不成对抵消的电子时(称顺磁性原子),在外磁场中这些电子磁矩将部分克服热骚动的无规排列而在磁场方向获得微小的净磁矩分量,表征其磁性的磁化率χ约为$10^{-5} \sim 10^{-4}$,且为正值,称为顺磁性,即感生净磁矩分量的方向与外磁场方向相同。如果原子中的净的(未成对抵消的)电子自旋间存在强烈的、具有量子力学性质的相互作用,即交换作用,由于交换作用对电子自旋磁矩排列的影响远高于一般外磁场的作用,于是使这些电子的自旋运动及其产生的净磁矩有序地排列起来(称为自发磁化),这种净磁矩当然远大于依靠外磁场部分排齐的顺磁性磁矩,因而获得磁化率χ约为$1 \sim 10^4$的强磁性。磁性材料是由于其中的顺磁性原子在一定条件下的强烈交换作用产生自发磁化而获得高磁化率和强磁性。由于各种磁性材料的原子磁性和磁结构、电子组态(电子结构)和原子排列(晶体结构)等微观结构,以及各种微结构(如晶粒结构、织构和缺陷)等的千差万别,因而出现了多种多样的宏观磁性和其它物理性质。

一般说来,磁性材料按其磁性质可分为顺磁材料、抗磁材料、铁磁材料、亚铁磁材料和反铁磁材料,按其应用可分为永磁材料、软磁材料、磁致伸缩材料、磁光材料等;按其导电性可分为金属磁性材料和非金属磁性材料(主要是铁氧体)两大类;按其原子(或原子团)排列状态可分为单晶磁性材料、多晶磁性材料、非晶磁性材料和磁性液体四大类。

4.1 金属软磁材料

软磁材料是指材料的磁化状态易随外磁场变化的一类材料。由于$M = \chi H = (1+\mu)B$,这里μ为磁导率,因此软磁材料一般应具有较大的磁导率。另一方面,软磁材料在应用时,为使磁化状态发生$M \to 0$的变化,需要施加一个反向外磁场H_c以消除剩余磁化强度,这个反向外磁场H_c称为矫顽力。矫顽力低($H_{ci} \leqslant 100 \text{A/m}$)、磁导率高的磁性材料成为软磁材料的共同特征,是电机工程、无线电、通信、计算机、家用电器和高新技术领域的重要功能材料。软磁材料制造的设备与器件大多数是在交变磁场条件下工作,要求其体积小、重量轻、功率大、灵敏度高、发热量少、稳定性好、寿命长。为此,软磁材料应具以下四个基本条件:饱和磁感应强度 B_s 高、磁导率 μ 高、居里温度适当高、铁芯损耗要小。在选择和研制软磁材料时应力求做到:单位体积内材料的磁性原子数要多、原子磁矩要大、杂质元素(如 C、O、S、P 等)的含量尽可能少、磁晶各向异性常数要低、磁致伸缩(magnetostriction)系数 λ_S 要小、内应力 σ_0 尽可能低、掺杂物和非磁性第二相的体积百分数越小越好、矫顽力要低、电阻率要高、磁畴宽度要小、材料应能做成薄带或片状,且其厚度要足够薄。

现有软磁材料若按磁特性可分为高磁感材料、高导磁材料、高矩形比材料、恒导磁材料、温度补偿材料等;若按材料的成分,可分为电工纯铁、Fe-Si 合金、Ni-Fe 合金、Fe-Al 合金(包括 Fe-Si-Al 合金)和 Fe-Co 合金等;也可分为晶态、非晶态及纳米晶软磁材料等。

4.1.1 电工纯铁和低碳电工钢

电工纯铁和低碳电工钢是普遍应用的软磁材料,主要应用于直流电机和电磁铁铁芯、极头、继电器铁芯、永久磁路中导磁体和磁屏蔽、间隙工作电机和小型电机等。典型的电工纯铁的成分与性能见表 4-1 和表 4-2。表中 DT_1 和 DT_2 用作原材料纯铁,DT_3、DT_4、DT_5、DT_6 是电工用纯铁,其中 DT_4、DT_6 是无时效纯铁,DT_7 和 DT_8 是电子管用纯铁。表中 DT 表示电工用,DT 后面的字母表示磁性能等级:A 为高级,E 为特级,C 为超级;B_{400} 表示在磁场为 400A/m 时的磁感应强度。

表 4-1 典型纯铁的化学成分(质量分数)

牌号	名称	化学成分不大于 /%								
		C	Si	Mn	S	P	Ni	Cr	Cu	Al
DT_1	沸腾纯铁	0.04	0.03	0.10	0.10	0.015	0.20	0.10	0.15	
DT_2	高纯度沸腾纯铁	0.025	0.02	0.035	0.025	0.020	0.20	0.10	0.15	
DT_3	镇静纯铁	0.04	0.20	0.20	0.015	0.020	0.20	0.10	0.20	0.55
DT_4	无时效镇静纯铁	0.025	0.15	0.15	0.015	0.015	0.20	0.10	0.20	0.20~0.55

表 4-2 电工纯铁的磁性

磁性等级	牌号	$H_c/A \cdot m^{-1}$	μ_m	磁感应值(T)不小于				
				B_{400}	B_{800}	B_{2000}	B_{4000}	B_{8000}
普通	DT_3、DT_4、DT_5、DT_6、DT_8	≤96	≥6000	≥1.4	≥1.50	≥1.67	≥1.71	≥1.80
高级	DT_3A、DT_4A、DT_5A、DT_6A、DT_8A	≤72	≥7000					
特级	DT_4E	≤48	≥9000					
超级	DT_4C、DT_6C	≤32	≥12000					

高纯铁在 910℃ 以下为 BCC 结构,在 20℃ 时其点阵常数为 0.2866nm,密度为 $7.87 \times 10^3 kg/m^2$,电阻率为 $0.097\mu\Omega \cdot cm$,弹性模量 E 为 $21 \times 10^{10} N/m^2$(210GPa)。纯铁原子磁矩为 $2.221\mu_B$,磁晶各向异性常数 $K_1 = +4.8 \times 10^4 J/m^3$,$K_2 = +0.5 \times 10^4 J/m^3$,饱和磁致伸缩系数(在 $J_s = 1.6T$ 以下时)为 $+(6 \sim 7) \times 10^{-6}$,居里温度 T_c 为 770℃,交换积分常数 $A_{ex} = 1.97 \times 10^{-11} J/m$($A_{ex} = J_{ex} \cdot S^2/a$,式中 $J_{ex} = 2.83 \times 10^{-21} J$,$S=1$)。平衡态的单晶体多数形成 90° 和 180° 畴,畴壁厚度 $\delta_\omega \approx 4.5 \times 10^{-8} m$,畴壁能密度 $\gamma_\omega \approx 4.32 \times 10^{-3} J/m^2$。

多晶纯铁薄带经过在1300℃氢气中退火18h,起始磁导率μ_i可达2500,最大磁导率μ_m可达300000以上。而一般工业纯铁在80A/m时的$\mu_i \approx 1800 \sim 3500$,$\mu_m$为$5000 \sim 10000$。影响工业纯铁性能的主要因素是杂质元素如C、N、O、Mn、S、P、Ni、Cu、Al等含量。

4.1.2 Fe-Si 软磁合金

Fe-Si合金主要是指低C(C≤0.015%,最好是≤0.005%(质量分数))和Si含量在1.5%~4.5%(质量分数)范围内的Fe-Si软磁合金。在此成分范围内的Fe-Si合金具有BCC结构,⟨001⟩是易磁化方向,⟨111⟩是难磁化方向。常温下Si在Fe中的固溶度约为15%,但Fe-Si系合金随Si含量的增加其加工特性变差。磁晶各向异性参数K_1、K_2和饱和磁致伸缩系数λ_s随Si含量的提高而降低,在6.5%(质量分数)Si附近其K_1和λ_s几乎同时趋于零。电阻率ρ随Si含量的增加而升高。它的品种和用途见表4-3。对硅钢的主要要求是在一定交变场下有高的磁感应强度B和低的铁芯损耗。

表4-3 电工钢分类

项 目	类 别		硅含量/%(质量分数)	厚度/mm
热轧硅钢板（无取向）	热轧低硅钢(热轧电机钢)		1.0~2.5	0.50
	热轧高硅钢(热轧变压器钢)		3.0~4.5	0.35和0.50
冷轧电工钢板	无取向电工钢（冷轧电机钢）	低碳电工钢	≤0.5	0.50和0.65
		硅钢	>0.5~3.2	0.35和0.50
	取向硅钢（冷轧变压器钢）	普通取向硅钢	2.9~3.3	0.20、0.23、0.27
		高磁感取向硅钢	2.9~3.3	0.30、0.35

4.1.3 Ni-Fe 系软磁合金

Ni含量从35%至90%的Ni-Fe系合金常称为坡莫合金,具有面心立方点阵,其磁性质与Ni含量和加工过程有密切关系。通过调整Ni含量或添加第三或第四组元或采用磁场热处理、应力热处理或控制晶粒取向和有序度等手段,可将Ni-Fe系合金做成高导磁合金、高起始磁导率合金、高磁感高导磁合金、高矩形比合金、恒导磁(或低B_r)合金、高硬度高导磁合金(硬坡莫合金)和热磁补偿合金等。它可在弱、低、中等磁场下工作,在软磁材料中占有独特的位置。自1913年发现Ni-Fe系软磁合金至今近一个世纪以来,已发展了70多种(成分不同)和300多种牌号的商品,至今仍得到广泛的应用。

4.1.3.1 Ni-Fe 二元系合金

35%~100%Ni-Fe合金具有f_{cc}结构。在70%~80%Ni的范围内存在有序与无序转变。Ni-Fe二元系合金的居里温度T_c、饱和磁感应强度B_s、磁晶各向异性常数K_1、磁致伸缩系数λ_s与Ni含量的关系分别示于图4-1~图4-3。可见在68%Ni-Fe处,T_c最高;在约50%Ni-Fe处的B_s最高,可达到$B_s=1.6T$;在78%Ni-Fe处的K_1和λ_s对600℃以下的冷却速度十分敏感。成分为Ni_3Fe合金时,其$K_1=-4\times10^{-3}J/m^3$。在35%Ni-Fe处,其B_s很低,T_c也很低,约200℃左右。在Ni-Fe二元系添加第三和第四组元时,Ni-Fe(M_1,M_2)多元系合金的K_1、λ_s和B_s也发生变化,并且出现$K_1 \to 0$和$\lambda_s \to 0$的成分区也在变化。另外,若经磁场热处理形成纵向或横向畴结构时,其磁性能也发生大幅度的变化,这就决定了 Ni-Fe 系合金具有多种软磁特性。

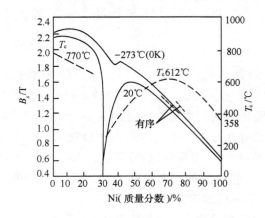

图 4-1 Ni-Fe 合金的居里温度 T_c 和饱和磁感应强度 B_s 随成分的变化

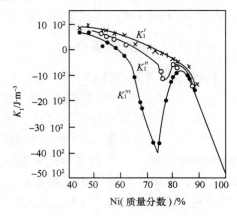

图 4-2 Ni-Fe 合金的磁晶各向异性常数
K_1'—水淬;K_1''—150℃/h;K_1'''—极缓冷。

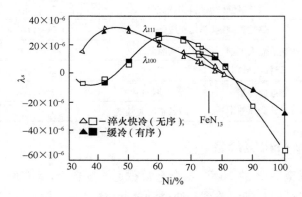

图 4-3 Ni-Fe 合金的磁致伸缩常数

4.1.3.2 Ni-Fe-M 多元系软磁合金

在 79Ni-Fe 二元系的基础上用少量 Mo 取代 Fe 可提高合金的电阻率 ρ,T_c 和 B_s 稍有降低;然而 Ni_3Fe 有序化温度有所下降,抑制了它的有序化,从而可用一般的冷却速度得到无序的 $Ni_3(FeMo)$ 合金,使其 $\lambda_s \to 0$ 和 $K_1 \to 0$,因而可大大提高其磁导率。例如 79Ni-5Mo-Fe 合金,经真空冶炼,冷轧成厚度为 0.35mm 薄带,经 1300℃氢气退火(去除杂质),以临界冷却速度(50℃/h~100℃/h)冷却至 600℃~500℃,然后淬火冷却,其 μ_i 可达 5000~15000,μ_m 可达 600000~1200000。添加 Cu 与添加 Mo 一样,有相同作用,也可得到超坡莫合金。

65Ni-2Mo(或 Mn)-Fe 合金有足够高的 T_c(约 600℃),经真空冶炼冷轧到一定厚度的薄带,并经纵向磁场处理(在温度 $T \leqslant T_c$ 附近的温度施加一定强度的磁场,磁场方向与轧向即应用方向平行)后,可获得矩形磁滞回线的合金。其矩形比 $B_r/B_s = 0.95$,μ_m 可达 1780000,称为高矩形比高导磁合金。

恒导磁合金不仅 B_r 低,而且 μ_m 与 μ_i 的差别很小,即 $\mu_m/\mu_i \leqslant 1.10$,磁导率在相当大的

磁场范围内是恒定的。例如 65Ni-1Mn-Fe 合金和 47Ni-23Co-Fe 合金,经真空冶炼,冷轧至 0.08mm～0.02mm 厚度的薄带,经横向磁场处理(在 $T \leqslant T_c$ 附近施加磁场,磁场方向与轧面平行但与轧制方向垂直)后,使之形成 90°畴结构,便可获得恒导磁和低剩磁的合金。前者的磁性能为 $\mu_i > 300$,μ 恒定的磁场范围为 0～240A/m,磁导率的恒定性为 $\alpha = (-\mu_m - \mu_i)/\mu_i \leqslant 7\%$,$B_r/B_s \leqslant 0.05$。后者的磁性能为:$\mu_i \geqslant 900$,磁声率在 0～800A/m 磁场范围内恒定,$\alpha \leqslant 15\%$,$B_r/B_s \leqslant 0.05$。恒导磁合金的磁导率与磁场处理感生的各向异性常数 K_u 成正比,即 $\mu = B_s^2/8\pi K_u$。

4.1.4　Fe-Al 系和 Fe-Co 系软磁合金

在纯铁的基础上添加(0～33)%Al(质量分数)或(0～52%)Al(原子分数)均形成 α-Fe(Al)固溶体,这一类合金通常称为仙台斯特合金 Sendust,具有 bcc 结构。在 13.9%(质量分数)和 32.6%Al-Fe(质量分数)处分别形成 Fe_3Al 和 $FeAl$ 有序化合物,Fe_3Al 的有序转变温度约 350℃。在 12%Al(质量分数)附近,在有序态时,合金的 $K_1 \to 0$,λ_s 有最大值。当合金部分有序化时,其 λ_s 可达 100×10^{-6}。Fe-12%Al(质量分数)合金可作为高 B_s 高导磁材料,也可作为磁致伸缩材料,但冷加工塑性较差。Fe-16%Al(质量分数)合金,在无序态时,K_1 和 λ_{100} 同时趋于较低值,该合金的冷加工塑性很差。6%Al-Fe(质量分数)合金冷加工塑性较好,其磁性能与 4%Si-Fe(质量分数)的相当,可作为软磁材料。

成分为 6Al-9.5Si-Fe(质量分数)合金的 K_1 和 λ_s 同时趋于零,其电阻率高达 80×10^{-8} $\Omega \cdot m^{-1}$,有较高硬度,耐磨性好,同时它具有很高的 μ_i。但由于它的脆性大,很难加工成薄带,一直未能实用化。现在可用粉末冶金方法、铸锭切片的办法或急冷法(旋淬法)将其做成薄片状,是良好的高硬度、高耐磨性、高 μ_i 的录音录像磁头材料。在 Fe 的基础上添加 Co,随 Co 含量的提高,合金的 B_s 提高。当 Co 含量达到 40%(质量分数)时,Fe-Co 合金的 B_s 达到峰值,约 2.4T,并且其 T_c 可达到 980℃。若继续提高 Co 的含量,其 B_s 反而逐渐降低。40Co-Fe 合金是高饱和磁感强度 B_s 材料。50Co-Fe 合金在 730℃ 以下发生有序无序转变,使合金脆性增加,难以进行冷加工。2V-48Co-48Fe 的软磁合金,称为坡明杜合金。

4.2　金属永磁材料

矫顽力大于 400A/m 以上的磁性材料称为永磁材料。永磁材料经充磁至饱和状态,在去掉磁场后仍能保留较强的磁性,又称为硬磁或恒磁材料。各种实际应用对永磁体的主要要求是在其气隙产生足够强的磁场强度。永磁体在气隙产生的磁场强度 H_g 与最大磁能积 $(BH)_m$ 的平方根成正比,如式(4-1)所示

$$H_g = \left(\frac{B_m H_m V_m}{\mu_0 V_g}\right) \tag{4-1}$$

式中:V_m、V_g 分别是磁铁和气隙的体积;μ_0 为真空磁导率;B_m 为最大磁感应强度;H_m 为磁铁的最大退磁场;$B_m H_m$ 为最大磁能积(kJ/m^3)。

令

$$\gamma = \frac{B_m H_m}{B_r H_{cb}}, \quad B_m H_m = \gamma B_r H_{cb}$$

式中：B_r 为剩余磁感应强度；H_{cb} 为矫顽力；γ 为退磁曲线的隆起度。

$$\gamma = \frac{1}{\left(1+\dfrac{H_{cb}}{B_r}\right)^2} \tag{4-2}$$

而 B_r 的极限值为 $\mu_0 M_s$，H_{cb} 的极限值也是 $\mu_0 M_s$，故磁能积的极限值

$$(BH)_m = \frac{1}{4}(M_0 M_s)^2 = \frac{1}{4}J_s^2 \tag{4-3}$$

式中：M_s 为饱和磁化强度。

实际应用对永磁材料的主要要求是：B_r 高、$(BH)_m$ 高、H_{cb} 高和 T_c 高。永磁材料磁性能优劣的主要判据是：①饱和磁化强度 M_s 要高；②磁晶各向异性要大；③居里点 T_c 要高。前两条决定了该材料是否有足够高的 B_r 和足够高的 $(BH)_m$ 及 H_{ci}，后者决定了它是否有好的稳定性和较高的工作温度。此外，要求原材料资源丰富、便于加工制造、成本低廉。图 4-4 是永磁材料磁能积 $(BH)_m$ 的发展情况。

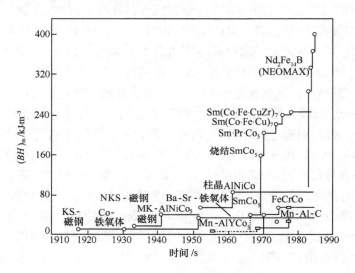

图 4-4 永磁材料磁能积的进展

4.2.1 马氏体磁钢

马氏体磁钢包括碳钢、钨钢、铬钢、钴钢和铝钢等，其含碳量约 0.7%～2%，是各向同性的。它们的 B_r 较低，一般 $M_r \leqslant 0.832 M_s$，原因是添加元素 C、W、Cr、Al 等均使 BCC 铁的 M_s 降低，同时有非铁磁体的残留奥氏体和碳化物存在，其矫顽力不高。

4.2.2 α/γ 相变铁基永磁材料

此类合金是在铁的基础上添加扩大 γ 相区的元素，使合金在高温区为 γ 相，在低温（室温以上）区形成 α+γ 两相。利用 α/γ 相转变来实现磁硬化（即提高矫顽力）。α 相是铁磁性相，BCC 结构，γ 相一般为顺磁性相，FCC 结构。目前，在工业上得到应用的主要是 Fe-Mn 系、Fe-Ni 系和 Fe-Co-V 系。Fe-Mn 系永磁材料合金一般含有 12%～14%Mn，有时添加少量的 Ti、Cr、Co 等元素。对于 12Mn-Fe 合金，在高温区，如 T_1，合金为 γ 相。

自温度 T_1 以一定速度冷却至室温,通过冷变形 γ 相全部变为 α 相,然后在 α+γ 两相区范围内,如 T_2 进行回火。此时在 α 相的基体上弥散析出 γ 相。如果回火温度和时间适当,则 γ 相十分弥散,而将 α 相分割、孤立、包围起来,从而使 Fe-Mn 系合金的矫顽力提高。同时,它的加工性能很好,可做成细丝、板、带、棒材等产品。

4.2.3 铁镍铝和铝镍钴系铸造永磁合金

铁镍铝和铝镍钴系铸造永磁合金是在 Fe-Ni-Al 三元系合金的基础上发展起来的一系列铸造永磁合金,如 AlNi1～5、AlNiCo3～6、AlNiCo8 等,基本上是以 NiAl 化合物为基体的。NiAl 化合物脆性大,变形能力差,只能熔炼直接浇注成磁体元件。它的矫顽力比马氏体磁钢和 α/γ 相变铁基永磁合金的高。

在 FeNiAl 的基础上添加适当数量的 Co,同时调整 Ni、Al 和 Cu 的含量,从而得到 AlNi-Co3-6 合金。在 AlNiCo5 合金的基础上,进一步提高 Co 含量,同时添加少量 Ti 和调整 Ni 和 Al 的含量便可得到 AlNiCo8 铸造永磁合金,其成分为 35Co-14Ni-7Al-5Ti-3Cu-Fe。

4.2.4 Fe-Cr-Co 永磁合金

Fe-Cr-Co 永磁合金的永磁性能与 AlNiCo5 合金相似,但它的塑性很好,可加工成尺寸小、精度高的永磁元件(如丝、管、板、带和其它复杂形状),有其独特用途。如 33Cr-16Co-2Si-Fe 合金冷变形时效热处理后性能可达:$B_r=1.29T$,$H_{cb}=70.4kA/m$,$(BH)_m=64.2kJ/m^3$。又如,24Cr-15Co-3Mo-1Ti-Fe 合金经冶炼、定向结晶得到棒状样品,1200℃固溶处理后快冷至 660℃～620℃,在 160kA/m 磁场进行等温磁场处理后,其磁性能达到:$B_r=1.31T$,$H_{cb}=66.4kA/m$,$(BH)_m=76.0kJ/m^3$。

4.2.5 Mn 基和 Pt 基永磁合金

纯金属 Mn 具有复杂立方结构(A12 型),Mn 原子间距小于 0.285nm,为反铁磁性。Mn 与非磁性原子如 Al、B、Ag 等可形成金属间化合物,当形成金属间化合物后 Mn 原子间可扩展到大于 0.285nm,则 Mn-Mn 原子间就转变为铁磁性耦合成为铁磁性化合物了。例如 $Mn_{1.11}Al_{0.89}$ 化合物在高温区具有六方结构,称为 ε 相。若从高温区以 30℃/s 速度冷却时,它转变为 τ 相,为四方结构。经适当处理,τ 相的 MnAl 化合物的永磁性能为:$B_r=0.43T$,$H_{ci}=0.368MA/m$,$(BH)_m=28kJ/m^3$。在 MnAl 化合物的基础上添加少量的 C、B、Zr、Cr、Ge 和 Ti 等元素,可改善其磁性和塑性。30Al-0.5C-Mn(质量分数)合金经挤压变形和回火后得到各向异性磁体,其磁性能达到 $B_r=0.6T$,$H_{ci}=215kA/m$,$(BH)_m=56kJ/m^3$。

铂基永磁合金包括 Pt-Co 和 Pt-Fe 合金,这类永磁合金具有良好的加工性能,且有很强的抗腐蚀能力,可在酸、碱介质中工作。但含有金属 Pt,价格贵,只限于在精密仪器中应用。50Pt-50Co(原子分数)合金自 1000℃淬火后为无序立方结构,它的 $\sigma_s=44.7Am^2/kg$,K_1+K_2 较低,⟨111⟩为易磁化方向,经 700℃～724℃回火后,无序的立方相部分地转变为有序的正方相;[100]是易磁化方向,$\sigma_s=37.2Am^2/kg$,但它的磁晶各向异性异常地高,K_1+K_2 高达 $1.72×10^3kJ/m^3$。

4.2.6 钴基稀土永磁合金

稀土元素与金属钴形成一系列金属间化合物,其中富 Co 的 1∶5 型和 2∶17 型化合物分别为 1∶5 型(第一代)和 2∶17 型(第二代)RE-Co 系永磁材料。到 20 世纪 80 年代初又发展了 $RE_2Fe_{14}B$ 化合物为基体的 RE-Fe-B 系永磁材料(第三代稀土永磁材料)。1∶5 型 RE-Co 系稀土化合物永磁材料包括 $SmCo_5$、$PrCo_5$、$(Sm_{1-x}Pr_x)Co_5$、$MnCo_5$ 和 $Ce(CO,Cu,Fe)_5$ 等,而 2∶17 型 RE-Co 系永磁材料主要是 $Sm(Co,Cu,Fe,Zr)_z (z=7.0 \sim 8.4)$。

4.2.6.1 $SmCo_5$ 永磁合金

$RECo_5$ 化合物具有 $CaCu_5$ 型结构,属于六方晶系,空间群为 p6/mmm,其单胞结构如图 4-5 所示。$RECo_5$ 化合物多数以包晶反应方式生成,$SmCo_5$ 的包晶转变温度为 1250℃。在 SmCo 二元相图中,800℃ 以上有一个向 Co 区扩张的 $SmCo_5$ 固溶区。

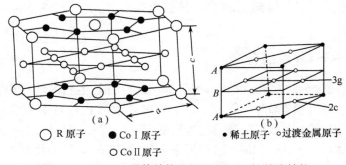

○ R 原子　● Co I 原子
○ Co II 原子
● 稀土原子　○ 过渡金属原子

图 4-5　$RECo_5$ 晶体结构空间及 $RECo_5$ 的单胞结构
(a)晶体结构空间;(b)单胞结构。

$RECo_5$ 型化合物的基本磁参数见表 4-4。可见大部分 $RECo_5$ 化合物可作永磁材料,其中 $SmCo_5$ 的 J_s、K_1、H_A 都比较高,其磁能积的理论值可达 $250kJ/m^3$。实际烧结 $SmCo_5$ 的永磁体的磁性能已达到:$B_r=0.8\sim 0.95T$,$H_{cb}=557kA/m \sim 756kA/m$,$(BH)_m=135kJ/m^3 \sim 159kJ/m^3$。若采用强磁场取向、等静压和低氧工艺,烧结 $SmCo_5$ 的磁性能可达到:$B_r=1.07T$,$H_{cb}=851.7kA/m$,$H_{ci}=1.27MA/m$,$(BH)_m=227.6kJ/m^3$。

表 4-4　$RECo_5$ 化合物的基本磁参数

化合物	$\mu_0 M_s/T$	$M_s/kA \cdot m^{-1}$	$K_1/J \cdot m^{-3}$	$H_A/MA \cdot m^{-1}$	易磁化轴
$LaCo_5$	0.909	0.742	6.3×10^6	13.93	c
$CeCo_5$	0.754	0.600	$7.3 \times 10^6, 5.3 \times 10^6$	14.3~16.7	c
$PrCo_5$	1.203 1.250	0.975 0.957	$8.0 \times 10^6, 8.9 \times 10^6$	11.5~14.3	c
$NdCo_5$	1.40	1.114	0.6×10^6	2.38~	c
$SmCo_5$	1.125 1.130	0.896 0.900	$(9.5 \sim 1.12) \times 10^6$ $(19.5 \pm 1.4) \times 10^6$	16.7~23.0 35.0	c
$GdCo_5$	0.363	0.298	4.023×10^6	21.5	c
$TbCo_{5.1}$	0.236	0.188		0.47	c
$DyCo_{5.2}$	0.437	0.348		1.99	c
$HoCo_{5.5}$	0.606	0.482	4.0×10^6	10.7	c
$ErCo_{6.0}$	0.327	0.579	4.5×10^6	7.96	c
YCo_5	1.095	0.871	5.5×10^6	10.74	c

SmCo₅烧结永磁体的磁性能、成分和工艺密切相关。按分子式计算 SmCo₅ 的成分为 16.66Sm-83.33Co（原子分数）或 33.79Sm-66.21Co（质量分数）。实践证明，用粉末冶金法制造磁体时，其 Sm 含量按 16.72%～17.04%（原子分数）配入才能获得最高的磁性能和密度。为保证烧结 SmCo₅ 的磁性能，还经常采用液相烧结技术将合金基相（67.8Co-32.2Sm）和适当数量的液相（60Sm40-Co）（质量分数）相混合，以确保设计目标成分。

除了 SmCo₅ 已成为实用烧结永磁体外，CeCo₅、PrCo₅、$(Sm_{0.5}Pr_{0.5})Co_5$、$Ce(CO,Cu,Fe)_5$ 也都成了有实用意义的永磁体，它们的性能见表 4-5。其中 $CeCo_{3.6}Cu_{0.7}Fe_{0.7}$ 是用烧结法制造的沉淀硬化永磁体，其制造工艺与 RECo₅ 稍有不同。

表 4-5 RECo₅ 烧结永磁体的磁性能

磁体	磁性能				
	B_r/T	H_{ci}/kA·m^{-1}	H_{cb}/kA·m^{-1}	$(BH)_m$	工艺
PrCo₅	1.09	366.0		208.5	液相烧结
$Sm_{0.5}Pr_{0.5}Co_5$	0.98		620.8	172.0	液相烧结
$CeCo_{3.6}Cu_{0.7}Fe_{0.7}$	0.73		358.2	94.7	烧结

RECo₅ 二元系稀土永磁体的磁感温度系数过高，不适合在精密仪表、微波器件、陀螺仪和磁性轴承等场合使用。用重稀土元素（HRE）部分地取代 RECo₅ 的轻稀土元素（LRE）制成 $(LRE_{1-x}HRE_x)Co_5$ 合金，其磁感温度系数可大大地降低，甚至可降低至零。例如，$Sm_{0.6}Gd_{0.2}Er_{0.2}Co_5$ 的磁性能和磁感温度系数 α_B 分别为：$B_r = 0.6$T，$H_{cb} = 445.7$kA/m，$(BH)_m = 85.1$kJ/m³，在 20℃～100℃ 范围内 $\alpha_B = \frac{B_{100}-B_{20}}{B_{20}\Delta T} = 0\%/℃$。又例如，$Sm_{0.6}Dy_{0.4}Co_5$ 的磁性能和 α_B 分别为：$B_r = 0.794$T，$H_{cb} = 334.3$kA/m，$(BH)_m = 72.4$kJ/m³，在 20℃～47℃ 范围内 $\alpha_B = -0.003\%/℃$。

4.2.6.2 $Sm(Co,Cu,Fe,Zr)_z$ 永磁合金

试验发现，$Sm(Co_{1-x}Cu_x)_z$ 三元系永磁合金，z 在 5～8.5 的范围内均可制成沉淀硬化稀土永磁材料。当 $z \leqslant 5.6$ 时，基相为 $Sm(Co,Cu)_5$ 相（简称 1:5 相），析出相为 $Sm_2(Co,Cu)_{17}$ 相（简称 1:17 相）。当 $z = 5.6～8.2$ 时，基相是 2:17 相，析出相是 1:5 相。单纯的 $Sm(Co,Cu)$ 三元系，永磁性能偏低。后来发现，添加适当数量的 Fe 取代 Co，可提高合金的饱和磁化强度 B_s，添加少量的 Zr 或 Hf 可提高合金的矫顽力，从而得到了以 2:17 相为基体，有 1:5 相析出的沉淀析出型永磁合金，简称为 2:17 型 Sm-Co 系永磁合金，这一合金的成分可表达为 $Sm(Co_{1-u-v-w}Cu_uFe_vZr_w)_z$。式中 M=Zr,Ti,Hf 和 Ni 等，$z$ 代表 Sm 原子与（Co+Cu+Fe+M）原子数之比，它介于 7.0～8.3 之间，$u = 0.05～0.08$，$v = 0.15～0.30$；$w = 0.01～0.03$。例如成分为 25.5Sm-50Co-8Co-15Fe-1.5Zr（质量分数）合金的磁性能为：$B_r = 1.15$T，$H_{cb} = 429.8$kA/m，$(BH)_m = 222.8$kJ/m³。又如 $Sm(Co_{0.654}Cu_{0.078}Fe_{0.24}Zr_{0.27})_{8.22}$ 合金的磁性能为：$B_r = 1.06$T，$H_{cb} = 732.3$kA/m，$(BH)_m = 238.8$kJ/m³。

2∶17 型 Sm-Co 系永磁合金的磁性能决定于合金的成分与工艺参数,一般采用粉末冶金法制造,它的制造工艺过程与烧结 $SmCo_5$ 永磁的工艺大体上是相同的:冶炼、制粉、磁场取向、压型、烧结与热处理,最后是机加工与性能检测。压型之前的工艺要求与 $RECo_5$ 是相同的,所不同的是烧结与热处理工艺。

当 $Sm(Co,Cu,Fe,Zr)_z$ 中的 Sm 被重稀土元素 HRE 部分取代时,可制造出具有低磁感温度系数 α_B 的 2∶17 型 Sm-Co 型永磁合金。如 $Sm_{0.6}Er_{0.4}(Co_{0.69}Fe_{0.22}Cu_{0.08}Zr_{0.02})_{7.22}$ 合金的磁性能为:$B_r = 0.88T \sim 0.93T$,$H_{ci} = 1.27MA/m \sim 1.35MA/m$,$H_{cb} = 605kA/m \sim 636kA/m$,$(BH)_m = 143.2kJ/m^3 \sim 159.2kJ/m^3$,在 25℃~100℃温度范围内 $\alpha_B = +0.0009\%/℃$。

4.2.7 Nd-Fe-B 系永磁合金

由于 1∶5 型和 2∶17 型 Sm-Co 型永磁合金含有相对多的稀土元素 Sm(在稀土矿中 Sm 含量仅有 0.5%~3%),同时含有昂贵的战略金属 Co,由于其成本高,应用受到限制。1983 年发现 Nd-Fe-B 系永磁材料,它的磁能积达到 $290kJ/m^3$。经过十余年的发展,现在磁能积达到 $433.62kJ/m^3$,矫顽力也达到了 2400A/m。另外,它以 Fe 和 Nd 作为主要原材料,Nd 和 Fe 的资源丰富(在稀土矿中含有 13%~20%的 Nd),价格便宜。Nd-Fe-B 三元合金的居里温度较低($T_c = 310℃$),工作温度较低(约 80℃左右)。但经近 10 年的研究工作,现在 Nd-Fe-B-M 系多元合金的居里温度已提高到 600℃,工作温度已达到 240℃。2000 年,世界 Nd-Fe-B 系永磁体的产量约 12000t,预计到 2010 年全球 Nd-Fe-B 系永磁体的产量将达到 20000t 以上。

4.2.7.1 成分与相结构

Nd-Fe-B 系永磁材料是以 $Nd_2Fe_{14}B$ 化合物(简称为 2∶14∶1 相)为基体的永磁合金,实际烧结 Nd-Fe-B 系永磁合金的成分与 2∶14∶1 相成分的偏离值见表 4-6。如图 4-6 的 Nd-Fe-B 系三元相图等温截面的影线区所示,实际 Nd-Fe-B 系永磁合金的成分处于 $Nd_2Fe_{14}B$(基体相)、$Nd_{1+\varepsilon}Fe_4N$(富 B 相)和富 Nd 相的三相区内,其中 2∶14∶1 相是铁磁性相,在室温富 B 相和富 Nd 相都是非铁磁性相。从图 4-6 来看,富 Nd 相是纯 Nd 相,但在实际烧结 Nd-Fe-B 系永磁体中不可能处于平衡态,因此富 Nd 相的成分可表达为 $Nd_{1-x}Fe_x$,x 可在 0.05~0.40 之间变化,这决定于烧结后的冷却速度和回火时间与温度。

$Nd_2Fe_{14}B$ 化合物具有四方结构,图 4-7 是它一个单胞的结构。它由四个分子($4Nd_2Fe_{14}B$)组成,理论密度 $d = 7550kg/m^3$,$J_s = 1.61T$。它是沿 c 轴易磁化,基面是难磁化面。各向异性场 $H_A = 12MA/m$,$T_c = 310℃$。Nd-Fe-B 烧结永磁体的永磁性能主要由 2∶14∶1 相的内禀磁参量来决定。

除了 Nd 以外,其它稀土元素(RE)也可形成 2∶14∶1 型化合物,其晶体结构与 $Nd_2Fe_{14}B$ 化合物的结构相同,它们的点阵常数与内禀磁特性如表 4-7 所列。可见,除了 La、Sm、Er、Tm 等元素外,其余稀土元素均可做成有实用意义的 $RE_2Fe_{14}B$ 永磁材料。

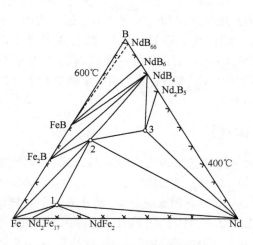

图 4-6 Nd-Fe-B 三元相图左边为
600℃等温截面;右边为 400℃等温截面
1—$Nd_3Fe_{14}B$;2—$NdFe_4B_4$;3—Nd_2FeB_3。

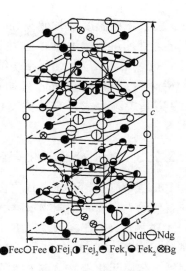

图 4-7 $Nd_2Fe_{14}B$
化合物的晶体结构

表 4-6 $Nd_2Fe_{14}B$ 类化合物的点阵常数、密度与磁性

化合物	点阵常数 a/nm	点阵常数 c/nm	D/Mg·m^{-3}	J_s/T	$M/\mu_B(Fu)^{-1}$	H_A/MA·m^{-1}	T_c/K
$La_2Fe_{14}B$	0.884	1.237		1.10	30.6	1.57	530
$Ce_2Fe_{14}B$	0.877	1.211	7.81	1.16	22.7	3.7	424
$Pr_2Fe_{14}B$	0.882	1.225	7.47	1.43	29.3	10	561
$Nd_2Fe_{14}B$	0.882	1.224	7.55	1.61	32.1	12	585
$Sm_2Fe_{14}B$	0.880	1.215	7.73	1.33	26.7		612
$Gd_2Fe_{14}B$	0.879	1.209	7.85	0.86	17.3	6.1	661
$Tb_2Fe_{14}B$	0.877	1.205	7.93	0.64	12.7	28	639
$Dy_2Fe_{14}B$	0.875	1.200	8.02	0.65	12.8	25	602
$Ho_2Fe_{14}B$	0.875	1.199	8.05	0.86	17.0	20	576
$Er_2Fe_{14}B$	0.874	1.196	8.24	0.93	18.1		554
$Tm_2Fe_{14}B$	0.874	1.195	8.13	1.09	21.6		541
$Y_2Fe_{14}B$	0.877	1.204	6.98	1.28	25.3	3.1	565

NdFeB 系永磁体可以用多种方法来制造,如粉末冶金法(烧结法)、快速凝固法、机械合金化法、铸造热变形法和黏结法等,以烧结法和黏结法为主。烧结 NdFeB 系永磁合金的磁性能与成分、工艺、显微组织密切相关。合金的成分越靠近四方相 $Nd_2Fe_{14}B$ 的成分,其磁性能就越高,如 $Nd_{12.8}Fe_{1.6}B_{6.0}$ 烧结磁体的磁性能达到:$B_r=1.48T$,$H_{ci}=686.4kA/m$,$(BH)_m=407.5kJ/m^3$。

4.2.7.2 NdRE-Fe-M-B 多元系烧结永磁合金

三元 Nd-Fe-B 系烧结永磁合金还存在诸多不足之处,如:矫顽力偏低、T_c 偏低、工作

温度 T_w 偏低、磁感温度系数偏高（$\alpha_B=-0.16\%/℃$），抗腐蚀性能较差，价格还较贵等。上述不足之处均可通过添加第三、第四、第五组元而得到一定程度的改进。因而发展了多元 NdRE-(Fe、M_1、M_2)-B 多元系烧结永磁合金，其中用 Dy 或 Tb 部分取代 Nd 可提高磁性的矫顽力；用其它金属元素如 Al、Ti、Cr、Cu、Ca 等的一种或两种以上部分取代 Fe，可提高其矫顽力或提高其抗腐蚀性能（如 Cr、V、Ni 等），用 Pr 部分代替 Nd 可降低成本等。

4.2.7.3 稀土金属间化合物永磁材料

自 1993 年发现以 $Nd_2Fe_{14}B$ 化合物为基体的铁基稀土永磁材料以来，又研究发展了一系列新型稀土金属间化合物永磁材料，如 $ThMn_{12}$ 型结构的 $RE(Fe,M)_{12}$ 型（M=V,Ti,Mo 等）永磁材料、$Sm_2Fe_{17}N_x$ 和 $RE(Fe,M)_{12}N_x$ 氮化物永磁材料、纳米晶复合交换耦合永磁材料，如 $Nd_2Fe_{14}B/\alpha Fe$、$Nd_2Fe_{14}B/Fe_3B$、$Nd_2Fe_{14}B/Fe+Fe_3B$、$Sm_2Fe_{19}N_x/\alpha Fe$ 等。这些新型稀土金属间化合物永磁材料的成分与工艺还不十分完善，有待于进一步研究与开发。

4.3 磁致伸缩材料

4.3.1 概述

具有较大线磁致伸缩系数（或应变，一般 $\lambda_s\geqslant 40\times 10^{-6}$）的材料称为磁致伸缩材料，主要应用于水声或电声换能器（如声纳的水声发射与接收器、超声波换能器）、各种驱动器（如精密加工、激光聚焦控制、微位移器、照相机聚焦系统、线性马达等）、各种减振与消振系统器件、液体与燃油的喷射系统等。各种应用对磁致伸缩材料的主要要求是：饱和磁致伸缩应变 λ_s 要大，磁致伸缩应变对磁场的变化率 $\left(\dfrac{d\lambda}{dH}\right)_{max}=d_{33}$ 要大；电磁能与机械能的相互转换效率要高。通常用与材料形状无关的能量转换系数——称为机电耦合系数 k_{33} 来表达材料的能量转换效应，一般要求 k_{33} 越大越好。为满足上述要求，材料的磁晶各向异性常数 K_1 要小，即 λ_s/K_1 要大、矫顽力要低、电阻率要高，要有足够高的抗压强度或抗拉强度。

磁致伸缩材料可分为传统磁致伸缩材料和稀土超磁致伸缩材料两大类。传统磁致伸缩材料有 Fe 基、Ni 基和 Co 基合金及铁氧体材料，如 $[(NiO)_x(CuO)_{1-x}]_{1-y}(CoO)_y\cdot Fe_2O_3$。传统磁致伸缩材料的饱和磁致伸缩应变 λ_s 很小，机电耦合系数 K_{33} 也低，始终没有得到广泛的推广应用。由于 20 世纪 50 年代发展的压电陶瓷材料如 PZT 等，其饱和电致伸缩系数（或应变）和能量转换效率都比传统的磁致伸缩材料的高（表 4-7），很快就取代了传统磁致伸缩材料，而被广泛地用来制造水声、电声（如超声波器）换能器等。20 世纪 70 年代以来发展的稀土磁致伸缩材料与传统磁致伸缩材料的压电陶瓷相比有如下特点：饱和超磁致伸缩应变量 λ_s 高、能量转换效率高、能量密度高、应变时产生的推力大、在微秒（10^{-6}s）内响应、$\lambda\sim H$ 线性好、弹性模量与声速随磁场而变化、可调节工作频带、无疲劳、无过热失效问题等。本节重点介绍稀土超磁致伸缩材料。

表 4-7 超磁致伸缩材料与传统磁致伸缩材料、压电陶瓷材料(PZT)性能的比较

特　性	Terfenol-D $Tb_{0.27}Dy_{0.73}Fe_{1.9}$	纯 Ni>98%	Hlperco $Cr0.4\sim0.5$ $Co34.5\sim35.5$	钛酸钡压电陶瓷	锆钛酸铅压电陶瓷
密度 ρ/kg·m^{-3}	9.25×10^3	8.90×10^3	8.1×10^3	5.6×10^3	7.5×10^3
弹性模量/N·m^{-2}	2.65×10^{10}	20.6×10^{10}	20.6×10^{10}	11.3×10^{10}	$11(Y0)\times10^{10}$
弹性模量(Y^B)/N·m^{-2}	5.50×10^{10}			9	$6(Y^B)$
声速(C^H)/m·s^{-1}	1690	4900	4720	4250	3100
声速(C^S)/m·s^{-1}	2450				
拉伸强度/Pa	28×10^6			55×10^6	76×10^6
压缩强度/Pa	700×10^6				
热膨胀系数($H=0$)/C^{-1}	12×10^{-6}		12.6×10^{-7}		2.9×10^{-6}
热导率/W·(m·K)$^{-1}$				2.5	2
电阻率/Ω·m	60×10^{-6}	12.9×10^{-6}	2.3×10^{-8}	1×10^8	1×10^8
居里点温度/℃	387	59	1115	125	300
磁(电)致伸缩系数	$(1500\sim2000)\times10^{-6}$	-33×10^{-6}	40×10^{-6}	80×10^{-6}	400×10^{-6}
机电耦合系数	0.72	$0.16\sim0.25$	0.17	0.45	0.68
d-常数/m·A^{-1},m·V^{-1}	1.7×10^{-9}			160×10^{12}	300×10^{12}
磁导率 μ_r^T	9.3	60	75	1300	$1300(\delta_{33}1/\varepsilon_0)$
磁导率 μ_r^S	4.5			1040	$690(\delta_{33}1/\varepsilon_0)$
比声阻抗 ρ_c^H/Rayl	1.57×10^7				
比声阻抗 ρ_c^H/Rayl	2.27×10^7				
能量密度/J·m^{-3}	$1.4\sim1.5\times10^4$	36		960	960
偏置磁场/kA·m^{-1}	$32\sim40$	$0.80\sim1.6$	1200		

注:雷(Rayl)=声压(dyn/cm)/声粒子速度(cm/s);H 为磁场,开路状态 $H=0$;B 为磁通量密度,短路时 $B=0$;T 为机械应力,自由试样时 $T=0$;S 为机械应变,夹紧的试样 $S=0$

4.3.2 稀土超磁致伸缩材料

20 世纪 60 年代,由于稀土分离技术和稀土大尺寸单晶技术的发展,克拉克(Clark)等人测量发现稀土金属(如 Tb,Dy 等)的单晶在低温下(4.2K)的磁致伸缩应变 $\lambda_s=3\times10^{-3}$,这是迄今为止观测到的最大磁致伸缩系数,这种现象称为超磁致伸缩现象。20 世纪 70 年代又进一步发现,重稀土金属与铁形成的拉夫斯(Laves)相(简称为 L 相)二元化合物 $REFe_2$ 具有室温超磁致伸缩特性,如 $SmFe_2$、$TbFe_2$、$DyFe_2$ 等 L 相化合物在 2.0MA/m 磁场下,室温磁致伸缩分别达到 -1560×10^{-6}、1753×10^{-6}、433×10^{-6}。将两种 K_1 符号相反,λ 符号相同的 L 相化合物按一定比例组成 L 相化合物时,它们的 K_1 可以相互补偿(相互抵消),而 λ_s 可以相加,这样可组成一系列低 K_1 高 λ_s 的 L 相伪二元

$RE_xRE_{1-x}Fe_2$ 化合物,如 $Tb_xDy_{1-x}Fe_2$、$Tb_xHo_{1-x}Fe_2$、$Tb_xP_{1-x}Fe_2$、$Sm_xDy_{1-x}Fe_2$、$Sm_xHo_{1-x}Fe_2$ 等。例如 $DyFe_2$ 的 K_1 为 $+2.69×10^6 J/m^3$,$TbFe_2$ 的 K_1 为 $-3.85×10^6 J/m^3$,当按 0.73/0.27 的比例组成 $Tb_{0.27}Dy_{0.73}Fe_2$ 化合物时,室温时其 K_1 可降低到 $-6.0×10^4 J/m^3$。多晶 $Tb_{0.27}Dy_{0.73}Fe_2$ 化合物室温时 λ_s 达到 $1000×10^{-6}$。随后通过调整成分和改进制造工艺,从而使 $Tb_xDy_{1-x}Fe_y$ ($x=0.27\sim0.65$, $y=1.9\sim1.95$) 合金(称为 TerfenolD 或 Tb-Dy-Fe 合金)的磁致伸缩性能逐步提高。试验发现,$Tb_xDy_{1-x}Fe_2$ 化合物,当 $x=0.27\sim0.65$ 范围时,均保持 $MgCu_2$ 型结构,属于立方 L 相,空间群为 O_h^7-Fd3m,由 8 个 $REFe_2$ ($RE=Tb_xDy_{1-x}$) 分子组成一个单胞,单胞结构如图 4-8 所示。其中 RE 原子组成金钢石型亚点阵,Fe 原子组成五个四面体亚点阵。$MgCu_2$ 型结构可看作是两种类型亚点阵相互穿插组成。成分为 $Tb_xDy_{1-x}Fe_y$ ($x=0.27\sim0.65$, $y=2.0$) 的化合物在室温下,<111> 是易磁化方向,<100> 是难磁化方向,并且存在自旋再取向现象。成分为 $Tb_{0.27}Dy_{0.73}Fe_2$ 的化合物,$T>285K$ 时易磁化方向为 <111>,在 23K~28K 时,<100> 为易磁化方向。$T<285K$ 时,易磁化方向为 <110>。

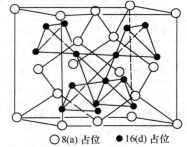

○ 8(a) 占位　● 16(d) 占位

图 4-8　$REFe_2$ 单胞结构

Tb-Dy-Fe 合金单晶体的磁致伸缩系数具有显著的各向异性。例如 $Tb_{0.27}Dy_{0.73}Fe_2$ 的单晶体的 $\lambda_{111}=1640×10^{-6}$,$\lambda_{100}\leq100×10^{-6}$,这就意味着做成 <111> 取向单晶或取向多晶体可制造出 λ_s 很高的 Tb-Dy-Fe 磁致伸缩材料。

Tb-Dy-Fe 伪二元 L 相的基本特征见表 4-8。表中的数据多数是以 $Tb_{0.27}Dy_{0.73}Fe_2$ 给出的。实际上,表中的许多参数如包晶转变温度、质量饱和磁化强度 σ_s、密度等均与 Tb/Dy 比和 Fe 的含量有关。

表 4-8　$Tb_{1-x}Dy_xFe_2$ 和 $DyFe_2$、$TbFe_2$ 的基本特征

参 量		$DyFe_2$	$TbFe_2$	$(Tb_{1-x}Dy_x)Fe_2$
晶体对称性		立方	菱方	立方
空间群		Fd3m	R3m	
结构		$MgCu_2$ 型	畸变 $MgCu_2$ 型	$MgCu_2$ 型(C15)
点阵常数/nm		$a=0.7325$	$a=0.5189, c=1.2821$	$A=0.7329\sim0.7331$ ($a=0.7330$)
T_c/℃		362	424.56	354
λ	计算值(0K)	$4200×10^{-6}$	$4400×10^{-6}$	
	实验值(293K)	$1260×10^{-6}$	$2460×10^{-6}$	$(1500\sim2000)×10^4$
K_1/J·m^{-3}		$2.1×10^6$	$-7.6×10^6$	$-6.4×10^4$
T 包晶/℃		1270	1187	1230 有可能获得伪一致熔化组织
T 共晶/℃		890	847	892
σ/Am²·kg^{-1}		5.46μm/mol		86
μFe/μB		2.2		
密度 d/(g·cm^{-3})				9.25

4.3.3 Tb-Dy-Fe 合金的制造方法

Tb-Dy-Fe 合金通常采用丘克拉斯基（Czochralski-CZ）法、垂直悬浮区熔法（FSFZ）、布里奇曼（Bridgman）法、区熔定向凝固法（ZDS）、定向凝固（DS）法、粉末冶金法（PM）等来制造。PM 法以外的所有方法的共同特点是，在熔化凝固时造成沿棒状晶轴向单方向的热流环境与条件，以便使晶体沿轴向单方向生长成柱状晶，从而获得单一取向的单晶或多晶。早期的实验结果认为，Tb-Dy-Fe 合金 L 相晶择优生长方向是 <112>。近期用 CZ 法制造出了 <112> 或 <111> 轴向取向的单晶体。用 ZDS 法，通过调整温度 G_L 和晶体生长速度 v 之比 G_L/v 的办法，制造出了 <110> 或 <112> 或 <113> 或 <110>＋<112>＋<113> 混合轴向取向的棒状样品。用 FSFZ 法可制造 <112> 轴向取向孪生单晶或 <112> 取向多晶棒材，但仅能制造 φ7mm 以下棒状样品。

4.3.4 Tb-Dy-Fe 合金磁畴结构、技术磁化与磁致伸缩曲线

不论是 <112> 轴向取向孪生单晶或 <112> 轴向取向多晶棒状样品，在热退磁状态都是多畴结构。由于 L 相具有 BCC 结构，并且 <111> 是易磁化方向，热退磁状态下多畴体的相邻磁畴的自发磁化强度之间的夹角可能是 180°、109.47° 和 70.53°，可近似地看作是 180°、109° 和 70° 畴三种畴结构，并且以 180° 畴为主。因此，热退磁状态的样品很易磁化到饱和，但磁致伸缩应变值并不高，λ_s 在 1100×10^{-6} 左右。磁致伸缩应变与晶体取向样品起始畴结构、磁畴磁矩的转动密切有关。当磁场与 180° 畴壁平行时，180° 畴壁位移运动产生的磁致伸缩应变甚微。随磁场的增加，非 180° 畴壁位移运动产生的磁致伸缩应变的增加也是十分缓慢的，即 $\lambda \sim H$ 曲线的增加十分缓慢。因为非 180° 畴壁的位移受到各向异性、应力、掺杂物的阻碍力是很大的，而 90° 畴磁矩转动导致磁致伸缩应变的增加是十分陡的，如图 4-9 和图 4-10 所示。在临界场的作用下，母相的磁矩首先偏离 [111] 方向。当磁场继续增加时，孪晶相的磁矩也转向 [112] 方向。由于孪生单晶 90° 畴磁矩转动阻力较少，磁矩可一致转动，从而产生一个磁致伸缩应变跳跃性的增加（图 4-12），这种现象称为磁致伸缩跳跃效应。通过制造完整的 <112> 或 <110> 或 <111> 轴向取向样品，或经过磁场与应力热处理，造成完整的 90° 畴结构，就可制造出低场高磁致伸缩应变，或磁致伸缩的跳跃效应十分显著的 Tb-Dy-Fe 材料。

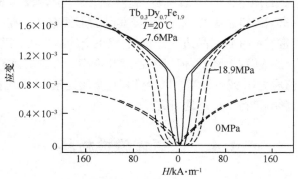

图 4-9 具有 [112] 取向的 $Tb_{0.27}Dy_{0.73}Fe_{1.95}$ 样品在 12.4MPa 预压应力下的磁滞回线、磁致伸缩曲线

4.3.5 Tb-Dy-Fe 合金成分、组织、工艺与性能的关系

$Tb_{1-x}Dy_x-Fe_y$ 合金磁致伸缩性能与 Tb/Dy 比和 Fe 的含量 y 密切相关,并且 Fe 的含量 y 对合金的显微组织有重要的影响。Tb/Dy 比对 $Tb_{1-x}Dy_xFe_2$ 合金的 $\lambda_\parallel - \lambda_\perp$ 的影响见图 4-11,可见成分在 $Tb_{0.3}Dy_{0.7}Fe_2$ 附近合金的 $(\lambda_\parallel - \lambda_\perp)$ 有最大值。实验表明,当 Tb 含量在 $Tb_{0.27\sim 0.3}Dy_{0.73\sim 0.70}Fe_2$ 附近时,合金的磁晶各向异性常数最小,λ_s/K_1 比值最大。实用合金的 Tb/Dy 比一般控制在 0.27~0.35 与 0.73~0.65 之间。当 Tb 含量较高时,合金的工作温度范围变宽,如 $Tb_{0.35}Dy_{0.65}Fe_{1.95}$ 合金可在 -50℃~120℃ 范围内工作,而 $Tb_{0.30}Dy_{0.70}Fe_{1.95}$ 合金的工作温度为 0℃~120℃,$Tb_{0.27}Dy_{0.73}Fe_{1.95}$ 的工作温度为 20℃~100℃。

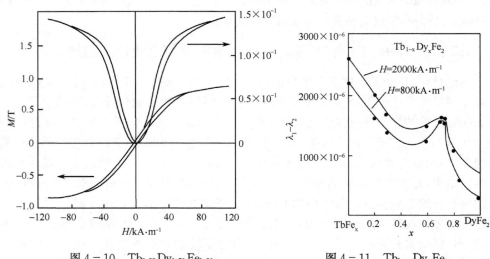

图 4-10 $Tb_{0.30}Dy_{0.70}Fe_{1.90}$ 合金[112]轴向取向孪生单晶在 0、7.6 和 18.9MPa 预压应力的 $\lambda \sim H$ 曲线

图 4-11 $Tb_{1-x}Dy_xFe_y$ 合金室温 $\lambda_\parallel - \lambda_\perp$ 与 Tb 含量的关系

$Tb_{1-x}Dy_xFe_y$ 中 Fe 的含量 y 对合金的显微组织与合金的磁致伸缩特性有重大影响。当 $y \geqslant 2.0$ 时,合金容易形成 $REFe_3$ 相魏氏组织($RE=Tb_{1-x}Dy_x$)。$REFe_3$ 相呈针状,跨越晶界。$REFe_3$ 相的 K_1 较低,它阻碍畴壁位移,使磁致伸缩性能下降。当 $y=2.0$ 时,若不出现 $REFe_3$ 相,λ_s 有最大值,但合金的压缩强度显著降低,脆性增加。当 $y<2.0$ 时,合金处于相图的 $REFe_2$ 富 RE 相区内,富 RE 相通常以共晶或离异共晶的形式存在。在 <112> 或 <110> 轴向取向晶体中,RE 相常常沿片状树晶边界分布,形成正交的网络状。随 y 的降低,富稀土相的数量增加,导致合金的 M_s 和 λ_s 降低,但压缩强度却提高。综合考虑合金的磁致伸缩性能和压缩强度,一般 y 值取为 1.92~1.95。以少量其它金属元素 M 取代铁对 $Tb_{0.3}Dy_{0.7}Fe_{1.95}$ 合金磁致伸缩性能的影响进行了广泛地研究。

4.4 铁氧体磁性材料

4.4.1 概述

铁的氧化物和一种或几种其它金属氧化物组成的复合氧化物(如 $BaO \cdot 6Fe_2O_3$、

MnO·Fe_2O_3·ZnO·Fe_2O_3等)等称为铁氧体。具有亚铁磁性的铁氧体是一种强磁性材料,通称为铁氧体磁性材料。FeO·Fe_2O_3(Fe_3O_4)是最简单的、世界上应用最早的天然铁氧体磁性材料。铁氧体磁性材料可分为软磁、硬磁(包括粘结)、旋磁、矩磁和压磁及其它铁氧体材料,它们的组成、晶体结构、特征与应用领域见表4-9。它们的主要特征是:软磁材料的磁导率 μ 高、矫顽力低、损耗低;硬磁材料的矫顽力 H_c 高、磁能积$(BH)_m$高;旋磁材料具有旋磁特性,即电磁波沿着恒定磁场方向传播时,其振动面不断地沿传播方向旋转的现象,旋磁材料主要用于微波通信器件。矩磁材料具有矩形的 $B \sim H$ 磁滞回线,主要用于计算机存储磁芯;压磁材料具有较大的线性磁致伸缩系数 λ_s。铁氧体磁性材料在计算机、微波通信、电视、自动控制、航天航空、仪器仪表、医疗、汽车工业等领域得到了广泛的应用,其中用量最大的是硬磁与软磁铁氧体材料。

表4-9 各种铁氧体的主要特性和应用范围比较

类别	代表性铁氧体	晶系	结构	主要特征	频率范围/Hz	应用举例
软磁	锰锌铁氧体系列 (MnO-ZnO-Fe_2O_3)	立方	尖晶石型	高 μ_i、Q、B_s 低 α_μ、DA	1k~5M	多路通信及电视用的各种磁芯和录音、录像等各种记录磁头
	镍锌铁氧体系列 (NiO-ZnO-Fe_2O_3)			高 Q、f_r、ρ 低 tgδ	1k~300M	多路通信电感受器、滤波器、磁性天线和记录磁头等
	镍锌铁氧体系列 (NiO-ZnO-Fe_2O_3)	六方	磁铅石型	高 Q、f_r 低 tgδ	300~1000M	多路通信及电视用的各种磁芯
硬磁	钡铁氧体系列 (BaO·Fe_2O_3)	六方	磁铅石型	高 BH_c $(BH)_{max}$	1k~200M	录音器、微音器、拾音器和电话机等各种电声器件以及各种仪表和控制器件的磁芯
	锶铁氧体系列 (BaO·Fe_2O_3)					
旋磁	镁锰铝铁氧体系列 (MgO-MnO-Al_2O_3-Fe_2O_3)	立方	尖晶石型	ΔH 较窄	50~10^6M	雷达、通信、导航、遥测、遥控等电子设备中的各种微波器件
	钇石榴石铁氧体系列 (3Me_2O_3·5Fe_2O_3)		石榴石型	ΔH 较窄	100~10^4M	
矩磁	镁锰铁氧体系列 (MgO-MnO-Fe_2O_3)	立方	尖晶石型	高 α、R_s 低 τ、S_ω	300k~1M	各种电子计算机的磁性存储器磁芯
	锂锰铁氧体系列 (LiO-MnO-Fe_2O_3)					
压磁	镍锌铁氧体系列 (NiO-ZnO-Fe_2O_3)			高 α、K_r、Q 耐蚀性强	~100M	超声和水声器件以及电信、自控、磁声和计量器件
	镍铜铁氧体系列 (NiO-CuO-Fe_2O_3)					

4.4.2 铁氧体的晶体结构和内禀磁特性

铁氧体的磁性能与其晶体结构有密切关系。铁氧体的晶体结构主要有尖晶石型、磁铅石型、石榴石型三种。尖晶石结构如图 4-12 所示。图 4-13 是铝镁尖晶石（MgO·Al_2O_3）晶体的一个晶胞，它属于立方晶系。分析晶胞中所有离子的相对位置，就会发现 O^{2-} 之间的间隙只有两种。一般称四面体中心位置为 A 位置，八面体中心为 B 位置；占据 A 位置的金属离子所构成的晶格为 A 次晶格，占据 B 位置的金属离子所构成的晶格为 B 次晶格。A 位置或 B 位置的金属离子间都要通过 O^{2-} 发生间接交换作用。A 和 B 位置上离子的磁矩是反铁磁耦合，在铁氧体中往往是 A、B 两个位置上的磁矩不等，因而出现了亚铁磁性。如单尖晶铁氧体的结构式为 $(M_{1-x}^{2+}Fe_x^{3+})$（A 位置）和 $[M_x^{2+}Fe_{2-x}^{3+}]O_4$（B 位置）。A 位置上的磁矩和为 $[5x+m_x(1-x)]\mu_B$。式中：x 为原子数；$m_x\mu_B$ 为金属主离子 M^{2+} 的磁矩；$5\mu_B$ 为 Fe^{3+} 的磁矩。B 位置上的总磁矩为 $[m_xx+5(2-x)]\mu_B$。而分子的磁矩为 A 位与 B 位上的磁矩之差，即：$m=[m_xx+5(2-x)]\mu_B-[5x+m_x(1-x)]\mu_B=10(1-x)\mu_B+m_x(2x-1)\mu_B$。如 $MnFe_2O_4$ 和 $NiFe_2O_4$ 分子磁矩的计算与实验值基本相符合。磁铅石型晶体结构属于六方晶系，其化学分子式为 $MeO·6Fe_2O_3$，其中 Me 为二价金属离子，如 Ba^{2+}、Sr^{2+}、Pb^{2+} 等。例如钡铁氧体 $BaFe_{12}O_{19}$ 的晶体结构如图 4-14 所示。一个单胞包含两个钡铁氧体分子 $[2(BaO·6Fe_2O_3)]$，Fe^{3+} 离子分别处于六个 O^{2-} 离子组成的八面体和四个 O^{2-} 离子组成的四面体中心位置，分别称为 B 位与 A 位。此外部分 Fe^{3+} 离子处于五个 O^{2-} 离子组成的特殊位置上，它是钡铁氧体具有高磁晶各向异性的原因。当 Ba^{2+} 处于被 Sr^{2+} 离子全部取代时，便组成锶铁氧体；当 Ba^{2+} 离子部分地被 Sr^{2+} 离子取代时，便组成钡—锶复合铁氧体。不同的晶体结构有不同的磁特性。尖晶石型立方晶系铁氧体，如 $NiFe_3O_4$、$MnFe_2O_4$、$ZnFe_2O_4$ 是软磁和旋磁铁氧体；磁铅石型六角晶系铁氧体，如 $BaFe_{12}O_{19}$ 是硬磁铁氧体和甚高频软磁铁氧体；石榴石型立方晶系铁氧体，如 $Y_3Fe_5O_{12}$ 是旋磁铁氧体。

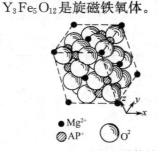

图 4-12 尖晶石晶体结构

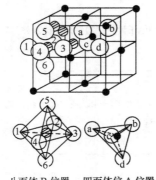

图 4-13 四面体和八面体

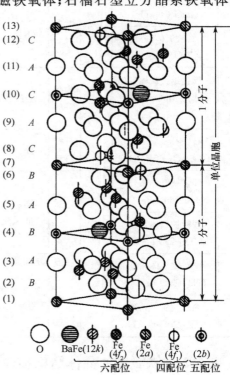

图 4-14 钡铁氧体晶体结构

4.4.3 铁氧体磁性材料的制造工艺

铁氧体材料的磁性能与成分(配方)和生产工艺有密切关系。铁氧体生产工艺中以原材料、烧结和成型三个环节为最重要。铁氧体磁性材料基本上采用粉末冶金法生产,可分为干法生产和湿法生产两类:干法生产直接采用各种金属氧化物作为原材料,经过球磨、混合、成型与烧结等工序而得产品;湿法生产又称为化学沉积法,一般以硫酸盐、硝酸盐和草酸盐等作为原材料,并先制备成含有 Fe^{3+}(或 Fe^{2+})以及其它金属离子的水溶液,再用碱(NaOH)、草酸($H_2C_2O_4$)或草酸铵[$(NH_4)_2C_2O_4 \cdot H_2O$]混合共同沉淀,然后经冲洗、烘干、成型和烧结等工序而得产品。

4.4.4 硬磁铁氧体材料

工业上得到广泛应用的硬磁铁氧体材料主要有钡铁氧体($BaO \cdot 6Fe_2O_3$)、锶铁氧体($SrO \cdot 6Fe_2O_3$)两大类。铅铁氧体($PbO \cdot 6Fe_2O_3$)用得较少。和金属永磁材料一样,硬磁铁氧体材料也要求具有高矫顽力、高剩余磁感应强度 B_r 和高磁能积 $(BH)_m$。硬磁铁氧体的磁性能与配方(成分)、工艺、显微组织结构有关。钡铁氧体($BaO \cdot Fe_{12}O_{19}$)永磁材料在氧分压为 1/5 的大气压时,$BaO \cdot 6Fe_2O_3$、$BaO \cdot Fe_2O_3$ 和 $2BaO \cdot 6Fe_2O_3$ 铁氧体形成的温度分别为 1474℃、1420℃ 和 1380℃。氧分压不同,形成铁氧体结构的温度也不同。铁氧体的磁性能与成分配比有关。实际生产的各向同性钡铁氧体的成分一般在 $Fe_2O_3/BaO=5.3$ 附近,而生产各向异性的钡铁氧体的成分一般在 $Fe_2O_3/BaO=5.8$ 附近。两者的成分均小于化学计量成分 $Fe_2O_3/BaO=6.0$。因为过量的 Ba^{2+} 离子有利于 Ba^{2+} 离子的扩散,有助于六角晶系磁铅石型晶体结构的 $BaO \cdot 6Fe_2O_3$ 的形成。

在制造的过程中,应添加少量(1%~5%(质量分数))的添加剂。钡铁氧体的添加剂可以是 Bi_2O_3、SiO_2、PbO、$CaSiO_3$、$BaSiO_3$、$BaAl_2O_3$ 等的其中一种或两种。添加剂的作用是促进铁氧体结构生成反应和防止晶粒长大。钡铁氧体永磁体的磁性能见表 4-10。

表 4-10 钡铁氧体的磁特性

特 性	各向同性	各向异性	
		干法生产	湿法生产
B_s/T	1.1	1.2	1.2
B_r/T	0.2~0.22	0.35~0.4	0.3~0.4
$\mu_0 M_s$/T	0.46	0.46	0.46
矫顽力$(B=0)_M H_c$/kA·m^{-1}	120~136	144~240	160~264
矫顽力$(H=0)_M H_c$/kA·m^{-1}	<240	>240	>240
$(BH)_{max}$/J·m^{-3}	6.4~8.0	24~32	30.4~36
T_c/K	723	723	723
可逆磁导率 μ_r/G·Oe^{-1}	1.2	1.2	1.2
温度系数 $a_{Br}[\Delta Br/Br \cdot \Delta T]\%/C^{-1}$	−0.18	−0.18	−0.18
密度/g·cm^{-3}	4.8~5.0	4.8~5.2	5.0~5.3
电阻率 ρ/Ω·cm	>10^8	>10^6	>10^6

4.4.5 软磁铁氧体材料

目前,工业上广泛应用的软磁铁氧体是两种或两种以上的单一铁氧体(如锰铁氧体 $MnFe_2O_4$、锌铁氧体 $ZnFe_2O_4$)组成的复合铁氧体,如 Mn-Zn 系、Ni-Zn 系、Mg-Zn 系、Li-Zn 系和 Cu-Zn 系等,见表 4-11。软磁铁氧体材料一般要求有高磁导率 μ_i、高 M_s、低 H_c、低损耗、高电阻率和高温度稳定性等。在使用时由于用途不同,对性能的要求也有所侧重。复合铁氧体的软磁性能与其成分(配方)、制造工艺和显微组织结构有密切关系。如 Ni-Zn 系软磁铁氧体,为了获得高的 μ_i($\mu_i>5000$),较合理的配方是 15%NiO、35%ZnO 和 50%Fe_2O_3,其相应的分子式为 $Ni_{0.3}Zn_{0.7}Fe_2O_3$。高频用 Ni-Zn 系软磁铁氧体,要求有高的电阻率,应适当提高 NiO 的含量和降低 ZnO 的含量,可选用 25%~30%NiO、15%~20%ZnO 和 50%Fe_2O_3,也可添加少量的 CaO,以便抑制 Fe^{2+} 的出现。为获得高 M_s 的 Ni-Zn 系软磁铁氧体,较合适的成分是 30%NiO、20%ZnO 和 50%Fe_2O_3。烧结温度的选择应参考相图,根据成分(配方)来确定。为获得高性能的软磁铁氧体,从理论上来说,其显微组织是单相的,晶粒粗大,晶界厚度薄,平直,晶界交角最好为 120°,第二相和气孔越少越好。

表 4-11 几种有代表性的软磁铁氧体的性能与适用的频率范围

软磁铁氧体材料	起始磁导率 μ_i	B_s/T	$H_c/A \cdot m^{-1}$	T_c/K	电阻率/$\Omega \cdot cm$	适用频率/MHz
Mn-Zn 系	>15000	0.35	2.4	373	2	0.01
Mn-Zn 系	4500	0.46	16	573		0.01~0.1
Mn-Zn 系	800	0.40	40	573	500	0.01~0.5
Ni-Zn 系	200	0.25	120	523	5×10^4	0.3~10
Ni-Zn 系	20	0.15	960	>673	10^7	30~80
Cu-Zn 系	50~500	0.15~0.29	30~40	313~523	$10^{5~7}$	0.1~30

4.5 磁性薄膜

4.5.1 概述

20 世纪 50 年代,Ni-Fe 合金薄膜被成功地用做计算机的内存储器。20 世纪 60 年代研制出氧化物外延薄膜,开发了磁泡存储器件。20 世纪 70 年代,钇石榴石掺杂外延膜技术进一步得到完善,非晶合金薄膜在磁记录和磁光存储器件中得到广泛应用。磁性薄膜的材料系列较多,可分为磁记录薄膜,磁光薄膜和磁阻薄膜三大系列。

磁记录薄膜已经历了 40 多年的发展历史,其存储密度几乎每十年翻两番。先后研究并发展了 Fe_2O_3、γ-Fe_2O_3、Co-γ-Fe_2O_3、CrO_2、Ni-Co-P、Ni-P、Co-Cr 和钡铁氧体等磁记录薄膜。为了提高记录密度,目前研究方向是垂直磁记录薄膜,同时,薄膜磁头的开发和应用,也促进了磁盘及视频录像领域的发展。

磁光记录集光记录和磁记录于一体,具有很高的存储密度和反复擦写功能(>10^6 次)。以 TbFeCo 非晶态薄膜磁光记录介质的磁光盘,具有便于携带、存储容量大(大于

600Mb)、寿命长,以及可反复无接触擦写等优点,现已用于计算机数据备用、联机数据存储和检索、工作站计算、文字处理、信号处理等方面。第二代磁光薄膜,如 Bi 替代石榴石磁光薄膜、MnBiAl 磁光薄膜及多层 Pt/Co 调制磁光膜等,许多性能参数优于 TbFeCo 非晶薄膜。

磁阻薄膜被广泛用于制备磁性传感器 MR 元件中,典型的磁阻薄膜为 Ni-Co、Ni-Fe、Ni-Fe-Co 等。薄膜磁电阻效应的强弱受到薄膜尺寸、形状以及淀积工艺参数的影响。近年来,在磁性多层膜中发现了巨磁电阻效应,电阻率变化比通常的单层膜提高了一个数量级。这种多层膜是在具有纳米级厚度的两磁层之间夹有非磁性层的周期性结构,如 Fe/Cr、Co/Cr、Fe/Cu、Fe/Ag 磁层等。从磁电阻效应来看,磁性多层膜是磁电阻薄膜的发展方向,为开发新型磁阻传感器及新型磁阻磁头提供了良好的条件。

4.5.2 磁记录薄膜

随着信息科学技术迅速发展的需要,高密度、大容量、微型化已成为磁记录元器件研究和发展的方向,磁记录介质正由非连续颗粒厚膜向连续型薄膜发展。目前,国外一些公司已用连续金属薄膜制成硬盘,其容量高达 50 GB。AMPEX 公司已建成 300 万片的化学镀硬盘生产线,Co-Cr 等垂直记录盘也已投入市场。连续型金属磁性薄膜的制备方法可分为干法和湿法两大类:湿法有电镀和化学镀等;干法有真空蒸发、溅射和离子镀等。以下将几种主要的磁记录薄膜进行简介。

4.5.2.1 γ-Fe_2O_3 薄膜

由于 Fe 不能直接氧化成 γ-Fe_2O_3,必须经过复杂的工艺来合成,一般利用溅射法制备 γ-Fe_2O_3。溅射靶可以用 Fe 或 Fe_3O_4。在 γ-Fe_2O_3 磁性薄膜中,可加入 Co 或 Ti、Cu 以改善薄膜的性能。γ-Fe_2O_3 薄膜的各种物理参数如表 4-12 所列。

表 4-12 γ-Fe_2O_3 薄膜的物理性能

磁 性 薄 膜	膜厚/μm	矫顽力 H_c/A·m^{-1}	剩磁 B_r/T	矩形比 M_r/M_s^{-1}
γ-Fe_2O_3+$Ti_{2.0}$+$Co_{2.0}$	0.14	55704.11	0.26	0.80
γ-Fe_2O_3+$Co_{0.5}$+$Co_{0.5}$	0.17	55704.11	0.27	0.80
γ-Fe_2O_3+$Ti_{2.0}$+$Co_{1.5}$+$Co_{2.0}$	0.12	79577.3	0.30	0.88
IMB3340(颗粒介质)	0.90	26260.51	0.065	0.75

4.5.2.2 $Co_xFe_{3-x}O_4$ 薄膜

$Co_xFe_{3-x}O_4$ 薄膜的制备可用反应溅射法和电子束蒸镀法。先在高真空下将 Fe 膜淀积到基底上,在 400℃左右的空气中将铁膜氧化成 α-Fe_2O_3 薄膜;然后在 α-Fe_2O_3 膜上淀积 Co 膜,厚度由 Co 掺入量决定;再将其在 2×10^{-3} Pa 真空下和 250℃～400℃温度中进行退火处理,使 Co 离子扩散到 α-Fe_2O_3 薄膜中生成 $Co_xFe_{3-x}O_4$ 铁氧体薄膜;最后用 0.1% NHO_3～0.15% NHO_3 溶液清洗膜面,除去多余的 Co。用此工艺可制成膜厚为 400nm～600nm,H_c 为 38200A/m～477450A/m 的钴铁氧体薄膜。若采用 Fe-Al-Co 合金靶,在 Ar+O_2 气氛中溅射时,可制备出含 Al 的钴铁氧体薄膜。除蒸镀和溅射法外,亦可采用喷镀热解法,用铁和钴的有机盐混合成溶液,喷镀于基底上,然后加热进行分解。

4.5.2.3 Co-Cr 薄膜

Co-Cr 薄膜具有优良的磁学性能，其磁记录密度可达 10^{10} (b/cm²)。Co-M（M：Cr、Ti、V、Mo、Pd、Rh）薄膜均呈六方晶体密集结构，随着这些添加物 M 量的增加，饱和磁化强度明显地降低，如图 4-15 所示。但除 Co-Cr 薄膜外，其余薄膜均不满足 $H_k > 4\pi M_s$ 的条件，然而添加少量的 Rh 却能改良其性能。用射频溅射法制在 Al 基底上的 Co-Cr-Rh 单层，环状记录密度 $D_{50} = 23000$FRPI，甚至比双层结构的磁盘采用单极磁头时性能更佳。用作垂直记录的 Co-Cr 薄膜，六方晶轴方向应垂直于膜面。通常其晶粒呈圆柱状，其直径约为膜厚的 1/10，且随膜厚增加而增大。圆柱畴的两端将呈现磁荷。为消除与基底交界处的界面磁荷，在淀积 Co-Cr 薄膜前，首先在基底上淀积一层软磁磁性的 Fe-Ni 薄膜，使 Fe-Ni 与 Co-Cr 薄膜交界面的磁荷消失。磁路通过软磁性薄膜成闭合回路，使用双层结构膜作记录介质，

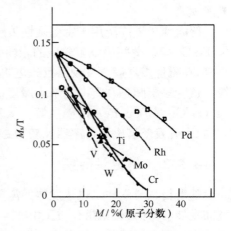

图 4-15 Co-M 合金薄膜的 M_s 与金属 M 含量的关系
（M：Pd、Rh、Ti、Mo、Cr、W、V）

可降低记录功率，有利于在磁头主磁极尖端附近有效地聚集磁通，并且与单层薄膜的响应波长相同，如图 4-16 所示。

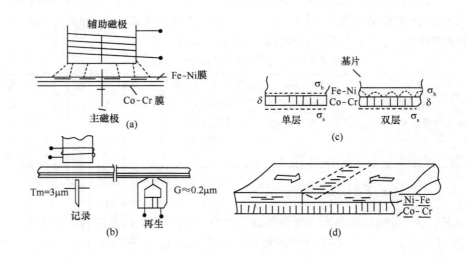

图 4-16 Co-Cr/Fe-Ni 双层薄膜磁记录过程
(a)双层磁膜磁化；(b)双层磁膜信息记录与读取；
(c)单层磁膜与双层磁膜的磁荷变化；(d)双层磁膜信息记录状态。

双层磁膜主要磁性能为：Co-Cr，$M_s = 5000000$A/m，$H_c = 31830$A/m；Fe-Ni 膜，$M_s = 600000$A/m，$H_c = 80$A/m~160A/m。

4.5.2.4 Mn-Al 合金薄膜

Mn-Al 永磁材料以其原料低廉、磁能积较大而受到广泛的研究。一般用 Mn-Al 粉料混合物真空蒸发制备 Mn-Al 合金薄膜。Mn-Al 合金薄膜的 H_c、矩形比 R 及居里温度 T_c 随 Mn 含量的变化,如图 4-17 所示。Mn-Al 合金膜的 $M_s=0.01T\sim0.015T$,低于块状材料值;添加少量的 Cu 可增加 M_s,且使 H_c 有所下降。Mn-Al 薄膜易磁化轴垂直于膜面,磁晶各向异性常数约为 $(2\sim6)\times10^{-4}J/cm^3$,宜作垂直记录用。最佳组成是添加 2%(质量分数)的 Cu,其薄膜磁性为 $M_s=0.045T,H_c=67640A/m,R=0.65$。

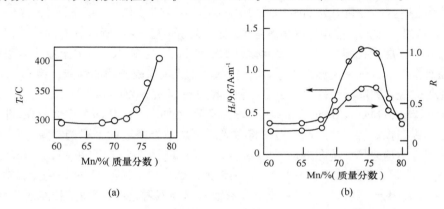

图 4-17 Mn-Al 薄膜的居里温度 T_c 和 H_c 随 Mn 含量的变化

4.5.3 磁光薄膜

1973 年,J. J. Cuomon 等人发现 GdCo 具有垂直膜面的磁各向异性,这才开辟了磁光材料研究新方向。磁光薄膜具有垂直于膜面的磁单轴异性。磁化强度在垂直于膜面方向自发平行取向,极小的柱畴形成非常高的面密度,信息写入过程是利用薄膜的矫顽力随温度变化来实现的;读出过程则是利用磁介质的磁光效应来实现的。磁介质的磁光效应有克尔效应和法拉第效应。克尔效应和法拉第效应是入射的线偏振光经磁光介质反射或透射后偏振面发生偏转的效应,它的强弱可由介电张量及介质复折射率决定。

为实现磁光记录的要求,磁性薄膜应具备垂直膜面的磁各向异性,且 $K_u>2\pi M_s^2$;具有矩形磁滞回线($M_r/M_s=1$)和较高的室温矫顽力;具有较高的磁光记录灵敏度;较大的磁光效应(较大的克尔角 θ_K 或较大的法拉第角 θ_F);低的磁盘写入噪声(没有或只有小的晶粒);足够高写入循环次数($>10^6$ 次);良好的抗氧化性、耐腐蚀性及长期稳定性;居里温度在 400K~600K 之间,补偿温度在室温左右。目前,基本能满足上述要求的磁光薄膜有稀土—过镀(RE-TM)金属非晶态磁光薄膜、Bi 代石榴石磁光膜和 Pt/Co 系列多层调制膜三大类型。

4.5.3.1 稀土—过镀金属(RE-TM)磁光膜

RE-TM 非晶薄膜的 RE 和 TM 金属原子磁反平行排列,其饱和磁矩 M_s、居里温度 T_c、补偿温度 T_{comp} 与薄膜成分有关,单轴磁异晶常数 K_u 与薄膜制备工艺参数密切相关。磁光效应来源于稀土金属原子 d-f 电子交换和过镀金属原子的 d-d 电子交换。几种典型的稀土过镀金属非晶薄膜的磁学特性如表 4-13 所示。

表 4-13　几种稀土—过镀金属非晶合金薄膜磁学特性

薄膜成分	M_s/T	$K_u/10^4 J·m^{-3}$	居里温度/K	克尔旋转角 $\theta_K/(°)$	法拉第旋转角 $\theta_F/10^5/(°)$
$Cd_{24}Fe_{76}$	0.006	2.5	480	0.38°	1.8°
$Tb_{18}Co_{82}$	0.025	1.6	>600	0.45°	2.9°
$(Cd_{95}Tb_5)_{24}(Fe_{95}Co_5)_{76}$	0.003	1.2	580	0.36°	1.9°
$(Gd_{95}Tb_5)_{24}Fe_{76}$	0.008	3.5	460	0.30°	1.0°

以 TaFeCo 为基的磁光膜，其克尔角为 0.1°～0.4°，居里温度为 $T_c=400K～600K$，补偿温度在室温左右，矫顽力为 $(3～10)×10^4 A/m$，$M_s=(5～35)×10^4/m$，$K_u=(4～8)×10^5 J/m^3$。从增大磁光盘信噪比的角度考虑，要求克尔角更大些，所以近期的薄膜研究方向是向多元化和多层次化耦合发展。多元化以 RE 和 FeCo 为基（RE 为稀土原子），采用合金靶或靶面有金属小片的磁控溅射工艺，通过掺入其它元素来改善膜的性能。掺 Dy、Nd 以增大磁光克尔效应，掺 Ti 以改良化学稳定性和机械强度。从 NdGdTbFeCo、NdDyFeCo、NdNiCr、NdDyFeCoTi、TbFeCoAl 和 TbFeCoTa 薄膜等看，添加元素需从两个方面考虑，即增大法拉第效应和提高稳定性。多层耦合是指将磁光膜制成纳米厚度的多层调制膜，利用界面效应和量子尺寸效应来增大克尔效应，如 Re/Fe、Re/Co、DyFe/TbCo、TbFe/TbCo 和 TbFeCo/DyFeCo 多层薄膜。膜层总厚度为 1000nm，θ_K 最大达到 0.5°。制备 TbFeCo 磁光膜常用的方法有：真空蒸发、电子蒸镀（包括双束或三束蒸镀）、射频溅射、直流平面磁控溅射、对阴极平面靶溅射（FTS）等。制备方法和工艺参数对膜性能都有影响。

虽然 RE-TM 磁光薄膜作为新一代磁光盘材料，能够满足应用需要，但是从成本、稳定性和磁光效应方面来说还有许多不足之处，需采用多元化（如用 Nd、Dy、Tb、Gd、Ho、Pr 中的几种元素等）来增大磁光效应；采用掺杂（Ti、Ta、Ga、Cr、Pt、Na 等）来改变其性能及耐蚀性；采用多层化学增强磁光盘信噪比等。

4.5.3.2　氧化物及锰铋系磁光薄膜

以 Mn 和 MnBi 为基的合金薄膜具有较大的磁光效应，如 PtMnSb 合金膜的 $\theta_K≈1.9°$。Mn-Bi 合金膜具有六方结构时，其垂直膜面各向异性和磁光效应都较大，居里温度为 360℃，$H_c≈57750A/m～79500A/m$。但因它从居里温度以上快速冷却易形成四方结构（称为高温相），磁性变坏。此外，由于晶粒尺寸较大，晶界噪声难以降低，故无法实用。我国学者采用在 MnBi 薄膜中加入各种金属杂质，抑制高温相形成等方法，已获得 $\theta_K≥2°$ 的 MnBi 系合金膜。如 $MnBiAlSi(\theta_K≈2.04°)$，MnBiRE（RE＝Ce、Pr、Nd、Sm）的 θ_K 最大可达 2.8°，反射率 $R≥0.4$，因而其磁光优值 $(\theta_K\sqrt{R})=1.5～1.8$，比一般的磁光薄膜的优值大 3 倍左右，可望成为第二代磁光盘薄膜介质。

化学式为 $R_3Fe_5O_{12}$ 的石榴石型磁光薄膜有较大的磁光效应，如 $Y_3Fe_5O_{12}$（钇铁石榴石，简写为 YIG）、$Dy_3Fe_5O_{12}$（镝铁石榴石，简写为 DyIG）等。石榴石型铁氧体具有体心立方晶格结构，其晶格常数 $a=1.2540nm$，每个单胞中含有 8 个 $R_3^{3+}Fe_5^{3+}O_{12}$ 分子。石榴石晶体结构由氧离子堆积而成，金属离子位于其间隙之中。在石榴石系中，Bi 代石榴石为主要的磁光材料，如 Bi、Ca∶DyIG、Bi、Al∶DyIG 等有希望成为新一代磁光材料，Bi 代石榴石薄膜多采用射频溅射和热解法制备。由于石榴石薄膜具有较大的法拉第效应、较强的抗腐蚀性和近紫外磁光增强,用它做的磁光盘(如镀 Al 或 Cu、Ti 反射吸热层)具有优良的稳定性。目前已接近实用的石榴石型薄膜磁光盘的结构是 GGG/BiGa：DyIG/Al(或 Cr),近期发展是多层化结构。法拉第效应是多层膜的总干涉效应,这时法拉第角用其有效值 θ_F 表示。

磁光盘的盘基是刻槽的 GGG 或玻璃。槽标准宽度为 $0.6\mu m$,深度为 $1\mu m$,棱宽为 $1.0\mu m$,槽成螺旋线状。石榴石磁光膜和磁光盘作为第二代材料和产品,将有可能取代现行磁光材料及其磁光盘。

4.5.3.3 多层调制磁光薄膜

多层调制膜如 Pt/Co、Pd/Co 是新型的磁光材料。与 MnBi 系磁光介质相似,Bi 石榴石磁光薄膜的主要缺点是淀积到玻璃类的基片上,经退火后所形成的多晶结构,其晶界对光束的散射会引起高较高的噪声。可在单晶钇镓石榴石(GGG)基片上淀积薄膜,使薄膜具有沿基片取向生长的趋势;采用快速循环退火,新的掺杂方法等来细化晶粒,使噪声电平降到最小程度。

多层调制膜中,Co 提供磁性和磁光效应,Pt 和 Co 层间的界面效应来提供单轴磁各向异性。由于界面间各向异性的伸缩距离较短,Co 层必须很薄,Co 层厚度大约为 $0.36nm\sim0.5nm$,Pt 层厚度约为 $1nm\sim2nm$。Pt/Co 多层调制膜采用电子束蒸发镀或用 DC 磁控溅射法制备,要求膜厚十分精确。Pt/Co 膜磁光性能与溅射气体种类、膜层周期数和各层膜厚度有关。磁控溅射的典型 Pt/Co、Pd/Co 多层膜的性能见表 4-14。Pt/Co 薄膜磁光盘的信噪比可达 40dB 以上,它在近紫外光范围内有较好的磁光效应,其信噪比接近 RE-TM 薄膜磁光盘,但比后者更耐腐蚀。

表 4-14 磁性多层膜的性能

性 能	Co-Tt 薄膜	Co-Pd 薄膜
$\theta_K/(°)$	0.2～0.4	0.1～0.2
$H_c/A \cdot m^{-1}$	7957～278520	7957～238732
$T_c/℃$	150～350	130～350
$M_s/A \cdot m^{-1}$	150000～400000	2000000～450000
厚度/nm	20～100	20～100

另外,在极低温度下,CeTe 和 CdSb 有很大的磁光效应。锕系元素的合金(如 VSb_xTe_{1-x})都具有较大的 θ_K 值,但目前这些材料很难实用。表 4-15 为一些磁光薄膜的特性。

表 4-15 各种类型的磁光薄膜的磁光特性

薄膜类型	$\Theta_F/(°)$	$\Theta_K(°)$	测量波长/nm	薄膜类型	$\Theta_F/(°)$	$\Theta_K(°)$	测量波长/nm
Pr-YIG	0.4～0.8		633	NmBiCe		2.6°	633
CoFe$_2$O$_4$	3.3		780	MnBiRr		2.4°	633
Co-BaM	0.8		800	CeTe①		3.0°	788
CrO$_2$	13.5		900	CeSb①		14°	2600
PtMnSb	73	1.3°	750	UTe[单晶,(100)面]		8°	780
MnBiAlSi	2.04°	1.9°	633				

①测量温度约 2K,$H=5T$

4.5.4 磁阻薄膜

4.5.4.1 磁阻效应

磁性薄膜的磁电阻效应是由于磁化强度相对电流方向而改变时，薄膜电阻发生变化的效应。如果假设单畴薄膜中的磁化强度 M 和电流密度 J 的夹角 θ，则 $\rho_{//}$ 表示与磁化强度方向平行的电阻率分量，$\rho_\perp$ 表示与磁化强度方向垂直的电阻率分量，则有

$$\Delta\rho = \rho_{//} - \rho_\perp \tag{4-4}$$

$$\rho(\theta) = \rho_{//}\cos^2\theta + \rho_\perp\sin^2\theta = \rho_\perp + \Delta\rho\cos^2\theta \tag{4-5}$$

各种磁阻材料在室温(300K)时，各向异性磁电阻相对变化率 $\Delta\rho/\rho$，如表 4-16 所示。目前较实用的磁阻薄膜是 NiFe、NiCo 和 NiFeCo 合金薄膜等。

表 4-16 薄膜的磁阻特性

薄膜成分	薄膜厚度/nm	$\rho_0/\mu\Omega\cdot cm$	$\Delta\rho_0/\mu\Omega\cdot cm$	$\dfrac{\Delta\rho}{\rho_0}/\%$	基体
$Ni_{0.82}Fe_{0.18}$	251.5	19.7	0.68	3.43	玻璃
	108.0	17.9	0.58	3.23	
	60.0	21.6	0.63	2.97	
	39.5	23.5	0.65	2.75	
	26.0	28.2	0.68	2.56	
	14.0	34.7	0.73	2.10	
	9.0	39.4	0.61	1.56	
	42.0	18.2	0.76	4.10	Al_2O_3
$Ni_{0.67}Co_{0.30}Cr_{0.03}$	42.0	16.7	0.70	4.10	Si
	42.0	17.4	0.72	4.10	SiO_2
	42.0	43.8	0.78	1.70	BeO
$Ni_{0.78}Fe_{0.14}Mn_{0.08}$	200.0	27.5	1.30	4.20	玻璃
$Ni_{0.70}Co_{0.30}$	30.0	25.0	0.95	3.80	玻璃

磁阻薄膜的性能与制备方法、工艺参数密切相关，常用的制备方法为磁控溅射法。近年来脉冲激光沉积法也广泛用于磁阻薄膜的制备。溅射时的工作气体多用 Ar 气。磁阻薄膜的性能主要取决于薄膜的厚度、晶粒尺寸、薄膜表面状态、掺杂与基种类，并与制备工艺密切相关。

4.5.4.2 巨磁阻多层膜

近年来，在磁性多层膜及纳米颗粒薄膜中发现了巨磁阻效应，其电阻变化率比通常的磁阻薄膜提高了约一个数量级。如 Fe/Cr 磁超晶格的 $\Delta\rho/\rho_0$，可高达 50% 以上。多层膜的结构是在两层磁性薄膜(如 Fe、Co、Ni)中夹一层很薄的非磁性薄膜，其典型的材料有 Fe/Cr、Co/Cr、Co/Cu、Co/Ru 等。两层磁性薄膜中的磁化矢量的排列可以是铁磁性的，即平行取向；亦可是反铁磁的，即反平等取向。这取决于非磁性膜的厚度。具有反铁磁性取向的多层膜的电阻相对变化率超过 100%，颗粒状膜则是在 Ni-Co、Ni-Fe-Co 膜中掺入 Cu、Ag、Al 等非磁性原子，表面及杂质散射共同影响使薄膜电阻随磁场变化。1992 年，Helmolt 等在 $La_{2/3}Ba_{1/3}MnO_3$ 类钙钛矿材料中发现其磁电阻效应高达 60%。1995 年，

Raveau 等在 $Pr_{0.7}Sr_{0.05}Ca_{0.25}MnO_{3.8}$ 样品中发现了异常大的磁电阻,高达 $2.5\times10^7\%$。这一重要发现为磁阻效应的研究开辟了新的方向。

巨磁阻效应不仅与温度和外加磁场有关,还与制备工艺有关,现多采用超高真空电子束蒸镀、磁控溅射、多靶共溅射、脉冲激光沉积等方法来制备 Fe/Cr、Co/Cu 多层薄膜以及锰氧化物薄膜。

多层 Fe/Cr、Co/Cu 调制膜是在两层 Fe 膜间夹一层非磁性膜,或在两层 Co 膜间夹一层 Cu 膜的周期性结构。产生巨磁阻效应的最关键参数是非磁性层的厚度,图 4-18 给出巨磁阻效应随 Cr 层厚度变化的情况。多层膜的周期数对多层膜的磁阻效应也有较大影响。

将多层膜[Cu(5.5nm)]/Co(2.5nm)/Cu(5.5nm)/Ni(Fe)(2.5nm)]×n 的周期数 n 从 1 变到 15 时,其电阻率相对变化如图 4-19 所示。由图可见,电阻率相对变化随 n 的增大而上升,当 $n=15$ 时,达到 9%。这是由于在膜面的散射影响减少,使电阻率随 n 的增大而下降。在室温时,块状材料 Ni(Fe)、Cu、Co 的电阻率分别是 $14.0\mu\Omega\cdot cm$、$1.7\mu\Omega\cdot cm$ 和 $0.7\mu\Omega\cdot cm$。电子在膜面处的散射是由于晶界处的散射,是由于晶界处的晶粒取向混乱造成的。在通常情况下,薄膜的电阻率大于块状材料的电阻率。当 $n=15$,多层膜的电阻率为 $10.5\mu\Omega\cdot cm$,说明这种多层膜的结晶状态是很完整的,要得到较大的磁电阻效应,必须增多薄膜的层数。

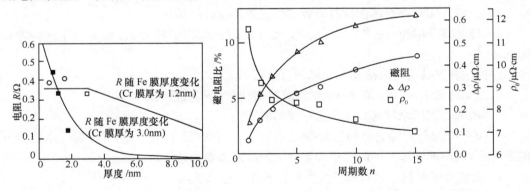

图 4-18　Fe/Cr 多层膜的 R 随 Cr 层厚度变化的关系

图 4-19　[Cu/Co/Cu/Ni(Fe)]×n 多层膜的电阻率变化与周期数的关系

巨磁阻薄膜在磁记录、磁传感等方面磁传感等方面有着良好的应用前景。巨磁阻薄膜在磁记录方面已经获得应用,1994 年 IBM 公司率先制备了 GMR 磁头,使磁盘的面记录密度超过 $1000Mb/in^2$。经过多年努力,采用 GMR 效应制备的磁盘的面记录密度超过了 $80Gb/in^2$,大大超过了可写式光盘的面密度。利用磁阻薄膜也已制备出了许多磁阻元件,如磁阻磁头、旋转式编码器、位移式磁阻传感器、非接触式磁阻开关和带有数显示装置的磁尺寸、高度规、微米表、激标卡尺等。

4.6　高分子磁性材料

高分子有机磁性材料是纯有机物质的磁性材料,它的发现被国内外专家认为是 20 世纪 80 年代末科学技术领域最重要的成果之一。高分子有机磁性材料的主要性能特点:

①采用高分子化工工艺制备,是高分子有机物再加上二茂铁的络合物,分子量高达数千。②从磁性能看,属于软磁。③介电特性较好。④材料密度低,温度变化率低,耐热冲击好,抗辐射,抗老化等。

预计高分子磁性材料在如下方面可能有较好的开发应用前景:①在 200MHz～3500MHz 范围内做各类通信天线。②可在 200MHz～3500MHz 范围内做各种电感器。③高分子有机磁性材料也是一种性能良好的电介质材料。④可在一定的射频频率范围制做军工和民用的振荡器、混频器、变频器、功率分配器、功率合成器、功率放大器、滤波器等微波器件。⑤在微波频率范围用内做微带基片,不仅可大大缩小器件、部件、整机的体积,减轻重量。⑥做成抗电磁干扰器件和电子战中的吸波隐身材料。⑦高分子有机磁性材料还有望在其它方面进行开发应用。

习题与思考题

1. 什么是磁畴?请定性说明磁畴形成的机理。
2. 铁氧体磁性材料是常用的磁性材料,其磁性质来自八面体配位和四面体配位的金属离子与氧离子的超交换作用,请定性说明超交换作用的机理。
3. 分别说明什么是磁性材料磁致伸缩现象和磁各向异性。
4. 锗的磁化率为-0.8×10^{-5},密度为 5.38g/cm^3,原子量为 72.6,其离子实的半径为 0.44Å
①试估算其共价键对磁化率贡献的百分数;
②已知外场 $H=5\times10^4 \text{A/m}$,试计算其磁化强度和磁感强度。
5. 请说明磁记录材料实现信息存储的原理。
6. $T=0\text{K}$ 时,传导电子的自旋磁化率 $\chi_p=\mu_0\mu_B^2 N(E_F)$,式中 $N(E_F)$ 为费米能级处的态密度,试用标准形式的能带中传导电子的浓度来表达这个结果。
7. 磁性薄膜材料大致有哪三大系列?各用于什么领域?
8. 什么是巨磁阻效应?它有什么应用价值?

第5章 超导材料

1911年,荷兰物理学家昂内斯(H.R.Onnes)在研究水银在低温下的电阻时,发现当温度降低至4.2K以下后,水银的电阻突然消失,呈现零电阻状态。昂内斯便把这种低温下物质具有零电阻的性能称为超导电性。1933年,迈斯纳(W. Meissner)和奥克森菲尔德(R. Ochsenfeld)发现,不仅是外加磁场不能进入超导体的内部,而且原来处在外磁场中的正常态样品,当温度下降使它变成超导体时,也会把原来在体内的磁场完全排出去。1957年,巴丁(J. Bardeen)、库柏(L. N. Cooper)和施瑞弗(J. R. Schrieffer)建立超导电性量子理论,被称为BCS超导微观理论。到1986年,人们已发现了常压下有28种元素,近5000种合金和化合物具有超导电性。常压下,Nb的超导临界温度$T_c=9.26K$是元素中最高的。合金和化合物中,临界温度最高的是Nb_3Ge,$T_c=23.2K$。此外,人们还发现了氧化物超导材料和有机超导材料。高临界温度超导材料研究成为了当今最活跃的新材料研究领域之一。

5.1 超导电性的基本性质

物质由常态转变为超导态的温度称其为超导临界温度,用T_c表示。超导临界温度以绝对温度来表示。超导体与温度、磁场、电流密度的大小密切相关。超导电性有三个基本特性:完全导电性、完全抗磁性和隧道效应。

5.1.1 完全导电性

对于超导体来说,在低温下某一温度T_c时,电阻会突然降为零,显示出完全导电性。图5-1表示汞在液氦温度附近电阻的变化行为。在4.2K下,对铅环做的实验证明,超导铅的电阻率小于$3.6×10^{-25}\Omega/cm$,比室温下铜的电阻率的$4.4×10^{-16}$分之一还小。实验发现,超导电性可以被外加磁场所破坏,对于温度为$T(T<T_c)$的超导体,当外磁场超过某一数值$H_c(T)$的时候,超导电性就被破坏了,$H_c(T)$称为临界磁场。在临界温度T_c,临界磁场为零,$H_c(T)$随温度的变化一般可以近似地表示为抛物线关系

$$H_c(T)=H_\infty\left[1-\frac{T^2}{T_c^2}\right] \quad (5-1)$$

式中:H_∞是绝对零度时的临界磁场。

在不加磁场的情况下,超导体中通过足够强的电流

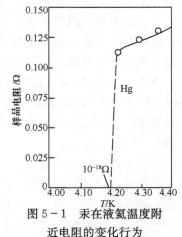

图5-1 汞在液氦温度附近电阻的变化行为

也会破坏超导电性,导致破坏超导电性所需要的电流称作临界电流 $I_c(T)$。在临界温度 T_c,临界电流为零,临界电流随温度变化的关系有

$$I_c(T)=I_\infty\left[1-\frac{T^2}{T_c^2}\right] \qquad (5-2)$$

式中:I_∞ 为绝对零度时的临界电流。

5.1.2 完全抗磁性

在超导状态,外加磁场不能进入超导体的内部。原来处在外磁场中的正常态样品变成超导体后,也会把原来在体内的磁场完全排出去,保持体内磁感应强度 B 等于零。超导体的这一性质被称为迈斯纳效应,如图 5-2 所示。超导体内磁感应强度 B 总是等于零,即金属在超导电状态的磁化率为

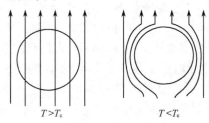

图 5-2 迈斯纳效应:当 $T<T_c$ 时,磁通被完全排斥出超导体

$$\chi=M/H=-1, B=\mu_0(1+\chi)H=0 \qquad (5-3)$$

超导体内的磁化率为 -1(M 为磁化强度,$B_0=\mu_0 H$)。超导体在静磁场中的行为可以近似地用"完全抗磁体"来描述。迈斯纳效应和零电阻性质是超导态的两个独立的基本属性,衡量一种材料是否具有超导电性必须看是否同时具有零电阻和迈斯纳效应。迈斯纳效应通常又称为完全抗磁性。实际上磁场还是能穿透到超导样品表面上一个薄层内的,薄层的厚度叫做穿透深度 λ,它与材料和温度有关,典型的大小是几十个纳米。当外磁场超过某一临界值 H_c 时,材料的超导电性会被破坏。

5.1.3 超导隧道效应

考虑被绝缘体隔开的两个金属,如图 5-3 所示。绝缘体通常对于从一种金属流向另一种金属的传导电子起阻挡层的作用。如果阻挡层足够薄,则由隧道效应,电子具有相当大的几率穿越绝缘层。当两个金属都处于正常态,夹层结构(或隧道结)的电流—电压曲线在低电压下是欧姆型的,即电流正比于电压,如图 5-4 所示。1960 年,贾埃弗(I. Giaever)首先发现,如果金属中的一个变为超导体时,即形成正常金属—绝缘体(insulator)—超导体(superconductor)(NIS)结时,电流—电压的特性曲线由图 5-4 所示的直线变为图 5-4 所示的曲线。

约瑟夫逊(B. D. Josephson)在 1962 年提出,由于库珀对的隧道效应,超导体—绝缘体—超导体(SIS)结在电压为零时也会有超导电流;如在结上加上电压 V,会出现频率为 $2eV/\hbar$ 的交流超导电流。不久实验便证实了他的预言。约瑟夫逊认为,当两块超导体接近,中间有一定的弱连接时,它们的电子对波函数可穿过弱连接而耦合。当耦合相关联的能量超过热涨落能量时,两块超导体间将有固定的位相差,它们之间可以建立超导电流。

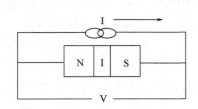
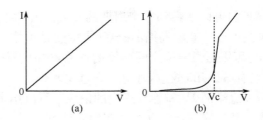

图 5-3 正常金属 N、绝缘层 I 和超导体 S 组成的结

图 5-4 不同情形下的电流—电压曲线
(a)被氧化层隔开的正常金属结构的电流—电压曲线；
(b)被氧化层隔开的正常金属与金属超导体结构的电流—电压曲线。

超导电流与位相差的关系近似于

$$J = J_0 \sin\theta \tag{5-4}$$

式中：J_0 是通过结的最大零电压电流，正比于迁移相互作用，且与弱连接的性质有关；θ 为两个超导体的位相差。这称之为直流约瑟夫逊效应。

如果在结上加上直流电压 V，超导体就会产生交变电流

$$J = J_0 \sin\left(\frac{2eV}{\hbar}t + \psi_0\right) \tag{5-5}$$

这称为交流约瑟夫逊效应。交变电流的圆频率是

$$\omega = \frac{2eV}{\hbar}t \tag{5-6}$$

$1\mu V$ 直流电压产生的振荡频率为 483.6MHz。式(5-6)说明当电子对穿过势垒时，会放出能量为 $\hbar\omega = 2eV$ 的光子。这个效应被用于 h/e 的精确测量。另外，如果与直流电压同时施加一个射频电压，则能产生通过结的直流电流。

图 5-5 给出了在直流和交流电压下 SIS 结的零电压下最大约瑟夫逊电流与准粒子隧道电流，结两侧的导体都处于正常态时的隧道电流的比较。虚线表示在微波场下诱发的台阶。台阶的大小是 $\Delta V = \hbar\omega/2e$。微波诱发的电压台阶是上述直流电压产生交变超导电流的效应的另一种表现，有时叫沙比罗(S. Shapiro)效应。

如果加上一个磁场，在结面上的位相 ψ 便会受到磁场的空间调制，$\nabla = \frac{2e\lambda}{\hbar}(h \times n)$，$\lambda$ 是约瑟夫逊穿透深度，n 是垂直于结面的矢量。结果，约瑟夫逊电流与磁场便成一种类似于光学中夫琅禾弗衍射的形式。假设 H 平等于结面，则有

$$I_s = J_0 \frac{\sin(\pi\psi_j/\Phi)}{(\pi\Phi_j/\Phi_0)} \sin\theta \tag{5-7}$$

Ψ_j 是穿到结区中的磁场。

约瑟夫逊效应有许多应用。其中最体现出宏观量子现象特色的是超导量子干涉仪(SQUID)。如图 5-6 所示，一个并联回路，在每一支路上有一个弱连接，分别记作 A 和 B。A 和 B 是两个点接触弱连结，回路的其余部分是超强导体，通过这一并联通路的最大超导电流 I 是回路包含的磁通量 Φ 的周期函数，如前述总电流决定于在 A 处和 B 处的位相差，θ_A 和 θ_B。但是，如果有一个磁场通过回路所围面积，θ_A 和 θ_B 便有一个由于磁场引起的位相差，它相当于 $2\pi\Phi/\Phi_0$，结果，最大超导电流便会以周期 Φ_0 变化。如果线路的噪声

限制使得我们可以观察到一个周期的万分之五,对一个面积为 0.1cm² 的回路来说,这便相当于可测到 5×10^{-10} 高斯的磁场,灵敏度是很惊人的。图中所示的量子干涉仪叫直流 SQUID,也可以做只有一个弱连接的回路,这时当然不能在直流下起作用。在交流条件下,它亦能有 SQUID 效应,称射频 SQUID。

约瑟夫逊结的 IV 特性在适当的偏压下可以用来做信号检波或混频、参放等,也可利用约瑟夫逊效应来做计算元件和存储元件。

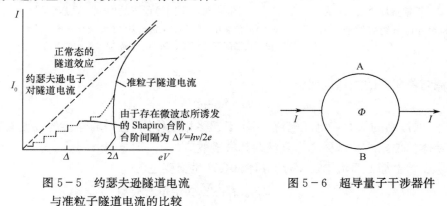

图 5-5 约瑟夫逊隧道电流与准粒子隧道电流的比较

图 5-6 超导量子干涉器件

5.2 第Ⅰ类超导体和第Ⅱ类超导体

导体按其磁化特性可分为两类。第Ⅰ类超导体只有一个临界磁场 H_c,其磁化曲线如图 5-7(a)所示。很明显在超导态,磁化行为满足 $M/H=-1$,具有迈斯纳效应。除钒、铌、钽外,其它超导元素都是第Ⅰ类超导体。第Ⅱ类超导体有两个临界磁场,即下临界磁场 H_{c1} 和上临界磁场 H_{c2},如图 5-7 所示。当外磁场 H_0 小于 H_{c1} 时,同第Ⅰ类超导体一样,磁通被完全排出体外,此时,第Ⅱ类超导体处于迈斯纳状态,体内没有磁通线通过。当外场增加至 H_{c1} 和 H_{c2} 之间时,第Ⅱ类超导体处于混合态(也称涡旋态),这时体内有部分磁通穿过,体内既有超导态部分,又有正常态部分,磁通只是部分地被排出。

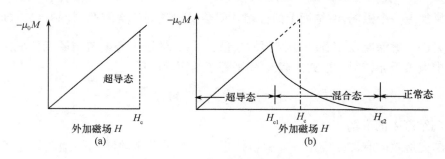

图 5-7 两类超导体的磁化曲线
(a)第Ⅰ类超导体;(b)第Ⅱ类超导体。

1957 年,阿布里科索夫(A. A. Ahrikosov)提出了混合态结构的物理模型。当超导体处于混合态时,在正常区中的磁通量是量子化的,其单位为磁通量子 $\Phi_0=(h/2e)=0.20678\times10^{-15}$ Wb。由此可以看出,此正常区(或者磁通线)的能量正比于 $\Phi^2=n^2\Phi_0^2$,因

此一个磁通量为 $n\Phi_0$ 的多量子磁通线束分裂成 n 个单量子磁通线后,在能量上是有利的。第Ⅱ类超导体的混合态中,单量子磁通线组成了一个二维的周期性的磁通格子,理论和实验都得到磁通点阵是一个三角形排列。

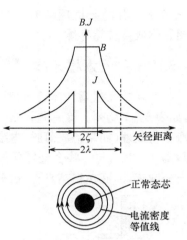

图 5-8 孤立的量子磁通线结构

孤立的量子磁通线结构如图 5-8 所示,每个磁通线只有一个正常的芯,芯的半径为相干长度 ξ,磁通量子由环流的超导电流所维持,这个超导电流在距芯为 λ 的半径上衰减。如果在单位面积中有 N 个量子磁通线,则超导体的磁感应强度为 $H = N\Phi_0$,相邻两个磁通线之间的距离为

$$d = [(2/3)\Phi_0/H]^{1/2} \quad (5-8)$$

随着外磁场 H 的增加,磁通线间距 d 缩短。第Ⅱ类超导体在混合态时具有部分抗磁性。当外磁场增加时,每个圆柱形的正常区并不扩大,而是增加正常区的数目。达到上临界磁场温度 H_{c2} 时,相邻的正常区圆柱体彼此接触,超导区消失,整个金属变成正常态。金属钡、铌、锝以及大多数合金或化合物超导体都属于第Ⅱ类超导体。

超导体分为第Ⅰ类超导体和第Ⅱ类超导体的关键是超导态和正常态之间存在界面能。超导态与正常态界面能的起源来自界面上凝聚能与磁能的竞争。当超导体的相干长度 ξ 大于磁场穿透深度 λ 时,界面能为正值,表明超导态—正常态界面的出现使体系的能量上升,因此将不会出现超导态与正常态共存的混合态,因此这类超导体从超导态向正常态过渡时不经过混合态,被称作第Ⅰ类超导体。另一种超导体的 $\xi < \lambda$,界面能为负值,表明超导态—正常态界面的出现对降低体系的能量有利,体系中将出现混合态,这类超导体被称作第Ⅱ类超导体。引进参数 κ,令 $\kappa = \lambda/\xi$。由金兹堡—朗道理论可以得到

$$\kappa = \lambda/\xi = (2\sqrt{2})\lambda^2 e\mu_0 H_c \hbar \quad (5-9)$$

利用金兹堡—朗道方程计算界面能可以得到,当 $\kappa = \lambda/\xi < \frac{1}{\sqrt{2}}$ 时,界面能 $\sigma_{ns} > 0$,属于第Ⅰ类超导体;当 $\kappa = \lambda/\xi > \frac{1}{\sqrt{2}}$ 时,$\sigma_{ns} < 0$,为第Ⅱ类超导体。

只有当临界温度、临界磁场和临界电流三者都高时,超导体才有实用价值。第Ⅰ类超导体的临界磁场($\mu_0 H_c$)较低,一般在 0.1 T 量级,因此第Ⅰ类超导体的应用十分有限。目前有实用价值的超导体都是第Ⅱ类超导体,因为第Ⅱ类超导体的上临界磁场很高,如 Nb_3Sn 的上临界磁场 $\mu_0 H_{c2}$ 超过 20T,明显地高于第Ⅰ类超导体。在第Ⅱ类超导体中引入各种尺寸与相干长度 ξ 接近的缺陷,如第二相的沉淀、化学杂质、大量空位、位错群等,对磁通线有钉扎作用,能够有效地提高临界电流,这些缺陷被称作钉扎中心。引入具有强钉扎作用的缺陷可以大幅度提高超导体的临界电流密度。

5.3 低温超导体

相对于氧化物高温超导体而言,元素、合金和化合物超导体的超导转变温度较低

($T_c<30K$),其超导机理基本上能在BCS理论的框架内进行解释,因而通常又被称为常规超导体或传统超导体。

5.3.1 元素超导体

已发现的元素超导体近50种,如图5-9所示。在常压下有28种元素具有超导电性,如表5-1所列。除一些元素在常压及高压下具有超导电性外,另一部分元素在经过特殊工艺处理(如制备成薄膜,电磁波辐照,离子注入等)后显示出超导电性。其中Nb的T_c最高(9.2K),与一些合金超导体相接近,而制备工艺要简单得多。Nb膜的T_c对氧杂质十分敏感,因而在超高真空(氧分压$<10^{-6}$Pa)条件下,才能制备优良的Nb薄膜。

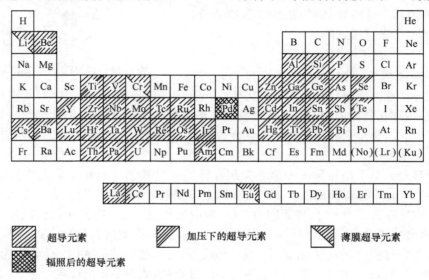

图5-9 周期表中的超导元素

表5-1 超导元素的临界温度和0K时的临界磁场

元素	T_c/K	H_c(Oe)	元素	T_c/K	H_c(Oe)	元素	T_c/K	H_c(Oe)
Rh	0.0002		Al	1.174	99	β-La	5.98	1600
W	0.012		α-Th	1.37	162	Pb	7.201	803
Be	0.026		Pa	1.4		Tc	8.22	1410
Ir	0.14	19	Re	1.7	193	Nb	9.26	1950
α-Hf	0.165		Tl	2.39	171	α-Zr	0.73	47
α-Ti	0.49	56	In	3.416	293	Zn	0.844	52
Ru	0.49	66	β-Sn	3.72	309	Mo	0.92	98
Cd	0.515	30	α-Hg	4.15	412	Ga	1.1	59
Os	0.65	65	Ta	4.43	830	V	5.3	1020
α-U	0.68							

5.3.2 合金及化合物超导体

具有超导电性的合金及化合物多达几千种,真正能够实际应用的并不多。表 5-2 列出了一些典型合金及化合物的 T_c(最大值)。其中 A—15 超导体 Nb_3Sn 是 20 世纪 50 年代马梯阿斯(B. T. Matthias)首次发现的。在 1986 年以前发现的超导体中,这类化合物中的 T_c 居于领先地位,它们之中临界温度最高的是 Nb_3Ge 薄膜,为 23.2K。此外,C—15 超导体的临界温度约 10K,上临界场 H_{c2}(约 $1.6×10^7$ A/m)高于超导合金 NbTi,而在力学性质方面优于 Nb_3Sn,易于加工成型,中子辐照对它的超导电性影响较小,因而是目前受控热核反应用高场超导磁体的理想材料。B1 型化合物超导体是碳 C、氮 N、氧 O 等元素与Ⅲb、Ⅳb、ⅤB 和Ⅵb 族过渡元素结合成具有氯化钠(NaCl)结构的物质。其中重要的有 NbN 及 NbC_xN_{1-x},MoN 等。NbN 有比较优异的热稳定性和较高机械强度,而且能在低温下生长成薄膜,具有抗中子辐照的优点,已制成可靠性高的约瑟夫逊器件。同时,这种晶轴取向一致的微晶薄膜 H_{c2} 高达 43T,可以与 A15 化合物超导材料的最大值媲美。

表 5-2 一些合金及化合物的临界温度

结构类型	对称性	化合物	T_c/K	结构类型	对称性	化合物	T_c/K
A-2	立方	$Nb_{0.75}Zr_{0.25}$	11.0	$L-l_2$	立方	$NbRe_3$	15-16
A-2	立方	$Nb_{0.75}Ti_{0.25}$	10.0	$B-8_1$	六方	BiNi	4.25
A-15	立方	Nb_3Ge	23.2	B-31	斜方	GeIr	4.70
A-15	立方	Nb_3Sn	18.0	C_c	四方	Ge_2Y	3.8
C-15	立方	$(Hf_{0.5}Zr_{0.5})V_2$	10.1	$E-9_3$	立方	$RhZr_3$	11.0
A-12	立方	$NbTc_3$	10.5	C-40	六方	$NbGe_2$	15.0
B-2	立方	Vru	5.0	$D-1_c$	斜方	$AuSn_4$	2.38
C-16	四方	$RhZr_2$	11.1	B-1	立方	NbN	15
C-14	六方	$ZrRe_2$	6.4	B-1	立方	MoN	29
D-8b	四方	$Mo_{0.38}Re_{0.62}$	14.6	B-1	立方	NbC	11.6

三元系化合物超导材料主要有硫系化合物超导材料和氧化物超导材料。前者如 $PbMo_6S_8$、$CuMo_6S_8$,后者如 $BaPb_{1-x}Bi_xO_3$ 等。$PbMo_6S_8$ 是具有最高 H_{c2}(60T,0K)的超导材料,可用溅射法在低温下制备 $PbMo_6S_8$ 超导薄膜;用蒸发法或溅射法制备 $CuMo_6S_8$ 超导薄膜。$BaPb_{1-x}Bi_xO_3$ 是 $BaPb_6O_3$ 和 $BaBiO_3$ 形成的固熔体,具有钙钛矿晶体结构。$x=0.05\sim0.3$ 之间出现超导性,当 $x=0.3$ 时,T_c 的最大值为 13K。由于这种材料是氧化物,所以在氧气氛中稳定性极好,可制高稳定性的约瑟夫逊器件。

5.3.3 其它类型的超导材料

5.3.3.1 金属间化合物超导体

早在 20 世纪 70 年代,菲狄革(Feitig)等人就报道了稀土—过渡族元素—硼所组成的金属间化合物的超导电性，如$ErRh_4B_4$（$T_c=8.7K$）、$TmRh_4B_4$（$T_c=9.86K$）和YRh_4B_4（$T_c=11.34K$）。这类金属间化合物超导体中以铅钼硫（$PbMo_6S_8$）的超导转变温度最高，T_c达14.7K，晶体为夏沃尔相结构。1993年2月，马扎丹（C. Mazumdan）等制备出YNi_4B超导体，它的超导转变温度为12K，具有$CeCo_4B$型结构，晶格参数为$a=1.496nm$和$c=0.695nm$。同年9月，纳戈瑞金（R. Nagarajan）等人在Y-Ni-B体系中加入了C，制备出了$YNi_2B_3C_{0.2}$，使超导转变温度提高到13.5K，晶体属六方密排型结构，晶格参数为$a=0.4982nm$和$c=0.6948nm$。1994年1月，贝尔实验室的卡瓦（Cava）等人制备出了YNi_2B_3C超导体，其超导转变温度又提高到16.6K，接着制备出来的新的四元素硼碳金属间化合物，超导转变温度提高到23K。2001年4月，日本科学家制备的MgB_2金属间化合物，超导转变温度提高到39K。早期认为磁有序性和超导电性是两种对立的特性，但1977年人们发现，$ErRh_4B_4$和$HoMo_6S_6$在低温下可以从超导态转变到铁磁态。随后又发现，La系、Ac系都存在超导电性和铁磁性的相互转变的现象，这些材料称为磁性超导体。如铁磁态转化温度为T_m。则当$T_c>T_m$，超导态与铁磁态不能共存；而$T_c<T_m$，超导态与铁磁态可以共存。

5.3.3.2 有机超导体和碱金属掺杂的C_{60}超导体

1979年，巴黎大学的热罗姆和哥本哈根大学的比奇加德发现了第一种有机超导体，以四甲基四硒富瓦烯（TMTSF）为基础的化合物，分子式为$(TMTSF)_2PF_6$。尽管这种有机盐的超导转变温度只有0.9K，但是有机超导体的低维特性、低电子密度和电导的异常频率关系引起了人们的注意。随后，新的有机超导体$(BEDT-TIF)_2ReO_4$被合成，它的超导转变温度$T_c=2.5K$。此后又有一些新的有机超导体陆续被发现，如$\kappa-(BEDT-TTF)_2Cu(NCS)_2$，其超导转变温度10.4K；$\kappa-(BEDT-TTF)_2Cu[N(NC)_2]Br$，超导转变温度12.4K；$\kappa-(BEDT-TTF)_2Cu[N(NC)_2]Cl$在300MPa压强下的超导转变温度为12.8K。1991年以前，多数转变温度升高的有机超导体都与有机分子的盐类双(乙撑二硫)四硫富瓦烯(ET)有关。1983发现了铼的化合物$(ET)_2ReO_4$，在高压下，其转变温度为2K，1984年发现了第一种常压下的ET超导体——碘盐$\beta-(ET)_2I_3$，其转变温度为1.5K。1988年发现硫氰胺铜的盐$\kappa-(ET)2Cu[(CN)]Cl$的转变温度达到了13K。1991年发现了K_3C_{60}，其转变温度为19K。C_{60}是由60个碳原子形成的足球状的单壳结构，如图5-10所示，由碳组织成的12个正五边形和20个正六边形一起围成足球状的多面体。这些"足球"密排成面心立方点阵。每个碳原子有两根单键和一根双键。近邻的碳—碳键长为0.144nm，与石墨中的碳—碳键长（0.142nm）接近。考虑到C_{60}的碳原子间为π键耦合，C_{60}的外径为1.081nm。当掺入碱金属（如K，Na，Rb，Cs）时，人们发现只在一些特定的成分上才能形成有富勒烯结构，如K_3C_{60}和K_6C_{60}。K_3C_{60}是$T_c\approx20K$的超导体，而K_6C_{60}是绝缘体。已经发现了掺碱金属的C_{60}有多种晶体结构，近于球状的C_{60}的基本构造框架很接近面心立方结构，结构上的差别来自碱金属占据C_{60}分子间隙位置的方式不同。通过与各种碱金属原子的结

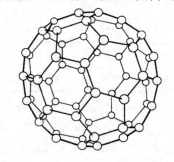

图5-10 C_{60}的足球状单壳结构

合，A_xC_{60} 的超导转变温度已从最初的 18K 提高到 30K 以上。目前,在众多的 A_xC_{60} 化合物中，超导转变温度最高的是 $RbCs_2C_{60}$，$T_c \approx 33K$。2000 年 11 月，美国贝尔实验室的希恩(J. H. Schon)等人在 C_{60} 中实现了空穴掺杂,并把超导温度 T_c 提高到 52K。现在该类超导体的最高纪录是美国朗讯科技公司发现的具有多孔表面的 C_{60} 单晶,其临界温度达到了 117K。

5.3.3.3 重费米子

重费米子超导体 $CeCu_2Si_2$ 是斯泰格里希(Steglich)在 20 世纪 70 年代末首先发现的,它的超导转变温度只有 0.7K。这类超导体的比热测量显示其低温电子比热系数 γ 非常大,是普通金属的几百倍,甚至几千倍。由此可以推断,这类超导体的电子有效质量 m^* 比自由电子(费米子)的质量重几百倍,甚至几千倍,因此被称为重费米子超导体。目前,有关重费米子超导体的超导机制尚不清楚。尽管目前发现的一些重费米子超导体,如 UB_{13}、UPt_3、UPu_2Si 等的转变温度都比较低,在 1K 以下,但对重费米子超导体的研究,以及超导电性机制的研究有特别重要的意义。人们发现了一族新的重费米子超导体,其中包括 UNi_2Al_3 和 UPd_2Al_3，前者的 $T_c=1K$，而后者的最高 $T_c=2K$。

5.3.3.4 其它系列超导体

人们还发现了一系列新结构的超导体,如超晶格超导体、非晶态超导体等,如 NbGe、NbCu、Vag、VNi 等。有趣的是 Au 不是超导体、Cr 是反铁磁体,但 AuCrAu 超晶格薄膜却是超导体,$T_c=1K \sim 3K$。将非超导体材料制成非晶态薄膜后有可能成为超导体,如 Bi 不是超导体,但 Bi 的非晶态薄膜却是超导体,$T_c=6.1K$。2003 年 Takada 等发现钴氧化物 $Na_xCoO_2 \cdot yH_2O(x=0.35, y=1.3)$，在 5K 左右实现超导。它的结构由厚厚的 Na^+ 和 H_2O 分子绝缘层隔离的二维 CoO_2 面构成,这是一种与铜氧化合物相类似的结构,说明它与铜氧化合物同样具有潜在的物理特性,值得深入研究。

5.4 高温超导体

5.4.1 寻找高临界温度超导材料之路

图 5-11 为人类探索提高超导转变温度的历程。1932 年发现 $T_c=11K$ 的 NbC，1941 年发现 $T_c=15K$ 的 NbN，1953 年发现 $T_c=17K$ 的 $NbN_{0.7}C_{0.3}$，这些都是具有 NaCl 结构或 B-1 结构的材料,可以说是第一代高 T_c 超导材料。1953 年发现 T_c 为 17K 的 V_3Si，1954 年发现 $T_c=18K$ 的 Nb_3Sn，1973 年发现 $T_c=23.2K$ 的 Nb_3Ge，这些都是具有 β-钨结构或 A15 结构的材料,可以说是第二代的高 T_c 超导材料。1973 年—1986 年，Nb_3Ge 一直是 T_c 的最高材料。

科学家们在 1964 年发现 $SrTiO_{3-x}$ 氧化物材料具有超导性,随后在 1965 年又发现了 Na_xWO_3，1973 年发现了 $Li_{1-x}Ti_{2-x}O_4$，1975 年发现 $T_c \sim 13K$ 的 $BaPb_{1-x}Bi_xO_3$，引起科学界的一定兴趣,因为实验数据表明它的费米能量状态密度虽很低,但竟还有相当高的 T_c。1986 年 4 月,贝德诺兹和缪勒观察到在 La-Ba-Cu-O 化合物中,近于

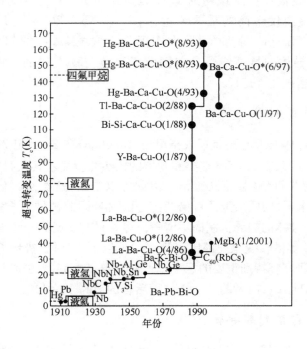

图 5-11 超导体的发展历程

35K 时就出现超导转变的迹象,但零电阻是在约 12K 才得到的,随后他们又实验证明了材料有迈斯纳效应。这一发现不仅打破了当时具有 A15 结构的超导体的超导转变温度 23.2K 的最高纪录,更重要的是在人们面前展现了一种具有新型结构的氧化物超导材料。美国、中国和日本的科学家随即都发现 $La_{2-x}Sr_xCuO_4$ 有比 $La_{2-x}Ba_xCuO_4$ 更高的 T_c。

1987 年 2 月,美国休斯敦大学的朱经武教授宣布找到了 $T_c \approx 93K$ 的氧化物超导材料。同月 21 日和 23 日,中国科学院物理所赵忠贤、陈立泉和日本的 S. Hikami 等人也都独立地发现 Y-Ba-Cu-O 化合物的 $T_c \approx 90K$。中国学者率先公布了超导材料的化学成分。

1987 年底,马依达(H. Maeda)等人发现 Bi-Sr-Ca-O 化合物系列有 115K 的高 T_c 相,随后证实了它的组成是 $Bi_2Sr_2Ca_2Cu_3O_{10+x}$。同时,盛正直和赫曼(Z. Z. Sheng, A. H. Hermann)发现 Tl-Ba-Ca-Cu-O 化合物系列,后在 Tl 系中得到了 $T_c \approx 125K$ 的相,并证实其组成是 $Tl_2Ba_2Ca_2Cu_3O_{10+y}$。

1993 年 5 月司麒麟(A. Schilling)和普特林(S. N. Putilin)等人又成功地合成了 Hg-Ba-Ca-Cu-O 氧化物超导体,其超导转变温度达 134K。

5.4.2 高温超导体的结构与性质

到目前为止,已经发现了三代高温超导材料,第一代为镧系高温超导材料,第二代为钇系高温超导材料,第三代为铋系、铊系及汞系高温超导材料。高温超导体的材料体系中的超导相如表 5-3 所列。

表 5-3 高温超导体的超导相

体系	组分		T_c/K
La 系	$(La_{1-x}M_x)_2CuO_4$		
	M=Ba		30
	M=Sr, Ca		20,40
	M=Na		40
Y 系	$LnBa_2Cu_3O_{7-\delta}$		90
	Ln=Y, La, Nd, Sm, Eu, Cd, Dy, Ho, Er, Tm, Yb, Lu		
	$LnBa_2Cu_4O_{8-\delta}$		80
Bi 系	$Bi_2Sr_2Ca_{n-1}Cu_nO_{2n+4}$	$n=1$	$T_c=12$
		$n=2$	$T_c=80$
		$n=3$	$T_c=110$
		$n=4$	$T_c=90$
Tl 系	$Tl_2Ba_2Ca_{n-1}Cu_nO_{2n+4}$	$n=1$	$T_c=90$
		$n=2$	$T_c=110$
		$n=3$	$T_c=112$
		$n=4$	$T_c=119$
	$TlBa_2Ca_{n-1}Cu_nO_{2n+2.5}$	$n=1$	$T_c=50$
		$n=2$	$T_c=90$
		$n=3$	$T_c=110$
		$n=4$	$T_c=122$
		$n=5$	$T_c=117$
Hg 系	$HgBa_2Ca_{n-1}Cu_nO_{2n+2.5}$	$n=1$	$T_c=94$
		$n=2$	$T_c=128$
		$n=3$	$T_c=134$

La-基,Y-基,Bi-基和 Tl-基这四种高 TC 氧化物超导材料都是铜氧化物,而且导电类型都是空穴型的。1988 年发现了电子型导电的铜氧化物超导材料 $Na_{2-x}Ce_xCuO_4$ 和 $Nb_{2-x-y}Ce_xSr_yCuO_4$,以及非铜氧化物材料 $Ba_{1-x}K_xBiO_3$。从高温超导体结构的公共特征来看,都具有层状的类钙钛矿型结构组元,整体结构分别由导电层和载流子库层组成。导电层是指分别由 $Cu-O_6$ 八面体、$Cu-O_5$ 四方锥和 $Cu-O_4$ 平面四边形构成的铜氧层,这种结构组元是高温氧化物超导体所共有的,也是对超导电性至关重要的结构特征,它决定了氧化物超导体在结构上和物理特性上的二维特点。超导主要发生在导电层(铜氧层)上。其它层状结构组元构成了高温超导体的载流子库层,它的作用是调节铜氧层的载流子浓度或提供超导电性所必需的耦合机制。导电层(CuO_2 面或 CuO_2 面群)中的载流子数由体系的整个化学性质以及导电层和载流子库层之间的电荷转移来确定,而电荷转移量依赖于体系的晶体结构、金属原子的有效氧化态,以及电荷转移和载流子库层的金属原子的氧化还原之间的竞争来实现。

高温超导体的点阵常数 a 和 b 都接近 0.38nm,这一数值是由结合较强的 Cu-O 键的键强所决定的。而载流子库层的结构则根据来自 Cu-O 键长的限制作相应的调整,这正是载流子库层往往具有更多的结构缺陷的原因。

5.4.2.1 镧系高温超导体

具有 K_2NiF_4 结构的 $La_{2-x}M_xCuO_4$ (M=Sr,Ba)是由 La_2CuO_4 掺杂得到的,特点是有准二维的结构特征。图 5-12 给出了 $La_{2-x}Sr_xCuO_4$ 结构。晶体结构属四方晶系,空间群为 D_{4h}^{17}-I_4/mmm,每个单胞化合式单位为 2,即每个单胞包含四个(La,M)、两个 Cu 和八个 O。晶格常数 $a=0.38$nm 和 $c=1.32$nm。由于 Jahn-Teller 畸变,二价铜离子是四方拉长的,即铜离子周围在 a-b 平面上有四个短的 Cu-O 键,另外两个长的 Cu-O 键沿 c 轴方向。纯的 La_2CuO_4 是不超导的,有过量氧的 $La_2CuO_{4+\delta}$ 却是超导体。另外,当部分 La^{3+} 离子被二价的 Sr^{2+} 和 Ba^{2+} 所替代时才显示出超导性质,超导转变温度在 20K~40K 之间,取决于掺杂元素 M 和掺杂浓度 x,$La_{2-x}Sr_xCuO_4$ 的相如图 5-13 所示。

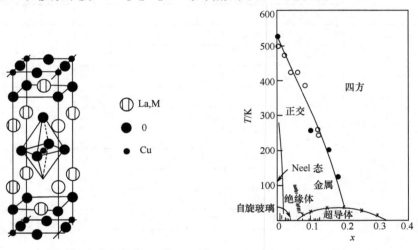

图 5-12 $La_{2-x}M_xCuO_4$ 超导体的晶格结构　　图 5-13 $La_{2-x}M_xCuO_4$ 超导体的相

当温度从室温降低时,$La_{2-x}M_xCuO_4$ 发生位移型相变,由四方相转变为正交相,相变发生后使晶格常数 a 和 b 不再相等,另外还使晶胞扩大,结构转变的温度都高于超导转变温度,并且随掺杂元素的种类和掺杂量而改变。

5.4.2.2 钇系高温超导体

在 Y 系超导体中,除最早发现的 $YBa_2Cu_3O_y$(Y-123)外,还有 $YBa_2Cu_4O_y$(Y-124,$T_c=80$K)和 $Y_2Ba_4Cu_7O_y$(r-247,$T_c=40$K)超导体。Y-124 与 Y-123 有类似的晶体结构,不同之处在于 Y-123 的 Cu-O 单链被双层 Cu-O 链所替代。Y-124 的优点是它的氧成分配比较稳定,当对 Y-124 相的 Y 用部分 Ca 所替代时,超导转变温度可增加到 90K。Y-247 相的结构是 Y-123 和 Y-124 相的有序排列,其转变温度对氧含量有强烈的依赖关系。

$YBa_2Cu_3O_{7-\delta}$ 是由三个类钙钛矿单元堆垛而成的,图 5-14 描绘了正交相 $YBa_2Cu_3O_7$ 和四方相 $YBa_2Cu_3O_6$ 的结构。单胞中含量最多的氧原子分别占据四种不等价晶位,O(1)、O(2)、O(3) 和 O(4)。Y 层两侧占结构 2/3 的铜离子与周围四个氧形成

CuO_2 的弯曲面,在 Ba-O 层之间的其余 1/3 的铜与氧的配位情况与氧含量有密切的关系。随着氧含量的降低其结构由正交相转变为四方相。

对于图 5-14 所示的 $\delta=0$ 的正交相结构 Ba-O 层之间有沿 b 方向的一维 Cu(1)-O 原子链,沿 a 方向两个 Cu(1) 之间的位置上没有氧离子占据,这个位置被称为 O(5) 晶位(图 5-17 中的虚线球),只有在 Cu(1) 被其它三价阳离子替代时才被氧所占据。这样在 $YBa_2Cu_3O_7$ 晶体结构中便存在 Cu(2)-O 的五配位和 Cu(1)-O 的四配位,而对于 $\delta=1$ 的 $YBa_2Cu_3O_6$ 四方相结构 Cu-O 键完全消失,如图 5-14 所示,氧只占据钙钛矿中 2/3 的负离子位置,并且完全有序,从而使得 1/3 的铜形成 Cu(1)-O 二配位,而 2/3 的铜形成 Cu(2)-O 五配位。当氧含量 δ 在 0 与 1 之间时,晶体结构处于从正交相至四方相的渐变过程,如图 5-15 所示,当氧含量 $\delta>0.6$ 时晶体完全变成了四方结构。从 $YBa_2Cu_3O_{7-\delta}$ 相图中看到,当 $0<\delta<0.6$ 时,正交相中有两个超导转变台阶:一是在 $0<\delta<0.15$ 范围内,超导转变温度 T_c 为 90K;另一是在 $0.25<\delta<0.45$ 区域内,$T_c=50K\sim60K$。随着 δ 值的增加,结构由正交转变为四方,T_c 逐渐降低。当 $0.6<\delta<1.0$ 时,$YBa_2Cu_3O_{7-\delta}$ 是非超导的四方相,显示出反铁磁性。

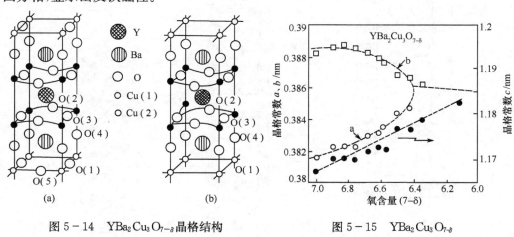

图 5-14 $YBa_2Cu_3O_{7-\delta}$ 晶格结构
(a)$\delta=0$;(b)$\delta=1$。

图 5-15 $YBa_2Cu_3O_{7-\delta}$
晶格参数与氧含量 7-δ 的关系

在 $YBa_2Cu_3O_{7-\delta}$ 中,Y 一般用稀土元素来替换后,仍保持 Y-123 结构,而且对 T_c 影响不大。但和 Ce 和 Pr 置换后,由于导致了载流子的局域化,使其丧失了超导电性。在 Y-123 化合物中用过渡族元素 Fe、Ni、Co 和 Zn 以及 Ga、Al、Mg 等置换 Cu 后,则导致 T_c 不同程度的下降。

5.4.2.3 铋系高温超导体

米切尔(Michel)等人首先在 Bi-Sr-Cu-O 体系中发现了超导转变温度为 7K~22K 的超导相。随后 Maeda 等在米切尔研究的体系基础上加入 CaO,在 Bi-Sr-Ca-Cu-O 的体系中发现了 TC 为 110K 和 85K 的多晶样品。许多研究人员对 Bi-Sr-Ca-Cu-O 的体系的超导相的晶体结构(图 5-19)进行了研究。Bi 系高温超导体的超导相的化学通式为 $Bi_2Sr_2Ca_{n-1}Cu_nO_{2n+4}$,$n=1,2,3,4$,分别称为 2201 相、2212 相、2223 相和 2234 相。Bi 系超导相的晶体中,所有阳离子都是沿 z 轴的 (00z) 和 (1/2 1/2z) 交错排列,因此平均晶结构可看成四方晶系,体心点阵。Bi 系四个超导相的晶胞参数 a,b 相近,只是 c 分别为 2.46nm、

3.08nm、3.70nm 和 4.40nm。这类超导相的结构特点是，一些 Cu-O 层被 Bi_2O_2 双层隔开，不同相的结构差异在于相互靠近的 Cu-O 层的数目和 Cu-O 层之间 Ca 层的数目。各超导相的超导转变温度如表 5-4 所列。由图 5-16 可见：2201 相中，铜只有一个八面体晶位，铜氧之间为六配位。在 2212 相中，在两个 Bi_2O_2 双层之间，有两个底心相对的 Cu-O 金字塔结构，从对称性考虑此结构只有一个 Cu-O 五配位晶位。2223 相的结构与 2212 相相似，所不同的是 2223 相多一个 Cu-O 平面晶位和一个 Ca 层。正是由于铋系各超导相在结构上的相似性，它们的形成能也较接近，因此在制备 2223 相样品时，不可避免地有多相共生的现象。值得注意的是：Bi 系超导相中存在着较强的一维无公度调制结构，这种调制结构的出现使得晶体的整体对称性降低。用 Pb 部分替代 Bi 可以减弱 Bi-Sr-Ca-Cu-O 体系的调制结构，从而对铋系高温相有加固作用。

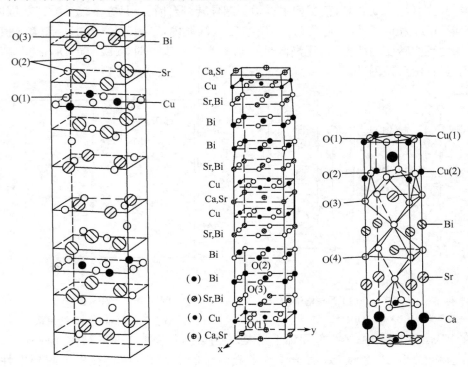

图 5-16 铋系各超导相晶体结构

5.4.2.4 铊系高温超导体

铊系高温超导体的超导相的化学式为 $Tl_2Ba_2Ca_{n-1}Cu_nO_{2n+4}$，分别称为 Tl-2201 相、Tl-2212 相、Tl-2223 相和 Tl-2234 相，晶体结构可参见图 5-16。图中 Bi 用 Tl 替换，Sr 用 Ba 替换，所不同的是 Tl 系中各超导相的一维调制结构比 Bi 系降低了很多，相应的超导转变温度比 Bi 系有不同程度的增加。

在 Tl 系中，除了 $Tl_2Ba_2Ca_{n-1}Cu_nO_{2n+4}$ 体系之外，还发现了另一体系的超导相 $TlBa_2Ca_{n-1}Cu_nO_{2n+3}$ ($n=1,2,3,4,5$)，这几个相的结构特点是 Cu-O 平面被 Tl-O 单层隔开。实际上相当于 2201，2212 和 2223 结构中以 Tl-O 平面之间所截得的中间部分，其晶体结构如图 5-17 所示。

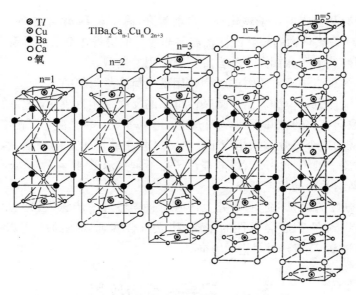

图 5-17 $TlBa_2Ca_{n-1}Cu_nO_{2n+3}$ 的结构

5.4.2.5 汞系高温超导体

汞钡钙铜氧化物(Hg-Ba-Ca-Cu-O)超导体是目前所发现的超导转变温度最高的超导体，化学通式为 $HgBa_2Ca_{n-1}Cu_nO$($n=1\sim 8$)。Hg 系超导体的晶体结构为四方晶系，简单点阵，空间群为 D_{4h}^1-P_4/mmm。随着制备工艺的完善，$n=1\sim 8$ 的各类 Hg 系超导相均已被合成出来。$n=3$ 时，$Hg_2Ba_2Ca_2Cu_3O_{10-\delta}$ 在常压下其 T_c 已达 134K，在高压下 T_c 高达 164K，为目前最高超导转变温度的最高值。$n \geqslant 4$ 时，T_c 开始下降；当 $n=8$ 时，T_c 为 85K。

对于 Bi 系和 Tl 系超导体，它们的成分组成可以用通式 $A_2B_2Ca_{n-1}Cu_nO_{2n+y}$ 和 $AB_2Ca_{n-1}Cu_nO_{2n+y}$(A=Bi, Tl; B=Sr, Ba)所描述，如果无限增加铜氧层的数目，即令 $n\to \infty$，这时在通式中的 A 和 B 将被忽略，得到的 Ca：Cu：O=1：1：2。根据这样的思路，人们通过探索合成工艺就有可能得到具有无限多铜氧层的超导体，如 $CaCuO_2$、$SrCuO_2$、$BaCuO_2$ 等。$SrCuO_2$ 被称作"全铜氧层"或"无限铜氧层"结构。这种氧化物的特征是由很多 Cu-O 层和 Sr 层堆垛而成的，近阳离子层 Sr 层是最简单的电荷库，超导所需的载流子是通过 Sr 层的调整来实现的。这种材料的制备是在非常苛刻的高温和高氧压的条件下完成的。依靠不同的制样方式能得到 P 型和 N 型超导体，它们的超导转变温度 T_c 分别是 40K 和 90K。

利用近阳离子层中阳离子占位不完全来调整和增加载流子浓度，是一种提高无限层超导体 T_c 的有效方法，利用这种方法得到的 $Ca_{1-x}SrCuO_2$ 的超导转变温度已达 110K。

5.4.3 高温超导电性的微观机理

与实验上已获得的相当丰富的结果相比，高 T_c 超导电性的微观机理的理论研究还是很初步的，目前大致有以下四类理论尝试。

第一类，基本上在原有 BCS 理论框架中的尝试，如认为铜氧呼吸模式对电子的相互作用很强；认为有某些支的声子软化等。目前看来，除了对 Bi 化合物 $Ba_{1-x}K_xBiO_3$ 外，对所有铜化合物高 T_c 氧化物的超导电性都需要非声子的机理才能得到理解。

第二类，强调载流子和铜离子的自旋相互作用的模型。

第三类，认为载流子配对所需的吸引作用是电荷涨落引起的。

第四类，所谓任意子模型。由于掺杂使母系的反铁磁相有改变，空穴在转移时是和元胞中铜离子的取向有关的，矩阵元是一个复数，可以等效于一个磁场下的实矩阵元的紧束缚能带。可以认为这个等效磁场相当于一个"粘附"在载流子上的磁通量，具有半个量子磁通。于是，载流子的统计性质就既非玻色子也不是费米子，把它称做"半"子。任意子的系统可以有迈斯纳效应与超流现象。

高 T_c 超导电性的微观机理的研究上还有待科学界进一步深入研究。相信在不久的将来，人们会认识到高 T_c 超导电性的本质，建立符合客观规律的高 T_c 超导电性微观理论，并为发现新型高 T_c 超导材料指明方向。

5.5 超导材料的应用

超导材料具有的完全导电性、完全抗磁性和约瑟夫逊效应等，在电力输运、交通运输、地质探矿、科学研究、移动通信、航空航天、资源勘探、医疗诊断以及国防军事等领域中有着广阔的应用前景。

为保证超导材料在应用时的安全稳定性，不同的应用领域对超导体的技术指标提出了相应的要求，如表 5-4 所列。超导电性被发现后首先是用它来作导线，导线只有用第 II 类超导体制造，因为它能承受很强的磁场。目前最常用的制造超导导线的传统超导体是 NbTi 与 Nb_3Sn 合金，NbTi 合金具有极好的塑性，可以用一般难熔金属的加工方法制成合金，再用多芯复合加工法制成以铜（或铝）为基体的多芯复合超导线，最后用冶金方法使其由 β 单相变为具有强钉扎中心的 $(\alpha+\beta)$ 双相合金，以获得较高的临界电流密度。每年，世界上按这一工艺生产的数百吨 NbTi 合金，产值可达几百亿美元。Nb_3Sn 线材是按照青铜法制备：将 Nb 棒插入含 Sn 的青铜基体中加工，最后经固态扩散处理，在 Nb 芯丝与青铜界面上形成 Nb_3Sn 层。在 1T 的强磁场下，输运电流密度达 $10^3 A/mm^2$ 以上，而截面积为 $1mm^2$ 的普通导线，为了避免熔化，电流不能超过 1A～2A。超导线圈的主要应用于：高能物理受控热核反应和凝聚态物理研究的强场磁体；制造发电机和电动机线圈；高速列车上的磁悬浮线圈；轮船和潜艇的磁流体和电磁推进系统等。美国研制成世界上第一组高温超导电缆，2001 年丹麦 NKT 公司的 30m 长、30kV/2kA 热绝缘结构实用化高温超导电缆顺利实现挂网运行。我国也先后建成 200km 的铋系高温超导带材的生产线，300m 长带的临界电流接近 90A。

表 5-4 超导材料的磁场环境和临界电流

应用领域	B/T	$J_c/A \cdot cm^{-2}$	应用领域	B/T	$J_c/A \cdot cm^{-2}$
电缆	0.1	5×10^6	SQUID	01.1	2×10^2
交流传输线	0.2	10^5	发电机和电动机	4	10^4
直流传输线	0.2	2×10^4	故障电流限制器	>5	$>10^5$

利用超导隧道效应，可以制造出世界上最灵敏的电磁信号的探测元件和用于高速运行的计算机元件。用这种探测器制造的超导量子干涉磁强计可以测量地球磁场几十亿分之一的变化；能测量人的脑磁图和心磁图；还可以用于探测深水下的潜水艇；放在卫星上可用于矿产资源普查；通过测量地球磁场的细微变化为地震预报提供信息。超导体用于微波器件可以大大改善卫星通信质量。超导材料的应用显示出巨大的优越性。

但是，超导体的广泛应用还要解决材料和技术方面的很多问题。在材料方面，主要是要求超导体应有较高的临界温度和临界电流。超导体的广泛应用的另一方面的限制来自低温技术，因目前具有最高临界转变温度的超导体还只能在零下150℃左右工作。如能寻找到室温附近的超导材料，则将在整个世界掀起一场新的"工业革命"！

习题与思考题

1. Sn 在零磁场时 T_c 为 3.7K，在绝对零度时的临界磁场强度 $H_c(0)=24\times10^3$ A/m。求当 $T=2$K 时的临界磁场 H_c。如果 2K 时半径为 0.1cm 的 Sn 线通过电流，求在超导线表明的磁场强度 H 等于 $H_c(2K)$ 时的临界电流为多少安培？

2. 已知 Hg 和 Pb 的德拜频率 ω_D 分别为 70Hz 和 96（Hz），临界温度 T_c 分别为 4.16K 和 7.22K，低温电子比热容 $\gamma[=(\pi k_B)^2 g(E_F)/3]$ 分别为 1.79（mJ/mol·K^2）和 2.98（mJ/mol·K^2），求 Hg 和 Pb 的有效吸引能 V_{Pb}/V_{Hg} 之值。

3. 试推证穿透深度 λ_L 的表示式。

4. 如何区分第Ⅰ类超导体和第Ⅱ类超导体？

5. 用直径为 1mm 的铅丝围成一个直径为 10cm 的环，该铅环处于超导态。已经有 100A 的电流在铅环内流动。1 年内没有观测到电流有任何变化。设电流测试的精度可达 $1\mu A$。试估计铅在超导态时的电阻率为多少？

6. 设均匀磁场沿轴，轴与超导薄板垂直。薄板的上下两个平面为。求证超导体内部的磁通密度为 $B(z)=\mu_0 H_0 \dfrac{\cosh\left(\dfrac{z}{\lambda}\right)}{\cosh\left(\dfrac{d}{\lambda}\right)}$。

第6章 太阳电池材料

随着现代科学技术和大工业的迅速发展,能源、环境和资源问题引起了全世界的普遍重视。由于人类社会对化石燃料的生产和消耗峰值将在2020年—2030年之间出现,因此本世纪内人类能源结构将发生根本性变革。预期到2050年,可再生能源占总一次能源的比例将大于50%,而太阳能在一次能源中的比例为13%~15%(图6-1)。另一方面,化石燃料是造成地球变暖和气候变化的主要原因,图6-2为地球变暖的曲线。为此,人们对CO_2排放造成的温室效应表示了极大的关注。世界银行通过全球环境基金(GEF)项目,对未来CO_2的排放作了研究,如不采取措施,50年后大气中CO_2的含量为现在的3.5倍。由于太阳能光伏发电是一个纯物理的过程,没有任何排放(只有光伏发电设备在生产过程使用常规能源产生的少量CO_2排放),如采用太阳能等可再生能源,25年后就能看到显著的效果,50年后,CO_2的含量将降为现在的水平。因此,从能源和环境的角度研发以太阳能为代表的可再生能源技术(如太阳电池)非常必要,而且十分紧迫。

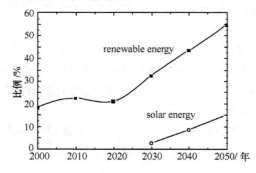

图6-1 可再生能源与太阳能占一次能源的比例

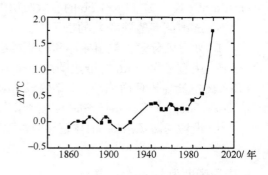

图6-2 地球变暖曲线

太阳电池是一种直接将太阳能转化为电能的一种器件。用来产生太阳能光伏发电的只有半导体材料。按材料形态来分,太阳电池可分为体太阳电池和薄膜太阳电池。前者如晶硅太阳电池;Ⅲ-Ⅴ族化合物太阳电池;后者如硅基薄膜太阳电池、化合物半导体薄膜太阳电池、有机薄膜太阳电池等。按化学组成及产生电力的方式,太阳电池可分为无机太阳电池、有机太阳电池和光化学电池三大类。其中,有机太阳电池是用酞菁锌、聚苯胺、甲基卟啉、聚对苯乙炔等有机半导体形成的异质结,或与金属形成的肖特基势垒而产生光伏效应的,但因其转换效率低(小于2%)、稳定性差,尚处于研究阶段。光化学电池是由光子能量转换成自由电子,电子通过电解质转移到另外的材料,然后向外供电的。其中二氧化钛电池的研究获得一些进展,但都处于初级研究阶段。目前研发最快和应用最广的太阳电池是无机太阳电池。

6.1 太阳电池的基本工作原理

太阳能是无污染、洁净的能源,它以光辐射的形式每秒向太空发射约 3.8×10^{26} W 的能量,有二十亿分之一投射到地球,除去大气层的吸收与反射,还有 70% 透射到地面。尽管如此,地球上一年中接收到的太阳能仍高达 1.8×10^{18} Wh。太阳能作为一种可再生能源,具有其它能源不可比拟的优点:与化石燃料相比,太阳能取之不竭;与核能相比,太阳能更为安全,不会对环境构成任何污染;与风能相比,太阳能利用的成本较低,且不受地理条件的限制。正是因为太阳能具有广泛性、可再生性、清洁性和安全性,因此,用太阳能代替矿物能源是 21 世纪的发展方向。

太阳电池是一种能够将光直接转换为电能的半导体器体。早在 1839 年,法国科学家贝克勒尔(Bequerel)就发现一种奇特现象,将一种半导体电极插入某种电解液中,在太阳光照射的作用下,电极产生电流,同时从电解液中释放出氢气,这种液结太阳电池的原理是光生伏打效应(光伏效应),即某些材料(在气体、液体和固体)吸收了光能之后具有产生电动势的效应。在固体中,尤其是在半导体中,光能转换为电能的效率特别高。

一般的太阳电池是由两种不同导电类型的半导体(n-电子型,p-空穴型)构成。其工作原理如图 6-3 所示。光照时,入射光分别发生以下几种情况:①光在表面被反射;②光在表面被吸收生成电子—空穴对,但未达到 pn 结就被复合掉,这部分光大部分是吸收系数大的短波长的光;③光在 pn 结附近或在 pn 结上被吸收而生成电子空穴对,并扩散到 pn 结产生光电动势;④光在材料内部深处被吸收而产生电子空穴对,但到 pn 结之前就被复合;⑤光在内部深处被吸收,但由于能量小不产生电子空穴对或不被吸收而透射出去,这部分光是长波长的光,不产生光生电动势。

当两种不同导电类型的半导体接触时,便在接触面,即 pn 结附近形成自建电场(或称势垒电场)。自建电场电势为

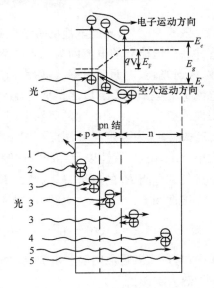

图 6-3 太阳电池工作原理

$$V_i = \frac{kT}{q} \ln\left(\frac{N_A N_D}{n_i^2}\right) \quad (6-1)$$

式中:n_i 为本征载流子浓度;N_D、N_A 分别为 n 区的施主、p 区的受主浓度。

在光的照射下,如果光子能量大于禁带宽度,价带中的电子会被激发到导带中,在半导体内部产生电子空穴对。由于扩散作用,这些非平衡载流子运动到 pn 结的边界便马上被强大的内建电场所分离(如上述第 3 种情况),非平衡电子被拉向 n 区。结果在 n 区边界将积累非平衡电子,p 区边界将积累非平衡空穴,产生一个与平衡 pn 结内建电场方向相反的光生电场;于是在 p 区和 n 区间建立了光生电动势,即光伏效应。

产生光伏效应有三个条件:①由光照而产生的电子—空穴对的浓度应超过它们在热

平衡时的浓度；②过剩的异号电荷必须受到内建电场的作用，这种内建电场由半导体 pn 结产生；③所产生的电子—空穴必须可漂移，并有一定长的寿命。

太阳电池有四个重要的参数，即短路电流密度 J_{sc}，开路电压 V_{oc}，填充因子 FF，光电转换效率 E_{ff}。在 pn 结处于开路状态时，电池外测得的电位差叫开路电压，用 V_{oc} 表示；如从外部短路，则 pn 结附近的光生载流子将从这个途径流通，这时流过太阳电池的电流叫短路电流，用 I_{sc} 表示。图 6-4 为电池短路及开路的情形。

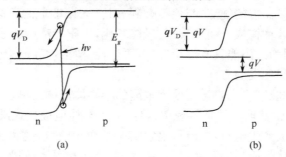

图 6-4 太阳电池光照时的能带
(a)短路情形；(b)开路情形。

图 6-5 为太阳能电池的等效电路。图中把光照的 pn 结看作一个恒流源与理想二极管并联。恒流源的电流即为光生电流 I_L，它由构成器件的材料性质、器件的几何结构参数、入射光强、表面反射率、前后表面的复合速率等决定。流过理想二极管的电流即为漏电流 I_D，包括 n 区、p 区的扩散电流及结区的复合电流。R_s 为串联电阻，它是一个综合表观性能参量，由太阳电池的膜层电阻、引线电阻、电机电阻等决定，大小与电池工作时的电流有关。R_{sh} 为旁路电阻，由器件电极覆盖区域微通道漏电流、非电极覆盖区域侧向电流大小、pn 结的结特性以及界面特性等共同决定。R_L 为负载电阻，I_s 为流过 R_s 的电流，I_r 为流过负载电阻 R_L 的电流，I_{sh} 为流过 R_{sh} 的电流。

根据图 6-5 的等效电路，可得太阳能电池的 I-V 特性方程为

$$I=I_L-I_D-I_{sh}=I_L-I_0\exp\left[\frac{q(V+IR_s)}{AkT}-1\right]-\frac{V+IR_s}{R_{sh}} \quad (6-2)$$

式中：I_0 为二极管反向饱和电流；q 为电子电量；A 为二极管理想因子；k 为玻耳兹曼常数；T 为热力学温度。

如串联电阻非常小，旁路电阻非常大，则 R_L 开路时，$I=0$，开路电压 V_{oc} 为

$$V_{oc}=\frac{AkT}{q}\ln\left(\frac{I_L}{I_0}+1\right) \quad (6-3)$$

若 R_L 短路时，$V=0$，因此

$$I_{sc}=I_L$$

光电流等于短路电流，它与入射光的光强及器件的面积成正比，由式(6-3)可以看出，开路电压与入射光的光强的对数成正比，与器件面积无关，与串联的数目成正比。

在最大功率点 $P_m(=I_mV_m)$，

$$\left(1+\frac{qV_m}{AkT}\right)\exp\left(\frac{qV_m}{AkT}\right)=\frac{I_{sc}}{I_0}+1 \quad (6-4)$$

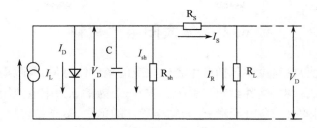

图 6-5　太阳电池等效电路

$$I_m = \frac{qV_m I_0}{AkT} \exp\left(\frac{qV_m}{AkT}\right) \tag{6-5}$$

转换效率 E_{ff} 为

$$E_{ff} = \frac{P_m}{P_{in}S} = \frac{V_m I_m}{P_{in}S} = \frac{V_{oc}J_{sc}FF}{P_{in}} \tag{6-6}$$

填充因子 FF 为

$$FF = \frac{I_m V_m}{I_{sc}V_{oc}} = \frac{J_m V_m}{J_{sc}V_{oc}} \tag{6-7}$$

填充因子是描述太阳电池性能的重要参量,影响填充因子的因素有结特性、前后表面接触特性、构成器件的材料的电学特性等。

由式(6-6),电池的转换效率决定于 J_{sc}、V_{oc}、FF,而上述三个物理量决定于器件的结构和材料的性质。一般而言,短路电流密度 J_{sc} 与光照面积及器件结构有关。开路电压 V_{oc} 是由 pn 结扩散电位及结材料的掺杂浓度、吸收层禁带宽度以及 p 层和 n 层材料的电子亲和势等决定的常数。如某一太阳电池的 I-V 曲线已经确定,那么该电池的最大输出功率、填充因子、转换效率就可求得。由以下公式,可以从 I-V 曲线得到 R_s 和 R_{sh} 的近似值。

$$\left.\frac{\partial I}{\partial V}\right|_{I \to 0} \approx \frac{1}{R_s} \tag{6-8}$$

$$\left.\frac{\partial I}{\partial V}\right|_{V \to 0} \approx \frac{1}{R_{sh}} \tag{6-9}$$

图 6-6 为一些半导体太阳电池的理论转换效率,图 6-7 为小面积 CdS/CdTe 电池的典型 I-V 曲线。

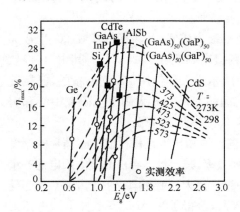

图 6-6　一些半导体太阳电池的理论转换效率

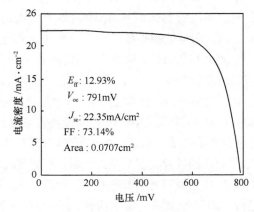

图 6-7　小面积 CdTe 太阳电池的 I-V 曲线

6.2 体太阳电池材料

太阳电池(光伏)材料主要包括产生光伏效应的半导体材料、薄膜用衬底材料、减反射膜材料、电极与导线材料、组件封装材料等。表 6-1 为常见太阳电池用半导体材料。

体太阳电池指的是以各种元素、化合物半导体的单晶、多晶锭切片或拉制的薄带为基础制备的太阳电池,有晶体硅、硅带、GaAs、InP 等。

表 6-1 太阳电池的半导体材料

材料	禁带宽度/eV	禁带性质	迁移率/(cm²/(Vs)) 电子	迁移率/(cm²/(Vs)) 空穴	晶系	晶格常数/nm	应用实况
晶体 Si	1.12	间接	1500	450	立方	$a=0.543$	电池的市场份额为 70%～80%
非晶 Si	1.5～2.0		≈1	0.1	立方		电池的市场份额为 10%～20%
Ge	0.66	间接	3900	1900	立方	$a=0.5646$	用作空间电池的衬底
GaAs	1.424	直接	8500	400	立方	$a=0.5653$	用于空间太阳电池
InP	1.35	直接	4600	150	立方	$a=0.5869$	耐辐射性能优异,处于研究开发阶段
AlSb	1.6	间接	900	400	立方	$a=0.37$	禁带宽度适合太阳电池,但因材料氧化,未获应用
CdS	2.42	直接	340		立方	$a=0.4136$ $c=0.6176$	构成薄膜电池一极
Cu₂S	1.2	间接		30	立方	$a=1.188$ $c=1.349$	与 CdS 构成的太阳电池因出现衰退现象,已被淘汰
CdTe	1.44	直接	700	65	立方	$a=0.6477$	独自制作薄膜电池或与 CdS 结合,构成的太阳电池已商品化
CuInSe₂	1.04	直接	300	20	正方	$a=0.5782$ $c=1.162$	与 CdS 构成的太阳电池已商品化

6.2.1 晶体硅太阳电池材料

晶体硅太阳电池使用最早,工艺最成熟。目前的市场份额最大,年增长率保持强劲势头。随着技术的进步,成本在降低,预计最后能降到与常规能源相竞争的成本水平。这类电池效率及稳定性高、资源丰富、无毒性,故晶体硅太阳电池在今后几十年内仍占具重要地位。

晶体硅太阳电池分为单晶体太阳电池与多晶硅太阳电池,在适当时期内可利用半导体工业的次品硅材料作原料,电池的效率可达到一定水平。

单晶硅太阳电池制备技术在所有各类太阳电池中最为成熟,其转换效率在 20 世纪 50 年代已经达到 14%,1972 年至今,其转换效率由 15%提高到现在的 24.7%。其中,转换效率 24.7%的电池(AM1.5,4cm²)是由澳大利亚新南威尔士大学使用 FZ Si 制备的,已接近单晶硅电池的理论转换效率 27%。与之接近的有德国的 FhG-ISE 太阳电池研究中心和美国的斯坦福大学,这两家单位的光电转换效率分别是 23.3%和 22.7%。

由于体多晶硅太阳电池的成本不断降低(与单晶硅电池相比),且材料成本随硅片的厚度而降低,同时多晶硅片具有单晶硅相似甚至更高的转换效率,其产量已经占晶硅太阳电池产量的 1/2 以上,成为目前光伏市场的主要产品之一。1998 年,澳大利亚新南威尔士大学对多晶硅表面进行光刻和各向同性腐蚀,制备出适当的织构表面,获得了在 AM1.5 条件下效率达到 19.8%的 1cm² 的太阳电池。2004 年,德国的 FhG-ISE 太阳电池研究中心采用湿氧化新工艺研制了效率 20.3%的多晶硅太阳电池,是目前的最高记录。虽然体多晶硅太阳电池生产成本、材料损耗已经比单晶硅太阳电池低,但其效率仍比单晶硅电池低3~5个百分点。

随着生产设备和技术的提高,目前大规模生产晶体硅太阳电池的总体平均效率不断提高,多晶硅太阳电池的平均效率向16%~18%靠近,而单晶硅太阳电池的效率已接近20%。

6.2.1.1 晶体硅太阳电池结构

晶体硅太阳电池按材料形态主要分为单晶硅、多晶硅、硅带等,其结构如图6-8所示。晶体硅太阳电池以硅半导体材料制作成pn结进行工作。一般采用n^+/p同质结的结构,即在约$10cm^2$面积的p型硅片上用扩散法制作出一层很薄的经过重掺杂的n型层,然后在n型层上面制作金属栅线,作为正面接触电极。在整个背面也制作金属膜,作为背面欧姆接触电极,这样就形成了晶体硅太阳电池。为了减少光的反射损失,一般在整个表面上再覆盖一层减反射膜或制作绒面(图6-9)。当阳光从电池上层表面上射到电池内部时,入射光子分别为各区的价带电子所吸收并激发到导带产生电子~空穴时,在垫垒区内建电场的作用下,将电子扫入n区,将空穴扫入p区,各区产生的光生载流子在内建电场的作用下反方向越过垫垒,形成光生电流,实现了光电转换。

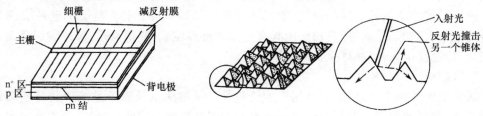

图6-8 晶体硅太阳电池的结构　　　　图6-9 晶体硅太阳电池绒面结构

6.2.1.2 单晶硅太阳电池材料

硅是一种重要的半导体材料,已广泛应用于光电子领域。硅为金刚石结构,T_d点群($\bar{4}3m$),晶格常数$a=0.543nm$,如图6-10所示。硅为间接带隙半导体,禁带宽度约1.12eV,硅的光吸收系数在光子能量大于其带隙后是缓慢上升的,因此硅需要数十微米才能充分吸收阳光。图6-11为硅的吸收系数随光子能量的变化关系。生长单晶硅的两种最常用方法为导模法(Czochralski)及区熔法。

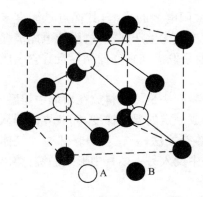

图6-10 硅的晶体结构

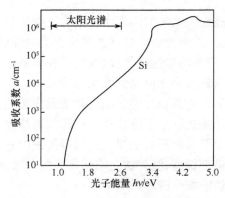

图6-11 Si光吸收系数随光子能量的变化关系

1. 导模法

导模法是制备单晶的一种方法，又称直拉法。先将硅料在石英坩埚中加热熔化，用籽晶与硅液面进行接触，然后开始向上提升以长出柱状的晶棒。集成电路用的单晶硅和地面用的太阳电池的硅基片都是用此方法得到的。

目前，直拉法得到的硅棒直径达到100mm～150mm。坩埚的加料量一般已达到60kg。研究改进方向主要是控制晶体中的杂质含量及氧、碳含量，减少晶体硅中的缺陷，同时提高生长速度。质量与生长速度常是相反的变化因素，应考虑最低成本。对单晶炉的热场进行改进，在保证硅锭质量的前提下增加硅锭的生长速度，是降低成本的重要方法。直拉法生长单晶硅，坩埚是一次性使用。进行连续加料或分段加料时，应开发用一个坩埚拉出多根硅锭的工艺。先进的单晶炉生长程度已由计算机程度控制及监测，以保证质量。目前，半导体工业已有拉制300mm直径单晶硅锭的技术与设备，单晶硅太阳电池的大面积化是未来的发展方向。现国产太阳电池用单晶硅片大部分是直径100mm的圆片，国际上大部分是100mm×100mm的准方片。硅片是用<100>晶向，这样可在硅的表面制作绒面，以利于光的减反射。

现在已能拉制三晶晶向的硅锭（常规硅锭是用<100>晶向）。硅锭的硅片表面是三等分的3个<100>晶向，用直拉法由具有三晶的籽晶拉制，其优点是，硅片能切薄而不容易破，生长速度也较快，晶体生长的稳定性好。

2. 区熔法

区熔法主要用于材料提纯，也用于生长单晶。区熔法生长硅单晶能得到最佳质量的硅单晶体，但成本较高。若要得到最高效率的太阳电池就要用此类硅片，制作高效率的聚光太阳电池也常用此种硅片。太阳电池用区熔单晶硅的电阻率常为 $0.1\Omega \cdot cm$～$10\Omega \cdot cm$，型号为 n 型或 p 型。

晶体硅太阳电池的制作工艺如下：清洗腐蚀及绒面处理→用输送带炉或扩散炉进行pn结制作→等离子法刻蚀硅片周边→丝网印刷铝浆（或铝银浆）→（输送带烧结）→丝网印刷银浆→输送带烧结→（喷涂二氧化钛减反射膜）→电池片测试分档→电池片焊接串联→太阳电池层压封装→太阳电池组装→太阳电池组件测试。

6.2.1.3 多晶硅太阳电池材料

多晶硅太阳电池的出现主要是为了降低晶体硅太阳电池的成本，其优点是能直接制出方形硅锭，设备比较简单并能制出大型硅锭以形成工业化生产规模；材质及电能消耗较省，也能用较低纯度的硅作投炉料；可在电池工艺方面采取措施来降低晶界及其它杂质的影响。缺点是效率比单晶硅太阳电池低。

铸锭工艺主要包括定向凝固化法及浇铸法：定向凝固法是将硅料放在坩埚中熔融，然后将坩埚从热场逐渐下降或从坩埚底部通冷源，以造成一定的温度梯度，固液界面则从坩埚底部向上移动而形成晶锭。定向凝固法中有一种热交换法，是在坩埚底部通入气体冷源来形成温度梯度；浇铸法是将熔化后的硅液从坩埚中倒入另一模具中形成晶锭，铸出的方形锭被切成方形硅片做太阳电池。

目前，大批量的太阳电池的尺寸主要以 125 mm×125 mm、150 mm×150 mm 为主，但现在已经开始向 210 mm×210 mm 发展，德国 Q-Cells 已经开始试产 210 mm×210 mm 多晶硅太阳电池。

2000 年之前，由于世界太阳电池产量不足 200 MW，每年从半导体工业退出的次品材料（如次品硅片、不合格半导体芯片、单晶硅棒的头尾料、生长单晶硅留下的锅底料等）就基本满足太阳电池所用的硅材料需求。世界光伏产业的高速发展，引起了高纯多晶硅材料供应的严重短缺。我国目前仅有峨嵋半导体厂和洛阳中硅分别有 200t～300t 的年产量。世界多晶硅企业主要集中在美国、日本、德国及挪威等国，大规模的生产技术主要被这些国家控制与垄断。国际多晶硅企业及产能见表 6-2。

表 6-2 世界多晶硅企业及生产能力（t/年）

公　司	2004 年	2005 年	2006 年	2007 年（预计）	2008 年（预计）
Hemlock	7000	7400	10000	10000	11000
Tokuyama	4800	5200	5400	5400	8400
Wacker	5000	5000	5500	6500	8500
REC(ASiMI)	2600	3000	3300	3300	3300
REC(SGS)	2200	2400	2700	3900	7400
MEMC(Pasadena,TX)	2700	2700	2700	2700	2700
MEMC(Italy)	1000	1000	1000	1000	1000
Mitsubishi Materials	1600	1600	1600	1600	1600
Mitsubishi Polysilicon	1200	1200	1200	1200	1200
Sumitomo Titanium	700	700	700	700	700
JSSI	0	0	100	500	1000
峨嵋半导体厂	80	130	350	580	1000
新光硅业	0	0	300	1250	1250
合计	28880	30330	34850	38630	49050

随着晶硅专用设备制造业的技术提升以及太阳电池设计和制造工艺的发展，有利地促进了晶硅材料太阳电池效率的提高和发电成本的降低。如多晶硅铸造炉的发明及改进，使多晶硅电池产量持续增加，成为光伏市场的主导产品。线锯的发明使硅片生产率大幅度提高，切片损失和硅片厚度大大降低，从而大大降低了成本。表 6-3 为太阳电池硅片厚度的降低与硅材料用量的情况。德国 FhG-ISE 研制的 40μm 厚的单晶硅电池效率达到 20%。有关研究表明，目前批量生产单晶硅的极限厚度可到 80μm，这样薄的硅片由于具有柔性而更不易破碎。但多晶硅片由于晶界的脆弱易碎，极限厚度可到 100μm。改善硅材料质量以增加光生载流子在电池体内的扩散长度，提高了收集效率，采用磷吸杂、铝吸杂和体内氢钝化有效地提高多晶硅材料的质量，也可以有效提高晶硅太阳电池转换效率，极大降低成本。因为效率提高一个百分点，可降低成本 9%。

表 6-3 太阳电池用硅片厚度与材料用量

年份	厚度/m	硅用量(t/MW 电池)	年份	厚度/m	硅用量(t/MW 电池)
20 世纪 70 年代	450～500	>20	目前	180～240	12～13
20 世纪 80 年代	400～500	16～20	2010 年	150～180	10～11
20 世纪 90 年代	350～400	13～16	2020 年	80～100	8～10

6.2.1.4 其它多晶硅类太阳电池材料

1. 硅带

硅带(片状硅)是从熔体硅中直接生长出的多晶硅材料,可以减少切片造成的损失,片厚约 $100\mu m \sim 200\mu m$。曾研究过多种制作硅带的方法,目前比较成熟的有枝蔓蹼状晶法(WEB)和边界限定薄膜馈料生长法(EFG):枝蔓蹼状晶法是从坩埚里长出两条枝蔓晶,由于表面张力的作用,两条枝晶的中间会同时长出一层薄片,切去两边的枝晶,用中间的片状晶来制作太阳电池。由于硅片形如蹼状,故称为蹼状晶。蹼状晶在各种硅带中质量最好,但生长速度相对较慢;边界限定薄膜馈料生长法是从特制的模具中拉出筒状硅来,现已能拉出每面宽为 10 cm 的 10 面体筒状硅。筒状硅用激光切割成单片来制作电池。目前,硅片厚度达 $300\mu m$ 筒状硅(这也是投入研究与发展最多的硅带),硅带产量已达 4 MW 级。近期,硅带的发展方向是制出 125 mm×125 mm 的硅片,厚度降为 $250\mu m$。另外,还有采用将硅液滴到旋转的模具中形成硅片以及用陶瓷片、碳网、碳片、两根平行碳棒等从硅液中拉出片状硅。但只有用 EFG 法生产的硅带可小批量生产,其它方法尚未进入应用阶段。

2. 小硅球

每个小硅球具有 pn 结,小球(平均直径 1.2 mm)在铝箔上形成并联结构组装成太阳电池。2 万个小硅球镶在 $100 cm^2$ 的铝箔上形成的太阳电池效率可达到 10%。此方法在 20 世纪 90 年代初发展起来,技术上有一定特色,但要降低成本尚有许多技术困难。

6.2.2 GaAs 太阳电池材料

20 世纪六七十年代,空间太阳电池仅限于单晶硅太阳电池。直到 80 年代,液相外延砷化镓(LPE GaAs)太阳电池才开始应用于空间领域(表 6-4)。空间太阳电池通常具有较高的效率,以便在空间发射的重量、体积受限制的条件下,能获得特定的功率输出。特别在一些特定的发射任务中,如微小卫星(重量在 50kg~100kg)上应用,要求单位面积或单位重量的比功率更高。空间太阳电池在地球大气层外工作,必然会受到高能带电粒子的辐照,引起电池性能的衰减,主要原因是由于电子或质子辐射使少数载流子的扩散长度减小。其光电参数衰减的程度取决于太阳电池的材料和结构。反向偏压、低温和热效应等因素也是电池性能衰减的重要原因,尤其对叠层太阳电池由于热胀系数显著不同,电池性能衰减可能更严重。在空间环境中,温度通常在±100℃之间变化,在一些特定的发射任务中,还要求更高的工作温度。另外,光伏电源的可靠性对整个发射任务的成功起关键作用,与地面应用相比,太阳电池/阵的费用高低并不重要,因为空间电源系统的平衡费用更高,而可靠性是最重要的。空间太阳电池阵必须经过一系列机械、热学、电学等苛刻的可靠性检验。因此,空间环境对太阳电池的要求大体包括以下四个方面,即转换效率高、抗辐照性能好、工作温度范围宽和可靠性好。

在 20 世纪 80 年代初期,苏联、美国、英国和意大利等开始研究和发展 GaAs 太阳电池。20 世纪 80 年代中期,GaAs 电池已开始用于空间系统,如苏联的和平号轨道空间站装备了 10 kW $Ga_{1-x}Al_xAs/GaAs$ 异质界面电池,单位面积比功率达到 $180W/m^2$,这些电池阵列在空间运行 8 年后输出功率总衰退不超过 15%。GaAs 太阳电池的制备工艺经历了从 LPE 到 MOVPE、从同质外延到异质外延、从单结到多结叠层结构的演变。另外,

GaAs 薄膜电池也取得了一定的进展,但效率普遍不高,因而限制了其作为电源在空间科学方面的应用。GaAs 太阳电池的转换效率,从最初的 16% 增加到现在的 25.1%,工业生产的规模已扩大到年产 100 kW 以上,并在空间系统中得到广泛的应用,尤其在小卫星空间电源系统中,GaAs 电池组件所占的比例正逐年增大。由表 6-4 可见,直到 1997 年发射的小卫星 SUNSAT 上的大部分 GaAs 太阳电池都是用 LPE 法生长的,因此以下主要讨论 LPE GaAs 太阳电池及材料。

表 6-4 小卫星太阳电池组件(主要为欧洲的小卫星)

名 称	发射时间/年	组件功率/W	太阳电池类型
UoSAT-1	1981	60	Silicon
UoSAT-2	1984	60	Silicon
UoSAT-3	1990	120	GaAs LPE
UoSAT-4	1990	110	GaAs LPE
BADR-A	1990	56	Silicon
UoSAT-5	1991	90	GaAs/Ge MOVPE
		15	GaAs LPE
TUBSAT-A	1991	60	Silicon
S80/T	1992	116	GaAs/Ge MOVPE
KITSA-A	1992	116	GaAs/Ge MOVPE
KITSA-B	1993	136	GaAs MOVPE
Healthsat-B	1993	136	GaAs MOVPE
PoSAT-1	1993	136	GaAs MOVPE
ARSENE	1993	180	GaAs LPE
BREMSAT-1	1994	100	Silicon
STRV-1A	1994	130	GaAs LPE GaAs/Ge MOVPE
STRV-1B	1994	140	GaAs/Ge MOVPE GaAs MOVPE
GERISE	1995	200	Silicon
ORSTED	1995	210	GaAs LPE
TECHSAT-1	1995	90	Silicon
UPM-Sat	1995	90	Mostly Silicon
FaSat-Alfa	1995	140	GaAs MOVPE
SAC-B	1996	220	GaAs LPE
MINISAT/INTA	1996	—	GaAs LPE
FASat-Bravo	1996	140	GaAs MOVPE
BADR-B	1996	200	GaAs LPE GaAs MOVPE
TMSat	1997	140	GaAs MOVPE
SUNSAT	1997	95	GaAs LPE
		33	GaAs/Ge MOVPE
TECHSAT-1B	1997	90	Silicon
SACL-1	1997	150	GaAs MOVPE

6.2.2.1 GaAs 太阳电池的结构

图 6-12 为 LPE GaAs 太阳电池的结构和能带。当 $x=0.8$ 时，$Ga_{1-x}Al_xAs$ 是间接带隙材料，$E_g=2.1$ eV，对光的吸收减弱，起窗口层作用。如果 $Ga_{1-x}Al_xAs$ 为 p 型，那么在导带边的能带补偿可构成电子的扩散势垒，减小光生电子的反向扩散，降低表面复合。同时，价带偏移不高，不会影响光生空穴向 p 层的输运和收集。这样的 $Ga_{1-x}Al_xAs/GaAs$ 异质界面结构提高了 LPE GaAs 电池的效率。

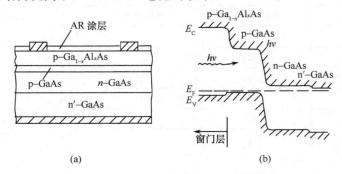

图 6-12 LPE GaAs 电池的结构和能带
(a)结构；(b)能带。

6.2.2.2 砷化镓太阳电池材料

砷化镓是一种典型的Ⅲ-Ⅴ族化合物半导体材料，具有与硅相似的晶体结构，不同的是 Ga 和 As 原子交替占位。GaAs 具有直接能带隙，带隙宽度 1.42 eV（300 K）。GaAs 还具有很高的光发射效率和光吸收系数，已成为光电子领域的基础材料。

GaAs 的光吸收系数 α，在光子能量超过其带隙宽度后剧升到 10^4 cm^{-1} 以上（图 6-13）。也就是说，当光子能量大于其带隙宽度的阳光经过 GaAs 时，只需 3μm 左右，GaAs 就可以吸收 95% 以上的这一光谱段的阳光，而这一光谱段正是太阳光谱中最强的部分。所以，GaAs 太阳电池的有源区厚度多选取 3μm 左右。这一点与具有间接带隙的硅不同。硅的光吸收系数在光子能量大于其带隙（300 K 时 1.12 eV）后是缓慢上升的，在太阳光谱很强的大部分区域，它的吸收系数都比 GaAs 小一个数量级以上。因此，硅需要厚达数十微米才能充分吸收阳光。

GaAs 的带隙宽度正好位于最佳太阳电池材料所需的能隙范围。由于能量小于带隙的光子基本上不能被电池材料吸收；而能量大于带隙的光子，多余的能量基本上会热释给晶格，很少再激发光生电子—空穴对转变为有效电能。因此，如果太阳电池采用单一的材料构成，则存在一个匹配于太阳光谱的最佳能隙范围。如前所述，Si 和 GaAs 都是优良的光伏材料，但 GaAs 比 Si 具有更高的理论转换效率。

GaAs 电池具有较好的抗辐照性能。电池材料抗辐照性能的优劣是由材料结构决定的。通常，材料组分的原子量大或原子之间键合力强，抗辐照性能就好。此外，抗辐照性能也与材料的掺杂类型和厚度有关。通常 P 型基区电池的抗辐照性能较好，因为少子是电子，具有较大的迁移率；薄层材料抗辐照性能更佳，因为高能电子的穿透能力很强，在数十微米厚度中引发的缺陷密度基本上是均匀分布的。如果将电池有源层减薄，即意味着减少了辐照缺陷的总数，GaAs 电池抗辐照性能好也部分由于于此。

GaAs 材料另一个显著特点是，易于获得晶格匹配或光谱匹配，或兼而有之的异质衬底电池和叠层电池材料，如 GaAs/Ge 异质衬底电池、$Ga_{0.52}In_{0.48}P/GaAs$ 和 $Al_{0.37}Ga_{0.63}As/GaAs$ 叠层电池。这使电池的设计更为灵活，可大幅提高 GaAs 电池的转换效率并降低成本。

GaAs 太阳电池的研制工艺主要包括液相外延(LPE)、金属有机气相外延(MOVPE)及分子束外延(MBE)等技术。GaAs 的液相外延(LPE)是利用 Ga 的饱和母液在缓慢降温过程中在 GaAs 衬底上析出饱和基质，实现材料的外延生长。液相外延生长系统的结构如图 6-14 所示，系统由外延炉、石英反应管、石墨舟、氢气发生器及真空机组组成。

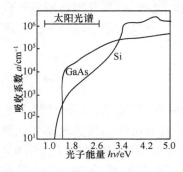 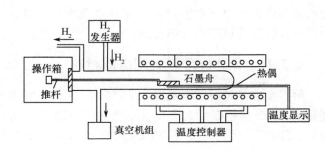

图 6-13 Si 和 GaAs 光吸收系数随光子能量的变化关系

图 6-14 LPE 生长系统的结构

由于 LPE 方法难以实现多层复杂结构的生长，很难精确地控制膜厚。因此，金属有机气相外延(MOVPE)被人们重视，它可通过气源的变换生长多层均匀异质外延层以及多结叠层电池。

此外，在Ⅲ-Ⅴ族空间太阳电池材料中，除 GaAs 电池材料外，InP 电池材料也受到了较多的关注，目前小面积($4.02cm^2$)InP 太阳电池的最高效率为 21.9%。

6.3 薄膜太阳电池材料

1954 年，Reynold 报道了第一个 Cu_2S/CdS 薄膜电池，虽然其稳定性不好，但开创了薄膜太阳电池研究的发展。世界各国一直高度重视薄膜太阳电池的研发。一方面是因为薄膜太阳电池的材料消耗低而可能有较低的成本。尽管多晶硅材料已较单晶硅材料便宜，但是今后几年内，进一步降低成本的空间很小。而晶体硅是硅太阳电池组件成本中难以降低的部分，虽然硅在地壳中含量很大(27.6%)，但世界硅的年产量不足 100 万吨。计算表明，薄膜太阳电池成本比单晶硅电池成本低，如 CdTe 太阳电池，可以低至 0.95 美元/W。另外，采用化合物半导体的太阳电池所需材料的量也很大。另一方面，薄膜太阳电池能制备成大面积的组件而有利于规模化生产，它节省了原料和简化了制作工艺，在制造工艺上集电池和组件为一体。因此，薄膜太阳电池的研发在一个较长的历史阶段代表着光伏科学与技术的发展方向。与晶体硅太阳电池相比，薄膜太阳电池的特点就是材料的制备过程，实际上也就是器件的制造过程。这决定了薄膜太阳电池的研究包括如下几方面内容：半导体薄膜的制备技术及其表征；结、特别是异质结的形成技术；器件物理，如结特性、载流子产生及输运；组件的集成技术。其中，半导体薄膜的制备方法是研究工作的核心。几乎每种半导体薄膜都有好几种制备方法。薄膜的制备方法和条件决定了薄膜的结构——非晶、微晶或多晶，也决定了它的组分——化学配比、掺杂浓度。薄膜材料的表征必须进行大量的基础性研究。对于化合物半导体太阳电池，还要对一些薄膜进行后处理，进而研究后处理对薄膜结构、组分、性质的影响。

目前，令人关注的薄膜太阳电池按材料分有三类：硅基薄膜太阳电池；化合物半导体薄膜太阳电池；有机薄膜太阳电池。硅基薄膜是指非晶硅(a-Si)薄膜、微晶硅(μc-Si)薄膜和多晶硅(poly-Si)薄膜。它们含有不同浓度的氢含量，硅与氢能形成较强的键。微结构和含氢量的不同使它们有不同的能隙宽度和光吸收系数。这样，硅基薄膜能形成不同类型的太阳电池。以下主要讨论非晶硅薄膜太阳电池、CdTe 薄膜太阳电池、$CuInSe_2$ 薄膜太阳电池以及有机薄膜太阳电池。

6.3.1　非晶硅薄膜太阳电池材料

第一个非晶硅薄膜电池是 1976 年由 Carlson 和 Wronsky 报道的，并于 1981 年实现商品化，1991 年占有了 50% 的光伏电池的市场，但由于非晶硅电池的转换效率随光照历史而下降，即光致衰减效应，其发展受到了影响。1995 年前后，只占有了 10% 左右的光伏电池市场。现在，已经发展了多种新的工艺以提高其稳定性和效率，如使用 a-SiC 窗口层，使用渐变带隙设计，发展多结叠层技术等。各种技术综合使用后，三结叠层的小面积非晶硅电池的转换效率达到了 14.6%，面积 $1.2m^2$ 的 a-Si/a-SiGe 组件最高稳定效率为 9.5%。日本的 Sanyo 公司以 CZ-Si 为基底，制备了面积约 $101cm^2$ 的 a-Si/c-Si 太阳电池，转换效率为 20.7%。1990 年，中国科学院半导体研究所研制的非晶硅单结太阳能电池的效率为 11.2%，南开大学研制的 $20cm \times 20cm$ 的非晶硅单结组件效率达到 9.1%，1 年户外试验效率衰减小于 15%。由于非晶硅薄膜太阳电池采用了低温工艺技术(约 200℃)，耗材少(电池厚度小于 $1\mu m$)，材料与器件同时完成，便于大面积连续生产，因此仍然受到人们重视。

6.3.1.1　非晶硅太阳电池的结构

非晶硅太阳电池是以玻璃、不锈钢及特种塑料为衬底的薄膜太阳电池，结构如图 6-15 所示。

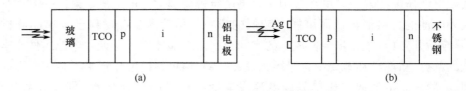

图 6-15　a-Si 太阳电池结构

玻璃衬底的 a-Si 太阳电池，光从玻璃面入射，电池电流从透明导电膜(TCO)和电极铝引出。不锈钢衬底太阳电池的电极与 c-Si 电池类似，在透明导电膜上制备栅状银(Ag)电极，电池电流从不锈钢和栅状电极引出。根据太阳电池的工作原理，光要通过 p 层进入 i(有源)层才能对光生电流有贡献。因此，p 层应尽量少吸收光，称其为窗口层。

非晶硅太阳电池的工作原理与单晶硅太阳电池类似，都是利用半导体的光伏效应。与单晶硅太阳电池不同的是，在非晶硅太阳电池中光生载流子只有漂移运动而无扩散运动。由于非晶硅材料结构上的长程无序性，无规网络引起的极强散射作用使载流子的扩散长度很短。如果在光生载流子的产生处或附近没有电场存在，则光生载流子由于扩散长度的限制，将会很快复合而不能被收集。为了使光生载流子能有效地收集，就要求在 a-Si 太阳电池中光注入所及的整个范围内尽量布满电场。因此，电池设计成 pin 型(p 层为入射光面)，其中 i 层为本征吸收层，处在 p 和 n 产生的内建电场中。

a-Si 电池也可设计为 nip 型，即 n 层为入射光面。实验表明，pin 型电池的特性好于 nip 型，因此实际的电池都做成 pin 型。

6.3.1.2 非晶硅太阳电池材料

非晶硅(a-Si)是近代发展起来的一种新型非晶态半导体材料。同晶体硅相比，它的最基本的特征是组成原子没有长程有序性，只是在几个晶格常数范围内具有短程有序。原子之间的键合十分类似晶体硅，形成一种共价无规网络结构。

另一特点是，在非晶硅半导体中可以实现连续的物性控制。当连续改变非晶硅中掺杂元素和掺杂量时，可连续改变电导率、禁带宽度等，这为获得所需要的新材料提供了广阔的天地。如目前已应用于太阳电池的掺硼(B)的 p 型 a-Si 材料和掺磷(P)的 n 型 a-Si 材料，它们的电导率可以由本征 a-Si 的约 10^{-9} S/m 提高到 10^{-2} S/m～1 S/m。本征 a-Si 材料的带隙 E_g 约 1.7 eV，通过掺 C 可获得 $E_g>2.0$ eV 的宽带隙 a-SiC 材料，通过掺入不同量的 Ge 可获得 1.7 eV～1.4 eV 的窄带隙 a-SiGe 材料等。通常把这些不同带隙的掺杂非晶硅材料称为非晶硅基合金。

非晶硅基合金半导体材料的电学、光学性质及其它参数与制备条件密切相关，因此性能重复性较差，结构也十分复杂。为了描述非晶硅基材料的结构，人们提出一些理论模型，如连续无规网络模型、微晶模型等。

连续无规网络模型认为：非晶硅半导体中最近邻原子间的键长、键角关系与晶体硅半导体类似，即每个原子仍然有四个最近邻原子排列在其四面体几何结构中，但与理想的金刚石结构相比，具有一些键角与键长的畸变。因此在网络形式上，非晶硅保持着与晶体硅类似的完整性。长程有序性由于键的无规排列而消失，短程序范围一般为 1 nm～2 nm。

微晶模型的基本思想是：认为非晶硅半导体中的大多数原子同其最近邻原子的相对位置与晶体完全相同。这些原子组成了一些非常微小(1 nm)的晶粒，这些晶粒又被称为结缔组织的无序区域连续起来。长程有序性的消失主要是因为这些微晶粒的取向是散乱、无规的。

大量的实验证明，实际的非晶硅基半导体材料结构既不像理想的无规网络模型，也不像理想的微晶模型，而是含有一定量的结构缺陷，如悬挂键、断键、空洞等。这些悬挂键、断键等缺陷态有很强的补偿作用，并造成费米能级的钉扎，使 a-Si 材料没有杂质敏感效应。因此，尽管对 a-Si 的研究早在 20 世纪 60 年代就已开始，但很长时间未付诸应用。1975 年，Spear 等人利用硅烷(SiH_4)的直流辉光放电技术制备出 a-Si：H 材料，即用 H 补偿了悬挂键等缺陷态才实现了对非晶硅基材料的掺杂，开始了非晶硅材料应用的新时代。

由于非晶硅材料在结构上是一种共价无规网络，没有周期性排列的约束，所以其特性,特别是光学和电学性质不同于晶体硅材料。

非晶硅材料结构上的长程无序产生了能带尾,带尾的宽度依赖于结构无序的程度。此外,非晶硅半导中存在的大量缺陷态在能隙中构成了连续分布的缺陷态能级。典型的 a-Si：H 能带结构如图 6-16 所示。图中 E_C、E_V 为迁移率边;$E>E_C$,$E<E_V$ 为扩展态;$E_A<E<E_C$ 为导带尾;$E_V<E<E_B$ 为价带尾;E_F 为费米能级;N_E 为能级密度。由图 6-16 看出,其能带结构除了存在类似于晶体硅半导体导带和价带的扩展态外,还存在着带尾定域态和带隙中缺陷定域态。这些定域态起陷阱和复合中心作用,它们对非晶硅半导体的电学和光学性能具有决定性影响。在电学性质上最明显的特征是非晶硅中电子和空穴的迁移率比晶体硅小得多。一般电子迁移率 $\mu_n \approx 1\ cm^2/(Vs)$,空穴迁移率 $\mu_p \approx 0.1\ cm^2/(Vs)$。在光学特性方面,由于非晶硅半导体不具有长程有序性,电子跃迁过程中不再受准动量守恒定则限制,因此可以更有效地吸收光子。一般在太阳光谱可见光波长范围内,非晶硅的吸收系数比晶体硅要大将近一个量级,其本征吸收系数高达 $10^5\ cm^{-1}$,而非晶硅太阳电池光谱响应的峰值与太阳光谱峰值接近。这就是非晶硅材料首先被应用于太阳电池的一个重要原因。

由于非晶硅材料的本征吸收系数很大(约 $10^5\ cm^{-1}$),因此太阳电池的厚度小于 $1\mu m$ 就能充分吸收太阳光能。这个厚度不足 c-Si 电池的 1/100,可以明显节省昂贵的半导体材料,这是非晶硅材料在光伏应用中的又一显著特点。

非晶硅材料是用气相沉积法形成的。根据离解和沉积的方法不同,气相沉积法分为辉光放电分解法(GD)、溅射法(SP)、真空蒸发法、光化学气相沉积法(Photo-CVD)和热丝法(HW)等。气体的辉光放电分解技术在非晶硅基半导体材料和器件制备中占有重要地位。下面以辉光放电法为例简单介绍制备非晶硅基薄膜材料的原理。

辉光放电法制备非晶硅基薄膜的系统如图 6-17 所示。根据辉光放电功率源频率的不同,辉光放电分为射频(RF-13.56 MHz)辉光放电、直流辉光放电、超高频(VHF-70 MHz～150 MHz)辉光放电等。把硅烷(SiH_4)等原料气体导入真空反应室内,用等离子体辉光放电加以分解,产生包含带电离子、中性粒子、活性基团和电子等的等离子体,它们在带有 TCO 膜的玻璃衬底表面发生化学反应形成 a-Si：H 膜,这种技术又称为等离子体增强型化学气相沉积(PECVD)。如果在原料气体 SiH_4 中混入硼烷(B_2H_6),即能生成 p 型非晶硅(p-a-Si：H);混入磷烷(PH_3),即能生成 n 型非晶硅(n-a-Si：H)。因此,仅仅变换原料气体就能依次形成 pin 结。

对于不锈钢衬底型电池,则采用 nip 结构,即在不锈钢衬底上依次沉积 nip,然后生长 ITO 膜,最后做栅状 Ag 电极。

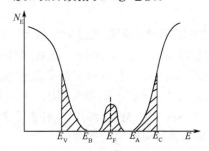

图 6-16　a-Si：H 能带模型

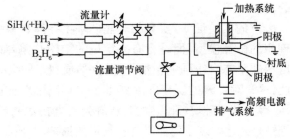

图 6-17　制备 a-Si：H 薄膜的辉光放电装置

6.3.2 CdTe 薄膜电池材料

CdTe 材料的主要优势是它的光谱响应与太阳光谱十分吻合,使得 CdTe 太阳电池理论转换效率很大,在室温下为 27%(开路电压 V_{oc}=1050mV;短路电流密度 J_{sc}=30.8mA/cm^2;填充因子 FF=83.7%)。而且 CdTe 有很高的直接跃迁(能隙约为 1.44eV)光吸收系数(10^5 cm^{-1}),就太阳辐射谱中能量大于 CdTe 能隙范围而言,1μm 厚的材料可吸收 99%的光。因此可减少材料消耗、降低成本,是一种理想的太阳电池吸收层材料。

1963 年,Cusano 报道了第一个异质结的 CdTe 薄膜电池,其结构为 n-CdTe/p-Cu$_{2-x}$Te。效率为 7%。与此同时,Adirovich 发展了现在普遍采用的 CdTe 太阳电池基本结构——玻璃/TCO/CdS/CdTe。1972 年,Bonnet 和 Rabenhorst 采用渐变能隙的 CdSTe 薄膜作为吸收层,获得了效率 5%~6% 的太阳电池。1982 年,Chu 等报道了效率为 7.2%的 ITO/CdTe 结构的太阳电池。1993 年,美国的 South Florida 大学取得了突破性的进展,制备的 n-CdS/p-CdTe 多晶薄膜电池有了 15.8% 的转化效率。1997 年,日本的 Matsushita 公司研制了 16%转化效率的 CdTe 电池。此后,我国学者吴选之在美国再生能源实验室(NREL)采用 ZnSnO$_4$/CdSnO$_4$ 材料代替 SnO$_2$ 研制出了转换效率为 16.5%的小面积 CdTe 电池,为目前世界记录。CdTe 商业化组件的效率已达 10%(表 6-5)。我国碲化镉太阳电池的研究工作起步较晚。四川大学在 2002 年底研制的小面积电池,经信息产业部 205 计量站测试,效率已达 13.38%,接近世界先进水平。其研制的中面积(54cm^2)太阳电池的效率约 7.03%。

另外,早在 1995 年前后,美国和德国联合研究了碲化镉太阳电池在生产和使用过程中对人体和环境的危害,得到如下三个主要结论:

(1)碲化镉不溶于水,是稳定的化合物,高于 500℃时才会分解,不会通过皮肤和呼吸道进入人体。

(2)生产线上的一些工作台面有镉的沉积物,但没有发现操作人员的血和尿样超标。

(3)失效的和破碎的碲化镉太阳电池不能当成普通垃圾,必须回收。

目前,美国 First Solar 公司在美国已建立了两条碲化镉薄膜太阳电池生产线,产品销往德国。2007 年,该公司开始在德国建一条年产 100 MW 的碲化镉薄膜太阳电池生产线,总投资 1.1 亿欧元,其中欧盟出资 4500 万欧元。美国布鲁克海文(Brookhaven)国家实验室和哥伦比亚大学基于美国 First Solar 生产、组件使用现场的系统测试,以及对其它太阳电池、能源生产企业的工艺、相关产品的使用环境研究分析发现:与煤、石油、晶体硅太阳电池相比,在发同样多电的情况下,碲化镉薄膜太阳电池的镉和其它重金属的排放是最低的。图 6-18 所示为几种能源生产与使用过程中镉的排放情况。其中,石油的镉排放量最高,为 44.3g/GW·h;煤次之,为 3.7g/GW·h。在太阳电池中,碲化镉太阳电池的镉排放量最低为 0.3g/GW·h,与天然气的相同。硅太阳电池的镉排放量大约是碲化镉太阳电池的两倍。而在 CdTe 组件使用过程中,即使发生诸如火灾、组件损毁等情况,由于组件采用双玻璃封装,在实验温度高达 1100℃时,玻璃变软以至于熔化,导体薄膜被包封在软化了的玻璃中,镉流失量不到组件所含镉总量的 0.04%,镉的排放量不到 0.06mg/GW·h。因此,美国和德国一直在生产和使用碲化镉薄膜太阳电池。目前,在多晶薄膜太阳电池中只有碲化镉太阳电池产量维持了 1997 年以来的稳步增长速率。在

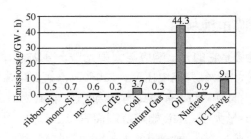

图 6-18 几种能源生产与使用过程中镉的排放

2004 年,其产量占有市场比率为 1.1%。

6.3.2.1 CdTe 太阳电池的结构

由于 CdTe 很难制成高电导率、浅同质结的太阳电池,因此一般采用异质结结构。现在普遍采用的 CdTe 太阳电池基本结构为 glass/SnO$_2$:F/CdS/CdTe(图 6-19)。光从玻璃面射入,用 CdS 层作为窗口层,CdTe 层为吸收层,透明导电膜(TCO)一般为 SnO$_2$:F,背电极用金。由于 CdTe 具有很高的功函数(≈5.5 eV),与大多数的金属都难以形成欧姆接触(图 6-19(b)),而 CdTe 很难实现重掺杂,不能通过隧道输运解决欧姆接触问题。现在,比较成功的方法就是在 p-CdTe 上沉积一层重掺杂材料,如 ZnTe、HgTe 以实现欧姆接触。

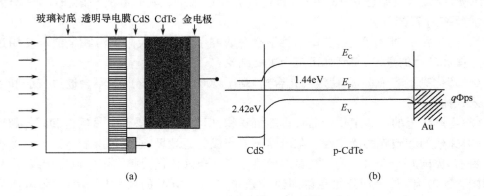

图 6-19 CdTe 太阳电池的基本结构和能带
(a)结构;(b)能带。

6.3.2.2 CdTe 太阳电池材料

这里主要介绍 CdTe 太阳电池材料的半导体层 CdTe 和 CdS 材料。

一、吸收层 CdTe

CdTe 是 Ⅱ-Ⅵ 族化合物,是直接带隙材料,带隙为 1.44eV。它的光谱响应与太阳光谱十分吻合,且电子亲和势很高,为 4.28eV。具有闪锌矿结构的 CdTe,晶格常数 $a=0.16477$ nm。由于 CdTe 薄膜具有直接带隙结构,所以对波长小于吸收边的光,其光吸收系数极大。厚度为 1μm 的薄膜,足以吸收大于 CdTe 能隙的辐射能量之 99%,因此降低了对材料扩散长度的要求。

CdTe 结构与 Si、Ge 有相似之处,其晶体主要靠共价键结合,但又有一定的离子性。

与同一周期的Ⅳ族半导体相比,CdTe 的结合强度很大,电子摆脱共价键所需能量更高。因此,常温下 CdTe 的导电性主要由掺杂决定。薄膜组分、结构、沉积条件、热处理过程对薄膜的电阻率和导电类型有很大影响。

制备 CdTe 多晶薄膜的方法很多,有近空间升华法、电沉积法、丝网印刷术、物理气相沉积、喷涂热分解等。但获得电池最高效率的制备方法是采用近空间升华系统(图6-20)沉积碲化镉薄膜。这种方法设备简单,沉积速率低,易于控制,污染小,适于大规模生产,成膜均匀、晶粒大小适当,具有优良的光学、电学性能。

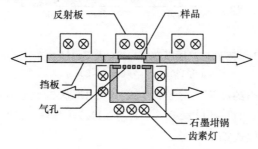

图 6-20 近空间升华系统

CdTe 在源温度高于 450℃时升华并分解成 Cd 和 Te_2,当它们沉积在温度相对较低的衬底上时,再化合生成 CdTe;为了制备厚度均匀、化学组分均匀、晶粒大小均匀的薄膜,要维持反应室内一定气压,并使 Cd 与 Te_2 不直接蒸发到衬底上,这样源与衬底间的距离必须小。这就是近空间升华的基本思想。而保护气体的种类和气压、源的温度、衬底的温度等则是制备的关键。制备 CdTe 的典型参数为:气体:氩;间距:5nm;源温度:620℃~680℃;衬底温度:520℃~580℃;沉积时间:8min~15min。

二、窗口层 CdS

CdS 是非常重要的Ⅱ-Ⅵ族化合物半导体材料。CdS 薄膜具有纤锌矿结构,是直接带隙材料,带隙较宽,为 2.42 eV。CdS 薄膜广泛应用于太阳电池窗口层,并作为 n 型层与 p 型材料形成 pn 结,从而构成太阳电池。它对太阳电池的特性有很大影响,特别是对电池转换效率有很大影响。

一般认为,窗口层对光激发载流子是死层。一方面 CdS 层高度掺杂,因此耗尽区只是 CdS 厚度的一小部分;另一方面,CdS 层内缺陷密度较高,使空穴扩散长度非常短,如果耗尽区没有电场,载流子收集无效。减少缺陷密度可使扩散长度增加,能在 CdS 层内收集到更多的光激发载流子。在 CdTe/CdS 太阳电池中,要想得到高的短路电流密度,CdS 膜必须极薄。由于 CdS 带隙为 2.42 eV,能通过大部分可见光,而且薄膜厚度小于 100 nm 时,CdS 薄膜可使波长小于 500 nm 的光通过。图 6-21 为四川大学(曲线 a,效率 13.38%)和美国 South Florida 大学(曲线 b,效率 15.8%)制备的 CdTe 太阳电池光谱响应曲线。其主要区别在于 CdS 厚度不同。可见,减薄 CdS 后扩展了短波响应。

制备 CdS 薄膜的方法很多,如丝网印刷法、电沉积法、溅射法、近空间升华法、真空蒸发法、喷涂法以及化学水浴法等。化学水浴法制备 CdS 薄膜工艺简单,成本低廉,易实现规模化生产,因此受到重视。

化学水浴法沉积 CdS 薄膜,以硫脲为硫源,络合物[$Cd(NH_3)_4^{2+}$]为镉前驱体,反应在氨水溶液中进行,反应温度保持在约 82℃。另外,加入缓冲剂 NH_4Cl 使成膜溶液的

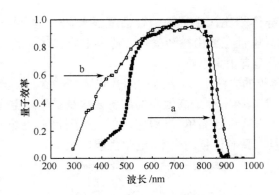

图 6-21 不同窗口层厚度的 CdTe 太阳电池的光谱响应曲线
a 为 180nm；b 为 60nm~80nm。

PH 值保持在 8~10,所用药品均为分析纯试剂,采用二次去离子水配制,各成分的浓度为 $[CdCl_2]=0.0012\ M$, $[NH_3H_2O]=0.1M$, $[(NH_2)_2CS]=0.004M$, $[NH_4Cl]=0.02M$。整个过程的反应方程式如下

$$Cd(NH_3)_4^{2+} + (NH_2)_2CS + 2OH \rightarrow CdS + 4NH_3 + 2H_2O + CN_2H_2$$

6.3.3 CuInSe$_2$ 薄膜电池材料

1976 年,Kazmerski 报道了第一个薄膜 CuInSe 电池,效率约 5%。目前,小面积 CIGS 太阳电池的转换效率已达 19.2%,采用物理气相沉积技术制备,其结构为 glass/Mo/CIGS/CdS/ZnO,是多晶薄膜电池转换效率的最高记录。Shell Solar GmbH 制备的 4938cm^2 的组件,效率达到 13.1%(表 6-5)。国内,南开大学制备的硒铟铜太阳电池光电转换效率达到了 12.1%,3.5cm×3.6cm 集成电池转换效率达到 6.6%。

表 6-5 大面积 CdTe 镉薄膜和 CIGS 薄膜太阳电池组件的研制水平

研制单位	材料	面积/cm^2	效率/%	功率/W	时间/年-月
BP Solar	CdTe	8390	11.0	92.5	2001-09
Würth Solar	CIGS	6507	12.2	79.2	2002-05
First Solar	CdTe	6623	10.2	67.5	2004-02
Shell Solar GmbH	CIGSS	4938	13.1	64.8	2003-05
Mitsubishi Battery	CdTe	5413	11.0	59.0	2000-05
Global Solar	CIGS	7714	7.3	56.8	2002-03
Antec Solar	CdTe	6633	7.0	46.7	2001-11
Shell Solar	CIGSS	3626	12.8	46.5	2003-03
Showa Shell	CIGS	3600	12.8	44.15	2003-05

6.3.3.1 CuInSe$_2$ 薄膜太阳电池的结构

以 CuInSe$_2$ 薄膜材料为基础的同质结太阳电池和异质结太阳电池主要有 n-CuInSe$_2$/p-CuInSe$_2$、(InCd)S$_2$/CuInSe$_2$、CdS/CuInSe$_2$、ITO/CuInSe$_2$、GaAs/CuInSe、ZnO/CuInSe$_2$ 等。在这些光伏器件中,最受重视的是 CdS/CuInSe$_2$ 电池。

一、n-CdS/P-CuInSe$_2$ 太阳电池

由低阻的 n 型 CdS 和高阻的 p 型 CuInSe$_2$ 组成的电池,一般有较高的短路电流、中等的开路电压和较低的填充因子。为了进一步提高该种结构电池的性能,必须降低电池的串联电阻,因此要降低 CdS 层的电阻或大幅度降低 CuInSe$_2$ 层的电阻而保持 CdS 层高阻。然而,大幅度降低 CuInSe$_2$ 的电阻,同时又要保证单一物相的材料是很困难的,而在 CuInSe$_2$ 上生长低阻的 CdS 也是困难的,特别是生长电阻率小于 1Ω·cm 的是对 CdS 层几乎不可能,因此该种结构电池的性能没能得到大的突破。

二、pin 型 CdS/CuInSe$_2$ 太阳电池

为了获得性能较好的 CdS/CuInSe$_2$ 电池,需要形成低阻 CuInSe$_2$ 层。实验发现,低阻 CuInSe$_2$ 材料与 CdS 接触时,在界面处会产生大量铜结核,使电池的效率大为降低。pin 型 CdS/CuInSe$_2$ 电池解决了这一问题。

i 层由高阻的 n 型 CdS 和高阻的 p 型 CuInSe$_2$ 组成,避免了 Cu 结核的形成。n 层由低阻的 n 型 CdS 形成,具有较低的体电阻,而且与上电极的接触电阻也较小。p 层由低阻的 p 型 CuInSe$_2$ 组成,有较低的体电阻和背接触电阻,而且由于和高电阻 p 型层形成了背场,有利于 V_{oc} 的提高。

三、(ZnCd)S/CuInSe$_2$ 太阳电池

为了进一步提高电池的性能参数,以 Zn$_x$Cd$_{1-x}$S 代替 CdS 制成 Zn$_x$Cd$_{1-x}$S/CuInSe$_2$ 太阳电池(x 在 0.1～0.3 之间)。ZnS 的掺入减少了电子亲和势差,从而提高了开路电压,同时提高了窗口材料的能隙,改善了晶格匹配,提高了短路电流。

6.3.3.2 CuInSe$_2$ 太阳电池材料

CuInSe$_2$ 是一种三元 I-II-VI 族化合物半导体,具有黄铜矿、闪锌矿两个同素异形的晶体结构。其高温相为闪锌矿结构(相变温度为 980℃),属立方晶系,布拉菲格子为面心立方,晶格常数为 $a=0.58$ nm,密度为 5.55 g/cm。低温相是黄铜矿结构(相变温度为 810℃),属正方晶系,布拉菲格子为体心四方,空间群为 I$\bar{4}$2d,每个晶胞中含有 4 个分子团,晶格常数为 $a=0.5782$nm,$c=1.1621$nm,与纤锌矿结构的 CdS($a=0.46$ nm,$c=6.17$nm)的晶格失配率为 1.2%。这一点优于 CuInS$_2$ 等其它 Cu 的三元化合物。

CuInSe$_2$ 是直接带隙半导体材料,77 K 时的带隙为 1.04 eV,300 K 时为 1.02 eV,带隙对温度的变化不敏感。其禁带宽度(1.04 eV)与地面光伏利用要求的最佳带隙(1.5 eV)较为接近。CuInSe$_2$ 的电子亲和势为 4.58 eV,与 CdS(4.50 eV)相差很小,这使它们形成的异质结没有导带尖峰,降低了光生载流子的势垒。

CuInSe$_2$ 具有一个 0.95 eV～1.04 eV 的允许直接本征吸收限和一个 1.27 eV 的禁戒直接吸收限,以及由于 DOW-Redfiled 效应而引起的在低吸收区(长波段)的附加吸收。CuInSe$_2$ 具有高达 6×10^5cm^{-1} 的吸收系数,是半导体材料中吸收系数较大的材料。具有这样高的吸收系数(即小的吸收长度),对于太阳电池基区光子的吸收、少数载流子的收集(即对光电流的收集)是非常有利的条件。这就是 CdS/CuInSe$_2$ 太阳电池有 39mA/cm^2 这样高的短路电流密度的原因。小的吸收长度($1/\alpha$)使薄膜厚度可以很小,而且薄膜的少数载流子扩散长度也很容易超过 $1/\alpha$,甚至结晶程度很差或者多子浓度很高的材料,扩散长度也容易超过 $1/\alpha$。

$CuInSe_2$ 的光学性质主要取决于材料各元素的组分比、各组分的均匀性、结晶程度、晶格结构及晶界的影响。大量实验表明,材料元素的组分与化学计量比偏离越小,结晶程度越好,元素组分均匀性好,温度越低,光学吸收特性越好。具有单一黄铜矿结构的 $CuInSe_2$ 薄膜的吸收特性比含有其它成分、结构的薄膜要好。表现为吸收系数增高,并伴随着带隙变小。

室温(300K)下,单晶 $CuInSe_2$ 的直接带隙为 0.95 eV~0.97 eV,多晶薄膜为 1.02 eV,而且单晶的光学吸收系数比多晶薄膜的吸收系数要大。原因是单晶材料较多晶薄膜有更完善的化学计量比、组分均匀性和结晶好。在惰性气体中进行热处理后,多晶薄膜的吸收特性向单晶靠近,这说明经热处理后多晶薄膜的组分和结晶程度得到了改善。

吸收特性随材料工作温度的下降而下降,带隙随温度的下降而稍有升高。当温度由 300 K 降到 100 K 时,E_g 上升 0.02 eV,即 100 K 时,单晶 $CuInSe_2$ 的带隙为 0.98 eV,多晶 $CuInSe_2$ 的带隙为 1.04 eV。

$CuInSe_2$ 材料的电学性质(电阻率、导电类型、载流子浓度、迁移率)主要取决于材料各元素组分比,以及由于偏离化学计量比而引起的固有缺陷(如空位、填隙原子、替位原子),还与非本征掺杂和晶界有关。

对材料各元素组分比接近化学计量比的情况,按缺陷导电理论:当 Se 不足时,Se 空位呈现施主,当 Se 过量时,呈现受主;当 Cu 不足时,Cu 空位呈现受主,当 Cu 过量时,呈现施主;当 In 不足时,In 空位呈现受主,当 In 过量时,呈现施主。

当薄膜的组分比偏离化学计量比较大时,情况变得非常复杂。这时薄膜的组分不再具有单一黄铜矿结构,而包含其它相(Cu_2Se、$Cu_{2-x}Se$、In_2Se_3、InSe 等)。在这种情况下,薄膜的导电性主要由 Cu 与 In 之比决定,一般是随着 Cu/In 比的增加,电阻率下降,p 型导电性增强。导电类型与 Se 浓度的关系不大,但 p 型导电性随着 Se 浓度的增加而增加。

6.3.3.3 $CuInSe_2$ 薄膜材料的制备

制备 CIGS 薄膜最关键的技术是控制元素的配比,其生长方法主要有真空蒸发法、Cu-In 合金膜的硒化处理法(包括电沉积法和化学热还原法)、近空间气相输运法(CSCVT)、喷涂热解法及射频溅射法等。

一、单源真空蒸发法

首先用元素合成法制备 $CuInSe_2$ 源材料。按化学计量比称取高纯的 Cu、In、Se 粉末,一般 Se 稍过量以获得 p 型材料;将源料放入一端封闭的石英管中,抽真空,真空度到 $1.33×10^{-3}$ Pa 以上时封闭石英管,制成一个安瓿,放入烧结炉中缓慢加热到 1050℃进行合成。源料要求具有单一黄铜矿结构,且为 p 型。对于 $CuInSe_2$ 源材料,也可先合成 Cu_2Se 和 In_2Se_3,再将适量 Cu_2Se 和 In_2Se_3 进行合成以获得 $CuInSe_2$。将合成的多晶 $CuInSe_2$ 源材料仔细研磨后,用电子束或电阻加热器进行蒸发,以获得薄膜。

直接用符合化学计量比的 $CuInSe_2$ 材料作蒸发源,所得薄膜一般为 n 型。如果在源中加入适量 Se 可得 p 型薄膜,衬底温度一般控制在 200℃~300℃,以 250℃为佳。此法的优点是:设备简单;缺点是不易控制组分和结构。

二、双源真空蒸发法

一个源中放入元素合成法制得的 $CuInSe_2$ 粉末作为主要蒸发源,另一个源中放入元素 Se,以控制薄膜的导电类型及载流子浓度。分别控制两源的蒸发速率,即获得理想的薄膜。衬底温度一般在 200℃~350℃。此法易于控制薄膜的组分和结构。

三、多源真空蒸发法

将高纯的 Cu、In、Ga 和 Se 分别放入独立的源中,并用相应的传感器系统监视各自的蒸发速率,然后反馈到各自的蒸发源控制器中,控制各自的蒸发速率,从而获得理想的薄膜。在实验室通常用三步法,第一步衬底在 350℃蒸发 10min~15min In+Ga+Se;第二步,衬底在 550℃下蒸发 25min~30min Cu+Se;第三步,衬底在 550℃下蒸发 25min~30min In+Ga+Se。三步法要满足 Ga 浓度分布条件,靠近底电极 Mo 和表层具有较高 Ga 成份,使得两端带隙宽,以提高电池开路电压。此法优点是易于控制组分和结构,与前两种方法相比,不用合成 $CuInSe_2$ 源料;缺点是设备复杂。此法是当前应用最广、研究最多的方法。

四、近空间气相输运法

用元素合成法制备近似满足化学计量比的 p 型 $CuInSe_2$ 多晶晶块作为输运源料,用碘或碘化氢气体作为输运剂,以铝片、石墨片、Mo/Al_2O_3 或 Mo/玻璃作衬底,在封闭系统中进行蒸发。$CuInSe_2$ 与碘的可逆反应为

$$CuInSe_2(s)+I_2(g)\longleftrightarrow CuI(g)+InI(g)+Se_2(g)$$

即固体的 $CuInSe_2$ 在高温下与碘蒸气发生反应,生成蒸气压高的 CuI、InI 及 Se_2 气体。上述反应是可逆的。温度高时反应由左向右进行;温度低时反应由右向左进行。

如果在源和衬底间保持温度梯度,在源上使反应从左到右,在衬底上使反应由右向左,则可将 $CuInSe_2$ 源输运到衬底上,形成 $CuInSe_2$ 薄膜。

HI 也可用作输运剂,因为高温下 HI 分解为碘蒸气和氢气。输运系统主要参数:衬底温度为 500℃~600℃,源温度为 500℃~600℃,衬底与源温差为 20℃~30℃,间距为 1 mm,碘蒸发压为 2.67 Pa~4.00 Pa。该法的优点是:设备较简单、源利用率高、成膜质量好;缺点是膜中有碘杂质存在。

五、化学热还原法沉积 Cu-In 合金膜,进行硒化处理

利用铜、铟的盐和氧化物在高温氢气氛中还原沉积 Cu-In 合金膜,然后在 H_2Se 气氛中进行硒化处理,便得 $CuInSe_2$ 薄膜。用于热还原的 Cu、In 化合物必须满足还原温度低于蒸发温度,同时能配成溶液。

将 $Cu(NO_3)_2$ 和 $In(NO_3)_3$ 溶于甲醇中,控制各自的浓度,使混合溶液具有合适的 Cu/In 含量比,然后将这种混合溶液均匀涂于 Mo/玻璃或 W/Al_2O_3 衬底上,经干燥后放入炉中,在氢气中进行还原。一般衬底温度先保持在 250℃~300℃,使硝酸盐分解为氧化物,氧化铜还原为铜,然后再提高温度到 550℃,氧化铟还原 In,从而获得 Cu-In 合金膜。控制溶液中的 Cu/In 比和还原温度,即得到合适的 Cu/In 合金膜。

这种方法所用 Cu、In 化合物很少,一般在 1 cm^2 的衬底上淀积 1μm 厚的各种金属膜,分别需要 1.4×10^{-5} mol 的铜化合物和 6.36×10^{-6} mol 的铟化合物。将用上述方法沉积的 Cu-In 合金膜在 H_2+H_2Se 气氛中进行热处理,便得到 $CuInSe_2$ 膜。一般用 90% H_2+10% H_2Se 进行处理,流量为 10 mL/min~30mL/min,时间为 30 min~100 min,硒化温度在 400℃左右。在硒化过程中,因为 In_2Se_3 在 400℃下便会蒸发,故沉淀富铟的 Cu-In 合金膜是必要的。此法的优点是:原料的利用率高、工艺简单,便于降低成本。

6.3.4 有机薄膜太阳电池材料

共轭高分子聚合物由于沿化学链的每格点与轨道交叠形成了非定域化的导带和价带,因而呈现半导体的性质,通过适当的掺杂可达到高迁移率,禁带宽度为几个电子伏特,在光照下,电子在分子能级间跃迁形成激子,激子在外场作用下离化为自由载流子,并分别移向正、负极,产生光伏效应,因此可用来制作太阳电池。有机太阳电池与晶硅太阳电池和其它无机太阳电池相比有以下优点:其化学可变性大、原料来源广泛;有多种途径可改变和提高材料的响应光谱使之与太阳光谱相匹配;易于加工成型,可大面积成膜;可采用多种方法使极性分子取向,能在分子水平控制薄膜的厚度;价格低廉;制备工艺简单;稳定性高。

有机半导体太阳电池材料主要是酞菁锌、叶绿素等有机半导体染料,其结构最初采用肖特基结,即在导电衬底上沉积有机染料。为了防止染料脱落,采取有机染料分散在聚碳酸酯、聚偏而氟乙烯等聚合物中,但降低了染料含量,电池性能一般很低。后来发展了有机半导体同质结、无机/有机半导体异质结、有机半导体异质结,但这些电池的转换效率最高也不到5%。1991年,Regan和Grätzel以纳米多孔TiO_2为半导体电极,以Ru络合物作敏化染料,并选用I^-/I^{3-}氧化还原电解质,制备了一种新结构的有机半导体太阳电池,即染料敏化二氧化钛半导体太阳电池(DSSC)。1993年,Nazeeruddin等采用这种结构获得效率为10.96%的DSSC太阳电池,使得DSSC太阳电池的商业化受到重视。这种电池材料主要由TiO_2和标准染料,如4,9,14-tricarboxy-2;2'-6,6'-terpyridylruthenium (11) trithiocyanate组成。中科院合肥等离子物理研究所制备了效率8.95%的小面积DSSC太阳电池,其大面积(1497.6cm^2)电池效率达5.7%。但由于染料寿命有限,需要不断添加。另外,液态电解质使用不便以及对环境影响,不利于制造大面积组件,因此DSSC太阳电池与实用阶段还有一定的距离。

6.4 第三代太阳电池材料

提高太阳电池的转换效率是光伏工作者不懈的追求,目前晶硅电池、GaAs实际效率已接近理论效率(28%),这是因为吸收层有一个确定的能隙宽度,所以理论转换效率受到了限制。

根据热力学第二定律,按太阳光的色温5762℃和太阳电池的结温60℃来计算,其转换效率最高可达92%,因此可望大幅度地提高太阳电池的转换效率。提高理论转换效率的一种方法就是采用叠层电池(图6-22),这种结构具有适于单独的光谱范围的多个能带,单块集成分立光谱的堆叠结构以及独立串联的特点,因而它扩展了电池的光谱响应范围,可更加有效地吸收太阳光。

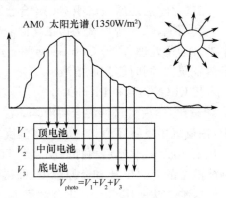

图6-22 叠层电池中每个子电池选择性地吸收和转换特定谱域的阳光

在此基础上,1997年,西班牙的Luque等提出了多带隙太阳电池模型,通过电子在带隙内深能级过渡跃迁来提高对各波段太阳光的利用率。2000年,Luque等设计了一种金属中间能带电池,通过在半导体的禁带中建立一个金属型的能带,即电子半填充,达到利用能量小于E_g的光子的目的。他们通过研究得到,若禁带宽度为0.93eV和1.4eV,则电池的效率为46%(开路电压1.914V,短路电流密度27.1mA/cm^2,填充因子0.889)。对于同样的禁带宽度,单结电池为30.6%,叠层电池为41.9%。若采用0.71eV和1.24eV的禁带,则电池的效率为63.2%,相应地,单结电池为40.7%,叠层电池为55.4%。可见,这种电池显示了其充分利用太阳光谱的特点和优越性。后来,澳大利亚的Green发展了这一思想,计算了这种电池的理论转换效率可达86.8%,这就是第三代太阳电池。

第三代太阳电池最简单的结构就是同质pn结,采用宽带隙半导体材料,如CdS、ZnSe、CdO、TiO_2、ZnO、In_2O_3等。要形成三带隙或多带隙,一般采用超晶格或掺杂方式。但具体技术还有许多问题迄待解决,如掺杂剂的选取、如何掺杂等。

6.5 太阳电池的应用

太阳电池的应用可以解决人类社会发展在能源和环境方面的三个主要问题:开发宇宙空间所需的连续不断的能源;地面一次能源的获得,解决目前地面能源面临的矿物燃料资源减少与环境污染的问题;日益发展的消费电子产品随时随地的供电问题。特别是太阳电池在使用中不释放包括CO_2在内的任何气体,这对改善生态环境,缓解温室气体的有害作用具有重大意义。因此太阳电池有望成为21世纪的重要新能源。

按应用范围可将太阳电池分为空间用太阳电池与地面用太阳电池。地面用太阳电池可分为电源用太阳电池与消费电子产品用太阳电池。每种太阳电池的技术要求不同。空间用太阳电池要求转换效率高(表6-6)、抗辐射强、可靠性高;地面电源用太阳电池要求发电成本低、转换效率高;消费电子用太阳电池则要求薄而小、可靠性高等。

表6-6 25℃,AM0条件下空间太阳电池效率

电池类型	面积/cm^2	效率/%	电池结构
一般Si太阳电池	64	14.6	单结太阳电池
先进Si太阳电池	4	20.8	单结太阳电池
GaAs太阳电池	4	21.8	单结太阳电池
InP太阳电池	4	19.9	单结太阳电池
GaInP/GaAs	4	26.9	单片叠层双结太阳电池
GaInP/GaAs/Ge	4	25.5	单片叠层双结太阳电池
GaInP/GaAs/Ge	4	27.0	单片叠层三结太阳电池
GaAs太阳电池	0.07	24.6	100X
GaInP/GaAs	0.25	26.4	50X,单片叠层双结太阳电池
GaAs/GaSb	0.05	30.5	100X,机械堆叠太阳电池

太阳电池适用于空间应用,因为它们不消耗燃料,不消耗自身,不排除废物或放

射性物质。20世纪60年代，科学家们就已经将太阳电池应用于空间技术，如通信卫星和侦察卫星、空间探测器、空间站、太阳能无人驾驶飞机等。如"深空"1号探测器采用的太阳能搜集器阵列达2521W，转换效率为22.5%，可以提供60W/kg的质量功率比。"火星勘察者"2001着陆器使用两个超灵活太阳电池阵列，可以提供870W的能量，每个翼仅重4.2kg。美国的"勇气"号和"机遇"号火星探险车依靠餐桌大小的太阳电池板提供源源不断的动力，在理想情况下每天可在火星上漫步20m左右。国际空间站安装了四对大型太阳能电池帆板，这四对太阳电池阵宽110m，能提供110kW的电源功率。

20世纪80年代初，美国研制出"太阳挑战者"号单座太阳能飞机，翼展14.3m，翼载荷为60帕，飞机空重90kg，机翼和水平尾翼上表面共贴有16128片硅太阳电池，在理想阳光照射下能输出3000W以上功率。这架飞机1981年7月成功地由巴黎飞到英国，平均时速54km，航程290km。

太阳能电池近年也被用于生产、生活的许多领域，如通信和工业应用；农村和边远地区应用；光伏并网发电系统；太阳能商品等。目前太阳电池最重要的地面应用为并网发电，其市场份额正迅速增长。并网光伏发电系统包括城市与建筑结合的并网光伏发电系统(BIPV)和大型荒漠光伏发电站。现在，全世界大约60%的太阳电池用于并网发电系统，主要是用于城市。太阳电池也作为小功率电源使用，如太阳能路灯、太阳能庭院灯、太阳能草坪灯、太阳能喷泉、太阳能城市景观、太阳能信号标识、太阳能广告灯箱、太阳能充电器、太阳能钟、太阳能手表、太阳能计算器、汽车换气扇、太阳能汽车、太阳能游艇、太阳能玩具等。太阳能电池发电确实是一种诱人的方式，据专家测算，如能把撒哈拉沙漠太阳辐射能的1%收集起来，足够全世界的所有能源消耗。可以预见，太阳能电池在本世纪里将成为替代煤和石油的重要能源之一，在人们的生产、生活中占有越来越重要的位置。

习题与思考题

1. 什么是光伏效应，太阳电池的基本工作原理是什么？
2. 描述太阳电池性能的几个重要参量是什么？说明其物理意义。
3. 太阳电池材料包括哪些部分？体太阳电池指的是哪些太阳电池？
4. 空间能源对太阳电池有哪些具体的要求？
5. 为什么说薄膜太阳电池是最有发展前景的太阳电池？
6. 为什么非晶硅太阳电池要作成pin结构？
7. CdTe的功函数很高，而且很难掺杂，请问目前采用什么工艺解决CdTe与金属电极的欧姆接触问题？
8. 什么是多带隙太阳电池，主要由哪些材料组成？
9. 叠层电池和多带隙太阳电池的基本物理思想是什么？
10. 举例说明太阳电池的应用。

第7章 固体激光材料

1960年,美国的物理学家梅曼(Maiman)研制成功世界上第一台以红宝石($Cr:Al_2O_3$)为工作物质的固体激光器。随后,各种新型激光器如气体激光器、半导体激光器、自由电子激光器等相继问世,使激光技术得到了迅速发展。LASER(激光)是 light amplification by stimulated emission of radiation(光受激辐射放大)的缩写,反映了激光的物理本质,也决定了激光固有的四大特征:单色性、相干性、方向性和高亮度。

激光器的出现促进了激光材料的发展,至今已经发现了数百种新型激光工作物质(包括固体、液体及气体等)。在各种激光器的研发中,固体激光器占据主导地位。固体激光材料是发展固体激光器的核心和关键。本章首先讨论固体激光器对材料的基本要求,然后重点介绍激光晶体、激光玻璃和激光陶瓷这三类重要的固体激光工作物质的性质、特点、制备方法及其应用。

7.1 固体激光工作物质的性质

一台固体激光器由三个主要部分组成(图7-1):一是激发光源,图7-1中为一支直管状脉冲氙灯;二是激光工作物质,图7-1中是一根两端面抛光的红宝石棒;三是光学谐振腔,图7-1中为两块反射镜。"灯"、"棒"、"腔"是组成固体激光器的三要素。

光学谐振腔是由两块反射镜或多块反射镜组成的开放式振荡腔,具有两个作用:①是正反馈作用,使沿腔轴方向的受激辐射占主导地位,从而抑制其他方向的受激辐射,最终只存在腔轴方向的受激辐射;②选模作用,通过损耗来限制激光只在几个模式(mode)或一个模式上振荡。

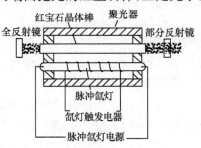

图7-1 红宝石激光器结构

固体激光器通常采用光激励。传统上使用氪灯或氙灯泵浦,由于其发射谱线与工作物质的吸收不匹配,所以泵浦效率一般较低。近年来,随着半导体激光器的发展,采用波长与激光工作物质相匹配的激光作激励光源,使得泵浦源能与工作物质吸收有效耦合,大大提高了泵浦效率(7%~20%)。一般采用的半导体激光泵浦方式有端面泵浦和侧面泵浦两种方式,如图7-2(a)和(b)。若为调Q输出,腔内还有调Q器件。

7.1.1 固体激光工作物质应具备的基本条件

固体激光工作物质由基质材料和激活离子两部分组成。工作物质的各种物理化学性

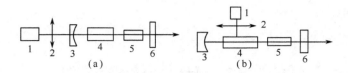

图 7-2 激光器泵浦
(a)端面泵浦;(b)侧面泵浦。
1—泵浦源;2—透镜;3、6—谐振腔镜片;4—工作物质;5—其它器件。

质主要由基质材料所决定;工作物质的光谱性质主要由激活离子所决定。但由于激活离子与基质材料之间存在着相互作用,因此基质材料对工作物质的光谱性质,激活离子对工作物质的物理化学性质都有一定的影响。一种优良的激光工作物质应该具有以下几个特点。

7.1.1.1 荧光和激光性能

为了获得较小的阈值和尽可能大的激光输出能量,要求材料在光源辐射区交界有较强的有效吸收,而在激光发射波段上应无光吸收;要有强的荧光辐射,高的量子效率,适当的荧光寿命和受激发射截面等。具体要求如下。

(1)若材料的荧光线宽($\Delta\upsilon$)窄,则光泵浦阈值(E_0)小,这对连续器件有利。但对大功率、大能量输出的器件反而希望 $\Delta\upsilon$ 要宽,以便减少自振,增加储能。因为谱线加宽会使阈值提高,但对同样粒子数反转,谱线加宽减少了放大的自发辐射损耗,在使用锁模技术时就能得到较短的巨脉冲。

(2)对荧光寿命 τ 的要求较复杂,较小的 τ 可以使光泵浦阈值降低,但同时限制了振荡能量的提高,所以不同工作状态的激光器对 τ 的要求也就不同。如对一个光泵水平较低(接近阈值)的激光器,希望 τ 值小一些,以便获得较低的光泵阈值能量和较大的振荡输出能量;但对于一个光泵水平很高(比阈值高许多)的激光器,则要求 τ 大一些,以利于获得较多的粒子数反转,从而取得较大的振荡能量;对于巨脉冲激光器,为了增加储能,也要求 τ 值较大(约 2ms 以上)。

(3)要求尽量大的荧光量子效率(η),多而宽的激发吸收带 $\Delta\upsilon_p$ 和高吸收系数 K_p。要使吸收光谱带与光源的辐射谱带尽可能重叠,以利于充分利用泵浦光的能量。

(4)要求有大的能量转移效率,也要求激光线的荧光分支比要大,使吸收的激发能量尽可能多地转化为激光能量。从降低阈值和提高效率角度来衡量能级结构,四能级优于三能级。

(5)要求非辐射弛豫快(无辐射跃迁几率大),非辐射过程实质上是发射声子的过程,基质声子截止能量高,则发射声子数少,无辐射跃迁的几率就大。

(6)要求基质的内部损耗 σ 要小,首先要求基质在光泵光谱区内的透明度要高,其次要求在激光发射的波段上无光吸收。目前使用光泵的辐射谱带大部分位于可见区、近紫外及红外区域,因此必须选择在该区域透明的材料。过渡金属元素化合物,在近紫外到红外都有强的吸收而使基质的透明率下降。基质对激光波段吸收的主要影响因素也是杂质。Sm^{2+}、Dy^{3+}、Fe^{2+}、Cr^{3+} 在 $1.06\mu m$ 附近也有吸收,在 Nd:YAG 中 Dy^{3+} 特别有害。

7.1.1.2 光学均匀性

晶体内的光学不均匀性,不仅使光通过介质时波面变形,产生光程差,而且还会使其振荡阈值升高、激光效率下降。晶体的静态光学均匀性好,则要求内部很少有杂质颗粒、包裹物、气泡、生长条纹和应力等缺陷,折射率不均匀性尽量小。晶体的动态光学均匀性要好,要求材料在激光作用下,不因热和电磁场强度的影响而破坏晶体的静态光学均匀性。

激光材料还必须具有良好的热学稳定性。激光器在工作时,由于激活离子的无辐射跃迁和基质吸收光泵的一部分光能而转化为热能,同时由于吸热和冷却条件不同,在激光棒的径向就会出现温度梯度,从而导致晶体光学均匀性降低。

7.1.1.3 其它物理化学性能

要求热膨胀系数小,弹性模量大,热导率高,化学价态和结构组分要稳定,还要有良好的光照稳定性等;能容易制得大尺寸、光学均匀性良好的单晶,并易于加工。

7.1.2 固体激光工作物质的基质

固体激光工作物质由基质材料和激活离子组成。基质材料应能为激光离子提供合适的配位物,并具有优良的机械性能和优异的光学质量。常用的基质材料有晶体、玻璃和陶瓷三大类。

7.1.2.1 基质晶体

在基质晶体中,离子呈有序排列,掺杂后形成掺杂的离子型晶体。有序的晶格场对各离子的影响相同,离子谱线为均匀加宽,基质晶体热导率高、硬度高、荧光谱线窄。主要的基质晶体有:

(1)金属氧化物晶体,如蓝宝石 Al_2O_3、钇铝石榴石 $Y_3Al_5O_{12}$(YAG)、钇镓石榴石 $Y_3Ga_5O_{12}$(YGG)、钆镓石榴石 $Gd_3Ga_5O_{12}$(GGG)和氧化钇 Y_2O_3 等;

(2)磷酸盐、硅酸盐、铝酸盐、钨酸、钼酸盐、钒酸盐、铍酸盐晶体,如氟磷酸钙 $Ca_5(PO_4)_3F$、五磷酸钕 NdP_5O_{14}、铝酸钇 $YAlO_3$(YAP)、铝酸镁镧 $LaMgAl_{11}O_{19}$(LMA)、钨酸钙 $CaWO_4$、钼酸钙 $CaMoO_4$、钒酸钇 YVO_4、铍酸镧 $La_2Be_2O_5$ 等;

(3)氟化物晶体,如氟化钇锂 $YLiF_4$(YLF)、氟化钙 CaF_2、氟化钡 BaF_2 和氟化镁 MgF_2 等。

7.1.2.2 基质玻璃

玻璃中的主要元素以共价键结合形成网络结构,其结构特点是近程有序而长程无序,掺入的激活离子处于网络之外空隙中。周围的网络对于离子称为配位体,配位体电场对各个激活离子的影响不完全一样,使离子谱线呈非均匀加宽。常用的基质玻璃有硅酸盐、磷酸盐、氟磷酸盐和硼酸盐玻璃等。与晶体基质相比,玻璃基质的主要缺点是热导率低和荧光谱线宽,但易制造,成本低,易掺杂,均匀性好,是大功率和高能量激光器中使用的重要基质材料。

7.1.2.3 基质陶瓷

基质陶瓷是透明的,晶粒尺寸在几十微米量级,其化学组分更接近理想成分组成,而光学性能、机械性能、导热性能等类似于晶体或优于晶体。在陶瓷中,激活离子随机分布在晶粒的内部或表面,没有明显的偏聚现象。激活离子受晶场作用、激活离子的能级结构、激活离子的电子能级跃迁等类似于晶体中的情况。用陶瓷作工作物质的困难在于,陶瓷是多晶的,具有气孔、杂质、晶界等缺陷,这些缺陷易造成光线强的散射和折射及材料的不透明性。但激光陶瓷与激光晶体相比,陶瓷的制备时间短,成本低,可以制备各种形状和尺寸,烧结的温度比晶体的熔点低,组分偏离小,掺杂量高;与玻璃比较,激光陶瓷在热导率、硬度、机械强度等性能方面具有更大的优势。

7.1.3 固体激光工作物质的激活剂

激活离子又称激活剂,工作物质的光谱特性主要由激活剂所决定。按激活介质的能级结构,固体激光器工作图有三能级和四能级两种类型。红宝石激光器是典型的三能级系统(图7-3),掺钕钇铝榴石是典型的四能级系统(图7-4)。在实现光放大时两者的主要差别是四能级系统受激跃迁的终态不是基态能级 E_1,而是它上方的能级 E_2。在室温下,从基态能级 E_1 直接激发到能级 E_2 的几率很小,这时能级 E_2 上的粒子数接近于零。因此,在能级 E_3 与 E_2 间容易建立粒子数反转,即四能级系统与三能级系统相比可在较低激励能量下获得激光输出。

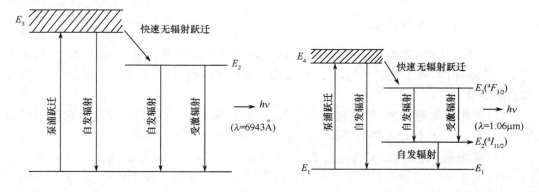

图7-3 红宝石中 Cr^{3+} 的能级　　图7-4 钕钇铝榴石中 Nd^{3+} 的能级

固体激光工作物质中使用的激活剂有过渡金属离子、稀土金属离子和锕系离子三类。以下是这三类激活剂的性质简述。

7.1.3.1 过渡金属离子

表7-1为激光晶体中已经使用的过渡金属元素激活离子。过渡金属元素的最外层电子是价电子,有时次外层的一部分或全部的 d 电子也充当价电子。因而一种元素可形成多种价态的正离子。过渡金属中的3d层电子由于没有外层电子的屏蔽,在基质晶体中直接受晶格场的作用,所以它的能级分布等特性和自由离子的情况有显著不同。已经实现激光振荡的过渡金属离子有红宝石中的铬离子(Cr^{3+}),氟化镁中的钒离子(V^{2+})、钴离子(Co^{2+})、镍离子(Ni^{2+})等。

表 7-1 过渡族金属激活离子

离子	半径/nm	3d 电子数	跃迁通道	振荡波长/μm
Ti^{3+}	0.067	1		0.750～0.850
V^{2+}	0.073	3	$^4T_2 \to {}^4A_2$	1.12
Cr^{3+}	0.062	3	$^2E \to {}^4A_2$	0.69
Co^{2+}	0.065	7	$^4T_2 \to {}^4A_1$	1.8,1.99,2.1
Ni^{2+}	0.069	8	$^3T_2 \to {}^3A_2$	1.6

Cr^{3+} 的能级如图 7-5 所示。$^4A_2$ 为 Cr^{3+} 的基态。$^4F_1$ 和 $^4F_2$ 是两个分布很宽的能带,所以 Cr^{3+} 的吸收波长范围较大。基态 Cr^{3+} 吸收泵浦光后被激发至 $^4F_1$ 能级和 $^4F_2$ 能级。处于 $^4F_1$ 和 $^4F_2$ 两个能级上的 Cr^{3+} 不稳定,一般以无辐射跃迁的形式跃迁至 ^2E 能级。^2E 能级是个亚稳态(寿命约为 3×10^{-3} s),它由两个子能级 $2\overline{A}$ 和 $\overline{E}$ 组成,能级间隔为 $29cm^{-1}$。由这两个子能级可以向基态 $^4A_2$ 辐射跃迁,发出 R_1(694.3nm)和 R_2(692.9nm)两个波长的激光。但 R_1 的强度比 R_2 的大,故室温工作的激光发射的激光波长为 694.3nm。

Cr^{3+} 具有很宽的吸收带,只有两条辐射跃迁通道($2A \to {}^4A_2$ 和 $E \to {}^4A_2$),所以荧光光谱线较少,荧光效率较高,激光上能级的寿命较长(^2E 寿命约为 3×10^{-3} s)。

7.1.3.2 稀土金属离子

稀土元素,也叫镧系元素。稀土元素最外层与次外层的电子数几乎相同,只是外数第三层的 f 电子层有所不同,所以各稀土元素的性质彼此十分相似。现大多数的稀土离子,已在各种晶体、玻璃和陶瓷中实现了激光振荡。其中,二价稀土离子因存在变价问题,在基质材料中的激光性能不如三价稀土稳定。在三价稀土离子中,应用最广的是钕离子(Nd^{3+}),已在 100 多种不同的晶体、玻璃和陶瓷中产生激光。近年来为扩展新波段,也开始使用其它稀土离子如 Er^{3+}、Ho^{3+}、Tm^{3+} 等。现有三价离子的激光器都是四能级系统,大部分掺三价稀土离子的晶体激光器是脉冲式,也有不少是连续的。表 7-2 为常用的三价稀土激活离子。

表 7-2 三价稀土激活离子

离子	半径/nm	4f 电子数	跃迁通道	振荡波长/μm	离子	半径/nm	4f 电子数	跃迁通道	振荡波长/μm
Pr^{3+}	0.114	2	$^3P_0 \to {}^3H_6$	0.6	Er^{3+}	0.1	11	$^4S_{3/2} \to {}^4I_{9/2}$	1.7
			$^3P_0 \to {}^3F_2$	0.64				$^4S_{3/2} \to {}^4I_{1/2}$	1.26
			$^1D_2 \to {}^3F_4$	1.046				$^4S_{13/2} \to {}^4I_{13/2}$	0.85
			$^1G_4 \to {}^3H_4$	1.04				$^4S_{15/2} \to {}^4H_{15/2}$	0.554
Nd^{3+}	0.112	3	$^4F_{3/2} \to {}^4I_{9/2}$	0.899				$^4I_{11/2} \to {}^4I_{13/2}$	2.7
			$^4F_{3/2} \to {}^4I_{11/2}$	1.03				$^4I_{13/2} \to {}^4I_{15/2}$	1.5
			$^4F_{3/2} \to {}^4I_{13/2}$	1.34					
Eu^{3+}	0.107	6	$^5D_0 \to {}^7F_2$	0.61	Tm^{3+}	0.099	12	$^3H_4 \to {}^3H_6$	1.9
Dy^{3+}	0.103	9	$^6H_{6/2} \to {}^6H_{13/2}$	3.0				$^3F_4 \to {}^3H_5$	2.34
Ho^{3+}	0.102	10	$^5I_7 \to {}^5I_9$	2.0	Yb^{3+}	0.098	13	$^2F_{3/2} \to {}^2F_{7/2}$	1.03
			$^5S_7 \to {}^5I_8$	0.5					

Nd^{3+}是一种非常好的四能级系统的激活离子。目前常用的 Nd 激光器中工作物质主要有 Nd：YVO_4、Nd：YAG、Nd：YIG、钕玻璃及 Nd：YAG 陶瓷等。尽管这些工作物质的基质不同，但 Nd 激光器的工作原理基本相同。

图 7-6 为 Nd 激光器中 Nd^{3+} 的能级。基态 Nd^{3+} 吸收不同波长的泵浦光被激发至 $^4F_{3/2}$、$^4F_{5/2}$、$^4F_{7/2}$ 等激发态能级。这些能级上的 Nd^{3+} 以非辐射跃迁的形式跃迁至亚稳态 $^4F_{3/2}$ 能级（寿命约为 0.2ms）。从 $^4F_{3/2}$ 可辐射跃迁至 $^4I_{9/2}$、$^4I_{11/2}$、$^4I_{13/2}$ 能级，分别发出 $0.914\mu m$、$1.06\mu m$ 和 $1.34\mu m$ 的激光。其中由于 $^4I_{9/2}$ 能级距基态很近，激光器一般需在低温工作。

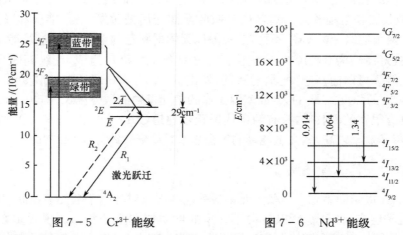

图 7-5　Cr^{3+} 能级　　　　图 7-6　Nd^{3+} 能级

Nd^{3+} 的辐射跃迁通道有三条，所以在激光产生过程中，会发生竞争，由于 $^4F_{3/2} \to {^4I_{11/2}}$ 通道的荧光分支比最大，即产生荧光的几率最大，所以一般 Nd 激光器以发出 $1.06\mu m$ 波长的激光为主，次之为 $1.34\mu m$ 的激光。

7.1.3.3　锕系离子

锕系元素包括从原子序数 89 至 101 的 12 个元素。锕系元素的最外层和次外层电子数与稀土元素差别不大，在化学性质上两者也十分接近。由于锕系元素的质量数很大，一般都具有放射性，这使材料的制备和处理均比较复杂。现在，除三价铀离子已在氟化钙中得到应用外（U：CaF_2），其余很少有报道。

7.2　激光晶体

高功率激光晶体在材料加工、军事、医学等方面有重要的应用，如 Nd：YAG 激光晶体，通过光纤导向非常适合精密加工的需要。Nd：$Gd_3Ga_5O_{12}$（Nd：GGG）激光晶体，是新一代战略武器高功率（100 kW）固体激光器优选工作物质。2004 年，美国利弗莫尔国家重点实验室 LD 泵浦的 Nd：GGG 激光器平均输出功率达 30 kW。由于 Yb^{3+} 的能级结构简单，高浓度掺杂不产生荧光猝灭，具有较宽的吸收峰，荧光寿命长，量子缺陷少，因此近年研究很多。2004 年，美国的林肯实验室采用 LD 泵浦 Yb：YAG 激光器输出功率已达 4kW。我国的清华大学获得了 1 kW 的激光输出，达到了国际先进水平。

中、小功率激光晶体也获得了较大的发展，如 Nd：YVO$_4$，受激发射截面大，808nm 具有较宽的吸收带，适宜 LD 泵浦的全固态激光器。中科院北京物理所和福建物构所采用 Nd：YVO$_4$ 晶体作工作物质，LBO 为倍频材料，在泵浦功率为 21.1W 时获得了输出功率 5.25W 的连续绿色激光。由于 Nd：YVO$_4$ 物化性能差，大尺寸晶体生长有困难，因此也有研究机械性能较好的 Nd：Sr$_5$(VO$_4$)$_3$F 晶体。

20 世纪 80 年代末期，发现了可调谐范围为 660nm～1100nm 的钛宝石(Ti：Al$_2$O$_3$)，其带宽适宜于实现 fs(10^{-15}s)激光脉冲，而且受激发射截面大、激光损伤阈值高等优点。2001 年，采用克尔透镜被动锁模获得了功率 100mW，脉宽 5fs～6fs 的激光，实现了 fs 脉冲下带宽 400nm 调谐。美国的 LLNL 实验室采用 3 块大尺寸片状钛宝石晶体(两块 ϕ100mm，一块 ϕ80mm)作为放大器，获得了 430fs、1.3 PW(PW=10^{15}W)、10^{21} W/cm^2 的激光辐照强度。高效率、小型化、集成化 LD 泵浦的全固态超快激光器发展也取得了巨大的成功。2004 年，Yb：SYS 晶体在 1066nm 处获得了平均功率 156 mW/70fs 的激光输出，其工作波长可在 1055nm～1072nm 范围连续可调。

近年来，人们开始注意新波段的工作，主要的是波长在 2μm～5μm 的中红外波段，可覆盖 H$_2$O、CO$_2$ 等几个重要的分子吸收带，在医学、遥感、激光雷达和光通信等方面有重要的应用。这一波段的激活离子有 Tm^{3+}、Er^{3+}、Ho^{3+} 等，基质晶体有 YAG、YAP、LiYF$_4$ 等。如 Er$_{1.5}$Y$_{1.5}$Al$_5$O$_{12}$(2.94μm)，由于此波长对水的吸收系数为 1(1.06μm 对水的吸收系数只有 10^{-4})，因此 3μm 激光在医学上有广泛应用。Er：YAG 已在外科、神经外科、牙科和眼科医学临床中实际应用。另外，Ho：Tm：Cr：YAG(2.08μm)，Tm：YAG(2.13μm)等 2μm 医用激光(对水的吸收系数为 10^{-2})已商品化。

激光晶体作为一种人工无机晶体，大致可分为掺杂型激光晶体、自激活激光晶体、色心(colour center)激光晶体和半导体晶体四类。

7.2.1 掺杂型激光晶体

绝大部分激光晶体都是掺杂型激光晶体，它是由激活离子和基质晶体两部分组成。常用的激活离子绝大部分是过渡金属离子和稀土金属离子。前者以掺钕钇铝石榴石晶体(Nd：Y$_3$Al$_5$O$_{12}$)为代表，而红宝石则可作为后一类激光晶体的范例。目前使用的基质晶体主要有氧化物晶体、氟化物晶体和其它晶体三大类。

氧化物晶体是使用最早、数量最多、应用最广的激光晶体工作物质，其中具有实用价值的优良晶体有红宝石、掺钕钇铝榴石、掺钕铝酸钇、掺铬铝酸铍等，它们都具有很好的物理化学性能，都能在室温下实现激光振荡，适于作高重复频率激光、连续或脉冲输出的大功率、大能量激光工作物质。但氧化物晶体的熔点大多较高，所以较难制备优质单晶。

氟化物晶体的特点是熔点较低，容易制备单晶体，但掺入激活离子后多数要在低温下实现激光运转。复合氟化物晶体可在室温甚至更高温度下实现激光振荡，但氟化物晶体的热学、力学性能欠佳，限制了它的应用范围。

其它晶体包括氟氧或硫氧阴离子化合物晶体、氯化物晶体和溴化物晶体。

另外，为提高固体激光器的效率，有时采用多掺杂进行敏化。敏化是在晶体中除了发光中心的激活离子外，再掺入一种或多种称为敏化剂的施主离子。敏化剂的作用是吸收激活离子不吸收的光谱能量，并将吸收的能量转移给激活离子。掺入敏化离子(对 Nd：

YAG 有 Cr^{3+}、Ge^{3+}、Mn^{3+} 等)后,敏化离子可以吸收更多的泵浦光能量,并通过不同方式(辐射跃迁和非辐射跃迁)转移给激活离子,扩大和强化了激活离子的吸收光谱,使原来不被激活离子吸收的泵浦光能量通过敏化离子的作用得到了利用,提高了固体激光器的效率。敏化途径虽然有效,但双掺或多掺晶体生长困难,制备工艺复杂,成本高。

7.2.2 自激活激光晶体

当激活离子成为基质的一种组分时,形成自激活晶体,也称正分高浓度激光晶体。在通常的掺杂型晶体中,激活离子浓度增加到一定程度时就会产生浓度猝灭效应,使荧光寿命下降,但在以 NdP_5O_{14} 为代表的一类自激活晶体中,含钕量比通常的 Nd:YAG 晶体高 30 倍,但荧光寿命并未产生明显的下降。由于激活离子浓度高,很薄的晶体就能得到足够大的增益,这使得它们成为高效、微型激光器的理想工作物质。表 7-3 为主要的自激活激光晶体。

表 7-3 主要的自激活激光晶体

晶 体	空间群	最邻近的阳离子数	波长/μm	寿命 $x=0.01$	寿命 $x=1.0$	寿命比	最大浓度/cm^{-3}
$Nd_xLa_{1-x}P_5O_{14}$	$P2_1/C$	8	1.051	320	115	2.78	3.9×10^{21}
$LiNd_xLa_{1-x}P_4O_{12}$	C2/C	8	1.048	325	135	2.41	4.4×10^{21}
$KNd_xGd_{1-x}P_4O_{12}$	$P2_1$	8	1.052	275	100	2.75	4.1×10^{21}
$Nd_xGd_{1-x}Al_3(BO_3)_4$	R32	6	1.064	50	19	2.63	5.4×10^{21}
$Nd_xLa_{1-x}Na_5(WO_4)_4$	$14_1/a$	8		220	85	2.59	2.6×10^{21}
$Nd_xLa_{1-x}P_3O_9$	$C222_1$	8		375	5	75	5.8×10^{21}
$C_3Nd_xY_{1-x}NaC_{16}$	Fm3m	6		4100	1230	3.33	3.2×10^{21}

7.2.3 色心激光晶体

表 7-4 为碱金属卤化物色心晶体及其特性。与一般激光晶体不同,色心晶体是由束缚在基质晶体格点缺位周围的电子,或其它元素离子与晶格相互作用形成发光中心。

表 7-4 主要碱金属卤化物色心晶体

晶 体	色心类型	泵浦波长/nm	输出功率/mW	效率/%	调谐范围/μm
LiF	F^{2+}	647	1800	60	800~1010
KF	F^{2+}	1064	2700	60	1260~1480
NaCl	F^{2+}	1064	150		1360~1580
KCl:Na	$(F^{2+})A$	1340	12	18	1620~1910
KCl:Li	$(F^{2+})A$	1340	25	7	2000~2500
KCl:Li	FA(Ⅱ)	530,647,514	240	9.1	2500~2900
KI:Li	$(F^{2+})A$	1730		3	2590~3165

由于束缚在缺位中的电子与周围晶格间存在强的耦合,电子能级显著加宽,使吸收和荧光光谱呈连续的特征,因此色心激光器可实现可调谐激光输出。目前色心晶体主要由碱金属卤化物的离子缺位捕获电子,形成色心。

7.2.4 半导体激光晶体

半导体激光器是指以半导体晶体为工作物质的一类激光器,主要有Ⅲ-Ⅴ族半导体,如 GaAs,GaN,GaAlAs 等;Ⅱ-Ⅵ族,如 CdS,ZnSe 等。1962 年,GaAs 半导体激光器首先被研制成功,由于其体积小、效率高、结构简单而坚固,引起人们极大重视。但又由于其阈值电流高($19 kA/cm^2$),光束单色性差,发散度大,输出功率小,而在一段时间内发展十分缓慢。到了 1968 年,人们开始研究 GaAlAs-GaAs 异质结构,半导体激光器的阈值电流密度下降了两个数量级,实现室温运转,输出功率有了很大的提高。20 世纪 70 年代末,研制成功了 GaAlAs-GaAs 量子阱结构激光器,阈值电流密度降到约 $500 A/cm^2$。随后,采用应变量子阱结构,GaInAs-GaAlAs 半导体激光器的阈值电流密度降为 $65 A/cm^2$。人们在研究应变量子阱激光器的同时,也致力于更新结构的激光器,如量子线激光器、量子点激光器、微腔激光器等。随着半导体激光器迅速发展,其发射波长几乎可以覆盖中红外区域和近紫外区域,如 GaAlAs-GaAs 处于近红外短波段、InP 基体系激光器覆盖了近红外长波段、GaSb 处于 $2\mu m \sim 3\mu m$ 的中红外波段,贝尔实验室研制的量子级联激光器材料将发射波长推广 $4.6\mu m \sim 17\mu m$ 中远红外波段、GaInP 体系为可见光红光范围,日本日亚化学公司的 GaN 基半导体量子阱激光器将发光波段推向了紫外至蓝紫波段。

7.2.5 几种主要的激光晶体

7.2.5.1 红宝石($Cr:Al_2O_3$)

红宝石是最早实现激光运转的固体激光工作物质,它是由刚玉单晶($\alpha-Al_2O_3$)为基质,掺入 0.05%~1%(重量比)的 Cr_2O_3 为激活剂组成的。刚玉晶体属六方晶系,空间群为 $D_{3d}^6 R_3 c$。天然产物具有复三方偏三角面体的对称形,对称要素为 $L_6^3 3L_2 3PC$(L_6^3 为六次像转轴,$3L_2$ 为三个二次对称轴,$3P$ 为三个对称面,C 为对称中心,光轴相当于 L_6^3),如图 7-7 所示。

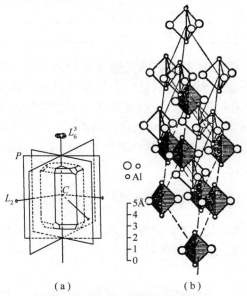

图 7-7 刚玉单晶的形态和结构
(a)刚玉单晶的对称形;(b)刚玉单晶的结构。

图 7-7(b)示出了刚玉的菱面体晶胞,棱长为 5.12Å,其平面角为 55°17′。菱面体的每个顶角及中心均有一个 Al_2O_3 分子,而中心的 Al_2O_3 分子相对于顶角的 Al_2O_3 分子转过了 180°。铝离子的有效半径为 0.57Å,氧离子的有效半径为 1.32Å。每个 Al_2O_3 分子中三个氧离子的中心间距为 2.49Å,处在同一平面上。两个铝离子沿 L_6^3 轴排列,两个铝离子间的距离为 2.7Å,铝离子与氧离子间的距离为 1.89Å。红宝石中的三价铬离子(Cr^{3+})在基质中取代部分铝离子(Al^{3+})。当掺入氧化铬(Cr_2O_3)的重量百分比浓度在 0.05%～1%范围内时,对应的铬离子密度为 $10^{19}/cm^3$～$3×10^{19}/cm^3$。

激光红宝石的生长在早期是采用焰熔法工艺。由于这一方法的固有缺点(加热区温度梯度很大),后来激光红宝石都改用提拉法生长。表 7-5 列出了红宝石的主要物理化学性质。由此可知,红宝石的机械性能和热传导性能都很好,化学性能也很稳定,是十分理想的激光基质材料。

表 7-5 红宝石的物理化学性质

基质成分	Al_2O_3	折射率温度系数	$12.6×10^{-6}$/℃
晶系	六方	抗张强度	4 160kgf[①]/cm^2
晶体结构与空间群	刚玉 $D_{3d}^6 - R\bar{3}c$	弹性模量	$3.84×10^6$kgf/cm^2
激活剂	Cr_2O_3	水中溶解度	0.000098g/100g 水
熔点	2 046℃	透光波段	0.14μm～6.0μm
沸点(纯基质)	2 500℃	荧光寿命	3ms
莫氏硬度	9	荧光量子效率	0.7
密度	3.90g/cm^3	荧光线宽	5Å
热导率	0.384W/(cm·K)	输出激光波长	6943Å
热膨胀系数	约 $6×10^{-5}$/℃	(室温)	
折射率($\lambda=7 000$Å)	$n_o=1.763$ $n_e=1.755$		

[①] 1kgf=9.80665N

红宝石的三能级结构决定了红宝石激光器阈值和效率均比较高,不宜作高重复率器件,但红宝石的亚稳态寿命长(约 3ms),且具有优良的机械和热学性能,可承受高功率负载,又比较容易制成大尺寸的工作体,故红宝石适合于做单脉冲大能量输出激光器(输出能量达约 10^3J)和调 Q 大功率激光器(峰值输出功率可达上万兆瓦)。这类激光器在激光加工、测距等方面得到实际应用。红宝石也能做重复频率脉冲器件、连续激光器、单膜激光器等,以满足不同的需要。

7.2.5.2 掺钕钇铝石榴石晶体(Nd:$Y_3Al_5O_{12}$)

石榴子石是一类天然矿物,化学成分可用通式 $A_3B_2(SiO_4)_3$ 来表示,其中 A 代表 Ca^{2+}、Mg^{2+}、Fe^{2+}、Mn^{2+} 等二价阳离子,B 表示 Al^{3+}、Fe^{3+}、Cr^{3+} 等三价阳离子。这些矿物因外形很像石榴子而得名。

当以钇和铝分别置换 A 和硅后便是化合式为 $Y_3Al_5O_{12}$ 的钇铝石榴石(yttriam aluminum garnet,YAG)。在 YAG 中,Y_2O_3 与 Al_2O_3 的摩尔比为 3:5,即 $3Y_2O_3·5Al_2O_3$。

YAG属立方晶系，空间群为$O_h^{10}-Ia3d$，点群常数是12.00Å。每个晶胞含八个$Y_3Al_5O_{12}$分子。石榴子石的分子式也可以用$[A_3^{3+}][B_2^{3+}][C_3^{3+}]O_{12}$来表示，对于YAG，[A]=Y，[B]、[C]=Al。那么，这时阳离子的配位情况如下：每个[C]离子周围共有4个O^{2-}离子，它们处在正四面体的角上，而[C]离子处在四面体的中心；每个[B]离子周围共有6个O^{2-}，分别处于正八面体的角上，[B]离子处在八面体中心。这些正四面体、正八面体所占据的空间，其间形成一些十二面体的空隙，每个角上都有氧离子占据着，中心位置上是[A]离子。掺入的Nd^{3+}等稀土离子进入YAG点阵以取代Y^{3+}离子，处在十二面体的中心位置[A]上。

Nd^{3+}：YAG单晶，起初使用熔剂法生长，以后也采用过焰熔法、水热法等。现在普遍用提拉法生长，加热方式有感应加热和电阻加热两种。使用提拉法已能长出φ50mm的大晶体(一根晶体可切制30余根激光棒)，φ40mm的晶体已进入批量生产。1974年开始，用改进的温度梯度法(热交换法)生长Nd：YAG晶体，获得了φ76mm×100mm的Nd：YAG大晶体。晶体的光学均匀性和完整性方面都优于提拉法生长的单晶。需要克服的主要障碍是激活离子(Nd^{3+})在基质中分布不均(纵向)和基质中存在铝酸钇($YAlO_3$)微颗粒。Nd：YAG的辐射跃迁属四能级系统，因而具有阈值低、能在室温下连续运转的特点。表7-6为Nd：YAG的多种输出波长。表7-7为Nd：YAG的主要物化性质。

表7-6 掺钕钇铝石榴石的激光波长

波长/μm	阈值/W	输出功率/MW	跃迁能级
1.0519	594	1.4	$^4F_{3/2} \to ^4I_{11/2}$
1.0613	300	7.0	$^4F_{3/2} \to ^4I_{11/2}$
1.0640	288	11.9	$^4F_{3/2} \to ^4I_{11/2}$
1.0736	348	6.3	$^4F_{3/2} \to ^4I_{11/2}$
1.1119	623	4.2	$^4F_{3/2} \to ^4I_{11/2}$
1.1158	646	1.4	$^4F_{3/2} \to ^4I_{11/2}$
1.1225	676	2.1	$^4F_{3/2} \to ^4I_{11/2}$
1.319	457	30	$^4F_{3/2} \to ^4I_{13/2}$

表7-7 掺钕钇铝石榴石的物理化学性质

基质成分	$Y_3Al_5O_{12}$	水中溶解度	—
晶系	立方	透光波段	0.24μm～6μm
晶体结构与空间群	$O_h^{10}-Ia3d$	荧光寿命	200μs
激活剂	Nd^{3+}	荧光量子效率	0.56
熔点	1 950℃	荧光线宽	$6.5cm^{-1}$, 1.2Å～3.0Å
密度	4.55g/cm²	输出激光波长	10641Å
热导率	0.14W/(cm·K)	抗张强度	$(10^7 N/cm^2)$
热膨胀系数	$6.9×10^{-6}℃^{-1}$	弹性模量	— $C_{11}=3.33$, $C_{12}=1.11$, $C_{44}=1.15$ $(10^7 N/cm^2)$
折射率	1.823		
折射率温度系数	$7.3×10^{-6}℃^{-1}$		

7.2.5.3 掺铬铝酸铍晶体（Cr：$BeAl_2O_4$）

紫翠宝石是在金绿宝石（$BeAl_2O_4$）中掺入少量的 Cr^{3+} 离子的激光晶体，其天然矿石是一种珍贵的装饰宝石。铝酸铍晶体属正交晶系，空间群为 $D_{2h}^{16}-Pmcn$，$a=9.404Å$、$b=5.476Å$、$c=4.427Å$。氧离子近似密排六方，Al^{3+} 和 Be^{2+} 分别占据八面体间隙位置和四面体间隙位置。已经证明，当偏离精确的氧离子密排六方时，出现两类八面体配体，AlⅠ占据反对称格位，而 AlⅡ 占据镜象格位。尺寸较大的 AlⅡ 优先被 Cr 或 Fe 离子取代（图 7-8）。

掺铬铝酸铍晶体曾采用水热合成法、焰熔法及汽相生长法，现在大多采用提拉法生长。表 7-8 为铝酸铍晶体的主要物理化学性能。掺铬铝酸铍晶体具有在室温下输出激光波长连续可调的性能，目前已实现的调谐范围为 701nm～794nm，是第一个成为商品的可调谐激光晶体。

表 7-8 掺铬铝酸铍的物理化学性质

基质成分	$BeAl_2O_4$	密度	$3.69g/cm^2$
晶系	正交晶系	热导率	$0.23W/(cm·K)$
晶体结构与空间群	金绿宝石，$D_{2h}^{16}-Pmcn$	透光波段	$0.2\mu m\sim5\mu m$
激活剂	Cr_2O_3	荧光寿命(300K)	0.3ms
熔点	1870℃	荧光线宽	2Å5Å
硬度	莫氏硬度 8.5 克氏硬度 1800(kgf/mm^2) ～2300($kgf/mm^{2①}$)	弹性模量	$C_{11}=4.32, C_{22}=4.64,$ $C_{33}=5.11, C_{44}=1.45,$ $C_{55}=1.52, C_{66}=1.42$ $(10^7N/cm)$
热膨胀系数	9.11∥a 轴，8.1∥b 轴，11.4∥c 轴$(10^{-6}/℃)$	输出激光波长	7010Å～8260Å
折射率(钠线)	$n_\alpha=1.746, n_\beta=1.748,$ $n_\gamma=1.756$	光性	双光轴，正光性，光轴角 $2V=45°$

① 1kgf=9.80665N

在掺铬铝酸铍晶体中，铬原子的振动造成一组叠加在电子态上的一组能级，即电子能态（通常是分立的不连续部分）$^4T_2$ 和 $^4A_2$ 分裂成振动主态，造成一个发射能够调节的区间。图 7-9 是紫翠宝石中 Cr^{3+} 离子与激光跃迁有关的能级。图中，$^4A_2$ 为基态，^2E、$^4T_2$ 为激发态。$^4T_2$ 与 ^2E 态的能量差得很小，只有几百个波数（cm^{-1}，$1eV=8056cm^{-1}$）。实际 $^4T_2$ 是一个较宽的吸收带，由于 Cr^{3+} 离子本身的振动，使得基态 $^4A_2$ 也不是单一的态，在其上形成了一级振动能级。在紫翠宝石中，存在着两类激光跃迁：一类是 $^2E\rightarrow^4A_2$（基态）电子能级间的跃迁，这是三能级类型的激光跃迁，波长为 680.4nm（300K 时），和红宝石中的 $^2E\rightarrow^4A_2$ 跃迁类似；另一类跃迁是 $^4T_2\rightarrow^4A_2$（振动态）之间的激光跃迁，是电子振动能级间的跃迁，属四能级类型的跃迁。在泵浦光作用下，处于基态 $^4A_2$ 的 Cr^{3+} 离子被激发到 $^4T_2$ 的各振动能级上，然后快速跃迁到 $^4T_2$ 能带的底部，并放出振动能量。$^4T_2$ 能带底部就是激光跃迁上能级，其下能级是 $^4A_2$ 的各激发子能级。这种跃迁可以产生可调谐激光。

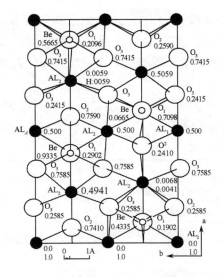

图 7-8　金绿宝石结构在(001)面上的投影

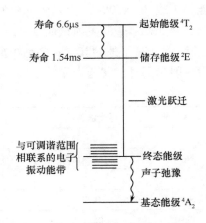

图 7-9　金绿宝石 Cr^{3+} 离子的能级

7.3　激光玻璃

在第一台红宝石晶体激光器出现后的第二年——1961 年,斯奈泽(Snither)就在掺钕的钡冕玻璃中获得了激光振荡。玻璃基质容易制成光学质量高的大型元件,能够均匀地掺入高浓度的激活离子而获得高的激光效率,可以方便地改变基质玻璃的成分以得到不同性能的激光玻璃。随着光纤激光器和光纤放大器的出现,激光玻璃的研究取得了重要的进展。

为了获得上转换和提高激光效率,发展了氟化物玻璃和硫系玻璃。氟化物玻璃由于具有较低的声子能量,能够降低玻璃在泵浦过程中的无辐射弛豫概率,提高稀土离子中间亚稳态能级的荧光寿命,从而有效提高上转换发光效率,因此氟化物玻璃 ZrF_4—BaF_2—LaF_3—AlF_3—NaF 已成为上转换发光基质材料的主要研究对象。

7.3.1　激光玻璃中的激活离子

激光玻璃中使用的激活离子有过渡金属离子和稀土元素离子两大类。激光玻璃中常用的激活离子是结构中有外层屏蔽电子的三价稀土元素离子。这类激活离子的激光跃迁是由 $4f$ 电子的受激辐射跃迁产生的,它们在玻璃的无规网络中,由于配位场不同而导致不同的能级分裂和位移,总的谱线是由一些不同网络造成中心频率略有不同的谱线的组合,因而辐射谱线及吸收谱线都较宽。辐射谱线的非均匀加宽,使玻璃激光材料的受激辐射截面较小,略逊于晶体激光材料;但吸收谱线的加宽,有利于泵浦光能的吸收,使泵浦光的利用率较高。玻璃中常用的激活离子如表 7-9 所列。激光性能最好的是钕离子的 $1.05\mu m \sim 1.08\mu m$ 激光辐射,钕离子的 $0.93\mu m$ 和钇离子的 $0.3125\mu m$ 两个激光辐射只能在低温 77K 实现,其它稀土离子的激光跃迁主要用于玻璃光纤。

Nd^{3+} 在玻璃中和在晶体中的能级结构相似,只是能级的高度和宽度略有不同。图 7-10 为玻璃中 Nd^{3+} 的简化能级,玻璃中 Nd^{3+} 离子属四能级系统。图中所示的上激光器光能级位于 $4F_{3/2}$ 之下,其自发发射寿命为几百微秒。终端激光能级是 $^4I_{11/2}$ 多重态下面的

163

一个能级,能级寿命在10ns～100ns之间。因为 μm 波长的 $^4I_{11/2} \rightarrow ^4I_{9/2}$ 跃迁被玻璃基质吸收,因此很难测量其寿命。$^4F_{3/2}$ 能级中任何能级的简并度均为1,终端激光能级的简并度可能是1或2。1.06μm荧光线宽约为 $250cm^{-1}$,荧光量子效率为0.3～0.7,荧光寿命为0.6ms～0.9ms,受激发射截面 $3\times10^{-20}cm^2$。

除 Nd^{3+} 离子外的其它一些稀土离子,由于在光学泵浦波长范围缺少强的吸收带,使用时一般和另外的稀土离子或过渡金属离子混合掺杂敏化。

表7-9 玻璃中常用的激活离子

激活离子	激光波长/μm	跃迁	玻璃基质
Nd^{3+}	0.93	$^4F_{3/2}$—$^4I_{9/2}$	钠钙硅酸盐玻璃,工作温度77K
	1.05～1.08	$^4F_{3/2}$—$^4I_{11/2}$	各种玻璃和光纤
	1.35	$^4F_{3/2}$—$^4I_{13/2}$	硼酸盐玻璃和各种光纤
Sm^{3+}	0.651	$^4F_{5/2}$—$^6I_{9/2}$	石英光纤
Gd^{3+}	0.3125	$^6P_{7/2}$—$^8S_{7/2}$	锂镁铝硅酸盐玻璃,工作温度77K
Tb^{3+}	0.54	$^5D_4$—$^7F_5$	硼酸盐玻璃
Ho^{3+}	0.55	$^5D_2$—$^5I_8$	氟化物玻璃光纤
	0.75	$^5S_2$—$^5I_7$	氟化物玻璃光纤
	1.38	$^5S_2$—$^5I_5$	氟化物玻璃光纤
	2.08	$^5I_7$—$^5I_8$	氟化物玻璃光纤,石英光纤
	2.90	$^5I_6$—$^5I_7$	氟化物玻璃光纤
Er^{3+}	0.85	$^4S_2$—$^4I_{13/2}$	氟化物玻璃光纤
	0.98	$^4I_{11/2}$—$^4I_{15/2}$	氟化物玻璃光纤
	1.55	$^4I_{13/2}$—$^4I_{15/2}$	多种玻璃和光纤
	2.71	$^4I_{11/2}$—$^4I_{13/2}$	氟化物玻璃光纤
Tm^{3+}	0.455	$^1D_2$—$^3H_4$	氟化物玻璃光纤
	0.480	$^3G_4$—$^3H_6$	氟化物玻璃光纤
	0.82	$^3F_4$—$^3H_6$	氟化物玻璃光纤
	1.48	$^3F_4$—$^3H_4$	氟化物玻璃光纤
	1.88	$^3H_4$—$^3H_6$	氟化物玻璃光纤
	2.35	$^3F_4$—$^3H_5$	氟化物玻璃光纤
Yb^{3+}	1.01～1.06	$^2F_{5/2}$—$^2F_{7/2}$	多种玻璃和光纤
Pr^{3+}	1.30	$^1G_4$—$^3H_5$	磷酸盐玻璃光纤
	1.047	$^1G_4$—$^3H_4$	硅酸盐玻璃,工作温度77K

7.3.2 几种主要的激光玻璃

最早实现激光输出的是掺钕钡冕玻璃,随后几乎对所有的无色光学玻璃都进行了掺钕激光试验,所有的光学玻璃都实现了激光输出。对光学玻璃激光特性的深入研究,并根据激光技术的某些特殊应用,逐渐开发了专门用于激光的玻璃品种,推动了调Q、锁模等超短脉冲技术、激光核聚变技术以及光通信技术的发展。

7.3.2.1 钕玻璃

目前专门开发用作激光玻璃的几种型号列于表 7-10 中，它们的激活离子都是三价钕离子，表中列出了一些主要性能，这些激光玻璃大体可分为掺钕硅酸盐玻璃、掺钕磷酸盐玻璃、掺钕氟化物玻璃和掺钕硼酸盐玻璃四种类型。

表 7-10 几种钕激光玻璃的性能

钕玻璃种类 性能	硅酸盐玻璃		磷酸盐玻璃		氟磷酸盐玻璃	氟铍酸盐玻璃
钕玻璃型号	N 03	N 11	N 21	N 24	LEP	B101
钕浓度(摩尔质量)/%	1.2	1.2	1.2	1.2	2.0	6.2
受激辐射截面/cm^2	1.4×10^{-20}	2.5×10^{-20}	3.5×10^{-20}	4.0×10^{-20}	2.8×10^{-20}	3.2×10^{-20}
荧光寿命/μs	580	310	350	310	405	271
激光波长/μm	1.062	1.062	1.054	1.054	1.053	1.048
荧光半宽度/nm	29	33	26.5	25.5	26.2	19.4
线性吸收系数/cm^{-1}	$<1.5\times10^{-3}$		1.2×10^{-3}	1.2×10^{-3}	$<3\times10^{-3}$	
折射率 n_d	1.5221	1.560	1.574	1.543	1.480	1.346
色散系数 υ	59.8	58.0	64.5	66.6	83.9	96
折射率温度系数/$℃^{-1}$	16.4×10^{-7}	24×10^{-7}	-53×10^{-7}		-79×10^{-7}	
非线性折射率/esu	1.8×10^{-13}	2.1×10^{-13}	1.3×10^{-13}	1.2×10^{-13}	0.69×10^{-13}	0.32×10^{-13}
热膨胀系数/$℃^{-1}$	88×10^{-7}	95×10^{-7}	117×10^{-7}	156×10^{-7}	157×10^{-7}	
转变温度/℃	590	465	510	370	420	
软化温度/℃	660	500	535	410	465	
密度/$(g\cdot cm^{-3})$	2.51	2.61	3.38	2.95	3.52	2.62

硅酸盐激光玻璃的基质是由二氧化硅为主要成分，适当引入少量其它氧化物所组成。硅酸盐玻璃的化学玻璃稳定性好，力学和热力学性能优越，制造工艺成熟，是最早被开发的激光玻璃系列。各氧化物的组成范围大致为(分子百分数)：SiO_2—65%～80%、R_2O_3—0～5%、RO—5%～10%，R_2O—10%～20%(R 代表某元素)。已成型的硅酸盐系列激光玻璃按其组成有下列四类：K_2O—BaO—SiO_2、K_2O—La_2O_3—SiO_2、R_2O—CaO—SiO_2、Li_2O—CaO—Al_2O_3—SiO_2。

这类玻璃掺钕后，受激发射截面较高，荧光寿命较长。与激光晶体相比，它的连续激光阈值较高，热导率较差，因此并不宜用作连续激光材料。然而它的荧光寿命长、荧光半宽度大，因而储能明显优于激光晶体，用它开发了许多调 Q 巨脉冲激光器件以及锁模超短脉冲器件，它制作工艺成熟、玻璃尺寸大、成本低廉，适宜于一般工业应用。组分为 Li_2O—Al_2O_3—SiO_2 的锂硅酸盐激光玻璃的受激发射截面较高，并可以通过离子交换技术进行化学增强，它被用于早期高功率激光系统，获得调 Q 的巨脉冲激光。

图 7-11 为硅酸盐钕玻璃的吸收光谱，它与 Nd：YAG 的吸收光谱相似，但吸收带较宽，对应于 $^4F_{3/2}$ 向 $^4I_{9/2}$、$^4I_{11/2}$ 和 $^4I_{13/2}$ 的跃迁有三条荧光谱线，中心波长分别为 $0.92\mu m$、$1.06\mu m$ 和 $1.37\mu m$。与 Nd：YAG 相似，通常硅酸盐钕玻璃只产生 $1.06\mu m$ 的激光振荡，

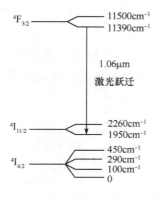

图 7-10 玻璃中 Nd^{3+} 的简化能级

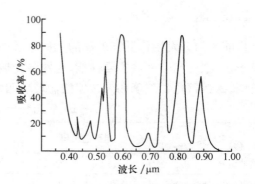

图 7-11 硅酸盐钕玻璃的吸收光谱

只有采用选频方法才能得到 $1.37\mu m$ 的激光。在低温下，可实现 $0.92\mu m$ 的激光振荡。

掺稀土激活离子的石英玻璃光纤是一种特殊的硅酸盐激光玻璃，除钕离子掺杂外，铒、镱、钬、铥等三价稀土激光离子在石英玻璃光纤中都获得了激光输出。其中用掺铒的单模石英玻璃光纤制成的 $1.55\mu m$ 激光放大器，其波长与光通信兼容，已在光纤通信中获得广泛应用。

20 世纪 70 年代，激光核聚变技术需要高功率激光。因为要实现核靶材料的聚变增益，激光的功率必须大于 $10^{12}W$。为此，该激光系统应该是超短光脉冲的多路多级系统，即要有多路激光，每一路由一级超短脉冲的前级种子激光器和若干级后续放大器组成。根据各种激光材料的特点，前级种子激光材料以掺钕氟化钇锂等激光晶体较为适宜，它们能高效率地产生 $1.053\mu m$ 的超短脉冲。而后续放大级激光材料则以掺钕磷酸盐激光玻璃为首选材料。

磷酸盐激光玻璃基质的主成分是五氧化二磷和氧化钡，并加入少量氧化铝、氧化铍及氧化镧作稳定剂。掺钕磷酸盐激光玻璃具有受激发射截面大、发光量子效率高、非线性光学损耗低、荧光寿命短、荧光谱线窄、钕在基质中的近红外吸收较强，有利于光泵能量的充分利用等优点。通过调整玻璃组成可获得折射率温度系数为负值、热光性质稳定的玻璃，特别适宜于制作聚变用的激光放大器。

在磷酸盐玻璃中，随 P_2O_5 含量的增加，钕离子浓度猝灭效应减弱。根据这种特点已研制出组成近似为 $LiNd_xLa_{1-x}P_4O_{12}$ 的高钕浓度激光玻璃，其钕浓度高达 $2.7\times10^{21}cm^{-3}$ 时，量子效率仍未明显下降。用这种激光玻璃制成的 $\phi6.3mm\times70mm$ 的激光棒，在输入 200J 时，绝对效率达 6.3%，是一种高效激光玻璃材料。

氟化物玻璃大致可分为三类：氟铍酸盐玻璃、氟锆酸盐玻璃和氟磷酸盐玻璃。掺钕氟铍酸盐的组分为 BeF_2-KF-CaF-AlF_3-NdF_3，它的非线性折射率非常低，受激发射截面比氟磷酸盐玻璃还要高，也能掺入很高的钕离子浓度而没有明显的浓度猝灭效应。但是含铍玻璃的剧毒给玻璃的制备和加工带来很大困难，使其难以推广应用。

掺钕的氟磷酸盐激光玻璃的激光波长与前级种子激光更接近，而且它有更低的非线性折射率，因而在高功率密度时光损耗极低，并且能保持较高的受激发射截面和高的量子效率，是一种极为优异的激光玻璃材料。该玻璃的主要组成为 AlF_3-RF_2-$Al(PO_3)_3$-$NdPO_3$，式中 R 为碱土金属。含氟的组成对坩埚材料腐蚀较重，而且在高温时氟容易与水气反应形成难熔的氟氧化物，因此这类玻璃中往往存在许多微小的固体夹杂物，使激光损伤阈值下降,难以在高功率激光器中应用。

硼酸盐激光玻璃的基质是由氧化硼为主体,适当加入其它氧化物所组成。已研制成下列几类不同组分的硼酸盐系列激光玻璃:$BaO-B_2O_3-SiO_2$、$BaO-La_2O_3-B_2O_3$、$Li_2O_3-CaO-B_2O_3$。钕在硼玻璃中吸收系数较高,但荧光寿命较短。由于激光阈值能量是与荧光寿命成正比的,所以用掺钕硼酸盐玻璃作工作物质可获得低的激光阈值能量,适用于重复频率激光中。

7.3.2.2 铒激光玻璃

铒激光玻璃最主要的激光波长是近红外区的 $1.5\mu m \sim 1.6\mu m$。由于 Er^{3+} 离子在可见光区域吸收很弱,以及在高掺杂浓度下,Er^{3+} 离子的辐射跃迁 $^4F_{13/2} \rightarrow {^4I_{15/2}}$ $(1.54\mu m)$ 具有极强的浓度猝灭效应,而 Yb^{3+} 离子在红外区域 880nm~1200nm 有强而宽的吸收带,因此,Er 激光玻璃常用 $Er^{3+}+Yb^{3+}$ 离子共掺杂来敏化 Er^{3+} 离子的激光发射。图 7-12 给出了 $Er^{3+}+Yb^{3+}$ 离子共掺杂激光玻璃的吸收光谱。Er^{3+} 离子和 Yb^{3+} 离子之间的能量转移途经如图 7-13 所示。由图可以看出,为了得到高的发射效率,能量转移速度 W_{DA} 和 Yb^{3+} 离子在 $1.055\mu m$ 的吸收系数 α_{Yb} 应该大,而激发态吸收($^4F_{13/2} \rightarrow {^4I_{9/2}}$ 和 $^4F_{13/2} \rightarrow {^4I_{9/2}}$)应该低。表 6-11 列出了 $Yb^{3+}+Er^{3+}$ 共掺杂玻璃中 Yb^{3+} 的吸收系数 α_{Yb},$Yb^{3+} \rightarrow Er^{3+}$ 能量转移速度 W_{DA} 和 Er^{3+} 离子发射寿命 τ_{Er}。从表中可以看出,硼酸盐和磷酸盐玻璃中的 W_{DA} 和 α_{Yb} 比硅酸盐玻璃的大。另外,由于硼酸盐玻璃基质和 Er^{3+} 离子相互作用很强,以致 Er^{3+} 离子的发射寿命很短。因此,磷酸盐玻璃是掺铒激光玻璃较合适的基质。

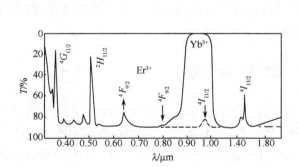

图 7-12 $Yb^{3+}+Er^{3+}$ 共掺杂玻璃的吸收谱

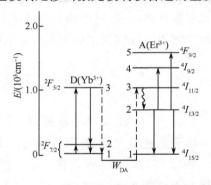

图 7-13 $Yb^{3+}+Er^{3+}$ 共掺杂玻璃的能级和能量转移途径

采用 $Nd^{3+}-Yb^{3+}-Er^{3+}$ 敏化,获得了一种低重复速率、闪光灯泵浦的 $1.54\mu m$ 的磷酸盐激光玻璃,其 2.5ms 脉冲的输出能量达 350mJ。$1.54\mu m$ 的铒玻璃对人眼安全,应用的前景广阔,因而备受重视。表 7-12 列出 $1.54\mu m$ 磷酸铒激光玻璃的物理和光学性质。

表 7-11 $Yb^{3+}+Er^{3+}$ 共掺杂玻璃中 α_{Yb}、W_{DA} 和 τ_{Er}

玻 璃 系 统	$1.55\mu m$ 处 $\alpha_{Yb}/(10^{-2}cm^{-1})$	$W_{DA}/(10^3 s^{-1})$	τ_{Er}/ms	$N_{Er}/(10^{19}cm^{-3})$
铒磷酸盐玻璃	~6.0	10.5~11.0	7~8	~5
Na-K-Ba-Al-硅酸盐玻璃	4~5	2~3	13~14	0.33~4.5
Ba-La-硼酸盐玻璃	~9.8	~18	~0.59	~0.15

表 7-12　磷酸盐铒激光玻璃的物理和光学性质

参　数	数　值	参　数	数　值
激光发射波长/μm	1.54	膨胀系数/($10^{-7}K^{-1}$)	124
荧光寿命/ns	8	热—光系数($10^{-7}℃^{-1}$)	-3
折射率的温度系数 $\frac{dn}{dT}$/($10^{-7}℃^{-1}$)	63	折射率($\lambda=1.54\mu m$)	1.531

7.3.3　激光玻璃制造工艺特点

激光玻璃制造工艺是在光学玻璃制造工艺基础上发展起来的。激光玻璃制造中所面临的新问题是制造大尺寸玻璃，如直径 80mm～100mm、长 2 m 的棒料；避免有害杂质的污染；改进玻璃熔炼工艺规程和设备条件，保证高的光学均匀性。

为了实现上述要求，在激光玻璃研制初期采用了铂坩锅熔炼法制造。但在深入研究中发现，用铂坩埚制造的玻璃中含有铂夹杂物。对铂坩埚熔炼工艺作了改进，主要措施是把铂坩埚置于保护气氛中(如 N_2、H_2、Ar_2 等)，然后再进行玻璃的熔炼。但采用这种改进的熔炼工艺后玻璃中的铂颗粒没有彻底消除。原因是铂和原料中的 ZnO、PbO、Sb_2O_3 等氧化物作用生成共融化合物，它们进入玻璃后重新生成 ZnO、PbO、Sb_2O_3，而铂则成颗粒分散在玻璃中。

解决激光玻璃中铂颗粒污染的另一途径是，采用陶瓷坩埚代替铂坩埚熔炼激光玻璃。采用陶瓷坩埚熔炼激光玻璃的关键是要选用纯度高、抗玻璃侵蚀性能好的耐火材料制作坩埚和搅拌器(一般选用铝硅酸盐耐火材料)。但这种方法也有一个严重的缺点，就是耐火材料溶解在玻璃料中会引起非激活吸收。

7.4　激光陶瓷

1966 年，Carnall 第一次报道了用真空热压法制备了掺镝的氟化钙(Dy^{2+}∶CaF_2)陶瓷。陶瓷的透明度、折射率和单晶 CaF_2 几乎一致，并且首次在陶瓷介质中实现了激光振荡。1972 年，Anderson 报道了第一台用冷压法制备的 Nd∶Y_2O_3-ThO_2(NDY)做成的陶瓷激光器。在 20 世纪 80 年代后，人们开始研究 YAG 陶瓷和掺 Nd^{3+}、Yb^{3+}、Tm^{3+} 等稀土离子的 YAG 激光陶瓷材料与器件。1995 年，日本的 Ikesue 等用直径小于 $2\mu m$ 的 Al_2O_3、Y_2O_3、Nd_2O_3 粉末作为初始原料，采用高温固相反应法首次制备出高透明的 Nd∶YAG 陶瓷。对其折射率、热导率、硬度等物理特性的测量结果表明，Nd∶YAG 陶瓷与 Nd∶YAG 单晶类似。同时研制出世界上第一台能与 Nd∶YAG 单晶激光器相媲美的透明 Nd∶YAG 陶瓷激光器。当用 600mW 的 LD 端面抽运时，$1.06\mu m$ 激光的振荡阈值为 309mW，比单晶稍高，斜率效率为 28%，最大激光输出为 70mW。

迄今为止，已有四种透明陶瓷(Dy^{2+}，U^{3+}，Ho^{3+})∶CaF_2、Nd∶Yttralox、Nd∶YAG、Nd∶Y_2O_3 成功用作激光基质。近来，先后开发出 Yb∶Y_2O_3、Nd∶Lu_2O_3、Yb∶YSAG 和 Yb∶Sc_2O_3 等新型激光陶瓷。2001 年，新加坡的 Lu 等报道的 Nd∶Y_2O_3 陶瓷激光器，用波长为 807nm 的 1W LD 作为抽运，输出波长 1064nm，激光输出功率为 160mW，激光

振荡阈值为200mW,斜率效率为32%。2003年,日本电讯大学报道的Yb:Y_2O_3陶瓷激光器,用波长937nm的11W LD作为抽运,输出波长为1078nm,激光输出功率为0.75W,激光振荡阈值为4.7W,斜率效率为12.6%。2005年,新加坡同一研究小组Kong等制备的Yb:Y_2O_3陶瓷激光器,抽运功率为27W时,获得了9.22W的输出功率,陶瓷的激光阈值仅为3.1W,斜率效率达到了41%。2004年,中科院上海光机所用掺杂浓度为1%、直径为20mm、厚度为1.24mm的Nd:YAG透明陶瓷作为激光基质,用LD作为抽运源,首次在国内获得98.5mW的最大激光输出功率,光—光转换效率为31%。同年,报道了用掺杂原子数分数为0.1,直径为10mm,长度为2.01mm的Yb:Y_2O_3透明陶瓷作激光介质,获得了5.48W的1077.6nm连续激光输出,斜率效率为25%。2006年,中科院上海硅酸盐研究所成功制备了高质量的Nd:YAG透明陶瓷,实现了Nd:YAG透明陶瓷的激光输出。测试样品尺寸为$3mm^3 \times 3mm^3 \times 3mm^3$,双面抛光、未镀膜,1064nm连续输出功率为1003mW,斜率效率为14%。

激光陶瓷基质具有成本低、生产效率高、激活离子掺杂浓度高等优点,特别地,其烧结温度比单晶生长温度低几百度,很容易获得高熔点氧化物的激光介质。因此,激光陶瓷相对于单晶体已经显示出比较独特的优势,很可能在未来取代激光晶体的地位。对于其它激光陶瓷的研究,相信随着激光陶瓷研究范围的扩大与深入,可望找到更好的激光工作物质。

7.4.1 激光陶瓷中的激活离子

激光陶瓷中晶粒尺寸在几十微米量级,陶瓷的化学成分更接近于理想化学配比,其光学性能、机械性能、导热性能等类似于晶体或优于晶体(图7-14、图7-15)。激活离子随机分布在陶瓷晶粒的内部与表面,没有明显的偏聚现象,激活离子受到的晶场作用、激活离子的能级结构、激活离子的电子跃迁等类似于晶体中的情况。稀土离子(Ln^{3+})和过渡金属离子(TM^{3+}、TM^{4+})在激光陶瓷中的能级和激光跃迁类于前面激光晶体和激光玻璃情况(表7-13)。

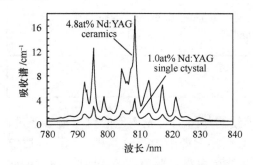

图7-14 掺杂浓度4.8at% Nd:YAG陶瓷和1at% Nd:YAG单晶室温吸收谱

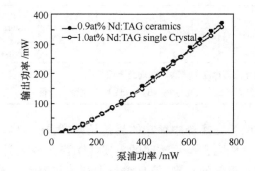

图7-15 掺杂浓度1at% Nd:YAG陶瓷和0.9at% Nd:YAG单晶泵浦功率与输出功率关系

7.4.2 激光陶瓷的种类

激光陶瓷大致可以分为氧化物陶瓷、氟化物陶瓷(包括Ⅱ-Ⅵ族化合物陶瓷)和金属酸化物陶瓷等三类。

表 7-13 已报道的陶瓷激光器的某些性能参数

基 质	激活离子	激光波长/nm	输入功率	输出功率	备 注	年份/年
CaF_2 *	Dy^{2+}	2360		—		1966
Y_2O_3-ThO_2	Nd^{3+}	1074		—		1973
YAG	Nd^{3+}	1064	3.5kW	1.42kW	Slope efficiency 50% O. to O. efficiency 45%	2002
YAG	Nd^{3+}	1319	290W	36.3W	O. to O. efficiency 12.5%	2002
$Y_3ScAl_4O_{12}$	Nd^{3+}	1061	2W	490mW	Slope efficiency 30%	2003
Y_2O_3	Nd^{3+}	1074.6 1078.6	2W	490mW	Simultaneously lasing at the two wavelength	2001
Lu_2O_3	Nd^{3+}	1075.9 1080	1W	10mW		2002
YAG	Yb^{3+}	1030	2.4W	345mW	Slope efficiency 26%	2003
Lu_2O_3	Yb^{3+}	1079 1030	2.6W 2.6W	0.95W 0.7W	Slope efficiency 53% Slope efficiency 36%	2005
Y_2O_3 **	Yb^{3+}	1077	2.63W	470mW	Slope efficiency ~32%	2002
Y_2O_3	Yb^{3+}	1078	11W	0.75W	Pump 937nm	2003
Y_2O_3	Yb^+	1078	12.4W	1.5W	Pump ~940nm Slope efficiency 20%	2003
Sc_2O_3	Yb^{3+}	1093~1096	8.8W	420mW		2003
ZnSe	Cr^{2+}	2000~2620	0.53mJ	~0.15mJ	Pumped by OPO 10ns at 1.675μm. O. to O. efficiency 28%	2002
ZnSe	Cr^{2+}	2470	1W	~200mW	Pumped by Co MgF_2 laser ~1.77μm	2003
ZnSe	Cr^{2+}	—		150mW average 20ps~40ps pulses	Pumped by Co MgF_2 laser Mode-locked	2003

* 激光振荡也在 Dy^{2+}:SrF_2 陶瓷上获得;
** 1078nm 的激光也在 Nd:$(GdY)_2O_3$ 陶瓷上获得

因为在陶瓷中存在的晶粒晶界、气孔、杂质等结构与组织对光产生散射与吸收严重,所以一般陶瓷是不透明的。要使陶瓷变得透明,必须将陶瓷中的晶粒晶界、气孔、杂质等降低到很低的水平,使晶粒长大到一定程度。激光陶瓷更是需要很高的透明度,通过粉体制备、成型与烧结的控制与优化,Nd:YAG 陶瓷现已达到这样的水平,即晶粒晶界约 1nm 左右,气孔大小约 5μm,孔积率在 ppm(10^{-6})量级,晶粒大小均匀,尺寸约几十微米,杂质可以控制在很低的程度。现在,陶瓷在激活离子的吸收区外的吸收已降低到与晶体相当,适合用作激光工作物质。然而,陶瓷是晶粒的结合体,晶粒在陶瓷中的晶轴取向是随机的,这就要求晶粒必须具有高对称性的晶体结构,使光在晶粒中的传播是各向同性行进,光在晶粒晶界两侧不会发生双折射。因此,适合制备激光陶瓷的材料其晶体结构以立方晶系为主。氧化物陶瓷类似于晶体,其硬度、脆性等机械性能好,热传导率高,化学性能稳定,适合于稀土离子(Ln^{3+})和过渡金属离子(TM^{3+}、TM^{4+})掺杂,是非常重要的基质材料。晶粒具有立方结构的氧化物陶瓷中,典型代表是人工石榴石和一些倍半氧化物。人工石榴石包括钇铝石榴石($Y_3Al_5O_{12}$→YAG)、钇钪铝石榴石($Y_3ScAl_4O_{12}$→YSAG)和钆镓石榴石($Gd_3Ga_5O_{12}$→GGG)等,在前两种基质中已掺杂了Nd^{3+}、Er^{3+}、Yb^{3+}、Tm^{3+}、Cr^{4+}等离子并实现了激光振荡,掺这些离子的YAG陶瓷目前也已获得了商业应用。立方结构的倍半氧化物陶瓷有Y_2O_3、Lu_2O_3、Sc_2O_3、$YGdO_3$等,是一些难以进行单晶生长的高熔点激光陶瓷,在这些基质中已掺杂Nd^{3+}或Yb^{3+}离子并实现了激光振荡(表7-14)。迄今已报道的氟化物激光陶瓷还只有掺镝的氟化钙(Dy^{2+}:CaF_2),激光波长是2.36μm,它也是最早研究的激光陶瓷。Ⅱ-Ⅵ族化合物激光陶瓷,目前也只报道了掺铬的硒化锌(Cr^{2+}:ZnSe),它在中红外有一个宽的可调谐波段(2000nm~3100nm),可在高分辨率光谱、医疗、激光雷达、光参量振荡器(OPO)中有重要应用。对金属酸化物激光陶瓷的研究还没见报道。

表7-14 Nd:YAG陶瓷与单晶的激光性能比较

Nd:YAG 单晶				Nd:YAG 激光陶瓷				
阈值/W	斜率效率/%	输出功率/W	光—光转换效率/%	阈值/W	斜率效率/%	输出功率/W	光—光转换效率/%	年份/年
					28	0.070		1995
0.050	54.5		49.3	0.055	53		47.6	2000
0.022	55.2	0.474	53.7	0.030	55.4	0.465	52.7	2000
	58.5			39.9	18.8	31		2000
22		0.499	56.5	22	55.2	0.474	53.7	2001
				~115		72	24.8	2001
~50	99	34		~50	88	30		2002
~300	1720	49		~500	1460	42		2002

7.4.3 激光陶瓷的制备

激光陶瓷与一般陶瓷制品的制备工艺大致相同,与Czochralski晶体生长法相比有很多优点。首先周期短,其次,陶瓷产品的尺寸只受生产设备的限制,另外,陶瓷所具有的优良特性类似于激光玻璃,而陶瓷的导热率和玻璃相比,有明显的增加,且有更强的耐热损伤性能。与熔液生长技术相比,陶瓷烧结技术能保持更高的掺杂浓度,这在微芯片激光器应用方面是非常重要的。晶粒尺寸小能使高浓度钕掺杂所产生的应力,以短距离在晶粒边界处减轻。此外,在母体基质材料中掺杂物质的浓度在最终的陶瓷成品中保持不变,这一点优于Czochralski法。具有各种不同掺杂分布的陶瓷,如按照阶跃函数掺杂分布的盘形Yb:YAG陶瓷片可以制备新型激光器,还可能获得复合增益介质,即这种材料包含两种或两种以上功能的部分,如Nd:YAG成分与当作被动Q开关使用的Cr:YAG成分的组合。使用复合材料能省去激光晶体在复合过程中所需要的不同部分之间扩散层的键合步骤,从而减少了费用和加工时间。

在激光陶瓷制作工艺中,粉体材料的制备是陶瓷制备的关键之一。要求制备的粉体颗粒大小均匀，形状一致，颗粒尺寸在纳米量级，颗粒不团聚、分散性好，相纯度高。这主要是为了陶瓷烧结时气孔的排出而使陶瓷致密透明，也是为了各成分间的混合均匀，相互间的扩散充分(固相法)。纳米级的粉体烧结还可以降低烧结的温度。

粉体制备方法现主要有固相法与湿化学法两类，而湿化学法又有共沉淀法、溶胶凝胶法、喷雾热解法、水热法等。

以 Nd：YAG 透明陶瓷的制备为例，固相法与湿化学法制备 Nd：YAG 陶瓷的不同在于，前者是先制备氧化物（Al_2O_3、Y_2O_3、Nd_2O_3）粉体，然后配料、球磨、干燥成型、真空烧结进行固相反应得到透明陶瓷；后者是先制备 Nd：YAG 先驱物，煅烧先驱物得到纳米级 Nd：YAG 粉体，然后球磨、干燥成型、真空烧结得到透明陶瓷。

要制备高透明陶瓷，陶瓷的成型与烧结过程则是另一个关键。成型是为了获得密度高且分布均匀、有一定强度、不同形状的致密坯体。压制成型是陶瓷成型的主要方法，其中冷等静压成型是常用方法。冷等静压成型的优点是，使坯体不同方向同时承受较大压力，成型的坯体密度分布均匀、密度高；缺点是受限于设备限制，难以成型大尺寸坯体，而且由于高压使得坯体内有大量不连通气孔存在，需要烧结的时间长。无压成型真空烧结方法避免了上述的缺点，可以制备高透明的陶瓷。成型坯体中添加辅助剂的含量、烧结温度、保温时间、降温速率、环境气氛等因素决定了陶瓷中晶粒大小、杂相多少（固相法）、晶界相大小、气孔的残留量多少，从而决定了陶瓷的透光性能。在真空环境的负压下烧结坯体最有利于内部气体的排出，真空环境是高透明陶瓷适宜的烧结环境。

习题与思考题

1. 激光有哪些特点，其本质是什么？
2. 设一对激光能级 E_2 和 E_1（$f_2=f_1$），两能级间的跃迁频率为 v（相应波长为 λ），两能级上的粒子数密度分别为 n_2 和 n_1，试求

   (1) 当 $v=30000MHz$，$T=300K$ 时，n_2/n_1 的值；

   (2) 当 $\lambda=1\mu m$，$T=300K$ 时，n_2/n_1 的值；

   (3) 当 $\lambda=1\mu m$，$n_2/n_1=0.1$ 时的温度。

3. 若一个原子从 $-9.4eV$ 能级跃迁到 $13.6eV$ 能级，求所释放出的光子的波长为多少？
4. 实现光放大的必要条件是什么？
5. 常用的激光晶体、激光玻璃和激光陶瓷有哪几类？试各举一例说明。
6. 根据半导体激光器材料与结构的特点，说明半导体激光产生的原理。
7. 固体激光的工作物质由什么组成，其作用分别是什么？
8. Nd^{3+} 分别在激光晶体、激光玻璃和激光陶瓷中能级结构有何不同之处？
9. 为什么铒激光玻璃要实行掺杂敏化？
10. 激光陶瓷与激光晶体相比，在制备工艺上有什么特点？

第8章　非线性光学材料

在激光出现之前的光学是研究弱光束在介质中的传播规律的科学。在光的透射、反射、折射、干涉、衍射、吸收和散射等现象中，光波的频率是不发生变化的，并满足波的线性迭加原理，研究这类光学现象的学科称为线性光学。自从20世纪60年代激光出现后，其相干电磁场功率密度可达$10^{12} W/cm^2$，相应的电场强度可与原子的库仑场强(约3×10^8 V/m)相比较。当激光在介质中传播时，会出现许多新的现象。如频率为ω的光波通过某种介质时，它的一部分光波会转换成频率为2ω的光波，即光倍频现象。又如频率为ω_3的光波通过某种介质时，产生频率为ω_1与ω_2两种光波，三个频率之间的关系为$\omega_3 = \omega_1 + \omega_2$，这种现象称为光参量振荡。早在1961年，弗兰肯(Franken)等人将红宝石激光器直接作用于石英晶体上，观察到位于紫外区($\lambda = 347.15nm$)的倍频辐射。除倍频外，相继发现了和频、差频、参量振荡和参量放大等二次非线性光学现象。强光通过介质时波的线性叠加原理不再成立，产生的强光光学效应称为非线性光学效应，专门研究这类效应的光学称为非线性光学。非线性光学材料指在强光作用下能产生非线性光学效应的一类光学介质。虽然光学非线性效应不但在一些具有非中心对称的无机与有机晶体中存在，也在某些液体(如硝基苯中)和气体(如金属蒸气中)中存在，但在实验中得到广泛应用且性能比较优良的非线性介质主要是各种非线性光学晶体。本章着重介绍各种非线性光学晶体的性能、特点、制备方法及其应用情况。

8.1　光学非线性效应

8.1.1　极化波的产生

极性分子在外场作用下的极化是分子取向和变形的结果，通常用单位体积内各分子电矩的矢量和来表示介质电极化程度，即

$$P = -Nle \tag{8-1}$$

式中：P为单位体积内的偶极矩，又称为极化强度；N为单位体积内电子密度；e为电子的电荷。

光是一种频率很高($10^{14} \sim 10^{15}$)的电磁波，当它进入透明介质时，介质的原子(或分子)在光波场作用下产生极化。由于光波场是交变电磁场，所以原子(或分子)的极化也是交变的，且极化的频率与外加光波电场相同。这种交变的极化形成了一种极化波，极化波反映了电偶极子电矩的周期性变化。这种极化波又会辐射出频率相同的次级电磁波，次级电磁波的产生就是物质对入射光波的反作用。在入射光波作用下原子中的电子在交变电场中发生位移(周期性振荡)，因为只有质量很小的电子才能跟得上光场波的变化，即次级电磁波是由于物质的电子在入射光波引起的振动而产生的。

8.1.2 线性极化与非线性极化

8.1.2.1 线性极化

物质在弱光电场作用下,只能产生线性极化,由振荡偶极子产生与光波电场频率相同的极化波,从而辐射同频率的次级电磁波。在弱光电场作用下极化强度(P)和光波电场(E)的相互关系,其函数表达式为

$$P = \chi E \tag{8-2}$$

式中:P 为介质极化强度;E 为光波电场;χ 为介质的线性极化率。

8.1.2.2 非线性极化

物质在强光电场作用下,不但产生线性极化,而且也产生二次、三次等非线性极化。一维情况下介质的极化强度(P)和光波电场(E)之间的函数表达式为

$$P = \chi_1 E + \chi_2 E^2 + \chi_3 E^3 + \cdots \tag{8-3}$$

在强光作用下,电子在平衡位置附近振动时正负两个方向的位移量并不相等,即形成一个正负峰值不等的畸变极化波,也就是非线性极化波,如图 8-1 所示。这个畸变极化波辐射出畸变的次级电磁波。

8.1.2.3 光学非线性效应

式(8-3)中,二次非线性极化系数 χ_2,三次非线性极化系数 χ_3 都是很小的,精确数学计算和实验测量结果指出,它们依次比线性极化系数 χ_1 下降几个数量级。为简单计,这里只讨论二次非线性极化效应。设入射光波为 $E = E_0 \cos\omega t$,E_0 为光波电场振幅,ω 是光波电场角频率,则有

$$P = \chi_1 E + \chi_2 E_2 = \chi_1 E_0 \cos\omega t + \chi^2 E_0^2 \cos^2\omega t = \chi_1 E_0 \cos\omega t + (1/2)\chi_2 E_0^2 \cos2\omega t + (1/2)\chi^2 E_0^2 \tag{8-4}$$

式(8-4)表明,介质中的非线性极化波有三个分量:第一个分量是频率为 ω 的基波分量,$P_\omega = \chi_1 E_0 \cos\omega t$;第二个分量是频率为 2ω 的二次谐波分量,$P_{2\omega} = \frac{1}{2}\chi_2 E_0^2 \cos2\omega t$;第三个分量为直流分量,$P_0 = \frac{1}{2}\chi_2 E_0^2$。

线性极化波只有一种频率成分,能够辐射出与入射光波同频率同方向的电磁波,它所产生的是线性光学现象。非线性极化波具有不同的谐波成分(图 8-2),在只考虑二次非线性极化效应的情况下,除了基频极化波外,还存在二次谐频极化波。这两个极化波分别辐射基频电磁波和二次谐频波,即倍频光波,这就是二次非线性光学效应。

强光与非线性介质作用时产生的光学非线性效应,除上面介绍的光倍频效应外还有更高次的倍频现象、光混频(和频、差频)、光参量振荡、非线性拉曼效应、光束"自陷"、多光子吸收等多种非线性光学过程,这里不一一介绍了。

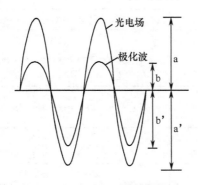
图 8-1 强光场下的线性极化波

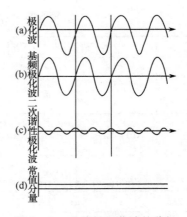
图 8-2 非线性极化波的分解

8.1.3 非线性光学材料的特性参数

凡具有非线性光学效应的介质,称为非线性光学材料。本节着重介绍表征非线性光学材料性能的几个重要参数和质量要求。

8.1.3.1 二次非线性光学系数

在三维情况下,二次极化率是一个与 E_j 和 P_i 相关的张量。二次极化表达式为

$$P_i = \sum_{jk} \chi_{ijk} E_j E_K \tag{8-5}$$

式中,j 和 k 为求和指标,指标分别取 x、y、z。如 x 方向上的极化分量具体表达式为

$$P_x = \chi_{xxx}E_xE_x + \chi_{xyy}E_yE_y + \chi_{xzz}E_zE_z + 2\chi_{xzy}E_zE_y + 2\chi_{xzx}E_zE_x + 2\chi_{xyx}E_yE_x \tag{8-6}$$

二次极化率 χ_{ijk} 是一组数的集合,共有 27 个分量,其中独立的分量有 18 个,在数学上组成一个三阶张量。为便于书写,可用 d_{il} 代替 χ_{ijk},并称 d_{il} 为二次非线性光学系数。d_{il} 与 χ_{ijk} 的关系为

$$\chi_{ixx}, \chi_{iyy}, \chi_{izz} = d_{i1}, d_{i2}, d_{i3}; \chi_{iyz} = \chi_{izy} = d_{i4}; \chi_{izx} = \chi_{ixz} =$$
$$d_{i5}; \chi_{ixy} = \chi_{iyx} = d_{i6}; \quad i = 1,2,3$$

由于各种非线性晶体都有其特有的对称性,造成 d_{il} 值中某些为零,某些相等,还有一些符号相反,从而使 d_{il} 独立分量的数目进一步减少。表 8-1 为无中心对称的晶系中二次非线性光学系数的分量数目。如 KH_2PO_4(KDP)晶体的非线性光学系数只有 d_{14}、d_{36} 两个分量,其余都等于零。在非线性介质中,不同频率的光波(如基频光波与倍频光波)的互相影响和能量转移是通过非线性光学系数 d_{il} 来耦合的,d_{il} 越大,它们之间的耦合作用就越强。

非线性光学系数 d_{il} 的值,可根据晶体的结构对称性和极化模型从理论上计算出来,还可以通过实验测量出来。测量方法有相匹配二次谐波法、接合条纹法、楔形法、参量荧光法等。这些方法大都是比较测量,用不同方法测得的 d_{il} 值误差都在 ±15% 以上。表 8-2 为若干重要相匹配晶体的非线性光学系数值。

表 8-1　20个晶类的 d_{il} 的数目

晶系和晶类	χ 的下脚标 j 和 k 对称时 d_{il} 数目	χ 的下脚标全对称时 d_{il} 数目
三斜晶系 1	(18) d_{il}	(10) $d_{14}=d_{25}=d_{26}$, $d_{15}=d_{31}$, $d_{24}=d_{32}$ $d_{16}=d_{21}$, $d_{26}=d_{21}$, $d_{23}=d_{34}$, $d_{35}=d_{13}$
单斜晶系 $2(2\parallel Z)$	d_{14}, d_{15}, d_{24}, d_{25}, d_{31}, d_{32}, d_{33}, d_{36}(8)	$d_{14}=d_{25}=d_{36}$, $d_{15}=d_{31}$, $d_{24}=d_{32}$(4)
m $(m \perp Z)$	(10) d_{11}, d_{12}, d_{13}, d_{15}, d_{24}, d_{26}, d_{31}, d_{32}, d_{33}, d_{35}	$d_{15}=d_{31}$, $d_{12}=d_{26}$ $d_{13}=d_{35}$, $d_{24}=d_{32}$(6)
斜方晶系/222	d_{14}, d_{25}, d_{36}(3)	$d_{14}=d_{25}=d_{36}$(1)
$mm2$	d_{15}, d_{24}, d_{31}, d_{32}, d_{33}(5)	$d_{15}=d_{31}$, $d_{24}=d_{32}$(3)
三方晶系 3	$d_{11}=-d_{12}=-d_{26}$, d_{33}, $d_{14}=-d_{25}$ $d_{15}=d_{24}$, $d_{22}=-d_{16}=-d_{21}$, $d_{31}=d_{32}$(6)	$d_{15}=d_{31}$ $d_{14}=d_{25}=0$(4)
32	$d_{11}=-d_{12}=-d_{26}$, $d_{14}=-d_{25}$(2)	$d_{14}=-d_{25}=0$(1)
$3m$	$d_{15}=d_{24}$, d_{33}, $d_{22}=-d_{21}=-d_{16}$, $d_{31}=d_{32}$(4)	$d_{31}=d_{15}$(2)
六方晶系/6	$d_{14}=-d_{25}$, $d_{15}=d_{24}$, $d_{31}=d_{32}$, d_{33}(4)	$d_{14}=0$, $d_{24}=d_{32}$(2)
$\bar{6}$	$d_{11}=-d_{12}=-d_{26}$, $d_{22}=d_{21}=-d_{16}$(2)	$d_{11}=-d_{12}=-d_{26}$, $d_{22}=d_{21}=-d_{16}$(2)
622	$d_{14}=-d_{25}$(1)	$d_{14}=d_{25}=0$(0)
$6mm$	$d_{15}=d_{24}$, $d_{31}=d_{32}$, d_{33}(3)	$d_{31}=d_{15}$(2)
$\bar{6}2m$	$d_{21}=d_{16}=-d_{22}$(1)	$d_{21}=d_{16}=-d_{22}$(1)
四方晶系/4	$d_{14}=-d_{25}$, $d_{15}=d_{24}$, $d_{31}=d_{32}$, d_{33}(4)	$d_{14}=-d_{25}=0$, $d_{31}=d_{15}$(2)
$\bar{4}$	$d_{14}=d_{25}$, $d_{15}=-d_{24}$, $d_{31}=-d_{32}$, d_{36}(4)	$d_{31}=d_{15}$, $d_{36}=d_{14}$(2)
422	$d_{14}=d_{25}$(1)	$d_{14}=0$(0)
$4mm$	$d_{15}=d_{24}$, $d_{31}=d_{32}$, d_{33}(3)	$d_{31}=d_{24}$(2)
$\bar{4}2m(z \perp Z)$	$d_{14}=d_{25}$, d_{36}(2)	$d_{14}=d_{36}$(1)
立方晶系 $\bar{4}3m$	$d_{14}=d_{25}=d_{36}$(1)	$d_{14}=d_{25}=d_{36}$(1)
432	(0)	(0)

表 8-2　几种重要非线性光学材料的绝对非线性光学系数

材料名称	绝对非线性光学系数 $d_{ij}/(\text{pm/V})$	材料名称	绝对非线性光学系数 $d_{ij}/(\text{pm/V})$
磷酸二氢钾	$d_{36}=0.63$	石英	$d_{11}=0.4$, $d_{14}=0.009$
磷酸二氢铵	$d_{35}=0.76$	硒	$d_{11}=150$
铌酸锂	$d_{36}=-6.3$, $d_{22}=+3.6$, $d_{33}=-47$	碲	$d_{11}=920$
铌酸钡钠	$d_{31}=-20$, $d_{22}=-20$, $d_{33}=-26$	砷化镓	$d_{14}=387$
淡红银矿	$d_{31}=12.6$, $d_{22}=13.4$	一水甲酸锂	$d_{15}=d_{31}=0.11$, $d_{24}=d_{22}=1.27$, $d_{33}=1.86$
碘酸	$d_{14}=6.6$		
碘酸锂	$d_{31}=-6.6$, $d_{33}=-7.8$	尿素	$d_{14}=1.3$

8.1.3.2 倍频效率

非线性光学晶体主要用于激光倍频,在 YAG：Nd^{3+} 激光器的谐振腔内插入非线性晶体铌酸钡钠($Ba_2NaNb_5O_{15}$),便可将波长为 $1.06\mu m$ 的近红外光倍频成 $0.53\mu m$ 的绿光。在倍频技术中,倍频光输出功率 $P^{2\omega}$ 与基频光输入功率 P^{ω} 之比称为倍频效率 η_{SHG}。

倍频效率 η_{SHG} 是表征非线性光学介质中能量转移特性的一个重要的质量参数。通过解光波在非线性介质中传播的波耦合方程,可得

$$\eta_{SHG} = \frac{P^{2\omega}}{P^{\omega}} \frac{512\pi^5 L^2 d^2 P^{\omega}}{[n^{\omega}]^2 [n^{2\omega}][\lambda^{2\omega}]^2 Ac} \left(\frac{\sin L\Delta k/2}{L\Delta k/2}\right)^2 \tag{8-7}$$

式中:P^{ω} 为入射光波(频率 ω)的功率;$P^{2\omega}$ 为倍频光(频率 2ω)输出功率(W);L 是非线性晶体长度(cm);d 为非线性光学系数(cm/CGSEq);$1CGSEq = \frac{1}{3} \times 10^9 c$;$\lambda^{2\omega}$ 为倍频光波长(cm);A 为入射光束的截面积(cm^2);n^{ω},$n^{2\omega}$ 是介质对基频光和倍频光的折射率;c 为真空中的光速(cm/s);k 为波矢,$k = \frac{2\pi}{\lambda} \cdot n = \frac{\omega}{c} n$;$\Delta k = k^{2\omega} - 2k^{\omega}$ 为倍频光与基频光在介质中经过某一点时的相位差。

由式(8-7)可见,当因子 $\left(\frac{\sin L\Delta k/2}{L\Delta k/2}\right)^2 = 1$ 时,η_{SHG} 与基频光功率密度 P^{ω}/A 成正比。表明当基频光功率密度一定时,η_{SHG} 与非线性介质的长度 L 和非线性光学系数 d 的平方成正比。所以,要提高倍频器件的效率,应采用非线性系数 d 大的介质作倍频材料。对于某一确定的介质,在一定的基波光功率下,影响 η_{SHG} 的因素是因子 $\left(\frac{\sin L\Delta k/2}{L\Delta k/2}\right)^2$,这称为位相匹配因子。

8.1.3.3 位相匹配因子和位相匹配条件

在确定的倍频介质和入射基频光功率条件下,当 $\Delta k = 0$ 时,$\left(\frac{\sin L\Delta k/2}{L\Delta k/2}\right)^2 = 1$,倍频效率 η_{SHG} 达到最大值 η_{max},式(8-7)可改写为

$$\eta_{SHG} = \eta_{max} \left(\frac{\sin L\Delta k/2}{L\Delta k/2}\right)^2 \tag{8-8}$$

当 $\Delta k \neq 0$ 时,即 $\Delta k = \frac{2\pi}{L}$ 时,$\left(\frac{\sin L\Delta k/2}{L\Delta k/2}\right)^2 = 0$,故 $\eta_{SHG} = 0$,这时无倍频光输出。位相匹配因子是影响倍频效率的一个重要因素。为了获得最高的倍频效率,必须满足 $\Delta k = 0$ 的条件,称为位相匹配条件。Δk 是基频光与倍频光两个光波的波矢差,所以 $\Delta k = k^{2\omega} - 2k^{\omega}$。

波矢量 k 同波速 v、波长 λ、介质折射率 n、频率 ω 存在下列关系

$$k = \frac{2\omega}{\lambda} n = \frac{\omega}{c} n = \frac{\omega}{v} \tag{8-9}$$

故 Δk 的表达式可改写为

$$\Delta k = \frac{2\omega}{v^{2\omega}} - \frac{2\omega}{v^{\omega}} \tag{8-10}$$

要使 $\Delta k=0$,则需要

$$v^{2\omega} = v^{\omega} \tag{8-11}$$

式(8-11)表明,要实现相位匹配,要求基频光和倍频光在非线性介质中具有相同的传播速度,才能使它们传播到不同位置时仍能保持同位相,形成相长干涉。这就是相位匹配的物理实质。

目前,倍频技术中主要采用折射率匹配(或称角度匹配)的方法来保证基频光与倍频光在介质中以相同的速度传播。因为 $n=c/v$, c 为光波在真空中的传播速度;v 为光波在介质中的传播速度,代入式(8-11),得出相位匹配的另一种形式

$$\frac{c}{n^{2\omega}} = \frac{c}{n^{\omega}}$$

所以

$$n^{2\omega} = n^{\omega} \tag{8-12}$$

式(8-10)表明,若介质对基频光的折射率 n^{ω} 与倍频光的折射率 $n^{2\omega}$ 相等,则实现了位相匹配。

对通常的光学介质,相对于频率高的光波的折射率总是较大,即 $n^{2\omega} > n^{\omega}$。可以利用非线性晶体对同一波长的 o 光和 e 光的折射率不同($n_o \neq n_e$)以及 n_e 随入射光波与光轴的夹角而变的性质,在晶体内总可以找到一个入射光波的方向,使 $n^{2\omega}(\theta) = n^{\omega}(\theta_m)$($\theta_m$ 为入射光与晶体光轴的夹角),实现相位匹配。

如 KDP 晶体,对 1.06μm 的 o 光折射率 n_o^{ω} 为 1.4948,对 $\lambda=0.53$μm 的 e 光的折射率 $n_e^{2\omega}$ 则随 e 光在晶体中传播的方向不同而变,变化范围为 1.51323～1.47127,因此总可以找到一个入射光的方向,使 $n_e^{2\omega}(\theta_m)=1.4948$,角度 θ_m 便是相位匹配角。

图 8-3 是使用折射率椭球在 YOZ 截面上表示出一负轴晶体的相位匹配角 θ_m。$n_e^{2\omega}$ 和 n_o^{ω} 两椭圆截线交于 P 点,P 点处符合相位匹配条件,$n^{2\omega}=n^{\omega}$,OP 与 Z(光轴)的夹角 θ_m 就是相位匹配角。θ_m 的具体数值可以通过求解折射率椭球方程式得出。

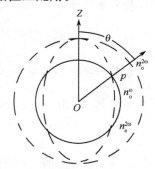

图 8-3 一负轴晶体的相位匹配角 θ_m

一般说来,非线性晶体的折射率(n_e、n_o)是随温度而变的,所以相位匹配角 θ_m 也是温度的函数。有些非线性晶体,当它的温度改变时,n_e 和 n_o 的变化有较大差别。因此,通过改变晶体的温度有可能在光束传播方向与晶体光轴成 90°时实现相位匹配,即满足 $n_e^{2\omega}=n_o^{\omega}$。这种 $\theta_m=90°$ 的相位匹配称为最佳相位匹配,主要是因为当 $\theta_m=90℃$时,o 光和 e 光在非线性晶体中光线的传播方向保持一致,使基频光波与倍频光波良好耦合,从而使非线性晶体材料及基频光波的能量都得到充分利用。此时由温度变化所引起的 n_o、n_e 的改变对应的 θ_m 的变化是不明显的,因此对晶体温度控制的要求可适当降低。

8.1.3.4 对非线性材料的要求

倍频器件和光参量振荡器用非线性晶体应满足下列要求:①具有非中心对称结构,即

无对称中心；②非线性光学系数 d 要大；③能实现相位匹配，最好能实现90°匹配。这要求材料具有大的双折射（即 n_e-n_o 大）和小的色散（即 $n_{2\omega}-n_\omega$ 小）；④材料的光学均匀性要好，折射率要处处均匀一致；⑤具有高的透明度和宽的透过波段。对入射基频光波和各谐频光波都有良好的透过特性；⑥材料的光损伤阈值高。在强光作用下不易发生表面坑斑、裂缝等缺陷和材料折射率的变化；⑦容易长成尺寸大的透明晶体。

8.2 无机非线性光学晶体

早在20世纪初，人们便制备了石英晶体（α-SiO_2），1945年磷酸二氢钾（KH_2PO_4，KDP）生长成功，1964年，铌酸锂（$LiNbO_3$）晶体问世，1967年铌酸钡钠（$Ba_2NaNb_5O_{15}$）和淡红银矿（Ag_3AsS_3），1969年 α-碘酸锂（α-$LiIO_3$）晶体、1976年磷酸钛氧钾（$KTiOPO_4$，KTP）晶体的先后发现，促进了无机非线性光学晶体的发展。20世纪80年代，又先后发现了磷酸精氨酸（LAP）、偏硼酸钡（β-BBO）、三硼酸锂（LBO）等新型无机非线性光学晶体。常用的无机非线性光学晶体如表8-3所列。

表8-3 常用无机非线性光学晶体的主要参数

名称	化学式	对称型	生长方法	透光波段 /μm	$d_{il}^{2\omega}$ /(pm/V)	基频波长 /μm	$\theta_m/(°)$
磷酸二氢钾（KDP）	KH_2PO_4	$\bar{4}2m$	溶液	0.2~1	$d_{36}=0.63$	0.6943~1.06	50.4~40.3
磷酸二氢铵（ADP）	$NH_4H_2PO_4$	$\bar{4}2m$	溶液	0.2~1	$d_{36}=0.76$	0.6943 1.06	51.9 41.9
砷酸二氢铯（CDA）	CsH_2AsO_4	$\bar{4}2m$	溶液	0.26~1.4		1.06	90(40℃)
铌酸锂（LT）	$LiNbO_3$	$3m$	熔体提拉	0.4~4.5	$d_{31}=-6.3$ $d_{22}=3.6$ $d_{33}=-47$	1.064 3.756	83.6 90
钽酸锂（LT）	$LiTaO_3$	$3m$	熔体提拉				
碘酸锂	$LiIO_3$	6	溶液	0.3~5.5	$d_{31}=-6.6$ $d_{33}=-7.8$	0.6943 1.06	50.3 29.7
砷化镓	GaAs	$\bar{4}3m$	熔融法		$d_{14}=387$		
碲	Te	32	熔融法	5~20	$d_{11}=920$	10.6	14.8
硫化银镓	$AgGaS_2$	$\bar{4}2m$	熔融法	0.5~12			
淡红银矿	Ag_3AsS_3	$3m$	熔融法	0.6~13	$d_{31}=12.6$ $d_{22}=13.4$	1.152 10.6	90 30.9
偏硼酸钡	BaB_2O_4		熔盐法	0.19~3.5			
石英	SiO_2	32	水热法	0.2~4.5	$d_{11}=0.4$ $d_{14}=0.009$		

8.2.1 KDP族晶体

KH_2PO_4（KDP）是历史最悠久的非线性光学晶体，有一系列与KDP晶体结构、光学性能相似的晶体，如 KD_2PO_4（DKDP）、$NH_4H_2PO_4$（ADP）、KH_2AsO_4（KDA）等，可写成

通式：K(Rb、Cs、NH$_4$)H$_2$(D$_2$)P(As)O$_4$。此类晶体有相似的倍频系数、折射率，并且在可见、紫外区域有较宽的透光范围。采用水溶液法可生长出大尺寸单晶，都易潮解。本节着重介绍 KDP 与 DKDP。

8.2.1.1 KDP 晶体

由于 KDP 晶体在水或重水（D$_2$O）中溶液中的溶解度及其温度系数均较大，且溶液的亚稳定区也较宽。因此，这类晶体一般多用水溶液缓慢降温法生长，如图 8-4 所示。生长装置简便易行，易于生长出高光学质量的大尺寸晶体。其关键除了溶液的纯度外，还必须严格控制晶体生长过程中的降温速度，使溶液始终处于亚稳定区，并维持适当过饱和度，确保从溶液中析出的溶质均匀地供给晶体生长，降温速度一般取决于晶体的最大透明生长速度、溶液溶解度、温度系数、溶液体积与晶体生长表面积之比等。

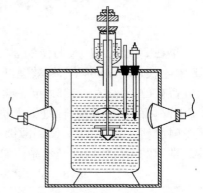

图 8-4 水溶液缓慢降温法晶体生长装置

生长大尺寸高光学质量 KDP 晶体时，生长速度慢，周期长，100mm×100mm×200mm 尺寸的 KDP 晶体，按通常的生长速度生长要数月或半年的时间，生长速度一般为 1mm/天～2mm/天，最高达 10mm/天。

KDP 晶体的空间群为 $\overline{I}42/d$，属四方晶系，负单轴晶，点群为 $\overline{4}2m$。晶体密度为 2.3383 g/cm^3，易潮解，莫氏硬度为 2.5。KDP 有较宽的透光范围 174nm～1.57μm，表 8-4 为 KDP 晶体的折射率。根据对称性，KDP 只有一个独立非零倍频系数 $d_{36}=0.39$ pm/V。有效倍频系数为 $d_{oee}=d_{36}\sin\theta\sin2\varphi$；$d_{eoe}=d_{oee}=d_{36}\sin2\theta\cos2\varphi$。

KDP 晶体具有多功能性质，可对波长为 1.06μm 的激光实现二倍频、三倍频和四倍频，也可对染料激光器实现二倍频，还可作为一般晶体的相对倍频系数的标准参比晶体；用来制作激光 Q 开关，并可与激光器组成 Q 开关激光器，用于产生巨脉冲激光；用于制作高功率的激光倍频器和参量振荡器的材料；用于制作电光调制器、偏转器和固态光阀显示器；用于制作压电换能器等。

表 8-4 KDP 晶体的折射率

λ/μm	n_o	n_e	λ/μm	n_o	n_e
0.213 9	1.601 77	1.546 15	0.404 7	1.523 41	1.479 27
0.253 7	1.566 31	1.515 86	0.546 1	1.511 52	1.469 82
0.280 1	1.552 63	1.504 16	0.632 8	1.507 37	1.466 85
0.365 0	1.529 32	1.484 32	1.014 0	1.495 35	1.460 41

8.2.1.2 DKDP 晶体

磷酸二氘钾（K(D$_x$H$_{1-x}$)$_2$PO$_4$），简称 DKDP 晶体，为 KDP 晶体的同位素化合物，有两种晶型：①四方相，对称性属于 KDP 型，其电光性能优良、半波电压低、线性电光系数大、透光波段宽、光学均匀性优良,并能生长大尺寸晶体。因此,自20世纪60年代至今,DKDP晶体一直是最常用的一种电光晶体材料,也是现代高功率激光核聚变装置中所使用的高能量负载的倍频材料。②单斜相,无实用价值,而且会成为四方相DKDP晶体生长的障碍之一。通常所指的氘化KDP晶体是专指四方相DKDP晶体而言。

合成DKDP晶体的方法是:首先由重水(D_2O)与五氧化二磷(P_2O_5)化合形成氘化磷酸(D_3PO_4),然后在D_3PO_4中滴入K_2CO_3进行复分解反应,从而形成KD_2PO_4,合成的化学反应式为

$$3D_2O + P_2O_5 = 2D_3PO_4 \quad (放热反应)$$

$$2D_3PO_4 + K_2CO_3 = 2K_2D_2PO_4 + D_2O + CO_2\uparrow$$

在反应过程中,要严格防止氢与氘之间的同位素交换反应,整个反应过程应在干燥的环境下进行。通常采用缓慢降温法生长DKDP晶体,育晶装置如图8-4所示。

四方晶系的DKDP晶体的空间群为$I\bar{4}2d$,负单轴晶,点群$\bar{4}2m$,晶体密度为$2.355 g/cm^3$,莫氏硬度为2.5。DKDP晶体透光范围为$0.2\mu m \sim 2.1\mu m$。DKDP晶体折射率如表8-5所列。

表8-5 DKDP晶体折射率

$\lambda/\mu m$	n_o	n_e	$\lambda/\mu m$	n_o	n_e
0.404 7	1.518 9	1.477 6	0.623 4	1.504 4	1.465 6
0.546 1	1.507 9	1.468 3	0.697	1.502 2	1.463 9
0.577 9	1.506 3	1.467 0			

根据对称性,KDP只有一个独立非零倍频系数,$d_{36} = 0.37$ pm/V。有效倍频系数为$d_{ooe} = d_{36}\sin\theta\sin2\varphi$;$d_{eoe} = d_{oee} = d_{36}\sin2\theta\cos2\varphi$。

DKDP晶体是一种性能优良的电光晶体,在激光技术、光学信息处理和光通信等领域有着广泛应用。可用于制作电光调制、偏转、调Q器件等,也可作为高功率脉冲激光器调Q的关键材料之一,还可制作高速摄影的光快门,以及制作高峰值功率和大平均功率的激光倍频器等。

8.2.2 KTP晶体

磷酸钛氧钾($KTiOPO_4$)晶体是由Masse和Grenier于1971年用传统的助溶剂法研制成功的,所采用的化学反应式为

$$K_2CO_3 + 2NH_3H_2PO_4 + 2TiO_2 \longrightarrow 2KTiOPO_4 + CO_2\uparrow + 3H_2O + 2NH_3\uparrow$$

用水热法生长的KTP晶体存在一个明显的缺点,即在$2.8\mu m$波段附近存在由OH^-基团所引起的一个吸收峰,而采用高温溶液法生长的KTP晶体没有这个吸收峰。因此,现在多用高温溶液法生长KTP晶体。

$KTiOPO_4$(KTP)晶体是一种具有较大倍频系数的可见区非线性光学晶体,用水热法或熔盐法进行晶体生长。KTP晶体空间群为$Pna2_1$,属正交晶系,正双轴晶,晶体结晶学轴与光学轴对应关系为x、y、$z \rightarrow a$、b、c。晶体密度为$2.945 g/cm^3$,莫氏硬度为5。KTP晶体透光范围为$0.35\mu m \sim 4.5\mu m$。表8-6列出了使用熔盐法生长出的KTP晶体的折

射率。KTP晶体可实现1 064nm二倍频输出,见表8-7。

根据对称性,KTP有三个独立的倍频系数:$d_{31}=1.4$ pm/V($d_{31}=d_{15}$);$d_{32}=2.65$ pm/V($d_{32}=d_{24}$);$d_{33}=10.7$ pm/V。

表8-6 熔盐法生长出的KTP晶体的折射率

$\lambda/\mu m$	n_x	n_y	n_z
404 71	1.824 9	1.841 0	1.962 9
0.534 3	1.778 0	1.788 7	1.888 8
0.589 3	1.768 4	1.778 0	1.874 0
0.694 3	1.765 4	1.765 2	1.856 4
1.064 0	1.738 1	1.745 8	1.830 2
1.341 4	1.731 4	1.738 7	1.821 1

表8-7 不同KTP晶体实现1064nm二倍频输出时的相匹配角

制备方法	$\theta=90°$	($\varphi=90°$) y-z 面,o+e→e
水热法	26°	69.2°
熔盐法	25.2°	

KTP晶体在主平面内的有效倍频系数,y-z 面:$d_{eoe}=d_{oee}=d_{31}\sin^2\varphi$,$d_{oeo}=d_{eoo}=d_{31}\sin\theta$;x-z 面:$d_{ooe}=d_{32}\sin\theta$ ($\theta<V_z$),$d_{oeo}=d_{eoo}=d_{32}\sin\theta$ ($\theta<V_z$)。

KTP晶体有以下特点:非线性光学系数可与$Ba_2NaNb_5O_{15}$(BNN,铌酸钡钠)相比拟,比KDP晶体约大15倍~20倍;在室温下即可实现相位匹配,且对温度和角度变化不敏感,在$0.35\mu m$~$4.5\mu m$波段范围内透光性良好;机械性能优良,化学稳定性好,不潮解,耐高温,可生长出大尺寸的光学均匀性好的晶体。因此,KTP晶体可用于Nd:YAG激光器的腔内、外倍频,可获得高功率蓝绿色激光光源,并可用于引发核聚变;可广泛用于固体激光系统,如卫星测距、海底通信、激光雷达、激光加工、全息摄影、激光治疗等;可用于泵浦若丹明型染料激光器,发出橙色激光,能有选择地激励原子铀同位素(U^{238}和U^{235})分离;可用于参量振荡和混频,作为第二代光纤通信的重要材料也可用于制造光波导器件。

8.2.3 铌酸盐晶体

铌酸盐晶体的基本结构单元是NbO_6八面体,如$LiNbO_3$、MgO:$LiNbO_3$、$KNbO_3$、$Ba_2NaNb_5O_{15}$、$K_3Li_2Nb_5O_{15}$等,有较大的倍频系数。

8.2.3.1 $LiNbO_3$晶体

一、Li_2O—Nb_2O_5赝二元系局部相图

$LiNbO_3$晶体是一种典型的非化学计量氧化物,图8-5为Li_2O—Nb_2O_5赝二元系局部相。图中可见,同液同成分点温度为(1240 ± 5)℃,其组成是在Li_2O的摩尔分数为48.6处,而不是在Li_2O的摩尔分数为50处。在一定固溶区内,尽管都能生长出$LiNbO_3$晶体,但要生长出高光学质量的单晶,只能在固液同成分处生长,即生长液配料中有摩尔分数为48.6的Li_2O和摩尔分数为51.4的Nb_2O_5。一般采用熔体提拉法生长$LiNbO_3$晶体,并较易长成大尺寸晶体。实验表明,若严格按摩尔分数为50的Li_2O来配料,则在晶体生长过程中,由于液相中的Li较易蒸发,致使Nb含量逐渐增多,以致整个晶体的光学均匀性受到影响。

二、$LiNbO_3$晶体的结构

$LiNbO_3$晶体属于一维型铁电体,晶体的自发极化方向与离子的位移方向一致,并与唯一的单晶三次对称轴(c_3)相重合,当温度自高温下降至居里温度(1240℃)以下时,Li^+

和 Nb^{5+} 离子相对于氧原子有一个位移，因而正负电荷重心偏离三次对称轴 c_3 方向，于是在 c_3 方向上出现自发极化，而其它方向不产生电偶极矩，如图 8-6 所示。在通常情况下，采用熔体提拉法所生长的 $LiNbO_3$ 晶体为多畴的，在应用时需要使晶体单畴化。

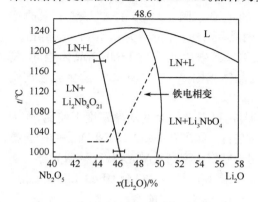

图 8-5　Li_2O-Nb_2O_5 赝二元体系局部相　　图 8-6　$LiNbO_3$ 铁电相和顺电相及两种相反的自极化方向

$LiNbO_3$ 晶体在接近熔点温度时，其电阻率很小，如加 $0.2V/cm^{-2} \sim 0.5V/cm^{-2}$ 的电场，可使晶体中与电场异向的电畴反转，在 1200℃ 左右加上电场（电流 $2mA/cm^{-2} \sim 5mA/cm^{-2}$）维持 10min～20min，再缓冷至 700℃～800℃ 以下，去掉电场，晶体则从多畴变为单畴。

$LiNbO_3$ 晶体空间群为 R3c，属三方晶系，负单轴晶，点群 3m，密度为 $4.628 \, g/cm^3$，莫氏硬度为 5～5.5。由于 $LiNbO_3$ 晶体相图的特殊性，$LiNbO_3$ 晶体中的化学成分随生长熔体条件不同而有所不同，分为三种情况：富锂熔体、化学计量比熔体、同成分熔化熔体。从这三种熔体中长出的晶体分别具有不同的性质。

$LiNbO_3$ 晶体可实现 1 064nm 的二倍频，并且能实现 1064nm 的 90°非临界相位匹配。相匹配角和温度强烈依赖于晶体生长的熔体化学剂量比。根据对称性，$LiNbO_3$ 有三个非零独立倍频系数：$d_{21}=d_{16}=-d_{22}$，$d_{31}=d_{15}$，$d_{32}=d_{24}$，其大小见表 8-8。有效倍频系数，$d_{eff}^{ooe}=d_{31}\sin\theta-d_{22}\cos\theta\sin3\varphi$；$d_{eff}^{oee}=d_{eff}^{oee}=d_{22}\cos^2\theta\cos3\theta$。

表 8-8　$LiNbO_3$ 晶体倍频系数　　　　　　　（单位：pm/V）

	化学计量比	同成分熔比		化学计量比	同成分熔比
d_{22}	2.46±0.23	2.10±0.21	d_{33}	−41.7±7.8	−27.2±2.7
d_{31}	−0.64±0.66	−4.35±0.44			

$LiNbO_3$ 晶体主要用于制造各种功能器件，如红外探测器、激光调制器、激光倍频器、光学开关、光参量振荡器、集成光学元件、高频宽带滤波器、高频高温换能器、微声器件、自倍频激光器、光折变器件（如高分辨率全自存储）等。

8.2.3.2　$MgO:LiNbO_3$ 晶体

$LiNbO_3$ 晶体的缺点是激光损伤阈值过低，从而限制了它在激光技术方面的应用，其原因可能是：由于非化学计量比失调所产生的高密度点缺陷以及由还原处理或光辐照而诱发的色心所引起的。掺入摩尔分数大于 4.5% 的 MgO，可使其抗激光损伤阈值成百倍地提高。计算表明，当一致熔化组分晶体中掺入 Mg 的摩尔分数达 5.3% 时，将出现含 Nb 格位的 Mg^{2+} 的缺陷结构，这是阈值效应的主要标志，这种掺 Mg 浓度的阈值效应，引起过渡金属离子（如 Fe 等）在 $LiNbO_3$ 晶体中的替位 Li^+ 转变为替位 Nb^{5+}，这可能是 $MgO:LiNbO_3$ 晶体抗光损伤能力成百倍增长的主要原因。MgO 的掺入基本未改变 $LiNbO_3$ 的晶格结构，其空间群为 R3c，仍为负单轴晶，晶体透光范围为 $0.4\mu m \sim 5.5\mu m$。

$MgO:LiNbO_3$ 晶体倍频系数矩阵元和有效倍频系数表达式与 $LiNbO_3$ 晶体相同，倍频系数为 $d_{31}=-4.69\pm0.13 pm/V$。与 $LiNbO_3$ 晶体相比，$MgO:LiNbO_3$ 的激光损伤阈值有所提高。

用 $MgO:LiNbO_3$ 晶体制成的电光和非线性器件，可以在较高的功率密度下使用，作为 Nd:YAG 激发器腔内倍频，其输出功率高达 60% 左右。如果在 $MgO:LiNbO_3$ 晶体中再掺入激活离子 Nd^{3+}，使其变为自倍频激光晶体，可用于制作小型高效激光器，这种激光器可实现自倍频、自调 Q 与在半导体激光器泵浦下使用。双掺 Mg 和 Fe 的 $Mg:Fe:LiNbO_3$ 晶体可产生光折变效应，是目前研究最多的一种光折变晶体，很有发展前途。

8.2.3.3 $KNbO_3$ 晶体

$KNbO_3$ 晶体空间群为 C_{2v}，属正交晶系，负双轴晶，点群为 $mm2$。晶体光学轴与结晶学轴对应关系为：$x、y、z \rightarrow b、a、c$。$KNbO_3$ 晶体透光范围为 $0.4\mu m \sim 4\mu m$。$KNbO_3$ 晶体折射率见表 8-9。根据对称性，$KNbO_3$ 有三个独立的倍频系数：$d_{31}=-11.9\ pm/V$；$d_{32}=-13.7 pm/V$；$d_{33}=-20.6\ pm/V$。

主平面内有效倍频系数，x-y 面：$d_{eeo}=d_{32}\sin^2\varphi+d_{31}\cos^2\varphi$；$y$-$z$ 面：$d_{ooe}=d_{32}\sin\theta$；z-x 面：$d_{oeo}=d_{eoo}=d_{31}\sin\theta$ $(\theta<V_z)$，$d_{ooe}=d=d_{31}\sin\theta$ $(\theta<V_z)$。

8.2.4 LBO 族晶体

1988 年，中国的陈创天等发现了 LiB_3O_5（LBO）晶体。1993 年，中国吴以成等发现了 CsB_3O_5（CBO）晶体。1995 年，美国的 Keszler 和日本的 Sasaki 等人各自独立地发现了 $CsLiB_6O_{10}$（CLBO）晶体。这些晶体的基本结构单位都是 B_3O_7 基团。

8.2.4.1 LBO 晶体

LBO 是一种包晶化合物，分解温度为 (834 ± 4)℃。图 8-7 为 $Li_2O-B_2O_3$ 体系的部分相。一般采用高温溶液来生长 LBO 晶体。合成的结晶原料在 750℃ 以上为清澈透明的液体，再选择适当过量的 B_2O_3 或其它的适量溶剂作为晶体生长的溶剂。晶体生长周期一般为一个月左右。生长出的理想晶体外形如图 8-8 所示。

LBO 晶体有一个显著特点，即只要单晶是宏观透明的，则晶体内很少有微细的散射颗粒，因此，生长出来的 LBO 晶体一定是一种光学质量高的晶体。原因是 LBO 晶体结构具有 $(B_3O_7)_{n\rightarrow\infty}$ 骨架状结构，其晶格间隙很小，比 Li^+ 离子大的阳离子很难进入其中，因此，从高温溶液生长的 LBO 晶体中不含有细小包裹体和其它微散射颗粒，从而使 LBO 晶体具有优异的光学质量、极高的激光损伤阈值和紫外光透过能力，是具有应用价值的新型紫外倍频晶体材料。

LBO 晶体的空间群为 $Pna2_1$，属正交晶系，负双轴晶，晶胞参数 $a=0.844\ 73(7)$nm、

$b=0.73788(6)$nm、$c=0.51395(5)$nm、$z=2$。此晶体的结晶轴和光学轴不一致,它们的对应关系为 $x\to a, y\to c, z\to b$。晶体的密度为 2.47g/cm^3,略微潮解,莫氏硬度为6。LBO晶体具有很宽的透光范围,即155nm～3200nm。表8-10给出了晶体在不同波长下测定的三个主折射率。

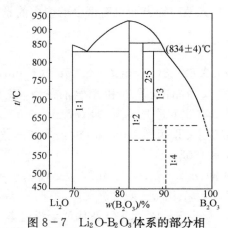

图8-7 Li_2O-B_2O_3体系的部分相

1:1—$Li_2O \cdot B_2O_3$; 1:2—$Li_2O \cdot 2B_2O_3$;
2:5—$2Li_2O \cdot 5B_2O_3$; 1:3—$Li_2O \cdot 3B_2O_3$;
1:4—$Li_2O \cdot 4B_2O_3$。

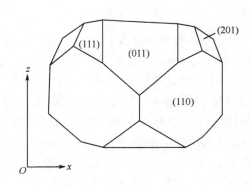

图8-8 LBO晶体生长的理想外形

表8-9 $KNbO_3$晶体折射率

$\lambda/\mu m$	n_x	n_y	n_z	$\lambda/\mu m$	n_x	n_y	n_z
0.430	2.4974	2.4145	2.2771	0.860	2.2784	2.2372	2.1338
0.488	2.4187	2.3527	2.2274	1.064	2.2576	2.2195	2.1194
0.514	2.3951	2.3337	2.2121	2.000	2.2149	2.1832	2.0899
0.633	2.3296	2.2801	2.1687	3.000	2.2785	2.1498	2.0630

表8-10 LBO晶体的主折射率

$\lambda/\mu m$	n_x	n_y	n_z	$\lambda/\mu m$	n_x	n_y	n_z
0.2537	1.6335	1.6582	1.6792	0.5893	1.5760	1.6035	1.6183
0.3341	1.6043	1.6346	1.6509	0.6328	1.5742	1.6014	1.6163
0.4047	1.5907	1.6216	1.6353	0.8000	1.56959	1.59615	1.61078
0.4500	1.58449	1.61301	1.62793	0.9000	1.56764	1.59386	1.60843
0.5000	1.58059	1.60862	1.62348	1.0642	1.56487	1.59072	1.60515
0.5320	1.57868	1.60642	1.62122	1.0796	1.5655	1.6053	1.5902
0.5500	1.57772	1.60635	1.62014	1.1000	1.56432	1.59005	1.60449

根据对称性,LBO有三个不为零的倍频系数,$d_{31}=d_{15}$, $d_{32}=d_{24}$, d_{33}。用Maker条纹法测定的值为:$d_{31}=\pm 0.67$; $d_{32}=\pm 0.85$; $d_{33}=\pm 0.04$ /pm/V。

LBO晶体在 x-y 和 y-z 平面上(也就是 $\theta=90°$ 或 $\varphi=90°$)具有最大的有效倍频系数和可允许接受角,因此多数LBO倍频器件的设计都是使基波光沿这两个主平面入射的。表8-11为LBO晶体临界相匹配及响应的可接受角。

当基波光在LBO晶体的上述两个主平面中传播时,有效倍频系数可用解析数学式表示,x-y 面:$d_{eoe}=d_{ooe}=d_{31}\sin^2\varphi+d_{32}\cos^2\varphi$; y-z 面:$d_{oeo}=d_{31}\sin\theta$; x-z 面:$d_{ooe}=d_{32}\sin\theta$

($\theta<V_z$),$d_{oeo}=d_{eoo}=d_{32}\sin\theta$ ($\theta<V_z$)。

LBO晶体具有宽的透光波段、高的光学均匀性、大的有效二倍频(SHG)系数和角度带宽、小的离散角、高的激光损伤阈值和优良的物理化学性能等,因此广泛应用在高平均功率的二倍频(SHG)、三倍频(THG)、四倍频(FOHG)及其和频、差频等领域。同时,LBO晶体在参量振荡、参量放大、光波导以及在电光效应等方面也有很好的应用前景。

8.2.4.2 CBO晶体

CBO晶体的空间群为$P2_12_12_1$,晶胞参数$a=0.6213(1)$nm、$b=0.8521(1)$nm、$c=0.9170(1)$nm、$z=4$,点群为222。此晶体属负双轴晶,结晶轴和光学轴一致,密度为3.357g/cm³,潮解较LBO严重。CBO晶体同样具有宽的透光范围,即167nm~3000nm。晶体的折射率如表8-12所列。CBO晶体可实现Ⅰ、Ⅱ两型1064nm的倍频和三倍频。根据对称性,CBO有一个非零独立倍频系数,$d_{36}=1.08$pm/V。

CBO晶体在主平面内的有效倍频系数,x-y面:$d_{eoe}=d_{oee}=d_{14}\sin2\theta$;$y$-$z$面:$d_{eeo}=d_{14}\sin2\theta$;$x$-$z$面:$d_{eoe}=d_{oee}=d_{14}\sin2\theta$ ($\theta<V_z$),$d_{eeo}=d_{14}\sin2\theta$ ($\theta<V_z$)。

表8-11 LBO晶体的临界相匹配及响应的可允许接受角

$\lambda/\mu m$	$\theta/(°)$	$\varphi/(°)$	$\Delta\theta/(°)$	$\Delta\varphi/(°)$
1.0642→0.5321 o+o→e	90	11.4	1679	0.24
1.0642→0.5321 o+o→e	20.6	90	3.20	0.77
1.0642+0.5321→0.3547 o+o→e	42.2	90	3.11	0.18

表8-12 CBO晶体的主折射率

$\lambda/\mu m$	n_x	n_y	n_z
0.3547	1.5499	1.5849	1.6145
0.4765	1.5370	1.5758	1.6031
0.4880	1.5367	1.5736	1.6009
0.4965	1.5362	1.5716	1.5996
0.5145	1.5349	1.5690	1.5974
0.5321	1.5328	1.5662	1.5936
0.6328	1.5294	1.5588	1.5864
1.0642	1.5194	1.5505	1.5781

8.2.4.3 CLBO晶体

CLBO晶体空间群为$\bar{I}42d$,属四方晶系,负单轴晶,晶胞参数为$a=1.046(1)$nm、$c=0.895(2)$nm、$z=4$,点群为$\bar{4}2m$,晶体密度为2.47g/cm³。该晶体在空气中因吸收水分而开裂,特别在激光照射下开裂加剧,在100℃以上可基本消除开裂,并保持较高的激光损伤阈值。与LBO、CBO相似,CLBO也有较宽的透光范围,紫外区的截止波长为180nm。由于CLBO的双折射率比LBO和CBO略大,因而可实现1064nm的四倍频和五倍频输出。根据对称性,CLBO晶体只有一个独立的倍频系数$d_{14}=d_{25}=d_{36}$。其中,$d_{36}=0.95$pm/V($\lambda=1064$nm)。有效倍频系数$d_{eff}=d_{36}\sin\theta\sin2\varphi$。

8.2.5 BBO晶体

β-BaB_2O_4(BBO)晶体是中国陈创天等人于1979年发现的一种优异紫外非线性光学晶体,其基本结构单位是B_3O_6平面基团。因为BaB_2O_4有高温相(α)和低温相(β),相变温度为925℃。因此,生长β-BaB_2O_4晶体一般多采用高温溶液法生长或高温溶液提拉法。采用高温溶液法生长晶体时,溶剂的选择对晶体形态、质量和生长速率影响很大,可选多种碱金属氧化物作为溶剂,主要有以下几种BBO晶体与选溶剂之间的相关系。

BaB$_2$O$_4$—Na$_2$O赝二元体系相图如图 8-9 所示,由图可见,该体系中出现了一个新相化合物 BaB$_2$O$_4$—Na$_2$O,它在(846±3)℃同成分熔化,并分别与 BaB$_2$O$_4$ 和 Na$_2$O 形成赝二元共晶系。BaB$_2$O$_4$—Na$_2$B$_2$O$_4$ 赝二元体系相如图 8-10 所示,由图可见,BaB$_2$O$_4$—Na$_2$B$_2$O$_4$ 赝二元系为简单共晶系,共晶温度为温度为(826±3)℃,共晶点 Na$_2$B$_2$O$_4$ 的摩尔分数为 50%。

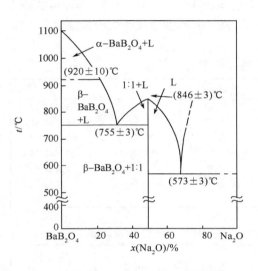
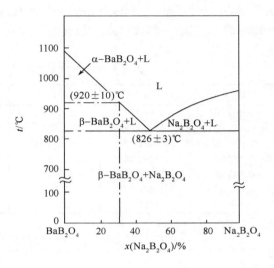

图 8-9　BaB$_2$O$_4$—Na$_2$O 赝二元体系相　　　图 8-10　BaB$_2$O$_4$—Na$_2$B$_2$O$_4$ 赝二元体系相

BaB$_2$O$_4$—K$_2$B$_2$O$_4$ 赝二元体系相如图 8-11 所示,图中标明了 β-BaB$_2$O$_4$ 晶体的生长区域。β-BaB$_2$O$_4$ 晶体从纯熔体中生长,其生长速度比采用高温溶液法生长时的速率要高几二倍至上百倍,其生长原理如图 8-12 所示。

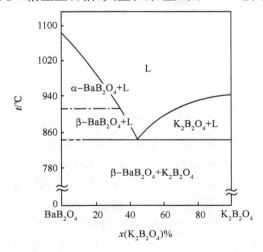
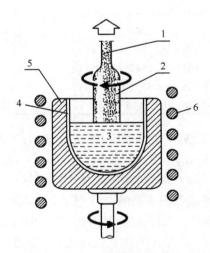

图 8-11　BaB$_2$O$_4$—K$_2$B$_2$O$_4$ 赝二元体系相　　图 8-12　熔体提拉法晶体生长原理
1—籽晶;2—单晶;3—熔体;4—铂金(或石英)坩埚;5—石墨加热器;6—射频加热线圈。

β-BaB$_2$O$_4$ 晶体在相变温度以上属于亚稳相生长,只有在一定过冷的熔体中才可能产生。能否造成这种过冷,一般认为与熔体的结构与性质有关:只有所制备的结晶原料保持了的 $\beta\text{-BaB}_2\text{O}_4$ 结构,且在一定的条件下,$\beta\text{-BaB}_2\text{O}_4$ 晶体生长的溶液保持了 $\beta\text{-BaB}_2\text{O}_4$ 相的结构,这时熔体才可能产生过冷,才会生长出 $\beta\text{-BaB}_2\text{O}_4$ 晶体。

BBO 晶体空间群为 R3c,属三方晶系,负单轴晶,晶胞参数为 $a=1.2547(6)$ nm、$c=1.2736(9)$ nm,点群为 $3m$,晶体密度为 3.85g/cm^3,莫氏硬度为 4.5。BBO 晶体透光范围是 $0.189\mu\text{m}\sim5.3\mu\text{m}$。BBO 的折射率与波长的关系如表 8-13 所列。BBO 晶体可实现 1 064nm 的二倍频、三倍频、四倍频、五倍频,表 8-14 为几种典型谐波产生的特征参数的实验值。

表 8-13 BBO 晶体在不同波长下的折射率

$\lambda/\mu\text{m}$	n_o	n_e	$\lambda/\mu\text{m}$	n_o	n_e
0.404 16	1.692 67	1.567 96	0.589 30	1.670 49	1.552 47
0.435 83	1.686 79	1.563 76	0.643 85	1.667 36	1.550 12
0.465 782	1.681 98	1.560 24	0.818 90	1.660 66	1.545 89
0.479 99	1.680 44	1.559 14	0.852 12	1.659 69	1.545 42
0.508 58	1.677 22	1.556 91	0.894 35	1.658 62	1.544 69
0.546 07	1.673 36	1.554 65	1.014 00	1.656 08	1.543 33
0.579 07	1.671 31	1.552 98			

表 8-14 BBO 晶体的几种典型谐波产生的特征参数的实验值

$\lambda/\mu\text{m}$ $\text{o}+\text{o}\rightarrow\text{e}$	$\theta_\text{PM}/(°)$	$\Delta\theta_\text{PM}^\text{int}/(°)$	$\Delta T/(°)$	$\Delta v/\text{cm}^{-1}$	离散角 $\rho/(°)$
0.409 6→0.204 8	90				
0.488→0.244	54.5				4.757
0.532→0.266	47.5	0.010	4		4.879
0.615 6→0.307 8	39				
0.709 46→0.354 73	33				
1.604 2→0.532 1	22.8	0.021	37	9.7	3.189
0.727 47+0.263 25→0.193 3	76				
1.064 2+0.266 05→0.212 84	51.1				5.497
1.064 2+0.354 73→0.266 05	40.2				4.941
1.064 2+0.532 1→0.354 73	31.3	0.015	16		4.132

根据对称性,BBO 有三个独立倍频系数。经测定,$d_{22}=\pm2.3$ pm/V;$d_{31}=\pm0.16$ pm/V;$d_{33}\approx0$。有效倍频系数 $d_\text{ooe}=d_{31}\sin\theta-d_{22}\cos\theta\sin3\varphi$;$d_\text{eoe}=d_{22}\cos^2\theta\cos3\varphi$。

BBO 晶体可用于产生 Nd:YAG、Ti:Al_2O_3、铜蒸气、Ar^+、紫翠玉、Cr:Al_2O_3 和 Nd 玻璃等激光器的二次谐波,也可用于 Nd:YAG 激光系统的二倍频(SHG)、三倍频(THG)以及四倍频(FOHC)泵浦的光参量振荡器(OPO)和光参量放大器(OPA)等。

BBO 晶体的主要优点是,在宽的光谱区间内,从 190nm~2600nm 具有高的透光能力,并且它的双折射率大,而色散很小,因此具有宽的相位匹配范围,室温下的匹配区间为 189nm~1500nm。此外,BBO 晶体有宽的温度接收角,高的激光损阈值,并且截止温度比 KDP 晶体大一个数量级,所以能用于许多高功率密度激光系统的谐波发生。BBO 晶体还容易获得高光学质量的大尺寸的透明晶体,是一种性能优异的紫外倍频晶体。

8.2.6 红外非线性光学晶体

中红外(10μm~20μm)非线性光学晶体大体有三类：由四面体基团构成的二元或三元化合物晶体，特别是半导体结构类型的化合物晶体，如 $AgGaS_2$、$AgGaSe_2$、$ZnGeP_2$、$CdGeAs_2$、$HgGa_2S_4$、CdS、HgS 等；由 MX_3 三角锥形基团构成的化合物晶体，如 $AgAsS_3$、$AgSbS_3$、$TlAsS_3$ 等；单质晶体，如 Se、Te。虽然红外非线性光学晶体已经发现了很多，但基本都存在晶体光损伤阈值低、晶体生长容易引入缺陷等缺点。目前还没有一个十分理想的实用化红外非线性光学晶体。本节以 $AgGaS_2$ 为代表介绍半导体类型红外非线性光学晶体。

$AgGaS_2$ 晶体的空间群为 $I\bar{4}2d$，属四方晶系，点群为 $\bar{4}2m$，晶体密度为 4.48 g/cm^3，莫氏硬度为 3~3.5，晶体透光范围是 0.47μm~13μm，$AgGaS_2$ 晶体折射率见表 8-15。表 8-16 为一些典型谐波产生的相位匹配角的实验值。

表 8-15 $AgGaS_2$ 晶体的折射率

$\lambda/\mu m$	n_o	n_e	$\lambda/\mu m$	n_o	n_e
0.490	2.714 8	2.728 7	2.000	2.416 4	2.363 7
0.525	2.650 3	2.623 9	3.000	2.408 0	2.354 5
0.500	2.574 8	2.530 3	4.000	2.402 4	2.348 8
0.675	2.531 8	2.482 4	5.000	2.395 5	2.341 9
0.800	2.490 9	2.439 5	10.000	2.354 8	2.301 2
1.000	2.458 2	2.405 3	12.000	2.326 6	2.271 4
1.200	2.441 4	2.388 1			

表 8-16 $AgGaS_2$ 晶体典型谐波产生的相位匹配角的实验值

$\lambda/\mu m$	$\theta_{PM}(°)$	备注	$\lambda/\mu m$	$\theta_{PM}(°)$	备注
10.6→5.3	67.5	o+o→e	10.6+2.65→2.12	34.8	o+o→e
5.3→2.65	32	o+o→e	10.6+5.3→3.533	58.15	e+o→e
2.128 4→1.064 2	54.23	o+o→e			

根据对称性，$AgGaS_2$ 只有一个独立非零倍频系数 $d_{36}=11.1\pm1.7$ pm/V。有效倍频系数 $d_{eoe}=d_{oee}=d_{36}\sin2\theta\cos2\varphi$，$d_{ooe}=d_{36}\sin\theta\sin2\varphi$。

8.2.7 深紫外非线性光学晶体

深紫外非线性光学晶体是指能够产生波长在 200 nm 以下直接倍频输出的非线性光学晶体，它直接倍频产生的最短波长是 204.7 nm。因此，200 nm 成为紫外区直接倍频较难跨越的一道障碍。中国的陈创天等人陆续发现了一系列深紫外硼酸盐晶体，如 KBBF 晶体和 SBBO 族晶体。初步的实验证实此类晶体有希望成为实用的深紫外倍频晶体。

8.2.7.1 $KBe_2BO_3F_2$(KBBF)晶体

KBBF 晶体空间群是 R32，属三方晶系，负单轴晶，晶胞参数 $a=0.442\ 7(3)$ nm、$c=1.874\ 4(9)$ nm、$z=3$，晶体密度为 2.41 g/cm^3。该晶体的基本结构单元是 BO_3 三角形基

团和 BeO_3F 四面体基团。BO_3 基团平行排列,与基团共用氧原子形成无限二维平面网络,层与层之间通过 K 与 F 的离子键相联,层与层之间结合力较弱。正是因为这个层次习性,晶体不易长厚、不易加工、极易解理,因此难以实用化。KBBF 晶体有很宽的透光范围,为 $0.155\mu m \sim 3.8\mu m$。由于 KBBF 有宽的透光范围和适中的双折射率,能够实现 $1.064\mu m$ 的直接六倍频输出。

表 8-17 为一些波长的倍频相匹配角。根据 KBBF 的对称性,倍频系数 $d_{22} = 0.76pm/V$。有效倍频系数为 $d_{ooe} = d_{11}\cos\theta\cos3\varphi$; $d_{eoe} = d_{eff}^{ooe} = d_{11}\cos^2\theta\sin3\varphi$。

表 8-17 KBBF 晶体的倍频相匹配角

$\lambda/\mu m$	$\theta_{PM}/(°)$	$\Delta\theta_{PM}/(°)$	$\rho/(°)$
1.064→0.532	20.2	1.487	2.046
0.532→0.266	36.2	0.503	3.027
1.064+0.532→0.355	25.45	0.820	2.466
1.064+0.266→0.212 8	37.21	0.381	3.127
0.355 4→0.177 7	66.21	0.432	2.351

8.2.7.2 SBBO 族晶体

由于 KBBF 的力学性能差,晶体难生长,中国的陈创天等人在保持 KBBF 晶体有利构型的前提下,设计合成了一系列结构和性能与 KBBF 相似而又克服了层状习性的晶体 $Sr_2Be_2B_2O_7$(SBBO)、$BaAl_2B_2O_7$(BABO)、$K_2Al_2B_2O_7$(KABO)等。该系列晶体的基本结构单元是 BO_3 三角形基团和 BeO_4 或 AlO_4 四面体基团。BO_3 基团平行排列,与 BeO_4 或 AlO_4 基团共用氧原子形成无限平面二维网络,支与层之间通过四面体基团中不在平面网络内的氧原子以共价键相连。这样不仅保持 KBBF 双折射率适中、紫外透过率大的特点,而且由于加强了晶格中层与层之间的结合力,消除了层状习性,改善了力学性能,晶体又容易长厚。表 8-18 为 SBBO 族晶体的晶体学参数;表 8-19 为 SBBO 族晶体的线性与非线性光学性能。

表 8-18 SBBO 族晶体的晶体学参数

	SBBO	TBO	BABO	KABO
空间群	$P\bar{6}c2$	$P\bar{6}2c$	R32	P321
点群	$\bar{6}2m$	$\bar{6}2m$	32	32
$a(0.1 nm)$	4.683	8.298	5.001	8.530
$c(0.1 nm)$	15.311	8.483	24.387	8.409
Z	2	3	3	3

表 8-19 SBBO 族晶体的线性与非线性光学性能

	透光范围/nm	双折射率	倍频系数/pm/V	最短匹配波长
SBBO	165~3 780	0.06	$d_{22}=1.62$	<200 nm
TBO	175~3 780		$d_{11}\approx 0.8$	
BABO	约 200~3 780	约 0.06	$d_{11}\approx 0.75$	
KABO	180~3 7800	0.068	$d_{11}\approx 0.48$	

8.3 有机非线性光学晶体

有机化合物是指由碳、氢原子(有时也包括硫、氮等复杂原子)所构成的化合物。由于有机物种类繁多,有机分子具有可剪裁、嫁接性质,因此便于根据特定需要进行分子设计,制备出新型有机化合物。

有机非线性光学晶体具有非线性光学系数高(比无机晶体大1个～2个量级),光学均匀性好,易于生长,设备简便等优点,但有机非线性光学晶体同时存在熔点低、力学性能差等缺点。半导体激光器的发展及蓝、紫光源的需求,是有机非线性光学晶体的研究发展的巨大驱动力。人们有针对性地改变晶体组分和结构,如加入金属离子或无机基团,构成有机-无机结合或半有机化合物,发现和制备了一系列新型的非线性光学晶体。

8.3.1 有机晶体分类、结构特点和生长方法

按照晶体组分将其分为苯基衍生物晶体、酰胺类晶体、吡啶衍生物晶体、酮衍生物晶体、有机盐类晶体、有机金属络(配)合物晶体及聚合物晶体等。从结构划分,有机晶体也可分为平面状分子晶体、链状分子晶体、类球状分子晶体及有机金属络合物等类型。有机非线性光学晶体多为分子晶体,对称性较低,内部结合力较弱。而且,根据有机晶体结构出现的空间群分布概率来看,多出现在 $P2_1/C, P2_12_12_1, P2_1, P\bar{1}$ 和 $Pbca$ 五种空间群,占总数的一半左右。从以上空间群来看,多数存在 2_1 螺旋轴。

生长有机晶体最常用的是溶液法,采用其它方法如熔体提拉、气相生长等方法近年来也有所发展。以溶液法生长有机晶体与无机晶体相比,方法、设备、原理均无很大差异。但由于相似相溶规律,许多有机晶体需要选择除水以外的溶剂。优选不同晶体最佳溶液是十分重要的。

8.3.2 有机物晶体

8.3.2.1 酰胺类晶体

酰胺是羧酸的衍生物,当羧酸中的羧基为氨基所取代后,即为酰胺基。脲类化合物是酰胺的一种,包括尿素[$CO(NH_2)_2$]、马尿酸($C_6H_5CONHCH_2COOH$)和5-硝基吡啶脲($C_4N_3H_3O_4 \cdot H_2O$)等晶体。其中尿素晶体为这一类晶体的典型代表,属四方晶体,点群 $D_{2d}-\bar{4}2m$。尿素晶体是一种已经得到应用的有机紫外倍频晶体,它的熔点为132.7℃,正光性单轴晶,密度1.318g/cm³,莫氏硬度约为2.5,透明波段为200nm～1.8μm,可以对各种波长的激光实现倍频、和频的位相匹配,可以通过和频获得210nm附近的紫外光,其非线性系数 $d_{36}(0.6\mu m)$ 约为KDP d_{36} 的3倍,并有较高的抗光伤阈值;尿素晶体具有较大的双折射率和小的折射率温度系数,能在室温下稳定实现紫外倍频输出,主要用于激光的高次谐波发生,和频和光参量振荡等方面,尿素在LBO、BBO晶体发现前已被采用,但由于容易潮解而影响了其使用。尿素是一种难生长晶体,可采用溶液法生长,一般采用醇(甲醇、乙醇或混合溶系)作溶剂可获优质晶体。晶体质量与控温等有密切关系。表8-20为酰胺类晶体的主要性能参数。

表 8-20 酰胺类晶体的主要性能参数

名称	尿素	5-硝基吡啶脲 (5-NU)	马尿酸	名称	尿素	5-硝基吡啶脲 (5-NU)	马尿酸
化学式	CH_4ON_2	$C_4N_3H_3O_4 \cdot H_2O$	$C_6H_5CO-NH(CH_2-CO_2H)$	$\delta_{ij}^{2\omega} \times 10^{-2}$ /(m/C)		$\delta_{36}=8.01 \pm 1.60$	$\delta_{14}=7.16$
点群	$\bar{4}2m$	$P2_12_12_1(D_2^4)$	$222-D_2$	$\lambda_1/\mu m$	1.06	1.06	0.6943
生长方法	溶液	溶液		n^ω	$n_0=1.4811$ $n_e=1.5830$	$n_x=1.54$ $n_y=1.97$ $n_z=1.67$	1.644
透光波段 /μm	0.2~1.8	0.5~1.5		$n^{2\omega}$		$n_x=1.57$ $n_y=2.00$ $n_z=1.71$	1.61
$d_{ij}^{2\omega}$/(pm/V)		$d_{32}=5.39 \pm 1.1$	$d_{36}=2.85$	θ^ω		$36°,65°$ 在(110) 面对 X 轴	

8.3.2.2 苯基衍生物晶体

苯基衍生物晶体的特点是在苯环上引入不同取代基。取代基可分为施主基团和受主基团,前者有 NMe_2、$NHNH_2$、NH_2、OH、OCH_3、OMe 等基团,后者有 NO_2、CHO、$COOH$、$COCH_3$、CH_3 等,见表 8-21。

间硝基苯胺(m-NA)晶体是间二取代苯衍生物,这种类型化合物与相应邻、对位衍生物相比,易于形成无对称性空间群晶体,如间氨基苯酚、间位二硝基苯、间位二羟基苯等。在这些化合物中,m-NA 的非线性光学性质为最优。m-NA 为负光性单轴晶,点群 C_{2v}-$mm2$,空间群 $Pbc2_1$,透光波段为 330nm~1.5μm,非线性光学系数 d_{31},d_{33} 约为 2×10^{-11} m/V,d_{32} 为 1.6×10^{-12} m/V,有较大的电光系数,可采用汽相或熔体法生长。m-NA 是人们最早发现的一种非线性光学晶体,也是最早研究的一个 π 电子共轭体系的电光分子。3-甲氧基-4-羟基一苯甲醛(MHBA)晶体是已经实现半导体激光器直接倍频紫光(404.5nm)输出的优良有机非线性光学晶体,是一种具有吸电子—斥电子取代基的苯衍生物。在施主羟基($-OH$)和受主醛基间存在着电荷转移,分子中共轭 π 电子易产生跃迁,从而产生强的非线性效应。甲氧基($-OCH_3$)也是施主基团,对共轭体系的贡献较小,但它的存在使分子的非对称性得到加强,从而使其形成晶体的无对称心起了重要作用。MHBA 为负光性双轴晶,单斜晶系,点群 C_2-C,空间群 $P2_1$,熔点约 82℃,密度 1.34g/cm^3,莫氏硬度 1.67,透过波段为 370nm~2.2μm,可实现半导体激光器(830nm)和 Nd:YAG 激光器Ⅰ类及Ⅱ类位相匹配,非线性光学系数比 KDP 的 d_{36} 大一个量级以上。MHBA 晶体可以溶液法生长,溶剂可为乙酸和水或其它有机溶剂的混合。

2-甲基-4-硝基苯胺(MNA)晶体与 MHBA 晶体相似,其分子结构式中苯环的一端为施主(NH_2),另一端为受主(NO_2),CH_3 增加了分子的不对称性。NMA 为正光性双轴晶,单斜晶系,可以用汽相法或以甲醇作溶剂生长。由于在液态分解,该晶体不能采用熔体法生长,MNA 还有良好的电光性质,电光阈值为 $LiNbO_3$ 晶体的 2.7 倍。

表 8-21 苯基衍生物有机晶体的主要性能参数

名称	化学式	点群	生长方法	透光波段 /μm	$d_i^{2\omega} \times 10^{-12}$ /(m/V)	$\delta_i^{2\omega} \times 10^{-12}$ /(m/V)	$\lambda_1/\mu m$	n^ω	$n^{2\omega}$	θ_m
间二硝基苯	$C_6H_4(NO_3)_2$	$mm2-C_{2v}$	溶液	0.42—1.2	$d_{32}=1.33\pm0.1$	$\delta_{32}=4.07\pm0.27$	1.15	$n_x=1.7068$ $n_y=1.6477$ $n_z=1.4710$	$n_x=1.7516$ $n_y=1.6858$ $n_z=1.4905$	39° 45′ ±30′
间硝基苯胺（m-NA）	$C_6H_4(N_2O_2)(NH_2)$	$mm2-C_{2v}$	气相		$d_{33}=0.74\pm0.15$ $d_{32}=2.7\pm0.53$ $d_{31}\leq1.8$	$\delta_{33}=5.04\pm0.90$ $\delta_{32}=8.28\pm1.44$ $\delta_{31}\leq4.4$	1.064	$n_x=1.7094$ $n_y=1.6538$ $n_z=1.4714$	$n_x=1.7586$ $n_y=1.6984$ $n_z=1.4942$	35° 20′
					$d_{31}=21.92\pm3.28$ $d_{33}=9.89\pm1.50$ $d_{15}=23.65\pm3.54$	$\delta_{31}=39.2\pm5.88$ $\delta_{33}=23.9\pm3.57$ $\delta_{15}=1.15\pm6.17$	1.06	$n_x=1.72$ $n_y=1.69$ $n_z=1.62$	$n_x=1.78$ $n_y=1.75$ $n_z=1.7$	35°和46°相应对(110)和(011)面的Y轴
间甲苯二胺	$CH_3C_6H_3(NH_2)_2$	$mm2-C_{2v}$	溶液	0.33—1.5	$d_{31}=0.39\pm0.09$ $d_{32}=1.12\pm0.21$ $d_{33}=0.69\pm0.17$	$\delta_{31}=0.85\pm0.17$ $\delta_{32}=1.28\pm0.25$ $\delta_{33}=41.1\pm0.22$	1.064	$n_x=1.5930$ $n_y=1.7644$ $n_z=1.7240$	$n_x=1.6226$ $n_y=1.8189$ $n_z=1.7676$	82° 90°
2,4-二硝基氨基苯丙酸甲脂(M-AP)	$C_{10}H_{11}N_3O_6$	2		0.5—2			1.064	$n_x=1.5078$ $n_y=1.5991$ $n_z=1.8439$	$n_x=1.5568$ $n_y=1.7100$ $n_z=2.0353$	

(续)

名称	化学式	点群	生长方法	透光波段 /μm	$d_{ij}^{2\omega} \times 10^{-12}$ /(m/V)	$\delta_{ij}^{2\omega} \times 10^{-12}$ /(m/V)	λ_1 /μm	n^{ω}	$n^{2\omega}$	θ_m
2-氯-4硝基苯胺	$C_6H_3(NH_2)(NO_2)Cl$	$mm2$-C_{2v}			$d_{31}=6.45\pm0.97$ $d_{32}=15.06\pm2.28$ $d_{33}=2.80\pm0.42$	$\delta_{31}=14.24\pm2.13$ $\delta_{32}=19.45\pm2.92$ $\delta_{33}=13.70\pm2.05$	1.06	$n_x=1.7$ $n_y=1.88$ $n_z=1.52$	$n_x=1.81$ $n_y=2.02$ $n_z=1.56$	
2-溴-4硝基苯胺	$C_6H_4(NH_2)(NO_2)Br$	$Rmm2$-C_{2v}			$d_{31}=6.45\pm1.94$ $d_{32}=15.06\pm4.52$ $d_{32}=2.92\pm0.88$ $d_{24}=12.04\pm3.61$ $d_{15}=4.73\pm1.42$	$\delta_{31}=13.7\pm4.1$ $\delta_{32}=19.2\pm5.8$ $\delta_{33}=11.5\pm3.51$ $\delta_{24}=14.0\pm4.2$ $\delta_{15}=9.59\pm2.9$	1.06			
2-间苯酚	$C_6H_4(OH_2)$	$mm2$-C_{2v}	溶液		$d_{31}=0.56\pm0.19$ $d_{24}=0.51\pm0.15$ $d_{33}=0.73\pm0.22$	$\delta_{31}=2.24\pm0.67$ $\delta_{32}=1.64\pm0.49$ $\delta_{33}=1.92\pm0.59$	1.06	$n_x=1.56$ $n_y=1.6$ $n_z=1.61$	$n_x=1.59$ $n_y=1.63$ $n_z=1.64$	
间氨基苯酚	$C_6H_4(OH_2)(NH_2)$	$mm2$-C_{2v}			$d_{31}=1.50\pm0.23$ $d_{32}=1.07\pm0.16$ $d_{33}=1.55\pm0.24$ $d_{15}=1.33\pm0.20$	$\delta_{31}=2.8\pm0.42$ $\delta_{32}=3.01\pm0.45$ $\delta_{33}=5.75\pm0.86$ $\delta_{33}=2.47\pm0.37$	1.064	$n_x=1.74$ $n_y=1.64$ $n_z=1.57$	$n_x=1.78$ $n_y=1.67$ $n_z=1.59$	

属于这一类晶体的还有 2.4-二硝基苯胺基丙酸甲酯(MAP),3-乙酰氨基-4-4(N,N′-二甲氨基)-硝基苯(DAN),3-甲基-4 甲氧基-4′4 硝基二苯乙烯(MMONS),4-氨基-4′-硝基-二苯硫醚(ANDS)等晶体。这些晶体的分子结构比前述晶体更为复杂,共轭体系更大,有很大的非线性光学系数。

8.3.2.3 甲酸盐类

这类晶体有一水甲酸锂[$HCOOLi·H_2O$,简称 LFM]、一水甲酸锂钠[$HCOOLi_{0.9}Ha_{0.1}·H_2O$]、甲酸钠[$HCOONa$]、甲酸锶[$(HCOO)_2Sr$]、二水甲酸锶[$(HCOO)_2Sr·2H_2O$]等。表 8-22 列出了这些晶体的主要参数。

一水甲酸锂是其中研究得最为成熟的材料,大块高光学质量的一水甲酸锂单晶是从甲酸和硫酸锂的水溶液中生长出来的,晶体能被方便地加工成高质量的光学元件。一水甲酸锂单晶具有良好的双折射性能,可制成各种偏振光学元件,且具有较大的非线性光学系数,是一种良好的非线性光学材料。在最佳相位匹配条件下,它的倍频光输出功率比 KDP 大 20 倍。

一水甲酸锂晶体为负光性双轴晶,属正交晶系点群,$C_{2v}-mm2$,空间群 $Pmm2_1$,密度 $1.46g/cm^3$,透过波段为 230nm~1.56μm,能实现不同波长激光的倍频、和频的Ⅰ类和Ⅱ类位相匹配,可产生 240nm 左右的紫外光,非线性系数与 KDP 同一个数量级。LFM 晶体一般采用水溶液缓慢降温法生长。由于 LFM 晶体在湿空气中易潮解,在较高温度(80℃)或干燥条件下即脱水,因而限制了它的进一步广泛应用。

8.3.2.4 其它有机晶体

除了上述三大类有机非线性晶体外,近年还发现了一系列新的有机非线性光学晶体,如酮衍生物晶体、苯胺衍生物晶体、二胺衍生物晶体、均二苯代乙烯衍生物晶体、有机金属络合物晶体等。

4,4′-二甲氧基查尔酮(简称 4,4′-DMOC)晶体,其组织是母体二端的 R 和 R' 分别为一个相同的甲氧基,均为较弱的施主基团,这是一个具有推拉电基团的体系,分子与分子间无强键联系,晶体内部电子传输形成具方向性的整体效应。这一晶体为正交晶系,点群 D_2-222,空间群 $P2_12_12_1$,透光波段 410nm~900nm,可以实现 1.064μm~0.532μm 的倍频,非线性效应约为 KDP 的 5 倍~10 倍,可以用有机溶剂作降温法或用恒温蒸发法生长晶体。

4-氨基二苯甲酮(简称 ABP)是另一种酮类晶体,只有一端接有施主基团—NH_2,其分子结构式为 。这一晶体为单斜晶系,点群 C_2-2,空间群 $P2_1$,透光波段 420nm~1.4μm,光学倍频效应达到 KDP 晶体的 360 倍,熔点 152℃,不潮解,化学性质稳定,这一晶体有较好的可见-近紫外透过区,ABP 分子有极强的极性,不溶于水,可以用醇或酮作溶剂,采用降温法生长单晶。

L-磷酸精氨酸(LAP)晶体是由天然碱氨基酸和无机酸根组成的,是一个线度较大的链状分子,分处两端的羧基和胍基形成极性甚大的偶极矩,这一大的极化和磷酸根畸变四面体的极化相叠加,形成了 LAP 晶体较强的非线性光学效应。旋光性的存在有利于形成

表 8-22　甲酸盐类晶体的主要参数

名称	化学式	点群	生长方法	透光波段 /μm	$d_{il}^{2\omega}/10^{-12}$ (m/V)	$\delta_{il}^{2\omega}/10^{-12}$ (m/V)	$\lambda 1/\mu m$	n^{ω}	$n^{2\omega}$	θ_m
一水甲酸锂	$HCOOLi \cdot H_2O$	$mm2-C_{2v}$	溶液	0.25~1.4	$d_{15}=d_{31}=(0.11\pm0.02)$ $d_{24}=d_{32}=1.27\pm0.09$ $d_{35}=1.86\pm0.11$	$\delta_{11}=1.33\pm0.24$ $\delta_{32}=8.19\pm0.6$ $\delta_{33}=10.03\pm0.6$	1.0642	$n_x=1.3593$ $n_y=1.4673$ $n_z=1.5035$	$n_x=1.5229$ $n_y=1.5229$ $n_z=1.5229$	81°~95° 55.1°
甲酸钠	$HCOONa$	$mm2-C_{2v}$	溶液	0.25~2	$d_{33}=+0.35\pm0.17$ $d_{32}=-0.23\pm0.11$	$\delta_{33}=+1.58\pm0.27$ $\delta_{32}=-1.42\pm0.68$	1.0642	$n_x=1.381$ $n_y=1.449$ $n_z=1.529$	$n_x=1.389$ $n_y=1.465$ $n_z=1.546$	53.0° 8.1°
一水甲酸锂钠	$HCOOLi_{0.9}Na_{0.1} \cdot H_2O$	$mm2-C_{2v}$	溶液	0.25~1.8	$d_{33}=+0.99\pm0.29$ $d_{32}=-0.46\pm0.17$	$\delta_{33}=480\pm1.40$ $\delta_{32}=-3.11\pm1.10$	1.0642	$n_x=1.375$ $n_y=1.452$ $n_z=1.520$	$n_x=1.382$ $n_y=1.465$ $n_z=2.535$	58.2° 9.2°
甲酸锶	$(HCOO)_2Sr$	$222-O_2$	溶液	0.25~1.7	$d_{14}=0.54$	$\delta_{14}=2.20$	1.0642	$n_x=1.528$ $n_y=1.543$ $n_z=1.563$	$n_x=1.545$ $n_y=1.560$ $n_z=1.583$	19°
二水甲酸锶	$(HCOO)_2Sr \cdot 2H_2O$	$222-D_2$	溶液	0.25~1.4	$d_{14}=0.35$	$\delta_{14}=1.89$	1.0642	$n_x=1.477$ $n_y=1.509$ $n_z=1.529$	$n_x=1.480$ $n_y=1.526$ $n_z=1.542$	90°

宏观晶体的无心结构。

LAP 晶体为负光性双轴晶，单斜晶系，点群 C_2-2，空间群 $P2_1$，晶体密度 $1.53g/cm^3$，莫氏硬度 2.7。透过波段为 $250nm\sim1.3\mu m$，可实现 $1.064\mu m$ 激光倍频的 I 类、II 类位相匹配，并能实现四倍频，其非线性系数 d_{21} 为 KDP 晶体 d_{36} 的 2.14 倍，并有非常高的抗光伤阈值。LAP 晶体采用水溶液缓慢降温或蒸发法生长，可获得优质大单晶，是一种优良的有机紫外频率转换材料。

二氯二硫脲合镉（简称 BTCC）晶体属正交晶系，点群 $C_{2v}-mm2$，空间群 $Pmm2_1$，分解温度 185℃，莫氏硬度 $4\sim4.7$，透光波段为 $290nm\sim1.5\mu m$，可实现 I 类位相匹配，非线性光学系数为 KDP 晶体 d_{36} 的 2.75 倍。BTCC 分子形成配位四面体，Cd^{2+} 占中央位置，两个硫脲$[CS(NH_2)_2]$分子与两个氯原子各据四面体一隅，四面体的畸变和通过中心原子电荷转移是非线性的根源。BTCC 可以采用水溶液缓慢降温法生长。

一水二氯氨基硫脲合镉（简称 TSCCC）晶体为负光性双轴晶，单斜晶系，点群 $Cs-m$，空间群 Cc，密度 $2.41g/cm^3$，莫氏硬度 3，其非线性光学系数 d_{31}、d_{32}、d_{33} 分别为 KDP 晶体 d_{36} 的 3.0 倍、3.2 倍和 4.5 倍。在对 $1.064\mu m$ 激光倍频时，II 类位相匹配，采用 2mm 厚度晶体，效率为同样厚度 KDP 晶体的 14 倍，在这一晶体中氨基硫脲以双齿配位体的形式与中心离子配位，形成一个共轭杂环。同时，中心离子与 6 个配位原子形成畸变的配位八面体，因而有较好的非线性光学性质。该晶体可以使用溶液缓慢降温法生长。

二卤素三丙烯基硫脲合镉或汞晶体，由所采用卤素不同及镉被汞取代，可形成一系列晶体，包括二氯三丙烯基硫脲合镉（$Cd[C_4H_8N_2S]_3Cl_2$，简称 ATCC）、二溴三丙烯基硫脲合镉（$Cd[C_4H_8N_2S]_3Br_2$，简称 ATCB）及二氯三丙烯硫脲合汞（$Hg[C_4H_8N_2S]_3Cl_2$，简称 ATMC）等，这类晶体点群为 $C_{3v}-3m$，空间群 R3C，紫外吸收边为 300nm 左右，红外可延伸至 $1.5\mu m$ 以上，这些化合物的非线性光学系数与 KDP 晶体相当，具有较好的机械性质。

8.4 非线性光学晶体的应用

非线性光学晶体已在激光技术和光电子技术中得到了广泛的应用，最重要的应用是扩展了激光波长覆盖范围。目前多数商业上可用的激光器，如 Nd：YAG、Nd：YVO_4、Nd：YLF 等均只能给出在近红外区的几个特定波长。即使对于可调谐的激光器，如 Ti：Al_2O_3，它的输出波长可调范围也只在 $700nm\sim1100nm$ 之间。目前最有效的扩展激光波长的方法就是使用非线性光学晶体。使用非线性光学晶体扩展激光波长的方法有两种：一种是使用谐波转换的方法；另一种是使用光参量的方法。谐波转换方法又称为波长上转换方法，含义是使激光波长向短波方向转换，如最简单的倍频转换，它使基波光的频率 ω 转换到 2ω，即倍频光。其次是和频转换，它使两个基波光子 ω_1、ω_2 转换成 $\omega_3=\omega_1+\omega_2$，还可以把上述两种转换串联起来，分别实现四倍频 $\omega_4=2\omega+2\omega$，也可以实现五倍频 $\omega_5=2\omega+3\omega$ 或 $\omega_5=\omega+4\omega$ 等。谐波转换方法的主要优点是可以使激光波长从近红外向紫外、深紫外方向转换。例如，使用 KBBF 晶体可获得 184.7nm 的倍频光输出，缺点是得到的各类谐波光的波长仍为孤立的几个波长。假如希望实现连续可调的激光输出，最基本的方法仍然是使用光参量方法。这一方法属于激光波长的下转换，也就是假定光参量器

件中的泵光波长为 ω_p。在非线性光学晶体的作用下,可使一个泵光光子产生两个长波长的光子,也就是信号光子和"闲置"光子,即 $\omega_p = \omega_s + \omega_i$。这里 ω_s 代表信号波的圆频率,而 ω_i 则称为"闲置"波的圆频率。在满足光子能量守恒原则的基础上,ω_s 和 ω_i 是连续可调的。当然,$h\omega_s$ 的光子能量值不能等于或大于泵光光子 $h\omega_p$ 的能量。

有机非线性光学晶体具有大的非线性光学系数,但若从各种综合性能考虑,在各种谐波器件中目前几乎全部使用无机非线性光学晶体。其主要原因是无机非线性光学晶体的综合性能指标,如晶体的透光范围、双折射率、光损伤阈值及其物化性能均比有机晶体优越。

由于在非线性光学晶体中有不少晶体还具有光折变效应、电光效应、压电效应或热释电效应,因而许多非线性光学晶体也可以制成存储介质、光调制元件、压电元件以及表面声波与热电器件等,这里不一一介绍。

习题与思考题

1. 什么是光学非线性效应?
2. 实现倍频的相位匹配条件是什么,其相位匹配的物理实质是什么?
3. 列出正晶体和负晶体实现倍频效应的四种角度相位匹配方式,并说明其规律性。
4. 制作倍频器件的非线性晶体一般要满足什么要求?
5. 晶体 $LiNbO_3$ 中掺 MgO 的作用是什么,其晶体结构和色散方程有什么改变?
6. 比较有机和无机非线性光学晶体的区别。
7. 简述非线性光学晶体的应用。
8. 频率为 ω_3 和 ω_1 的光入射到非线性晶体上,产生差频 $\omega_2 = \omega_3 - \omega_1$。如果 ω_3 和 ω_1 都是寻常光,则在正常色散情况下,能否得到相位匹配?
9. 采用某正单轴晶体作倍频实验,有关数据如下:基波波长 $\lambda^\omega = 10.6\mu m$,$n_e^{2\omega} = 6.316$,$n_e^\omega = 6.240$,$n_o^{2\omega} = 4.856$,$n_o^\omega = 6.249$,$l = 10\text{mm}$,$P^\omega = 0.2\text{W}$,$A = 23\text{mm}^2$,$d = 57.4 \times 10^{23}$,试求相位匹配角及倍频光的功率。
10. 三个频率 ω_1、ω_2 和 ω_3,有如下关系:$\omega_3 = \omega_1 + \omega_2$。证明:在实现相位匹配时,$n^{\omega_3}$ 的值处于 n^{ω_1} 和 n^{ω_2} 之间。

第 9 章　光纤材料

从 1876 年贝尔发明电话到 20 世纪 60 年代末,通信线路都是铜制导线,并且经历了从架空明线、对称电缆到同轴电缆的过程。到 20 世纪 70 年代,世界上干线通信使用的标准同轴管,每管质量达 200kg/km,有色金属和其它材料的消耗很大。

1966 年,在英国标准电信实验室工作的英籍华人高琨博士发表了改进材料纯度可将氧化物玻璃光纤损耗减少到 20dB/km 左右的论文,引起了各国学者的极大关注。美国康宁(Corning)公司首先在 1970 年用气相沉积法拉制出长 200m,损耗为 20dB/km 的石英光纤,这是世界上制成的第一根有实用价值的单模光纤,1975 年康宁公司建成了第一个生产光纤的工厂。20 世纪 80 年代初,光纤的传输损耗在 $1.55\mu m$ 时已降至 0.2dB/km。目前,100 Gb/s 的系统已经商品化。世界上的光纤年产量达到 6 000 万公里以上。全世界铺设的光纤总长度已超过 5 亿千米,每根光纤的通信容量可以达到几千万甚至上亿条话路。这是通信材料从铜材料到二氧化硅系材料的一个巨大飞跃。由 SiO_2 系玻璃制成的光纤,每千米质量才 27g,单位长度的质量仅为同轴电缆的数千分之一。以 SiO_2 系玻璃材料制成的光纤不仅不需消耗任何有色金属,而且质量极轻、传输损耗小、不受外界电磁干扰、保密性强。所以,从 20 世纪 80 年代中期起,全世界范围内光纤通信开始走向实用化,尤其是美国在 1993 年提出了建设国家信息基础结构计划后,在全世界掀起了建设信息高速公路的高潮。信息高速公路的主体就是光纤通信网。可见以石英材料制成的光纤系列已成为人类信息社会的重要基石。

9.1　导波光学原理

由于激光在大气中传播时,会因受雨、雪、灰尘和云雾等的吸收、散射而衰减。因此,需要一种设备引导光束的传播,使光束的能量在横截面上受限,并使损耗最小,这种设备称为介质光波导。

光波导主要有三种:平板波导(在横截面的一个方向限制光波)、矩形波导(在横截面的两个方向限制光波)和光导纤维(简称光纤)。其中,平板波导及矩形波导已经广泛应用于集成光路,成为集成光路的基本元件,而光纤材料已广泛应用于光通信,同时在传感技术领域也有较大的发展。

光纤一般都由纤芯与包层两部分组成:纤芯是由高折射率的石英玻璃或多组分光学玻璃制成的;包层是由低折射率的玻璃或塑料制成的。为了保护光纤不受损坏,最外面再加一层塑料套管。

从光纤内部折射率的分布情况来看,其结构主要有阶跃(折射率)型和梯度(折射率)型两种。阶跃型光纤纤芯与包层间折射率变化是阶梯状的。入射光线进入光纤后在纤芯与包层的界面上产生全反射,呈锯齿状曲折前进。梯度型光纤纤芯的折射率从中心轴线开始沿着径向逐渐减小。因此,入射光线进入光纤后,偏离中心轴线的光将呈曲线路径向中心集束传输,故梯度型光纤又称聚焦型光纤。梯度型光纤中折射率的分布大致以抛物线状为最佳。光束在梯度型光纤中传输时,形成周期性的会聚和发散,呈波浪式曲线前进。从光纤的尺寸来看,阶跃型多模光纤的纤芯直径为 $50\mu m \sim 80\mu m$,包层直径为 $100\mu m \sim 150\mu m$。另一种阶跃型单模光纤,它的纤芯直径只有几微米。自聚焦光纤的直径一般为几十微米。表 9-1 按光纤中传输光的用途、光纤的折射率分布、传输模式、纤芯材料、包层材料等进行了分类。其中,光纤的传输模式是指它所能传输的光波的模式,即具有一定频率、一定的偏振状态和传播方向的光波。

表 9-1 光纤的分类

用途	折射率分布	传输模式	纤芯材料	包层材料	通光波段
传输信息 (光通信纤维)	阶跃型	单模	石英玻璃 多组分玻璃	石英玻璃	紫外(1 000Å) 近红外 ($0.85\mu m \sim 1.55\mu m$)
传输能量 (导光纤维)	梯度型	多模	晶体 全塑料	多组分玻璃 塑料	中红外 ($2\mu m \sim 10.6\mu m$)

对光纤的分析有两种途径:射线分析法(几何光学的方法)和波动理论。采用射线分析法的出发点是光纤的线径远大于波长,对多模光纤特别适用。而单模光纤的线径在 $10\mu m$ 左右,一般采用波动理论。为了直观简单地说明光在光纤中的传播,本章采用射线分析法。

9.1.1 光纤中光线传输

现以阶跃型光纤为例进行分析,这种光纤是由两层均匀介质组成,纤芯的折射率 n_1 大于包层的折射率 n_2。实际应用中,n_1 比 n_2 稍大,使得入射光只有以近轴光线入射,才能在光纤中传播,这种类型的光纤又称作弱导波光纤。为了以射线方法分析光在光纤中的传播特性,要求光纤的线径 a 远大于波长,即 $a \gg \lambda$。因而在多模光纤条件下,可以用射线方法得到与实际情况相近的结果,但对单模光纤而言,由于 $a \approx \lambda$,一般不适宜用这种方法讨论传播特性,而要用到波动理论。

从光纤端面入射的光线分为两种类型:一类是子午线(通过光纤轴线的平面内);另一类是斜光线。

9.1.1.1 子午光线

当入射光线通过光纤轴线,且入射角 θ_1 大于界面临界角 $\theta_1 = \arcsin(n_2/n_1)$ 时,光线将在界面上发生全反射,形成曲折光路,而且传导光线的轨迹始终在光纤的主截面内。这种光线称为子午光线,包含子午光线的平面称为子午面。

考虑图 9-1 所示光纤子午面,设光线从折射率为 n_0 的介质通过波导端面中心点 A 入射,进入波导后按子午光线传播。根据折射定律,则

$$n_0 \sin\varphi_0 = n_1 \sin\varphi_1 = n_1 \cos\theta_1 = n_1 \sqrt{1-\sin^2\theta_1} \tag{9-1}$$

当产生全反射时,要求 $\theta_1 > \theta_0$,故

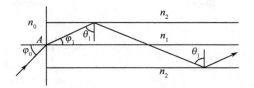

图 9-1 阶跃折射率光纤中的子午光线

$$\sin\varphi_0 \leqslant \frac{1}{n_0}\sqrt{n_1^2 - n_2^2} \tag{9-2}$$

通常,$n_0 = 1$(空气),则子午光线可以激发导波的最大入射角 $\varphi_{0\max}^m$ 为

$$\varphi_{0\max}^m = \arcsin\sqrt{n_1^2 - n_2^2} \tag{9-3}$$

式(9-3)表明,光从空气入射到光纤的角 φ_0,只有小于临界角 $\varphi_{0\max}^m$,才可能在纤芯与包层的界面发生全反射而沿着光纤传播。如果入射 $\varphi_0 > \varphi_{0\max}^m$,射线将进入包层。

倘若一个光锥入射到光纤的端面,那么圆锥的半角小于 $\varphi_{0\max}^m$ 的部分将被导引通过光纤,这个角度是聚集光功率的量度,因此,光纤的数值孔径 NA 为

$$NA = \sin\varphi_{0\max}^m = \sqrt{n_1^2 - n_2^2} = n_1\sqrt{2\Delta} \tag{9-4}$$

其中

$$\Delta = \frac{n_1^2 - n_2^2}{2n_1^2} \approx \frac{n_1 - n_2}{n_1} \tag{9-5}$$

Δ 是纤芯和包层的相对折射率差。上式是在弱导波 $n_1 \approx n_2$ 条件下得出的(大多数光纤属这种类型)。数值孔径表示光纤收集光线的能力,它主要取决于纤芯与包层的相对折射率差 Δ,而与纤芯和包层的直径无关。

当光纤纤芯直径很细,仅几倍于光波波长时,光纤中的射线只有一种与轴近于平行的射线传输,称为单模传输。如果纤芯直径为波长的几十倍,则光纤中将有多模传输。多模光纤中许多不同角度的射线达到接收端的时延不同,将产生脉冲展宽,即色散。

9.1.1.2 斜射光线

当入射光线不通过光线轴线时,传导光线将不在一个平面内,而按照图 9-2 所示的空间折射传播,这种光线称为斜射光线。如果将其投影到端截面上,就会更清楚地看到传导光线将完全限制在两个共轴圆柱之间,其中之一是纤芯-包层边界;另一个在纤芯中,其位置由角度 θ_1 和 φ_1 决定,称为散焦面。显然,随着入射角 θ_1 的增大,内散焦面向外扩大并趋近为边界面。在极限情况下,光纤端面的光线入射与圆柱面相切($\theta_1 = 90°$),在光纤内传导的光线演变为一条与圆柱表面要切的螺线,两个散焦面重合,如图 9-2(b)所示。

现在分析斜射光线满足全反射条件时的最大入射角。根据图 9-2(a),设斜射光线从光纤端面上 A 点入射,然后在 B、C 两点全反射,过 B、C 两点作直线平行于轴线 OO',交端面圆周于 P、Q 两点。用 φ_0 表示端面的入射角,用 φ_1 表示折射角(又称为轴线角),$\alpha = \pi/2 - \varphi_1$ 表示折射光线与端面的夹角,γ 表示入射面与子午面 AOO' 的夹角,θ_1 表示折射光线在界面的入射角。由于 α 和 γ 各自所在的平面互相垂直,根据立体几何原理和全反射条件 $\sin\theta_1 \geqslant n_2/n_1$,可得到波导内允许的最大轴线角 $\varphi_{1\max}$ 为

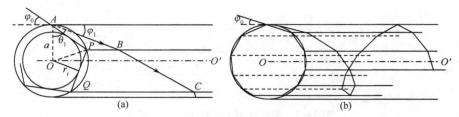

图 9-2 阶跃光纤中斜射光线

$$\sin\varphi_{1\max}^s = \frac{(n_1^2 - n_2^2)^{1/2}}{n_1\cos\gamma} = \frac{\sin\varphi_{0\max}^m}{n_1\cos\gamma} \tag{9-6}$$

由折射定律，当 $n_0 = n_2 = 1$（空气）时，最大入射角为

$$\varphi_{0\max}^s = \frac{\sin\varphi_{0\max}^m}{\cos\gamma} \tag{9-7}$$

式中：$\varphi_{0\max}^m$ 是传导子午线光线的最大入射角。由于 $\cos\gamma < 1$，可见满足条件 $\theta_1 > \theta$ 时斜射光线入射角可以取 $\varphi_{0\max}^s = \varphi_{0\max}^m$。对于斜射光线，其纵向传播常数应为

$$\beta = k_0 n_1 \cos\varphi_1 \tag{9-8}$$

这里 $k_0 = 2\pi/\lambda_0$，其中 λ_0 为真空中的波长。考虑 $\varphi_1 > \pi/2 - \theta_c$ 的光线，代入上式得

$$\beta = k_0 n_1 \sin\theta_c = k_0 n_2 \tag{9-9}$$

电磁理论分析的结果是 $\beta = k_0 n_2$ 正是圆柱波导导模的截止条件。也就是说，如果 $\varphi_1 > \pi/2 - \theta_c$，即使满足 $\theta_1 > \theta_c$，导模也是截止的。

9.1.2 光纤的特性参数

9.1.2.1 相对折射率差

光纤与其包层材料的相对折射率差为

$$\Delta = \frac{n^2(o) - n^2(a)}{2n^2(o)} \tag{9-10}$$

式中：$n(o)$ 为光纤中心轴处的折射率；$n(a)$ 为光纤包层内壁处的折射率；Δ 表征光被约束在光纤中的难易程度。Δ 越大，越容易将传播光约束在纤芯中。一般纤芯的折射率 n_1 略大于包层的折射率 n_2，Δ 极小（小于 1%）。相对折射率差可近似表示为

$$\Delta \approx \frac{(n_1 - n_2)}{n_1} \approx \frac{(n_1 - n_2)}{n_2} \tag{9-11}$$

9.1.2.2 数值孔径

数值孔径（NA）是表示光纤接收来自光纤端面的入射光能力的参数。数值孔径用光纤能够接收的光线的最大角度 $\varphi_{\max}$ 的正弦来表示，并由构成光纤物质的折射率来确定，如图 9-3 所示。在阶跃折射率光纤中，由式（9-4）有 NA_m 为

$$NA_m = n_o \sin\psi_c = \sqrt{n_1^2 - n_2^2} \approx n_1\sqrt{2\Delta} \tag{9-12}$$

对于斜光线传播，其几何关系参见图 9-2。与子午光线的情况类似，数值孔径为

$$NA_c = n_o \sin\psi_c = \frac{\sqrt{n_1^2 - n_2^2}}{\cos\gamma} \tag{9-13}$$

因为 $\cos\gamma < 1$，所以 $NA_c > NA_m$。

对于渐变光纤，由于其芯部折射率 $n(r)$ 是其径向坐标的 r 的函数，其横截面不同点

处的折射率$n(r)$不一样,从而它的数值孔径值也不同。因此,对于渐变光纤需用局部数值孔径值$NA(r)$来表示其横截面不同点处的值,即

$$NA(r) = \sqrt{n^2(r) - n_2^2} = n(r)\sqrt{2\Delta_r} \tag{9-14}$$

式中:$n(r)$为纤芯中离光纤轴心r处的折射率;n_2为包层的折射率;Δ_r为芯部r处与包层间的相对折射率差,$\Delta_r = \dfrac{[n(r)-n_2]}{n(r)}$。当$r=0$时,$NA(0)$为最大值。因此,对于渐变光纤,其最大理论数值孔径仍可表示为

$$NA(r)_{\max} = NA(0) = \sqrt{n_1^2 - n_2^2} = n_1\sqrt{2\Delta} \tag{9-15}$$

9.1.2.3 折射率分布函数

以$n(r)$表示距光纤中心r处的折射率,则光纤横截面上折射率分布可表示为

$$n(r) = n_1\left[1 - 2\Delta\left(\frac{r}{a}\right)^\alpha\right]^{\frac{1}{2}} \qquad 0 < r < 0 \tag{9-16}$$

$$n(r) = n_1(1-2\Delta)^{\frac{1}{2}} \approx n_1(1-\Delta) \qquad r > 0$$

式中:a为纤芯半径;α为折射率分布指数。

当$\alpha=1,2,10,\infty$时的折射率分布曲线如图9-4所示。当$\alpha=\infty$时,对应光纤为阶跃型光纤;当$\alpha=2$时,对应光纤为抛物型光纤,或称平方律型光纤;α范围在2左右,对应光纤为梯度型或渐变型光纤。

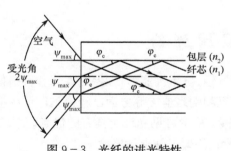
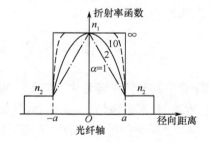

图9-3 光纤的进光特性　　　　图9-4 折射率分布曲线

9.1.2.4 归一化频率

在弱导波条件下归一化频率为

$$V = k_0 a(n_1^2 - n_2^2)^{1/2} \approx k_0 a n_1 (2\Delta)^{1/2} \tag{9-17}$$

式中:k_0为真空中的波数;a为纤芯半径。可见它与光纤的结构参数Δ、n_1和a有关,因此V又称为光纤的结构参数。光纤的很多特性都与光纤归一化频率V有关。

梯度光纤中总的传输模式数

$$N = \frac{\alpha}{\alpha+2}\left(\frac{V^2}{2}\right) \tag{9-18}$$

对于阶跃型光纤,$\alpha \to \infty$,$N_{阶跃}=V^2/2$;对于抛物型光纤,$\alpha=2$,$N_{抛物}=V^2/2$。

由式(9-17)可以看出,光纤的结构参数Δ、n_1和a越大,归一化频率V就越高,从而光纤中传输模式数量就越多。

如果以$e^{i(\omega t - \beta z)}$来表示沿光纤正$z$方向传播的模式,其中$\omega$为传播光的角频率,$\beta$为传

播光的相位常数。由图9-5知，$0<V<V_1<2.405$ 时，光纤中只能传输一个模式的光波，即基模（HE_{11}）可以传播，这种光纤称为单模光纤。当 $V<V_1<2.405$ 时，光纤中传输模是多个，这种光纤称为多模光纤。

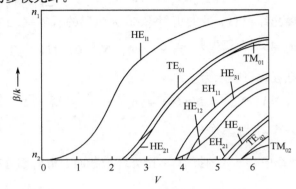

图9-5　各种模式的 β 与归一化频率 V 的关系

9.1.2.5　截止波长

由于 $0<V<V_1<2.405$ 时，光纤中只能传输一个模式的光波，根据式(9-17)，有

$$\lambda_c = \frac{2\pi n_1 a (2\Delta)^{1/2}}{2.405} \tag{9-19}$$

当 $\lambda > \lambda_c$ 时，光纤中传播模式为单模，$\lambda < \lambda_c$ 为光纤中传播模式为多模。λ_c 称为单模光纤的截止波长。

9.2　玻　璃　光　纤

光纤通信具有信息容量大、体积小、重量轻、抗干扰能力强、保密性好和价格低廉等优点，在电话通信、军事通信、工业控制、计算机和网络连接等方面已经得到广泛的应用。表9-2中列出了各种传输线路的电话通话路数，从中可见光纤所具有的优点。

表9-2　主要传输线路的电话通话路数

传输线路	电话通话路数（估计）	传输线路	电话通话路数（估计）
平衡电缆	3000	毫米波波导管	300 000
微波无线电	50 000	光缆	2 000 000
同轴电缆	100 000		

由于制造光纤的基本原料石英（SiO_2）在地球上的储量相当丰富，而且制造1km长的光通信石英光纤只需要40g左右的石英原材料。因此，用光纤代替金属传输线路就可节省大量宝贵的有色金属铜和铝。目前应用最多的玻璃光纤有石英系玻璃光纤、卤化物玻璃光纤、硫系玻璃光纤和硫卤化物玻璃光纤等。

9.2.1　石英系玻璃光纤

9.2.1.1　石英玻璃光纤的基本构造

石英玻璃光纤纤芯的主要成分是高纯度的二氧化硅。二氧化硅的密度约为

2.2g/cm³,熔点约为1700℃。二氧化硅的纯度要达到99.999 9%,其余成分为极少量掺杂材料,如二氧化锗(GeO_2)。掺杂材料的作用是提高纤芯的折射率。纤芯直径一般在 $5\mu m \sim 50\mu m$ 之间。包层材料一般是纯二氧化硅,一般比纤芯折射率低百分之几。若是多包层光纤,则包层会含有少量的掺杂材料如氟等以降低折射率。包层直径为 $125\mu m$。包层的外面是高分子材料(如环氧树脂、硅橡胶等)涂覆层,外径为 $250\mu m$,作用是增强光纤的柔韧性和机械强度。一般来说光纤的弯曲半径允许小至5mm左右。为保护光纤而加的涂覆层降低了光纤的耐热性,一般仅能工作在-40℃~50℃之间。在一般情况下石英光纤预期使用寿命在10年以上。采用密封涂覆措施可以阻止氢的扩散,减缓光纤疲劳,从而使光纤寿命大大提高,而且还能有效消除光纤表面的微裂纹,增强抗拉强度。目前密封碳涂覆光纤被认为是最好的、最有前途的石英光纤,已被用于海底光缆、电力系统用架空线、卷绕光缆等苛刻环境中。

9.2.1.2 石英玻璃光纤的损耗特性

光在光纤中传输时,光功率随传输距离做指数衰减。一般用分贝(dB)表示光纤的损耗,记为 α。α 是稳态条件下每单位长度上的功率衰减分贝数,即

$$\alpha = \frac{10}{z}\lg\frac{P_0}{P_z}(\text{dB}) \tag{9-20}$$

式中:z 为光纤长度;P 为光功率;P_0 为 $z=0$ 时的 P 值;P_z 为 $z=z$ 时的 P 值。产生光纤损耗的因素有很多。任何导致辐射和吸收的因素都可能产生损耗。归纳起来,光纤损耗有三大类,即吸收损耗、散射损耗和弯曲损耗等。

一、石英玻璃光纤中的吸收损耗

石英光纤吸收损耗产生的原因主要有材料本征吸收损耗、杂质吸收损耗和原子缺陷损耗。而本征吸收损耗和瑞利散射损耗组成了石英材料光纤的本征损耗。

本征吸收损耗主要包括 Si—O 键的红外吸收损耗、电子转移的紫外吸收损耗以及其它损耗。目前 Si—O 键红外吸收损耗已远小于 0.1dB/km。由于低能级态的电子吸收电磁能量而跃迁到高能状态引起的紫外吸收损耗的中心波长在 $0.16\mu m$ 处,吸收谱延伸至 $1\mu m$ 附近,对 $0.85\mu m$ 处的短波长通信有一定影响。另外,在制造石英光纤中用来形成折射率变化所需的 GeO_2、P_2O_5、B_2O_3 等掺杂剂也会形成附加的吸收损耗。锗浓度过大也会带来较大的损耗,因此光纤应避免较高的折射率。

杂质吸收损耗主要包括金属杂质 Fe^{2+}、Cu^{2+}、V^{2+}、Cr^{2+}、Mn^{2+}、Ni^{2+} 和 Co^{2+} 等离子和 OH^- 离子的吸收损耗。当金属离子的含量降到 10^{-9} 以下时,可以基本消除金属离子在通信波段的吸收损耗。OH^- 离子是光纤损耗增大的重要来源。OH^- 离子振动的基波波长位于 $2.73\mu m$ 处,它的高次谐波波长 $1.39\mu m$ 正好处于通信窗口内。现代工艺已可以使该损耗峰低于 0.5dB。

原子缺陷吸收损耗主要指石英材料受到热辐射或光辐射激励时引起的吸收损耗,这个损耗可以忽略不计。

二、光纤中的散射损耗

光纤中的散射损耗主要包括瑞利散射、波导散射和非线性效应散射损耗。瑞利散射是本征散射损耗,是由于光纤材料——石英材料的密度不均匀和折射率不均匀引起的对

光的散射造成的光功率损失。瑞利散射损耗与光波波长的四次方成反比,即波长越长,散射损耗越小,这就是目前光通信波长向长波长方向发展的原因。波导结构散射损耗是由于波导结构不规则导致模式间互相耦合,或耦合成高阶模进入包层或耦合成辐射模辐射出光纤,从而形成损耗。当光纤中功率较大时,还会诱发受激喇曼散射和受激布里渊散射引起非线性损耗。

三、弯曲损耗和涂覆层造成的损耗

弯曲损耗包括宏弯损耗和微弯损耗。宏弯损耗是指由于光纤放置时弯曲,不再满足全反射条件,使一部分能量变成高阶模或从光纤纤芯中辐射出来,引起损耗。当弯曲半径小时,这种损耗不能忽略。微弯损耗指由于光纤材料与套塑层温度数不一致,形变有差异,从而造成高阶模和辐射模损耗。另外由于光纤中导模(尤其是高阶模)的功率有相当一部分是在涂覆层中传播的,而涂覆层的损耗是很高的,这就带来导模的功率损失。

由于光纤存在许多种损耗,使它的总损耗特性呈图9-6所示形状。由于OH^-离子的作用,出现了三个损耗高峰和三个相对低损耗的波段。这三个低损耗波段分别被称为短波长窗口(第一窗口)和长波长窗口(第二和第三窗口)。$0.85\mu m$的第一窗口是最早开发的,因为首先研制成功的半导体激光器(GaAlAs)发射波长刚好在这一波段;随着光纤生产工艺的改进、OH^-离子的减小和对光纤损耗机理的了解,发现长波长窗

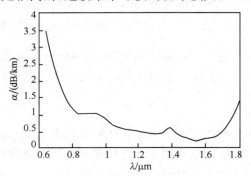

图9-6 石英材料光纤的损耗谱

口具有更小的损耗。因此,$1.3\mu m$和$1.55\mu m$窗口受到重视并已得到迅速发展。其中$1.55\mu m$处的理论最小损耗为0.15dB,是现代光纤通信发展的波长范围。普通单模光纤在$1.3\mu m$和$1.55\mu m$窗口的损耗分别是0.35dB/km和0.2dB/km。而目前光纤在$1.55\mu m$波长处已降至0.154dB/km,接近理论极限。近年来大幅度降低了$1.39\mu m$波长处的OH^-离子吸收,使$1.28\mu m$到$1.68\mu m$两通信窗口连通,出现了一个近400nm宽的低损耗窗口,为波分复用大容量通信提供了可能。

9.2.1.3 石英玻璃光纤的色散特性

光纤色散可以分为模间色散、材料色散和波导色散等,此外光纤中还有高阶色散和偏振模色散等。模间色散只存在于多模光纤中,由于各光线传输不同的模式而导致的时延差,模间色散一般很大。现在光通信中基本都使用单模光纤。而在单模光纤中,不存在多种模式,也就没有模间色散,但脉冲展宽现象依然存在。这是因为基模的群速度与频率有关,光脉冲的不同频谱分量具有不同的群速度,称为群速度色散。它一般远小于模间色散。单模光纤的色散主要包括材料色散和波导色散。

一、材料色散

一般来说材料对不同波长的折射率是不一样的。图9-7为石英光纤的折射率随波长的变化关系。当非单色光通过光纤传输时,光脉冲要被展宽。这种由于光纤材料引起的色散,称为材料色散。材料色散的大小由n_g-λ曲线的斜率决定。材料色散D_M一般可

表示为

$$D_M = \frac{2\pi}{\lambda^2}\frac{dn_g}{d\omega} = \frac{1}{c}\frac{dn_g}{d\lambda} \approx \frac{\lambda d^2 n}{c d\lambda^2} \tag{9-21}$$

式中：n_g 为群折射率；n 为光纤折射率；c 为光速；λ 为光波长。当波长为 $1.276\mu m$ 时，$dn_g/d\lambda=0$。由于此时 $D_M=0$，所以称该波长为零材料色散波长。

对于光纤中的折射率可以用 Sellmeier 方程近似给出

$$n^2(\omega) = 1 + \sum_{j=1}^{n}\frac{B_j^2}{\omega_j^2 - \omega^2} \tag{9-22}$$

ω 为圆频率，$\omega=2\pi/\lambda$。在这里，m 取三阶近似，则 $B_1=0.696\,166\,3$，$B_2=0.407\,942\,6$，$B_3=0.897\,479\,4$，$\lambda_1=0.068\,404\,3\mu m$，$\lambda_2=0.116\,241\,4\mu m$，$\lambda_3=9.896\,161\mu m$。

二、波导色散

由于波导结构不同，使同一模式的脉冲因频率不同而产生时延，因此调节光纤参数可以使波导色散在需要的 $1.55\mu m$ 波长范围内抵消材料色散，这就是色散位移光纤（DSF）、真波光纤等的设计原理。它们的零色散波长 λ_{ZD} 分别被移到 $1.55\mu m$、$1.53\mu m$ 和 $1.51\mu m$ 处，与最低损耗波长相重合。光纤中色散在 $\lambda<\lambda_{ZD}$ 时为负值，称为正常色散区；在 $\lambda>\lambda_{ZD}$ 时为正值，称为反常色散区。

单模光纤中的总色散为材料色散和波导色散的代数和。普通单模光纤（SMF）、色散位移光纤和真波光纤色散曲线如图 9-8 所示。

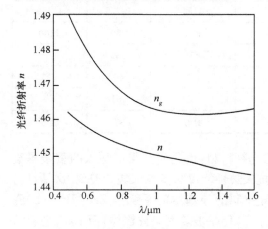
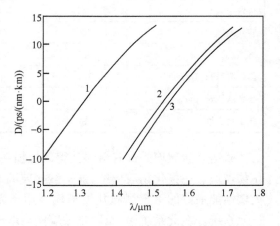

图 9-7 石英材料光纤的折射率及群折射率随波长的变化

图 9-8 单模光纤 1、真波光纤 2 和色散位移光纤 3 的色散曲线

9.2.2 卤化物玻璃光纤

20 世纪 70 年代中期，随着通信用石英光纤制造技术的发展，为寻找本征损耗更低的光纤材料，开始研制工作波长更长的非氧化物玻璃光纤和重金属氧化物玻璃光纤。与氧化物玻璃相比，卤化物玻璃紫外电子跃迁的带隙宽，多声子吸收也在比红外更长的波段，其透光范围可从紫外一直延伸至中红外或中远红外波段。1978 年，Van Uitert 和 Wemple 首先讨论了卤化物玻璃作为超低损耗玻璃的可能性，推算了 BeF_2 玻璃和 $ZnCl_2$ 玻璃的本征损耗的最小值分别为 $10^{-2}\,dB/km(1.05\mu m)$ 和 $10^{-3}\,dB/km(3.5\mu m\sim4.0\mu m)$，较石英

光纤低得多。在此之前，Poulain 和 Lucas 等人发现了以 ZrF_4 为基础的玻璃，即氟锆酸盐玻璃，这种玻璃透光范围从紫外 $0.2\mu m$ 左右一直到中红外 $7\mu m \sim 8\mu m$、无毒、不潮解，其它物理化学性质也远优于 $ZnCl_2$ 和 BeF_2 玻璃。目前，氟锆酸盐玻璃光纤的最低损耗已降至 $0.65dB/km(2.59\mu m)$。

9.2.2.1 氟化物玻璃光纤的化学组成

氟化物玻璃光纤主要有：以氟化铍为主要组分的氟铍酸盐玻璃；以氟化锆或氟化铪为基础的氟锆酸盐玻璃或氟铪酸盐玻璃；以氟化铝为基础的氟铝酸盐玻璃；以氟化钍和稀土氟化物为主要组分的玻璃等。某些典型氟化物玻璃的主要物理性质见表 9-3，同时也给出了石英玻璃的相应性质以便比较。

表 9-3 氟化物玻璃的物理化学性质

化学组成/(mol%)	$57ZrF_4$ $34BaF_2$ $5LaF_3$ $4AlF_3$	$35AlF_3$ $15YF_3$ $10MgF_2$ $20CaF_2$ $10SrF_2$ $10BaF_2$	$28.3ThF_4$ $28.3YbF_3$ $28.3ZnF_2$ $15.1BaF_2$	BeF_2	SiO_2
透光范围/μm	0.2～7.5	0.2～7.0	0.3～9	0.2～4	0.2～3.5
密度/(g/cm³)	4.62	3.87	6.43	1.99	2.20
折射率 n	1.519	1.427	1.54	1.275	1.459
转变温度/℃	300	425	344	250	1100
熔点/℃	520	730	665	545	1710
热膨胀系数/$10^7 \cdot ℃^{-1}$	157	149	151	40	5.5
零色散波长/μm	1.7	1.6	1.8	1.1	1.3
化学稳定性	好	更好	更好	差	极好

氟锆酸盐玻璃是最有希望获得超低损耗的光纤材料，也是研究得最深入的重金属氟化物玻璃。在氟化物玻璃中，氟锆酸盐玻璃的抗失透性能仅次于氟铍酸盐玻璃，这是目前玻璃性能最好的重金属氟化物玻璃。用于光纤拉制的最基本的系统是 ZrF_4-BaF_2-LaF_3 三元系统。在此系统中，ZrF_4 是玻璃网络形成体，BaF_2 是玻璃网络修饰体，而 LaF_3 则起降低玻璃失透倾向的网络中间体作用。在此系统基础上，又引入了 AlF_3、YF_3、HfF_4 及碱金属氟化物 NaF 或 LiF 等，得到了玻璃性能更好，光学和热学性能可在较大范围内边连续可调，更适宜于光纤拉制的 ZrF_4(HfF_4)-BaF_2-LaF_3(YF_3)-AlF_3-NaF(LiF)系统玻璃。

表 9-4 中列出的几种典型氟锆酸盐玻璃光纤芯、皮料的化学组成，多数是属于这个系统。氟锆酸盐玻璃的弱点是经受不了液态水的侵蚀，机械强度较低，碱金属氟化物的引入使其化学稳定性变得更差，这些都有待改进。

以 RF_2-AlF_3-YF_3（R 为碱土金属 Mg、Ca、Sr 和 Ba 的混合物）为代表的氟铝酸盐玻璃具有与氟锆酸盐玻璃相近的透光范围，但化学稳定性较氟锆酸玻璃好得多，折射率和色散较低，容易获得数值孔径大，并具有较高机械强度和化学稳定性好的光纤。但氟铝酸盐玻璃较高的失透倾向为损耗光纤的制备带来了很大的困难。

表 9-4 氟锆酸盐玻璃光纤的化学组成 （单位：mol%）

玻璃	ZBGA 芯料	ZBGA 皮料	ZBLYAL 芯料	ZBLYAL 皮料	Z(H)BLYAN 芯料	Z(H)BLYAN 皮料	ZB(P)LAN 芯料	ZB(P)LAN 皮料	Z(H)BLAN 芯料	Z(H)BLAN 皮料
ZrF_4	61	59.6	49	47.5	49	23.7	51	53	53	39.7
HfF_4						23.8				13.3
BaF_2	32	31.2	25	23.5	25	23.5	16	19	20	18
PbF_2							5			
GdF_3	4	3.8								
LaF_3			3.5	2.5	3.5	2.5	5	5	4	4
YF_3			2	2	2	2				
AlF_3	3	5.4	2.5	4.5	2.5	4.5	3	3	3	3
LiF			18				20	20		
NaF				20	18	20			20	20
折射率 n 芯料	1.5162		1.5095		1.5009		1.5224		1.4991	
皮料		1.5132		1.4952		1.4890		1.5086		1.4925

以氟化钍和稀土氟化物为基础的玻璃是一种更新的重金属氟化物玻璃，其特点是透红外性能更好，可达 $8\mu m \sim 9\mu m$，化学稳定性好，甚至优于氟铝酸盐玻璃。典型的系统有 BaF_2-ZnF_2-YbF_3-ThF_4 和 BaF_2-ZnF_2-YbF_3-InF_3-ThF_4 等。但这类玻璃较高的失透倾向和含钍玻璃的放射性给其制备和应用带来了较大的麻烦。

氟化铍是唯一本身能形成玻璃的氟化物，极容易通过熔体冷却等方法获得性质均匀的无失透玻璃。但铍化合物的剧毒及玻璃的化学稳定性较差而限制了氟铍酸盐玻璃光纤的研制和应用。

9.2.2.2 氟化物玻璃光纤的性质

典型的氟锆酸盐玻璃光纤的光损耗与波长的关系见图 9-9。它包括材料的本征

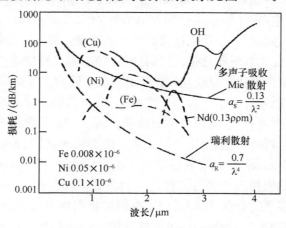

图 9-9 氟锆酸盐玻璃光纤的损耗谱

损耗 $\alpha_{in}(\lambda)$，杂质吸收损耗 $\sum_i a_i(\lambda)$ 和由光纤中缺陷引起的散射损耗 $\alpha_s(\lambda)$ 等。材料的本征损耗与波入 λ 的关系可表示为

$$a_{in}(\lambda) = \frac{A}{\lambda^4} + B_1\exp\left(\frac{B_2}{\lambda}\right) + C_1\exp\left(\frac{C_2}{\lambda}\right) \tag{9-23}$$

式中：A、B_1、B_2、C_1 和 C_2 均为常数。其中第一项是由密度起伏而引起的瑞利散射，后两项分别是由紫外电子跃迁产生的吸收损耗和红外多声子吸收损耗。紫外吸收损耗对红外区的影响很小，因此材料本征损耗的最低点通常位于瑞利散射曲线和多声子吸收谱的交点，其值为二者之和。ZrF_4-BaF_2-LaF_3-AlF_3-NaF 系的氟锆酸盐玻璃的本征损耗在 $2.55\mu m$ 处有最小值，约为 1.1×10^{-2} dB/km，其中包括瑞利散射 7.8×10^{-3} dB/km 和多声子吸收 3.1×10^{-3} dB/km。表 9-5 列出了一些主要有害杂质离子在 $2.55\mu m$ 处的比吸收系数以及为获得损耗为 3×10^{-2} dB/km 光纤所允许的最高杂质含量。

表 9-5 氟锆酸盐玻璃光纤中各主要杂质离子在 $2.55\mu m$ 处产生的损耗及允许浓度

杂质离子	$2.25\mu m$ 处比吸收系数/$(10^{-3}$ dB/km)	期望浓度/ppb	相应损耗/$(10^{-3}$ dB/km)	杂质离子	$2.25\mu m$ 处比吸收系数/$(10^{-3}$ dB/km)	期望浓度/ppb	相应损耗/$(10^{-3}$ dB/km)
OH^-	<1.1	2.0	<1.0	Sm^{3+}	3.3	0.3	1.0
Fe^{2+}	15.0	0.1	1.5	Eu^{3+}	2.5	0.3	0.7
Cu^{2+}	3.0	2.0	6.0	Tb^{3+}	0.2	0.3	
Co^{2+}	17.0	0.1	1.7	Dy^{3+}	1.6	0.3	0.5
Ni^{2+}	2.4	0.3	0.7	瑞利散射			7.9
Ce^{3+}		5.0		红外吸收边			3.1
Pr^{3+}	0.01	0.3	0.3	总损耗			31.0
Nd^{3+}	22.0	0.3	6.6				

光纤中由缺陷引起的散射损耗主要有两种：Mie 散射和大颗粒散射。前者由尺寸与光波长相近的缺陷所引起，其值与光波长的平方成反比；后者则由尺寸更大的缺陷所引起，其值与波长无关。这些缺陷主要是微小的析晶、分相、未熔的固体夹杂物和气泡等。在氟锆酸盐玻璃光纤中，常见的固体夹杂物有 β-$BaZrF_6$，LaF_3，ZrF_4，ZrO_2 等微小晶体及从坩埚浸蚀下来的铂颗粒等。多数氟化物玻璃的成玻璃性能差以及氟化物在高温下容易与水气形成难熔的氧化物或氧氟化物，使现有氟化物玻璃光纤中非本征散射损耗比石英光纤大得多，已成为阻碍氟化物玻璃光纤损耗进一步下降的主要原因。

氟化物玻璃的折射率介于 1.3 和 1.6 之间，可随玻璃的化学组成进行调整。氟化物玻璃是无机玻璃中折射率最低、色散最小的玻璃。图 9-10 为典型的氟锆酸盐玻璃和氟铝酸盐玻璃的折射率和材料色散与波长的关系。由图可见，这两种玻璃的零色散波长分别位于 $1.6\mu m$ 和 $1.5\mu m$ 附近，低于其最低损耗波长约 $1\mu m$，但在此波段内，材料色散变化较小，因此在其最低损耗波长仍可获得较小的色散，其值约为 $2ps/(km\cdot Å)$。考虑到波导色散为正值，可以通过合理选择光纤芯、皮料的折射率差和光纤芯径，使光纤的零色散波长接近其最低损耗波长。此外，还可用氯化物或溴化物部分取代芯料玻璃中氟化物使材料色散移向长波段，实现在最低损耗波长零色散传输。

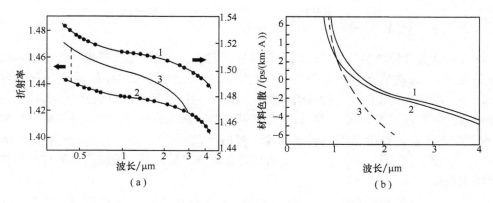

图9-10 氟化物折射率图(a)和材料色散图(b)与波长的关系
1—63ZrF$_4$-33BaF$_2$-4GdF$_3$玻璃;2—40AlF$_3$-22BaF$_2$-22CaF$_2$-16YF$_3$玻璃;3—石英玻璃。

9.2.3 硫系玻璃光纤

20世纪60年代获得了5.5μm处损耗为20dB/m的As$_2$S$_3$玻璃光纤,20世纪80年代初为探索新一代超低损耗通信光纤和用于传输高功率CO激光器(5.3μm)和CO$_2$激光器(10.6μm)的传能光纤,考虑到硫系玻璃具有比氟化物玻璃更宽的透红外性能和更好的成玻璃能力,又开始对硫系玻璃光纤进行更深入而广泛的研究。

9.2.3.1 硫系玻璃光纤的化学组成

用于拉制光纤的硫系玻璃组成已从早期的As—S二元系统发展到多元系统。典型的As—S和Ge—S二元系统玻璃的部分性质见表9-6。在这些玻璃系统中,除含有一种或几种硫系元素硫、硒和碲外,还含有如镓、锗、磷、砷和锑等ⅢA、ⅣA和ⅤA族元素,主要有Ge-S、Ge-Se、As-S、As-Se、Ge-P-S、Ge-As-Se、Ge-Se-Te、As-Se-Te和Ge-As-Se-Te等系统。

表9-6 硫化物玻璃的物理性质

玻璃组成	As$_2$S$_3$	GeS$_3$	玻璃组成	As$_2$S$_3$	GeS$_3$
密度/(g/cm^3)	3.20	265	软化温度/℃	205	340
折射率	2.41	2.113	晶化温度/℃		500
透光范围/μm	0.6~11	0.5~11	热膨胀系数/℃$^{-1}$	2×10^{-6}	25×10^{-6}
转变温度/℃	182	260			

As-S系统是最早拉制成光纤的硫系玻璃系统。Ge-S系统玻璃则是短波段透过性能最好,折射率和毒性较低的硫系玻璃。在这两个系统中,低硫区玻璃容易析晶,高硫区玻璃由于硫高温易挥发使适宜于光纤拉制的组分范围(at%)分别限于20As~42As和80S~58S,及14Ge~25Ge和86S~75S之间。

硒化物玻璃的透红外性能较硫化物玻璃更好,Ge-As-Se三元系统的玻璃作为典型的硒化物玻璃已拉制成光纤,该系统的成玻璃范围和适宜于光纤拉制的组分范围如图9-11所示。为进一步提高光纤在长波段的透过率,常用碲取代部分硒,但过量碲的引入往往使玻璃的抗失透性能变坏。

9.2.3.2 硫系玻璃光纤的损耗特性

图 9-12 为几种典型的硫系玻璃光纤的损耗特性。由图可见，损耗最低的硫系玻璃光纤是在 $As_{40}S_{60}$ 玻璃光纤中获得的，其值为 35dB/km，位于 2.44μm 附近的损耗约为 0.2dB/m。以它为代表的硫化物玻璃光纤在 1μm～6μm 波段有较低的损耗，硒化物玻璃光纤的透过范围可扩展到 9μm 左右，而要获得在 CO_2 激光波长 10.6μm 处损耗较低的光纤，则需在硒化物玻璃中引入一定量的碲。目前已制得 10.6μm 处损耗约为 1dB/m 的 $Ge_{22}Se_{20}Te_{58}$ 玻璃光纤。图中还表明，现有的硫系玻璃光纤在整个波段内存有许多由杂质引起的吸收带。

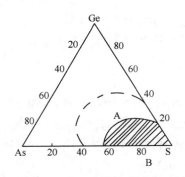

图 9-11 Ge-As-Se 系统成玻璃区(A) 和成纤范围(B)

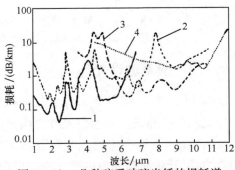

图 9-12 几种硫系玻璃光纤的损耗谱
1—$As_{40}S_{60}$；2—$Ge_5A_{34}Se_{37}$；3—$Ge_{25}As_{13}Se_{27}Te_{35}$；
4—$Ge_{22}Se_{20}Te_{68}$。

9.2.4 硫卤化物玻璃光纤

硫卤化物玻璃光纤是近年来研究较多的非氧化物玻璃光纤。按其化学组成可将这类玻璃分为两组：第一组是以原子量较小的硫系元素和卤素，如硫和氯等为主要组分的玻璃，这组玻璃的多声子吸收边位于 13μm 附近，与硫系玻璃相近；第二组则是以原子量更大，如碲、硒、碘和溴为主要组分的玻璃，波长为 18μm 以下的波段具有较高的透射率。在这玻璃中，Te—X(X=Cl,Br 或 I) 二元系统就能形成玻璃或具有较大的成玻璃倾向，并随第三组分硒或硫的引入其成玻璃性能变得更好，使这组玻璃在结构和性质上既不同于硫系玻璃，也不同于重卤化物玻璃，并且有不易析晶、抗水性好和透光范围宽等特点，也是硫卤化物玻璃光纤的主要研究对象。典型的硫卤化物系统(Te-Se-Br 和 Te-Se-I 系统)中的玻璃形成范围如图 9-13 所示。其中 B 区的玻璃更稳定，有的甚至在以 10℃/min 升温

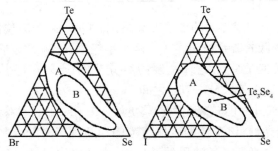

图 9-13 Te-Se-Br 和 Te-Se-I 系统玻璃形成

时也测不到由析晶引起的放热峰。这个区的玻璃还具有很好的抗水性,但它们的转变温度较低,约为75℃。

9.3 塑料光纤与晶体光纤

9.3.1 塑料光纤

塑料光纤由于具有柔软性好、加工性好、价格便宜等特点,因而在短距离通信、传感器及显示等方面获得实用。

9.3.1.1 塑料光纤材料

目前常用的塑料光纤芯材有三类:①聚甲基丙烯酸甲酯(PMMA)及其共聚物系列;②聚苯乙烯(PS)系列;③氘化聚甲基丙烯酸甲酯(PMMA-d_8)系列。其中第一类光纤特征好且价格便宜,目前被广泛应用。第二类纤芯材料较脆,传输损耗大,而且随放置时间延长黄色指数上升,透明率下降,故目前较少使用。第三类光纤由于以氘代替了氢,传输损耗可降低至20dB/km,是一种理想芯材,目前已有商品化产品,但价格较贵。近年来,塑料光纤芯层材料已由热塑性聚合物扩展到热固性聚合物,如聚硅氧烷等。对包层材料不仅要求透明,折射率要比芯材低,而且要具有良好的成型性、耐摩擦性、耐弯曲性、耐热性以及与芯材的良好粘接性。对于PMMA及其共聚物芯材(折射率约1.5),多选用含氟聚合物或共聚物为包层材料,如聚甲基丙烯酸氟代烷基酯、聚偏氟乙烯($n=1.42$)、偏氟乙烯/四氟乙烯共聚物($n=1.39\sim1.42$)等。表9-7为几种商品化的塑料光纤的性能。

表9-7 几种塑料光纤的性能

组成	厂家	三菱人造纤维公司(日)	三菱人造纤维公司(日)	三菱人造纤维公司(日)	杜邦公司(美)	杜邦公司(美)	杜邦公司(美)	杜邦公司(美)	旭化成(日)
组成	纤芯	PMMA	PMMA	PMMA	PMMA	PMMA	PMMA	重氢化PMMA	PS
组成	包层	氟聚物	氟聚物	氟聚物	氟聚物	氟聚物	氟聚物	氟聚物	PMMA
光学性能	数值孔径/受光角(QC)/℃	0.5 60	0.5 60	0.47 56	0.53 64	0.53 64	0.53 64	0.53 —	0.56 68
光学性能	传输损耗/dB·km^{-1}	>400	300 (650nm)	160 (650nm)	约1000	550~600 (650nm)	350 (650nm)	270 (>90nm)	>1000

注:PMMA为聚甲基丙烯酸甲酯;PS为聚苯乙烯

9.3.1.2 塑料光纤的性能

塑料光纤和石英光纤传送光的特性见图9-14,塑料光纤对可见光的透过性能较好,在红外区则有强烈的选择性吸收。塑料光纤的透光性随光纤长度增大而下降。塑料光纤的传输损耗较大,主要来源于分子中C—H的红外振动吸收、过渡金属离子吸收、有机杂质吸收、紫外电子跃迁吸收、瑞利散射、尘埃和微孔隙散射、纤芯直径不匀整、拉伸取向产生的双折射、芯—包层界面的缺陷等。表9-8为塑料光纤的理论传输损耗的极限。

从图9-14可以看出,塑料光纤在670nm附近和900nm附近都有明显的吸收峰值,这是由于分子吸收所引起的。因塑料光导纤维为碳氢化合物,C—H键在红外波长下易发生振动,其损耗机制类似于石英光纤中二氧化硅氧键的损耗,但塑料光纤损耗大于石英光纤。

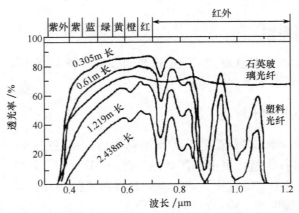

图9-14 光纤光谱响应

表9-8 几种塑料光纤的理论传输损耗极限

		PMMA			PMMA-d_s			PS		
		520	570	650	680	780	850	580	625	670
	ECL制POF/(dB/km)	57	55	128	20	25	50	138	138	114
损耗原因	吸收损耗/(dB/km)	1	7	88	0	9	36	15	15	26
	瑞利散射/(dB/km)	28	20	12	10	6	4	78	78	43
	结构不完整损耗/(dB/km)	28				10				
	损耗限度/(dB/km)	29	27	100	10	15	40	93	93	69

在芯材杂质引起的吸收损耗中,过渡金属离子在可见光波区引起的吸收最为明显,例如Co^{2+}离子在530nm、590nm及650nm显示有最大的吸收峰。$2\times10^{-9}/cm^{-3}$的Co^{2+}离子存在约提高损耗10dB/km,另外水分和其它杂质也会引起吸收。在光纤生产过程中,一些非理想的因素如杂质、纤维的不圆整性、双折射、皮—芯间的黏合缺陷等均会增加散射损失,使损耗增大。

现正在研制低损耗(<20dB/km)的塑料光纤、耐热塑料光纤和耐湿塑料光纤等。商品化的塑料光纤中仍以聚甲基丙烯酸甲酯芯光纤为主。由于传输损耗较大,一般传输距离仅数十米,因而广泛用于医用内窥镜、灯具、玩具、装饰及其它检测系统中;在通信系统中主要用于长距离通信的端线和配线,也大量用于汽车、飞机、舰船内部的短距离光通信系统等。

9.3.2 晶体光纤

晶体光纤是用晶体材料制成的光纤。早在1922年,Von Gomperz就成功地生长出金属晶须。按纤维中晶体的结构可分为多晶纤维和单晶纤维(SCF)。晶体光纤有近于完美的晶体结构,集晶体与纤维的特性于一身,可广泛用于制作各种光通信器件,如晶体光纤激光器、自倍频晶体光纤激光器、晶体光纤光放大器、晶体光纤倍频器、晶体光纤光参量振荡器、晶体光纤光隔离器、晶体光纤温度计、晶体光纤光传输线等。这些器件的横截面小,易于和普通光纤系统联网。

晶体光纤对较长波长的光具有比玻璃光纤更好的传输特性,而单晶光纤由于晶界对光的散射小,因而可进一步降低光的损耗;晶体光纤器件和普通光纤之间具有更高的耦合效率,因而比普通块状器件更适用于光纤系统。虽然晶体光纤很难达到玻璃纤维那样高的表面质量和内部光学均匀性,但对于一些要求在更宽光谱范围内具有更小损耗的应用和制作长度较短的器件来说仍然具有很大的优势,晶体纤维的生长技术和器件研究在20世纪80年代得到迅速发展。

9.3.2.1 YAG 系列晶体光纤

YAG 晶体光纤有多种,主要用于制作晶体激光器、晶纤光放大器等。如 Nd:YAG 晶体光纤可以制作波长为 $1.06\mu m$、$0.946\mu m$、$1.32\mu m$ 的激光器件,其中 $1.32\mu m$ 是光纤通信波长。Er:YAG 晶体光纤可制作波长为 $1.64\mu m$、$1.78\mu m$ 和 $2.938\mu m$ 的激光器件,其中波长为 $1.64\mu m$ 和 $1.78\mu m$ 的激光对人眼是安全的,在军事方面有应用前景;而 $2.938\mu m$ 的激光能被生物组织强烈吸收,可用作激光外科技术的光源,特别适用于眼科手术。

一般用激光加热基座生长法(LHPG)生长 YAG 晶体光纤,可以在真空中或保护气氛(氩气、氮气)中及空气中进行,一般沿着(111)方向生长。晶体光纤横截面呈六角形,角的顶部是圆弧形的。为了减小光波导损耗,应采用适当的生长规范使光纤的截面更接近圆形。生长时固—液界面向熔体方向凸起,呈现 YAG 晶体凸形界面生长的习性,这有利于杂质的排除和晶粒的淘汰,容易得到单晶光纤。Nd:YAG 晶体光纤的生长速率一般为 $0.5mm/min \sim 3mm/min$,比块状 Nd:YAG 高两个数量级。Er:YAG 晶体光纤的生长速率还可以再高,这是因为 Er^{3+} 的直径比 Nd^{3+} 的直径更接近 Y^{3+} 的直径。在 Nd:YAG 晶体光纤的生长过程中,Nd^{3+} 进行了再分布。它在晶体光纤的中心部分的浓度较高。用适当的生长规范可使这种不均匀的程度减小。用 Nd:YAG 晶体光纤制作激光器等器件时,晶纤的两端面要与光纤轴垂直并且平整光滑,加工难度较大。这主要是因为它的硬度很大,而且在端面边缘容易因解理而塌边。

9.3.2.2 YAP 系列晶体光纤

YAP($YAlO_3$)系列晶体属于斜方晶系,熔点是 $1875℃$,是 Al_2O_3 和 Y_2O_3 的二元混合物。YAP 系列晶体可作激光晶体和快速闪烁晶体。YAP 晶体光纤用作激光器件时,与 YAP 晶体相比有如下优点:激光器输出为线偏振光;容易掺杂多种元素;掺杂浓度变化范围大;可以用于研制多种新功能、新波段的器件(如 Nd:YAP 的激光波长为 $1.08\mu m$ 和 $1.34\mu m$;Ho:YAP 的激光波长为 $2.1\mu m$;Er:YAP 的激光波长为 $1.66\mu m$ 和 $2.7\mu m \sim 2.9\mu m$)等。在 $1.34\mu m$ 波长处,Nd:YAP 的受激发射截面是 Nd:YAG 的二倍。在双色激光器件中,YAP 器件比 YAG 器件的性能更加优良。如(Nd,Er):YAP 能同时产生 $1.08\mu m$ 和 $2.9\mu m$ 的双色激光,而 Nd,Er:YAG 不能。YAP 系列晶体光纤还具有如下优点:热透镜效应小;内应力小;无孪晶;可获小光斑;适合与普通光纤系统连网(如光纤通信系统和光纤传感系统等);掺杂离子分布均匀。

YAP系列光纤熔点较高,生长习性和YAG相近,用LHPG法生长较为适合。目前已经生长出了Nd:YAP、(Lu,Nd):YAP、Er:YAP、Ho:YAP、Ce:YAP、(Ce,Nd):YAP等多种晶体光纤,生长速率一般为0.5mm/min～4mm/min,直径为$40\mu m$～$500\mu m$,直径波动小于$\pm 1\%$/cm,掺杂离子分布均匀。

9.3.2.3 Al_2O_3系列晶体光纤

Al_2O_3晶体属于六方晶系,熔点是2045℃,可用气相凝结法、边界限定薄膜馈料生长法(EFG)、LHPG法等方法生长。用LHPG法生长时,其缩径比(即源棒直径对晶体纤维直径的比)可达5:1,这在各种晶体中是最大的,生长速率一般取为0.5mm/min～3mm/min。已经生长出了直径为$3\mu m$～$500\mu m$、长30cm的光纤,直径均匀,表面粗糙度低。生长速率最高可达40mm/min,但由于此时刚生长出来的晶体光纤急剧冷却产生了很大的内应力和较多的缺陷,使光散射增加。Al_2O_3晶体光纤的机械强度很高,对近红外光只有很小的吸收,熔点高,可用作传光光纤和光纤高温计。Al_2O_3晶体光纤高温计可测高达2000℃的高温,精度已达0.1%,可用于发动机内的温度的测量以确定燃料最佳配比,也可用于高炉内部温度和火箭升空时喷出尾气的温度的测量。

Cr:Al_2O_3(红宝石)晶体光纤的生长和Al_2O_3晶体光纤相近。但在用LHPG法生长时,其中所含的Cr有一定的挥发,使得晶纤内的Cr^{3+}的浓度减小。可以用这种现象在生长红色的Cr:Al_2O_3晶体光纤时在其外层形成透明的包层,以减少传光的损耗。Cr:Al_2O_3晶体光纤可以用来制作晶体光纤激光器。

Ti:Al_2O_3晶体光纤的调谐范围很宽,为700nm～1000nm。它可以提高泵浦光的利用率、降低阈值,易于散热而使器件的热性能提高。Ti:Al_2O_3晶体光纤的激光作用是由Ti^{3+}产生的。但由于在生长过程中更易产生Ti^{4+},而Ti^{3+}－Ti^{4+}对会在近红外波段产生吸收,降低器件性能,因此在生长过程中要注意避免产生过多的Ti^{4+}。一般在保护性气氛(如He气或He气和H_2气的混合气)中生长。后续热退火可以提高Ti:Al_2O_3晶体光纤的性能。

9.3.2.4 $LiNbO_3$系列晶体光纤

$LiNbO_3$(LN)晶体属于三方晶系,熔点是1260℃,可用改进后的下拉法(MPD)和LHPG法等生长LN和Nd:$LiNbO_3$晶体光纤。用LHPG法生长时,其生长的固液界面向溶体方向凸起,利于晶粒淘汰,易生长出单晶纤维,表面粗糙度低。沿c轴生长时,侧表面有三条生长晶棱互成120°角,生长速率一般为0.5mm/min～3mm/min,直径为$10\mu m$～$500\mu m$,长度已达20cm。所得的晶体光纤一般有畴结构。畴结构的产生和生长晶向、生长速率、温度梯度及直径有关。当直径较小时,可以直接生长出单畴的晶体光纤。值得一提的是,当用晶向为$-c$轴籽晶生长时,LN晶体光纤不是继续沿着$-c$轴生长而是变成沿着$+c$轴生长,并且生长晶棱也逐渐偏离$-c$轴粒晶晶棱的方位,旋转60°后,再继续向下延伸。

已经利用LN晶体光纤制成了世界上第一只晶体光纤倍频器。用4mm～5mm长的

LN晶体光纤就可以达到普通块状晶体的倍频效率。用Nd^{3+}:LN晶体光纤还可望制成晶体光纤激光器、晶体光纤光放大器和自倍频晶体光纤激光。

9.3.2.5 LBO与BSO晶体光纤

LBO晶体光纤生长非常困难,主要原因:LBO在温度升高使其熔化之前,在834±4℃时就开始发生分解;生长速度慢,对过程控制要求高;对温度均匀性要求很高;对熔区绝对温度的控制要求严格;生长界面向晶纤方面凸起,不利于单晶晶纤的生长,使优质晶纤的生长极为困难;生长出的LBO晶体光纤的内应力很大,容易炸裂,也给加工带来困难。选择适当的助熔剂和生长规范、控制熔区的温度分布对LBO晶体光纤的生长是十分重要的。

BSO($Bi_{12}SiO_{20}$)晶体属于立方晶系,熔点890℃,透光范围为0.45μm~7.5μm,温度稳定性好,介质吸收损耗小,是一种性能优异的非线性光学功能材料。BSO晶体光纤一般用MPD法或LHPG法在真空中或保护气氛中及空气中生长。用LHPG法生长时,生长界面是向熔体方向凸起的,容易得到单晶光纤。由于Bi_2O_3在高温下容易挥发,因此在生长BSO晶体光纤时,要仔细控制熔区的温度,并注意不要在熔区内形成局部高温区。要保持熔区温度稳定性,以避免云层的产生,使刚生长出来的晶体光纤缓慢地降温和在500℃的温度下进行长时间的退火,可以降低晶体光纤内部应力,防止起裂。

9.3.2.6 卤化物晶体光纤

常用的卤化物晶体光纤多用作传光晶体光纤,主要有铊的卤化物、银的卤化物及碱金属的卤化物。

铊的卤化物红外晶体光纤主要有TlBr、TlBr-TlI(KRS-5)、TlBr-TlCl(KRS-6)等晶体光纤。它们对CO_2激光(波长为10.6μm)的吸收很小,但有剧毒、易断,制作和使用均有一定的困难。使用挤压法和滚压法制作时,一般得到多晶光纤。

银的卤化物红外晶体光纤主要有AgCl、AgBr和AgCl－AgBr(KBS-13)等晶体光纤,对波长为2μm~20μm光的吸收很小、不潮解、无毒、延展性好;缺点是在紫外光和可见光的直接照射下会发黑,红外光传输性能比KPS-5稍差。使用挤压法和滚压法制作时,一般得到多晶光纤。

碱金属卤化物的红外晶体光纤主要有KCl、KBr、KCl－KBr和CsBr等。由于延展性能较差,碱金属的卤化物晶体光纤用滚压法制作时,一般得到多晶纤维。铊的卤化物、银的卤化物和碱金属卤化物的红外单晶光纤可以用布里奇曼法(Bridgeman)、EFG和MPD等方法生长。

9.4 光纤的制备方法

9.4.1 石英玻璃光纤的制备

生产石英光纤的原料是液态卤化物,有四氯化硅($SiCl_4$)(由天然二氧化硅加高温迅速气化而得)、四氯化锗($GeCl_4$)和氟里昂(CF_2Cl_2)等。它们在常温下是无色的透明液体,有刺鼻气味,易水解,在潮湿空气中强烈发烟,有一定的毒性和腐蚀性。氧化反应气体和载运气体有氧气(O_2)和氩气(Ar)等。为了保证光纤质量并降低损耗,要求原材料中含有的过渡金属离子、氢氧根等杂质不应高于 10^{-9} 的量级,大部分卤化物都需要进一步提纯。

制造石英光纤主要包括两个过程,即制棒和拉丝。为了获得抵损耗的光纤,这两个过程都要在超净环境中进行。制造光纤时先要熔制出一根玻璃棒,玻璃棒的芯材料和包层材料都是石英玻璃。在制备芯玻璃时均匀地掺入少量的、比石英折射率稍高的材料,就满足了光的传输条件。这样制成的玻璃棒叫光纤预制棒。

现在制备光纤预制棒的工艺很多,主要有改进的化学气相沉积(MCVD)、等离子体激活化学气相沉积法(PCVD)、管外化学气相沉积法(OVD)和轴向气相沉积法(VAD)。这四种属于化学气相工艺。另外还有几种属非气相工艺的方法,如多组分玻璃熔融法、溶胶—凝胶法、机械成型法(简称 MSP)等。化学气相沉积法中发生的反应主要为

$$GeCl_4 + O_2 \xrightarrow{\text{高温}} GeO_2 + 2Cl_2 \uparrow \tag{9-24}$$

$$2CF_2Cl_2 + SiCl_4 \xrightarrow{\text{高温}} SiF_4 + 2Cl_2 \uparrow + 2CO_2 \uparrow \tag{9-25}$$

$$SiCl_4 + O_2 \xrightarrow{\text{高温}} SiO_2 + 2Cl_2 \uparrow \tag{9-26}$$

式(9-24)中反应生成的 GeO_2 可以提高纤芯的折射率。普通单模光纤中掺有约 3%(mol)的 GeO_2,相应的纤芯折射率提高约为 0.4%;而 SiF_4 可以降低纤芯的折射率。

制造光纤曾用过多种方法。为了降低石英光纤的内部损耗,现在大都采用 CVD 法制取高纯度的石英预制棒,再拉丝,制成低损耗光纤。CVD 法是用超纯氧气作载气,把超纯原料气体四氯化硅($SiCl_4$)和掺杂剂四氯化锗($GeCl_4$)、三溴化硼(BBr_3)、三氯氧磷($POCl_3$)等气体输送到以氢氧焰作热源的加热区。混合气体在加热区发生气相反应,生成粉末状二氧化硅及添加氧化物。继续升温加热,使混合粉料熔融成玻璃态,制成超纯玻璃预制棒。然后,把预制棒从一端开始加热至 1 600℃左右(加热方式可采用高频感应加热、电阻加热、氢氧焰加热等)使料棒熔化,同时进行拉丝。纤维的外径由牵引机自动调节控制,折射率可通过添加氧化物的浓度加以调节。

混合气体原料受热后发生的气相反应,有一种是在密闭的石英管中进行的,故称内气相反应淀积法。另一种是直接在氢氧焰中进行的,称外气相反应淀积法。上述两种反应生成的粉料淀积均在水平轴方向一层一层地进行的。第三种气相反应方式也是在氢氧焰中直接进行,但粉料淀积是沿着垂直旋转的石英支承棒下端进行的,故称轴向反应淀积法。图 9-15 为这三种气相反应淀积法的工作原理。

在这三种 CVD 法中,内淀积法制备的预制棒纯度较高。因为气相反应是在密闭的石英管中进行的,所以避免了有害杂质的浸入,此外也能有效地控制光纤的折射率分布。因此,这种方法成为目前制备低损耗光纤的主要方法之一。外淀积法和轴向淀积法,由于气相反应直接在氢氧火焰中进行,所以易混入氢氧根杂质,从而使纤维内部损耗增大。但用这两种方法制备的光纤尺寸容易控制,精度高,适合于大批量生产,这是它们比内淀积法的优越之处。

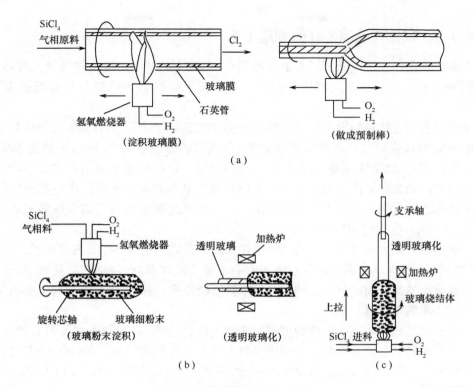

图 9-15 光纤的 CVD 制法
(a)内淀积 CVD 法；(b)外淀积法；(c)轴向淀积法。

9.4.2 多组分玻璃光纤的制造工艺

多组分玻璃光纤的成分除石英(SiO_2)外,还含有氧化钠(Na_2O)、氧化钾(K_2O)、氧化钙(CaO)、三氧化二硼(B_2O_3)等其它氧化物。

多组分光纤采用双坩埚法制造。坩埚由尾部带漏管的内外两层铂坩埚同轴套在一起所组成(图 9-16)。多组分玻璃料经过仔细提纯,芯料玻璃放在内层坩埚里,包层玻璃放在外层坩埚里。玻璃料经加热熔化后从漏管中流出。在坩埚下方有一个高速旋转的鼓轮,将熔融状态的玻璃拉成一定直径的细丝。漏孔的直径大小和漏管的长度决定着芯子的直径与包层厚度的比值。如果把漏管加长,使芯子与包层材料在高温下接触,通过离子交换能形成折射率成梯度分布的结构。通过调节加热炉炉温及拉丝速度,可控制纤维的总直径。

多组分光纤的优点是:熔化温度低,因此采用双坩埚法可以连续拉制光纤,适合大批量生产；用双坩埚法的缺点是:在生产过程中容易混进过渡金属离子及氢氧根等杂质,故制成的光纤内部损耗比较大(约几 dB/km)。

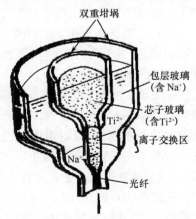

图 9-16 双重坩埚法制光纤

9.4.3 氟化物玻璃光纤的制造工艺

大多数氟化物玻璃在液相温度下黏度很小，失透倾向严重。氟化物玻璃光纤通常采用预制棒法在高于玻璃软化温度下拉制。它包括光纤预制棒的制备和光纤拉制两个阶段。

氟化物玻璃光纤预制棒主要采用熔制—浇注法制备，即用无水高纯氧化物作原料，按一定配比放置在能耐氟化物熔体侵蚀的铂、金或玻璃态碳坩埚中，逐渐加热至800℃～1000℃左右，并在此温度保持一定时间使其完全熔化，以达到澄清和均化的目的，然后将熔体冷却到适当温度浇注成型。为减少玻璃中的含氧杂质及由此而产生的散射损耗，配合料中应引入适量的如 NH_4HF_2 等氟化剂，整个熔制过程应在尽可能干燥的气氛下，或在含有 Cl_2、CCl_4 或 NF_3 等反应气体的气氛下进行。

玻璃包层的氟化物玻璃光纤预制棒早期采用二次浇注法制备。首先将皮料玻璃浇入预热的模子中，待玻璃液部分凝固后倒出中心未凝固的玻璃液，再浇入芯料玻璃，退火后就可得到所需的光纤预制棒。这种工艺后来被不断改进，目前常用的方法有离心浇注法、连续浇注法及热压法等。

浇注法的局限性是不能制造折射率渐变的光纤预制棒，并在制备过程中会带入新的杂质。用可挥发的金属有机化合物作原料的金属有机物化学气相沉积（MOCVD）技术可避浇注法的局限性。除氟铍酸盐玻璃外，现已能用这种工艺制得 ZrF_4-BaF_2-LaF_3—AlF_3 四元玻璃薄膜。

9.4.4 硫系玻璃与硫卤化物玻璃光纤的制造

硫系玻璃光纤的制备通常包括原料纯化、玻璃熔制和光纤拉制等阶段。制备硫系玻璃光纤的原料均采用6N以上的超纯单质。但为去除原料表面的氧化物及吸附的其它杂质，在使用前还必须对这些超纯原料进行纯化处理。然后在干燥的手套箱内将原料粉碎并按一定配比混和，再放置在清洗过的石英玻璃安瓿内，最后在真空下进行封接。玻璃熔制在800℃～1000℃下进行，在熔制过程中安瓿应不停地摆动或旋转以促进各组分间的反应和均匀化。熔制结束后将安瓿从炉内取出淬冷。

硫系玻璃光纤是在流动的惰性气体保护下拉制的，包层材料为折射率较低的硫系玻璃或聚全氟乙丙烯（Teflon FEP）。也采用低膨胀硼硅酸盐玻璃制成的双坩埚装置从熔体直接拉制玻璃包层的 As-S 系硫系玻璃光纤。与预制棒法拉制的光纤相比，双坩埚法制得的光纤具有更平滑的芯皮料界面。该法更适宜于拉制长光纤，但对玻璃抗失透性能的要求更高。

硫卤化物玻璃光纤的制造工艺与硫系玻璃的类似，只是其玻璃熔化温度和光纤拉制温度较硫系玻璃低。图 9-17 是组成为 $Te_3Se_4I_3$ 玻璃光纤的损耗谱，表明其在 $8\mu m$～$11\mu m$ 范围都具有较低的损耗，$10.6\mu m$ 处损耗已达

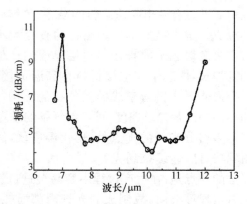

图 9-17 $Te_3Se_4I_3$ 玻璃光纤的损耗谱

4.8dB/m 左右。CO_2 激光传输试验的初步结果表明，这种光纤可承受高达 $40kW/cm^2$ 功率密度而不产生损伤。

9.4.5 晶体光纤的制造工艺

晶体光纤可分为单晶与多晶两类。单晶光纤与多晶光纤在制造方法上也是不同的。

9.4.5.1 单晶光纤的制造

单晶光纤的制造方法主要有导模法(Czochralski)、边界限定薄膜馈料生长法(EFG)及其变型，改进后的有下拉法(MPD)、微型上引法、布里奇曼法(Bridgeman)、熔区移动法、直接成型法及激光加热基座生长法(LHPG)。其中导模法和激光加热基座生长法是生长晶体光纤最受重视的方法。

导模法，是把一支毛细管插入盛有较多熔体的坩埚中，在毛细管里的液柱因表面张力作用而上升。将定向籽晶引入毛细管上端的熔体层中，并向上提拉籽晶，使附着的熔体缓慢地通过一个温度梯度区域，单晶纤维便在毛细管的上端不断生长。目前，已用导模法生长出直径 $2\mu m \sim 5\mu m$、长 $10cm \sim 15cm$ 的单模晶体光纤。

激光加热基座法，是先用高纯原料作成预制棒，然后使用激光束在预制棒的一端加热，待其局部熔融后把籽晶引入熔体并按一定速率向上提拉(1cm/min)，便得到一根单晶纤维。纤维的直径大小取决于提拉速度及熔区的温度，适当调节这两个因素，可以得到不同直径的光纤。激光加热基座法首先在红宝石单晶纤维的制备中获得应用。红宝石($Cr:Al_2O_3$)单晶纤维制成后，还可以在原设备上通过表面加热处理，使纤维表面层里的 Cr^{3+}（部分或全部）挥发，从而得到一种由红宝石芯料加白宝石(Al_2O_3)包层的双层单晶光纤。

9.4.5.2 多晶光纤的制造

多晶光纤通常采用热挤压法制造。预制棒在加热的模子中受热后具有一定的塑性，在顶锥挤压下，纤维在压模中形成后再被挤出模外，冷却后形成多晶纤维。纤维被挤出模外的速率为数厘米/分钟。用这种装置已制备出 $\phi 0.5mm \times 1.5m$ 的光纤。

9.4.6 塑料光纤的制造

为了减小塑料光纤的吸收和散射损耗，合成纤芯聚合物所用的单体必须是高纯度的。一般采用碱性氧化铝过滤法和蒸馏法去除单体中的杂质，如尘埃、过渡金属等，有时也通过渗透膜进行纯化。下面介绍阶跃型和梯度型两类塑料光纤的制造方法。

9.4.6.1 阶跃型塑料光纤的制造

常采用管棒法、涂覆法和复合拉丝法三种成型方法制备阶跃型塑料光纤。这三种方法均需先将纯化的单体进行本体聚合后再加工，聚合一般在特殊的设备中进行。管棒法是先将芯材聚合物制成棒状，外面套上包层材料管，然后将此管棒进行热拉伸成纤，涂覆法是先将包层材料溶于溶剂或使之熔融，然后将纤芯丝通过溶液或熔体进行涂覆，从而形成纤芯—包层结构的纤维，这种方法简易，但易粘染尘埃，且工艺参数较难控制，稳定性较差；复合拉丝法是将芯层聚合物与包层聚合物分别在两台挤出机中同时熔融挤出到一个同心圆口模中，芯层聚合物从中心挤出，包层聚合物从外环挤出，在模口处两种材料粘合成包复式纤维，该法工艺简单，生产效率高，但要求机头设计合理。以聚苯乙烯光纤芯料的制备为例：先将纯净的单体原料放进玻璃瓶中，在真空中密封。再将玻璃瓶放在恒温器中加热至120℃，保持8h使大多数单体聚合。然后再将恒温器温度升到170℃，保持24h，使单体完全聚合。取出玻璃瓶后把A与B打开后放到炉子中加热至230℃，同时从A端通入1.5大气压的氮气，塑料纤维就从B端引出。纤维直径约为1mm，可用拉引速率控制。在拉出的芯料表面涂上一层折射率为1.40的硅树脂，便制成了阶跃型塑料光纤。

9.4.6.2 梯度型塑料光纤的制造

梯度型光纤是利用数种具有不同折射率和聚合反应速度的单体注入一垂直的聚合管中，在旋转情况下，通过光激发或加热使之发生共聚，聚合物从管壁向轴中心逐渐析出，随着单体转化为聚合物的转化率上升，共聚物的折射率也逐渐发生变化，最后进行热拉伸得到自聚焦的光纤。梯度型光纤没有传输分散，但透光性较差，其吸收损失和散射损失均比一般光纤大得多。梯度型塑料光纤的制备过程可分四个阶段，如图9-18所示。首先，将高折射率的塑料单体放在一个圆柱形的管子中，在一定的温度下进行聚合；然后，等第一阶段的聚合反应结束，从切开的管子中取出直径1mm～3mm长为150mm的完整的芯棒，再将高折射率的芯棒放到另一种低折射率的塑料单体熔池中，浸一定时间，发生交换扩散反应；最后，经数小时聚合反应后得到接近于抛物线状的折射率分布的塑料光纤，并用抛光粉抛光表面。

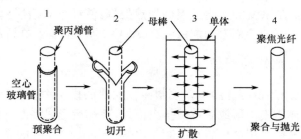

图9-18 梯度型塑料光纤制法

9.4.7 光纤的成缆和连接

在实际使用中，为保证光纤表面不受损伤和不被杂质污染，保持光纤的强度不出现明显的下降，通常在拉成丝后的光纤上包覆一层塑料成为光纤单丝，然后再把光纤单丝以一定形式组合起来，中间加入由不锈钢丝或其它非金属材料作的补强材料，制成各种光缆。图9-19为单芯光缆、四芯和六芯光缆的内部结构。现在，实用光缆的制造技术已经成熟，光缆中所含光纤单丝的数目有几根、几十根，多至数百上千根。光缆的总传输损耗约为3dB/km～5dB/km。此外，光缆的抗拉强度、耐化学腐蚀、热稳定性、挠曲性等也都达到了实用化的要求。所以，光缆能在高空、地下、海底以及强电磁辐射等各种复杂条件下使用。

在光缆在实际应用中还有一个互相连接的问题。光纤的连接方式有永久性的连接（对接）和可拆卸的连接器连接两种。

在永久性的连接方法中有套管法、V形沟槽法和熔接法三种方式,如图9-20所示。套管法是把光纤单丝从玻璃毛细管的两侧插入,对接后烧注黏接剂;V形法是在V形沟槽上把光纤对接,上方再用压板固定;熔接法是把光纤对接的两个端面通过高温加热进行熔接。光纤也可通过连接器连接,为保证光纤的同心对接,都采用了精度很高的衬套和套筒。

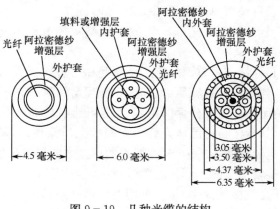

图9-19 几种光缆的结构

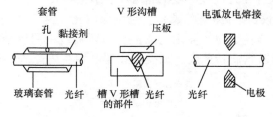

图9-20 光缆永久性连接方法

无论何种光纤连接方法,在接头处都会造成光的传输损耗。在永久性连接中,连接损耗主要是由于芯子轴线和端面角度偏差、光纤结构参数的差异等因素造成的。当轴线偏差约为$5\mu m$、角度偏差约为$1°$时,产生的连接损耗为0.2dB~0.3dB。在连接器连接的情况下,连接部分的传输损耗除上述诸因素外,还要附加端面处与空气层相接触的端面反射损耗,约为0.3dB。光纤在连接器中对接时,要求轴线偏差控制在芯子直径的1/10以下。对于多模光纤用的连接器,加工精度要求达到几μm;对于单横光纤用的连接器,加工精度要求达到$1\mu m$。

9.5 光纤的应用

光纤的应用主要集中在光通信、光纤传感器和能量传输及微型光纤激光器等领域。

目前光纤通信已经历了"四代"发展:短波长光纤通信系统、长波长$1.3\mu m$的多模光纤、单模光纤通信系统、长波长$1.5\mu m$单模光纤以及正在发展的相干光纤通信或外差光纤通信(前三代均为直接检测方式)。光纤通信系统已经成为世界各国主要的通信系统。光纤通信与任何其他大容量通信手段比较,距离越长、容量越大,经济效益就越高。为了实现长距离通信,需要进一步降低光纤的传输损耗,使中继站间的距离增长,投资费用降低。要进一步降低光纤的传输损耗,一方面要进一步改进纤维制备工艺、使用超纯原料,制造出超低损耗的光纤;另一方面要降低光纤中的散射损耗,采用长波长载波光源。在增大通信容量方面采用的方法主要有两种:一种是使用波分复用传输系统,即用一根光纤传输几种波长的光,而每一种波长的光又载送多路信号,从而使传输的信息量大大增加;另一种是采用单模光纤传输信息。因为单模光纤传输信息时无模间色散,传输频带比多模光纤宽。现已研制出了常规型单模光纤(G652光纤)、色散位移型单模光纤(G653光纤)、非零色散位移型单模光纤(G655光纤)、色散平坦型单模光纤和色散补偿型单模光纤(G65X光纤)。

光纤在计量仪器和计量技术方面的应用主要是做各种传感器,用来直接从被检测物上获得所需要的信息,如电场、磁场、压力、温度等物理量的测试。

光纤电场、磁场传感材料主要分为两类:一类是纤维状玻璃材料,如石英等全光材料;一类是晶体光纤材料,如蓝宝石等晶体光纤。它们的工作原理是基于法拉第磁光效应或克尔电光效应。由于电流或磁场的影响,偏振光的偏振方向将发生旋转。

用于压力、弯曲、旋转测量的光纤传感器材料主要采用几何变形和斯纳格效应引起光纤传输功率分布、光纤光波极化变化,从而可用在大型建筑或桥梁变形的监控及火箭、飞机或轮船的导航等领域,如几何变形类传感器、斯纳格类传感器、光栅型传感器。图9-21为共振型光纤浑天仪(又称激光陀螺),它采用保偏光纤材料。当光纤共振环平面发生旋转运动时,环内两个旋转方向的极化光绕各自的环旋转一周后会产生相位差并形成共振,根据共振频率就可获得旋转速度。该类传感器已用在波音777飞机上测量转速。

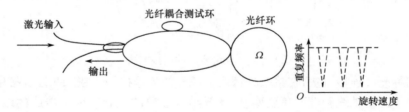

图9-21 共振型光纤浑天仪

光纤温度传感器可以进行高温测量或实用化分布式多点同时温度测量。高温测量主要采用耐高温的光学材料,如单晶蓝宝石材料(熔点2045℃)拉制的光纤,可用于2000℃高温测量,测量精度在1000℃时为0.2%,并且可以抗电磁干扰和射频辐射;分布式温度传感器是比较实用的多点实时温度监控测量系统。它利用温度T和T_0时光脉冲在光纤中激发的拉曼散射光子数的比值来测量温度。另外,光纤还可以用来测量生物化学有害气体、液体等,且灵敏度较高。

光纤最早用于医疗上的光学内窥镜中,这种内窥镜由两根石英玻璃光纤束组成:一根是传像束,另一根是照明束。通过照明束把照明光线导入人体内脏,使器官内的情况清楚地显示出来。然后由传像束把这情况逼真地传送到体外供医生诊视。用光纤制成的各种人体脏器内窥镜已用于胃、十二指肠、子宫、膀胱等脏器内病变的诊断,效果很好。光纤在医疗上的另一成功应用是在激光手术刀及其它激光治疗器中作导光介质,把激光安全、方便地输送到需要治疗的人体病变部位。在激光切割、焊接和热处理方面,利用导光纤维传输光能,可以在远离光源的地方进行复杂工件的微细加工和特殊处理。对于能量传输用光纤,希望尽最大能力传输更多的能量。只要光能够低损耗地通过光纤,对传输过程中产生的光的传输方向、传输时间上的差异等传输常数的变化,由于不影响光能的传输,故可以不加考虑。能量传输用光纤一般线径较大(0.5mm～1mm),在传输距离较短时,对光纤损耗的要求也低一些(如几百至 1000dB/km)。损耗较大但成本很低的塑料光纤和目前损耗还较大的红外单晶与多晶光纤现较多地用于能量传输。

习题与思考题

1. 什么是子午光线与斜光线? 简述它们在光纤中的传输特性。
2. 光纤色散、带宽和脉冲展宽之间有什么关系? 对光纤传输容量有什么影响?
3. 影响光纤传输损耗的主要因素有哪些? 在光纤通信中,目前有几个通信窗口? 为什么光纤通信要向 $1.5\mu m$ 的长波方向发展?
4. 什么是光纤的色散? 为什么要研究光纤的色散特性? 模间色散和模内色散有何不同? 为什么长距离光通信要用单模光纤?
5. 光纤的应用主要有哪几方面,举例说明。
6. 计算 $n_1=1.52$ 和 $n_2=1.51$ 的阶跃光纤的数值孔径。如果外部介质是 $n=1$ 的空气,对于这种光纤来说,最大入射角是多大?
7. 设光纤的纤芯半径为 $25\mu m$,折射率 $n_1=1.46, n_2=1.45$,光纤的工作波长为 $0.85\mu m$,求归一化频率及传播的模式数。如果工作波长为 $1.3\mu m$,传播的模式有多少?
8. 光纤损耗由 10dB/km 分别降为 2dB/km, 1dB/km, 0.5dB/km, 0.2dB/km 时,问在传输 1km 后,各损耗了百分之几?
9. 单模光纤的纤芯折射率为 $n_1=1.501$,相对折射率 $\Delta n=0.005$,工作波长为 $1\mu m$,求纤芯的直径。
10. 光纤的纤芯折射率为 $n_1=1.5$,包层折射率 $n_2=1.48$,空气折射率 $n=1$。计算该光纤的受光角以及光纤相应的数值孔径。如果将光纤浸入水($n=1.33$)中,受光角有多大改变?
11. 一光信号在光纤中行进了 500m 后,功率损失 80%,问这根光纤的损耗有多大?
12. 一光信号入射到光纤的功率为 200W,在经过 1km 传输后,输出功率为 100W,在继续传输一段距离后输出功率只有 25W,试求出这段距离。

第 10 章 光信息存储材料

10.1 光信息存储原理

10.1.1 信息存储的意义

在文字出现以前,人类除了靠大脑记事外,为了防止遗忘和进行交流,还利用一些实物记事,如在绳子上打结,用各种形状和色彩的石块、贝壳进行记事等。

文字的发明使信息存储技术出现了第一次飞跃。人们利用文字把信息刻在兽骨、石块或竹片上。这样,不但使信息得到了长期保存,而且也便于进行交流。造纸和印刷术的发明使信息存储技术出现了第二次飞跃。造纸和印刷术对记录、保存和传播人类社会物质与精神文明财富起了巨大的作用。随着科学技术的发展,利用缩微胶卷信息存储技术,能非常方便的捕获大量的信息资料,并把它们记录在非常小的面积上(已能将一页文字记录在 $1cm^2 \sim 2cm^2$ 范围内)。但是在信息社会,需要处理、检索和存储的信息量巨大,仅用纸张和缩微胶卷是远不能满足人类社会发展的需要。计算机技术的发展使信息存储技术发生了第三次飞跃。要求信息存储技术满足:信息载体的存储容量要大,存取速度快;信息能实时存取、任意擦写等。于是,科学家们发明了多种高性能的存储器,如磁性存储器、半导体存储器、光信息存储器等。本章重点介绍光信息存储的原理、技术及所用材料。

10.1.2 光信息存储技术

光信息存储技术,就是利用特定波长的光作为信息的读写工具,从信息存储介质中读出或向信息存储介质中写入信息。由于激光具有的相干性、单色性和方向性等特点,因此激光非常适用于信息存储。信息的"写入"就是利用激光的单色性和相干性将要存储的信息、模拟量或数字量,通过调制激光强度或相位并聚焦到记录介质上,使介质的光照区(线度一般在 $1\mu m$ 以下)发生物理或化学的变化以实现信息的记录。在读出信息时,用低功率密度的激光扫描信息存储介质,其反射光通过光电探测器检测、解调以取出所要的信息。通常的光信息存储技术有全息存储与逐点存储两种类型:全息存储技术是利用全息照相原理,将信息存储在记录介质中,读出时通过光电探测器将光信号再转变成电信号输出;逐点存储技术是通过受信号调制的激光束与记录介质相互作用时产生的状态变化(如熔化、相变)逐点记录信号的,读出时再用激光束投射到记录介质表面,从反射光的强度变化中读出信息。

光信息存储技术有许多优点:①信息存储密度高。一张容量为 780MB 的光盘可以存储 10 万幅图像或者 50 万页文字数字信息;②易于快速随机存取。写入或读出光斑的过程,是按照"编码信息"将读写头移到制定位置进行信息的存取。在半秒钟内就能从一张有 600 万组数据的光盘中检索出其中任意一组数据;③能存储图像与数字两种信息,能方便地与电子计算机联机使用；④价格低廉,使用方便；⑤保存方便且不易丢失。由于光盘表面的存储介质在信息写入的过程中,发生了物理或化学的变化,不易逆转,在通常条件下可长时间存放,而不发生信息丢失。

10.1.3 信息存储器的性能指标

评判信息存储器性能的依据主要有存储容量、存储密度、存取周期等。

存储容量：指存储器所能记存的数的多少。一般地,存储器容量就是存储单元的数量或者是存储地址的数量。存储器的存储容量常以"字节"作为计算单位。一个字节就是八位二进制数字,也用比特(bit)作计算单位。1bit 就是二进制数一位数字(1Byte=8bit)。通常用 K 表示存储容量的单位。1K 就是 $2^{10}=1024$。例如,某一型号的电子计算机,它的磁芯内存储器有 16384 个存储单元,也就是 16KB 单元,那么这台电子计算机的内存储容量为 16KB。

存储密度：指存储器单位面积上所能记存的数的多少,常用 bit/mm^2 作计算单位,如光信息存储密度为 $1bit/mm^2 \sim 5 \times 10^5 bit/mm^2$。国际上也使用 bit/in^2。

存取周期：指存或取一个数据所需要的时间,也称存取时间。一般计算机内存储器的存取周期为几个皮秒。

10.2 光全息存储材料

10.2.1 全息照相术的基本原理和特点

全息照相术与普通照相术不同,它不是直接记录物体图像,而是记录来自物体的携带物体图像信息的反射光波的波前图案,即干涉条纹,然后利用记录的波前图案"再现"或"还原"出物体的图像。光是一种波长极短的电磁波。对波列上任一选定点的位移 y 用数学式表示,则为

$$y = a\cos(\omega t + \theta) \text{ 或 } y = a\cos\varphi \tag{10-1}$$

式中：a 为光波的振幅；φ 为光波的位相。

光波在传播过程中遇到物体会产生反射。图 10-1 为一列平面波遇到一复杂形状的物体时的表面反射波(即波阵面)。这个经物体表面反射后的波前形状就包含了某一时刻物体的全部信息(通过反射波前上各点波动的振幅和位相的变化反映出来),如相位、强度。但是,若直接将这反射波记录在照相乳剂上是不可能得到包含物体所有信息的图像。因为乳剂只对光的强度 $I(I \propto |a|^2)$ 灵敏,而对波的位相变化完全不灵敏。在全息照相术中,采用干涉度量技术,把位相关系转换为相应的振幅关系,由光强的变化加以表示。具体做法是,使用一束与物体上的反射光波相干的参考光波以一定角度同时照射到照相乳剂表面上(图 10-2(a)),这两列波产生干涉。在乳剂表面上各点的光强由两列光波在该点的位相差所决定。位相完全一致的发生相长干涉,光强最强；相位相反的,发生相消干涉,光强最弱；在既不同相又不反相的地方,所得光强介于上述两种极端情况之间。这样就在乳剂表面上记录到一幅衬度分布不规则的干涉条纹图案,亦称干涉光栅图。

全息照相方法所记录的这种条纹图案与物体的图像没有任何相似之处,但它却包含

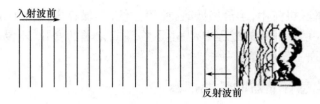

图 10-1 一列平面波遇到一物体时形成的表面反射波

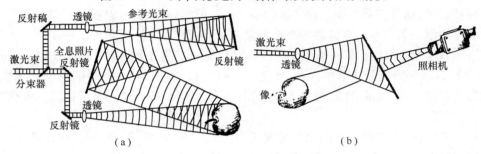

图 10-2 全息照相的记录与再现过程
(a)记录；(b)再现。

了物体的全部图像信息。全息照相就是利用参考光束的强度受到物体反射光波的位相调制，而将物体的信息"冻结"在全息照片中。全息照相法分为信息的记录过程和信息的再现过程。

照明光透过全息图单位面积上的光功率与入射到单位面积上的光功率之比，称为透射率 $T(x,y)$。若不计入射光和透射光的方向因子，则有

$$T(x,y)=\tau_0^2(x,y)=\exp[-2\alpha(x,y)\delta(x,y)] \quad (10-2)$$

式中：$\tau_0(x,y)$ 称为实振幅透射系数；$\alpha(x,y)$ 为全息图的吸收系数；$\delta(x,y)$ 为介质膜的厚度。

振幅全息图的不透明度称为光密度或黑度 D。它等于透射率倒数的对数。

$$D=\log\left(\frac{1}{T}\right)=2\alpha\delta\log e=0.869\alpha\delta \quad (10-3)$$

在记录全息图时，某点光强的反衬度（又称干涉条纹的调制度或清晰度）V 定义为该点附近的极大光强 $I_{极大}$ 和极小光强 $I_{极小}$ 的差值与和值之比。

$$V=\frac{I_{极大}-I_{极小}}{I_{极大}+I_{极小}} \quad (10-4)$$

全息图的衍射有效成像光通量与用来照明全息图的入射光通量之比，称为该全息图的衍射效率 η。记录介质的灵敏度 φ 与 η, V, H_{vo}（平均曝光量）有关系

$$\varphi=\sqrt{\eta}/(VH_{vo}) \quad (10-5)$$

全息图的调制度 $M_H(v)$ 与曝光强度的调制度 $V(v)$ 之比，称为记录介质的调制传递函数(MTF)或 $M(v)$，即 $M(v)=M_H(v)/V(v)$。

由全息照片产生物体的影像，需要经过一个波前再现过程。这个过程就是把"冻结"在全息照片中的物体波形图释放出来，向外传播。这个被释放出来的再现波与物体上的

反射波没有区别。只要用一束激光准直照明全息照片,就能得到两列与原物体上的反射波前十分相似的一级衍射波,即得到了两个原物的再现图像,其中一个是实像,另一个是虚像(图 10-2(b))。

利用全息照相原理存储数字信息的光全息存储器系统如图 10-3 所示。入射光经过光阀列后受二元信息("1"或"0")的调制,成为载有信息的物光。信息读出时,数据被重现在光电探测器列阵上,转换成电信号输出。按照全息图记录方式的分类见表 10-1。

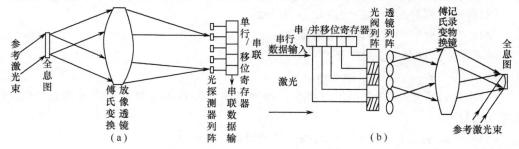

图 10-3 数字信息的光全息存储原理
(a)记录;(b)再现。

表 10-1 全息图的分类

由相干光产生的全息图	二维全息图	吸收型全息图	菲涅耳全息图	透射性全息图	非漫射全息图
					漫射全息图
				反射性全息图	漫射全息图
			傅里叶变换全息图	用透镜的傅里叶变换全息图	
				不用透镜的傅里叶变换全息图	
		位相型全息图			
	三维全息图	靠吸收系数变化制成的全息图		透射型全息图	
				反射型全息图	
		靠折射率变化制成的全息图		透射型全息图	
				反射型全息图	

全息记录与波前再现术有以下特点。

(1)在全息照片上所摄得的不规则的干涉条纹与被摄物体毫无相似之处,若不经过相干光再现,则无法识别照片上所摄物体的形象,保密性强。

(2)通过全息照片再现的物体图像是一幅完整的三维立体图像。

(3)全息照片的每一部分,不管多小,它总能再现被摄物体的整个图像。因为照片上的每一点都受到被摄物体各部分光的作用,所以每一点都存储了整个物体的信息。

(4)对感光材料的同一部分进行多次重复曝光,可使多个全息图重叠在一起被记录下来,再现时,可以改变参考光的方向和波长,分别各自再现。

(5)由于能立体利用感光材料,在较小的空间里可储存巨量的信息。

(6)通过对参考的调制,能实现光学信息的相互转换,并可作为光学信息处理技术中的空间滤波器。

根据全息术原理制成的全息存储器具有存储密度高、容量大、存取时间短、结构简单、操作方便等优点。全息存储器随应用对象不同对存储介质的要求也不一样。

对一次性存储材料的要求如下。

(1)要有高的分辨率,即材料颗粒度要细。因为精细的条纹间距为 λ/α,其中 α 为参考光与物光的夹角;λ 为光波长。一般分辨力要求为 1000 条/cm,现在最好的乳剂底片分辨力可达 3000 条/mm。但是分辨力高的底片记录速度是比较慢的。对全息照相术所用的乳剂粒度典型值为 $0.08\mu m \sim 0.03\mu m$。

(2)存储材料对所用的激光波长必须灵敏。

(3)信息在介质中能长期稳定地保存。

对可逆存储材料的要求如下。

(1)分辨力要高,$\geqslant$1000 条/mm。

(2)再现效率要小,$\geqslant 2\times 10^{-3}$(再现效率=全息图衍射的总有效成像光通量/照明光束总光通量)。

(3)写入能量要低,$\leqslant 4mJ/cm^2$,擦除能量要低,$\leqslant 10mJ/cm^2$。

(4)写擦寿命要长,$>10^8$ 次。

常用的光全息存储材料有卤化银乳胶、重铬酸盐明胶、光折变材料、光致变色材料、热塑材料、光致抗蚀剂等。

10.2.2　卤化银(银盐)乳胶

卤化银乳胶在全息记录中应用最为广泛,因银盐乳胶具有很高的曝光灵敏度和分辨力,有宽广的光谱灵敏度,使用方便,通用性强,适用于记录各种类型的全息图,而且有现成的胶片和干板可供选用,见表 10-2。

表 10-2　卤化银感光材料

型号	基片	厚度/μm	灵敏峰值波长/nm	曝光量/($\mu J/cm^2$)	分辨力/(条/mm)
HP633P	干板	10	633	～300	>4000
Kodak 649F	胶片,干板	6～17	全色	～80	>3000
Kodak 120	干板	5	442,600～700	42	>3000
Kodak S0-173	胶片	6	442,600～700	42	>3000
Kodak 131	干板	9	全色	～2.4	～2500
Kodak S0-253	胶片	9	全色	～2.4	～2500
Kodak 125	干板	7	正色	～5.0	>2500
Kodak S0-141	胶片	<3	正色	～5.0	～2500
Kodak 5069	醋酸片		紫外～633	～0.24	～1260
Agfa 8E70	干板	6	633(全色)	20	3000
Agfa 8E75	干板	6	694(全色)	20	>3000
Agfa 10E75	干板	6	694(全色)	4	～2500
Agfa 8356	醋酸片,干板	6	514(正色)	～40	>3000
Agfa 10E56	醋酸片,干板	6	514(正色)	～6.0	～2500
Agfa 14C70	醋酸片	6	633(全色)	0.3	1500
Agfa 14C75	醋酸片	6	694(全色)	0.3	1500

卤化银胶乳是将颗粒很细的卤化银混合弥散在明胶中,再加一定的敏化剂制成。卤化银胶乳的代表是溴化银,溴化银的红限 $\lambda_r=5000Å$,明胶的吸收带也在波长小于 λ_r 的短波区域,因此纯溴化银乳胶只对短波敏感。为了使卤化银乳胶对其他波段敏感,需要添加染料作为敏化剂,这种染料必须在该波段有吸收带。

图 10-4 为 Kodak 649F 和 Agfa 10E75 干板的光谱灵敏度曲线。649F 光谱干板是全色的,用于可见光范围,能记录彩色全息图,10E75 干板也是全色的,对 694nm 波长灵敏度最高。图 10-5 为用卤化银盐干板拍摄的平面振幅全息图的衍射效率 η 与光密度或黑度 D 的曲线,以及全息图的调制度 $M_H(v)$ 与曝光强度的调制度 $V(v)$ 的曲线。由此可见,最大衍射效率位于 $D=0.6$ 附近。调制传递函数 $M(v)=M_H(v)/V(v)$ 与平均曝光量或平均黑度有关,M_H-V 曲线是在 $D\approx 0.6$ 的情况下测出的。图 10-6 为 649F 光谱干板用 D19 显影剂时的 $\sqrt{\eta}$-V 曲线。由这组曲线可知,$H_{v0}=70\mu J/cm^2$ 时衍射效率最大,几乎对所有 V 值都是线性记录的。

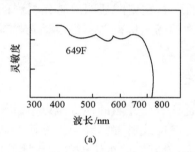
(a)

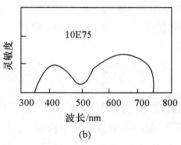
(b)

图 10-4　光谱灵敏度曲线

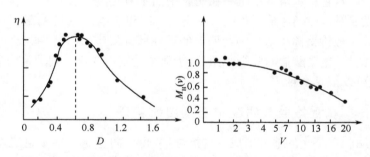

图 10-5　平面振幅全息图的 η-D 和 $M_H(v)$-V 曲线

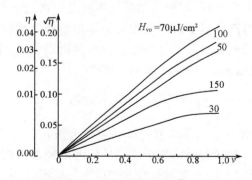

图 10-6　649F 光谱干板的 $\sqrt{\eta}$-V 曲线

用卤化银乳胶摄制的振幅全息图,可通过漂白工艺转换成位相全息图,以提高衍射效率。用不同的漂白工艺可分别得到浮雕型和折射率型位相全息图。前者是在鞣化漂白槽中进行,漂白过程将曝光区域的银原子除去,并将除去银粒周围的明胶鞣化,鞣化的明胶变硬,而且不易溶解,在湿的时候,未曝光区域的明胶含有较多的水分,因而厚于鞣化区域,在干燥过程中,鞣化区域干得快,由此产生的力使未曝光区域的明胶相对于鞣化了的明胶变薄,形成表面浮雕。后者是用氧化剂将金属银氧化为透明的银盐,银盐的折射率与曝光区域的明胶不同,衍射效率的提高与它们的折射率差有关。常用的氧化剂有氯化汞($HgCl_2$)、氯化铁($FeCl_3$)、铁氰化钾[$K_3Fe(CN)_6$]、重铬酸铵[$(NH_4)_2Cr_2O_7$]以及溴化铜($CuBr$)等。实际上,大多数漂白全息图兼有折射率和厚度的变化。

10.2.3 重铬酸盐明胶

重铬酸盐明胶感光材料由在明胶上加入水溶性的 Cr_2O_7 离子作敏化剂构成,是一种重要的全息信息存储材料。当光照射在它上面时,重铬酸盐明胶感光材料的折射率发生变化,根据这种变化就可以记录全息照片。这种感光材料与卤化银感光材料的不同是光照射的部分不变黑。

10.2.3.1 重铬酸盐离子的光敏性

当重铬酸盐明胶受到光照时会变硬,而且比未受光照的地方难以溶解。利用明胶受光照之后形成不同的溶解度,经水洗之后就有厚度或密度的差异。重铬酸盐明胶的光敏性产生于明胶中的铬离子。当用 $(NH_4)_2Cr_2O_7$ 或其它的重铬酸盐渗入明胶时,其中的铬离子为 6 价(Cr^{6+}),它从水溶液中沉积在明胶中而不直接与明胶反应。当 6 价铬离子吸收光子后(被光照射),被还原成低价的离子态(在 3^+ 和 6^+ 之间变化),最后产物都是三价铬离子(Cr_2O_3)。三价铬离子(Cr^{3+})与明胶的极性部分反应,并且使明胶分子发生交联,即产生硬化。此外,重铬酸盐明胶受光照后,折射率也发生变化。利用重铬酸明胶的上述两种光敏性就可以记录全息图。

10.2.3.2 在重铬酸盐明胶中全息图的获得

重铬酸盐明胶在曝光的地方形成一种抗蚀层,可以防止基片在下道工序中发生化学反应,即在未曝光的地方,或是被水洗掉或是透进腐蚀剂后被腐蚀掉。利用这种特性就可以制作浮雕像全息图。制作过程是:把重铬酸盐明胶底片在相干光下曝光,曝光后的底片在水中(或其它溶剂中)冲洗。显影以后明胶层的厚度随曝光量而发生变化,即在表面上形成一幅好像经过精细雕刻的显微条纹图像。在图像再现时,这个明胶层的厚度变化转变为再现光波的相位变化($\Delta\varphi$)。用数学式表示即为

$$\Delta\varphi = \frac{2\pi n}{\lambda}(d_1 - d_2) = \frac{2\pi}{\lambda} n \Delta d$$

式中:n 为明胶折射率;Δd 为明胶层厚度差;λ 为再现光波长。

利用重铬酸盐明胶在曝光时因铬离子还原所引起的明胶折射率的变化这一特性,也能记录全息图。制作过程是:预先对明胶底片进行硬化处理(化学方法),经处理后的明胶在水中溶解,然后将底片在相干光下曝光,曝光后的明胶底片放在水中冲洗,去掉所有未

起反应的 Cr^{6+} 离子以及中间产物。这样,在明胶内部形成一个各处折射率有微小差别的位相型全息图。当进行图像再现时,照明光束通过明胶层时,衍射光波的位相受到调制,实现原物的重现。衍射光波相邻两点的位相差 $\Delta\varphi$ 用数学式表示为

$$\Delta\varphi = \frac{2\pi}{\lambda}d(n_1 - n_2) = \frac{2\pi}{\lambda}d\Delta n \tag{10-6}$$

10.2.3.3 明胶板的制备工艺

重铬酸盐明胶层的制备可采用以下浸入法和刀刮法两种工艺。

浸入法是把玻璃基片插入到保存在一定温度下的重铬酸盐明胶水溶液中,并以 1cm/min～5cm/min 的速率垂直地拉出。拉出后的明胶板在空气中干燥 1h 后于 150℃ 温度下烘烤硬化 2h,这样可以获得厚度为 $1\mu m$～$15\mu m$ 均匀性好的薄层。

刀刮法是将重铬酸盐胶水溶液直接倒在水平放置的玻璃板上,再用刀片将明胶液刮平。刮平后的明胶玻璃板在空气中进行干燥(玻璃板要严格保持水平),最后在 150℃ 下烘烤硬化 1h。

10.2.3.4 重铬酸盐明胶的全息存储性能

在通常条件下全息图可以长期保存;在不加防潮保护层的情况下,已有放置 5 年图像保存完好的记录;可制得较高效率的衍射光栅;适当改变显影工艺,可在明胶中获得足够大的相移量。例如,在 $1.3\mu m$ 厚的明胶中可得到 0.26 的峰值折射率变化。在明胶底片中,能通过多次曝光存储多个全息图。存储容量与明胶层的厚度及所引起的最大相移量有关。重铬酸盐明胶已用来制造全息光栅、全息透镜等全息光学元件,也可利用其高效率、低噪声的优点复制全息图。

10.2.4 光折变材料

1966 年,贝尔实验室的 Ashkin 等人发现,把强绿光或蓝光聚焦在 $LiNbO_3$ 晶体上会引起晶体的折射率变化,这一现象称为"激光损伤"。如果把这种"损伤"晶体加热到 200℃ 以上就能恢复到原始状态。这表明这种损伤的机制不同于在高功率密度光照下发生的不可逆损伤。上述现象被称为"光折变效应"。

光折变材料能吸收外来光而产生介质内电荷的迁移,由此形成一个空间电荷分布和相应的电场,通过电光效应使介质的折射率受到调制。

现有光折变材料主要有以下三类:第一类为某些电光晶体,如 $BaTiO_3$,$KNbO_3$,$LiNbO_3$,$Sr_{1-x}Ba_xNb_2O_6$(SBN),$KTa_{1-x}Nb_xO_3$(KTN)等,这些材料都属于铁电体;第二类为非铁电性氧化物,如 $Bi_{12}(Si,Ge,Ti)O_{20}$(BSO,BGO,BTO)等;第三类属于半导体化合物,如 GaAs,InP,CdTe 等。

现以掺铁的 $LiNbO_3$ 晶体为例来说明全息图的存储机理。这种晶体只含有一种由掺铁造成的感光电子陷阱,存储是由于电子在这些陷阱中进行空间重新分布而实现的。在 $LiNbO_3$:Fe 中,Fe^{2+} 是占有(捕获)电子的陷阱或称施主,它在可见光区域有一条与将陷阱内的电子激发至导带相对应的吸收带,即 $Fe^{2+} \rightarrow Fe^{3+} + e^-$。$Fe^{3+}$ 是空位陷阱或称受主,不吸收光。为便于电子的再分布,材料中必须具有一定浓度的空陷阱。

在未曝光时,施主在整个晶体内是均匀分布的。当晶体在干涉图像下曝光时,陷阱中的电子吸收干涉光后跃入导带,产生相应的自由电子图像。这些电子在扩散场(由自由电子密度梯度形成)、外加电场和光生伏特场(由晶格不对称形成的光生内电场)的作用下发生迁移,在迁移过程中被受主捕获,这些被捕获的电子有可能被再次激发,直至到达不能被再激发的暗光区域。电子离开了的区域产生净正电荷;电子积聚的区域产生净负电荷,这种电荷的空间分布相应地产生一个电场,通过线性电光效应,就感应出空间折射率分布,即调制出一个与入射光的干涉条纹相对应的空间位相光栅(全息图)。在图 10-7 中,$I(x)$为入射相干光干涉条纹的强度分布;$\rho(x)$为电荷密度分布;$E(x)$为静电场分布;$\Delta n(x)$为折射率改变量分布。

把记录的全息图在均匀光束下曝光,就能把捕获的电子均匀地从陷阱中激发出来,然后在整个体积中重新均匀分布,从而把全息图擦除掉。虽然能够制备出擦除时间比记录时间长得多的晶体,但对连续读出的全息图就会最终把全息图全部擦除掉。因此,对于要永久保持和层次读出的全息图,如档案存储全息图就需要定影。

图 10-8(a)表示未经定影的全息图在记录和读出过程中的衍射效率 η 随时间变化 t 的曲线;图(b)用加热法定影的全息图在记录、加热、冷却和读出过程中的 $\eta-t$ 曲线。

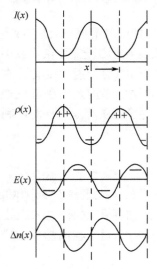

图 10-7 光折变分布

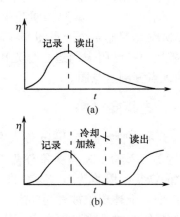

图 10-8 光折变材料全息图的 $\eta-t$ 曲线

在 LiNbO$_3$ 中,全息图定影是通过在记录过程中或记录后以加热晶体来完成的。当温度在 100℃时,LiNbO$_3$ 具有一种能迅速中和全息图的空间电荷图像的离子导电性。在加热定影过程中,被捕获在陷阱中的电子仍处于稳定状态,因此就形成能反映出被记录全息图的离子图像,一旦冷却到室温,离子图像就凝固下来。这时,实际上空间电荷图像被离子图像中和,全息图的衍射效率为零。用均匀光照射或在读出过程中,形成空间电荷图像的电子重新均匀分布,从而显露出由离子图像形成的全息图来,该全息图就能无消除地读出。

定影全息图在室温下很稳定,如果需要擦除,就把它再加热到定影温度,并使它在均匀光下曝光,就可以把全息图擦除掉。把晶体加热到更高温度(200℃),捕获在陷阱中的电子被热致活化,也可以把定影全息图擦除掉。

对于具有低矫顽场(E_c)的铁电材料,可以用加电场的方法来定影和擦除。E_c是铁电材料自发极化反转所需的外加电场的临界值。在记录全息图后施加这样一个电场,就会在介质内产生电畴反转的空间图像,这是一种可以读出而不擦除的离子图像。如对于 SBN(E_c=970V/cm),先加 2kV/cm 的电场以除掉所有的电畴,接着记录作全息图,然后施加一个逆平行于原极化场 1.25kV/cm 的电场,持续 0.5s,使该全息图定影。只有在净电场(外加电场与全息图的空间电荷形成的电场之和)大于 E_c 区域才会发生极化反转,结果产生一个能反映出空间电荷图像的电畴离子图像,经均匀曝光后,空间电荷图像消失,从而暴露出离子图像全息图。可用另一个极化电场来擦除这种全息图,这一极化电场能把与定影全息图有关的所有电畴反转都消除掉。常用的电光晶体材料见表 10-3。用电光晶体作全息存储材料(表 10-3)的特点是:信息的写入是以折射率变化方式,故读出效率可接近 100%,可进行实时记录。信息的记录与擦除方便,而且能反复使用,无损读出。分辨力由晶体中陷阱间距所确定,一般比银盐底片高。存储容量大。信息可分层存储,在几毫米厚的晶体中可存储 10^3 个全息图。各种材料的存储信息保存时间有很大不同,如 KTN 为 10h,SBN 为数周,掺铁 $LiNbO_3$ 为数月,掺铀的 $LiNbO_3$ 为 5 个月。

表 10-3 全息存储用电光晶体材料

材料名称	分子式	简称	掺杂	晶体生长法	备注
铌酸锂	$LiNbO_3$	LN	Fe,U,Rh	提拉法	Fe 使用最多
铌酸锶钡	$Sr_{1-x}Ba_xNb_2O_6$	SBN		提拉法	
钛酸钡	$BaTiO_3$	BT	Fe	助熔剂法	熔剂为氟化钾
铌酸钡钠	$Ba_2NaNb_5O_{15}$	BNN	Fe,Mo	温梯法	
钽酸锂	$LiTaO_3$	LT	Fe	提拉法	
铌酸钾钽	$KTa_{1-x}Nb_xO_3$	KTN		助熔剂法	

10.2.5 光致变色材料

光致变色材料是指在光和加热过程中能够发生可逆的色彩(或光密度)变化。光致变色材料颜色的可逆变化,通常是由于材料中(含微量掺杂物)存在两种不同能量的电子陷阱,它们之间发生光致可逆电荷转移。在热平衡时(光照处理前),捕获的电子先占据能量低的 A 陷阱,吸收光谱为 A 带。当在 A 带内曝光时,电子被激发至导带,并被另一陷阱 B(能量高于 A 陷阱)捕获,材料转换成吸收光谱为 B 带的状态,即被着色了。如果把已着色的材料在 B 带内曝光(或用升高温度的热激发)时,处于 B 陷阱内的电子被激发到导带,最后又被 A 陷阱重新捕获,颜色被消除。

但有些光致变色材料的可逆变化表现为折射率变化或电光效应,而不是色彩变化。光致变色现象在多种有机的或无机的固体、溶液或晶状结构中都会发生。光致变色材料的感光灵敏度非常低,至少比卤化银乳胶低三个数量级。光致变色材料无颗粒性,分辨力仅受光的波长的限制。用适当的波长和足够的激光功率,全息图就能以变黑或漂白这两种方式记录下来。全息图不必用干法或湿法进行显影,因为只需要能量就可在原位记录或擦除。无机光致变色材料具有非常长乃至无限的循环寿命,在光致变色材料上记录的全息图有很宽的动态范围,但衍射效率通常只有百分之几。

由于光致变色材料的颜色在光照下发生可逆变化,所以可产生两种型式的光学存储,即"写入"型与"消除"型。写入型是用适当的紫光或紫外线辐射来"转换"最初处于热稳定或非转换态的材料,消除型是用适当的可见光对预先在转换辐射下均匀曝光而变黑了的材料进行有选择的光学消除。通常记录全息图都采用消除型。当样品材料在干涉型消除光下曝光时,就形成吸收光栅。入射光最弱的地方为最大吸收(消除效果差),入射光最强的地方为最小吸收(消除效果好)。信息读出时,照明光通过吸收光栅,光栅衍射以再现所存储的信息。为消除全息图,只需用光照射晶体使其重新均匀着色,恢复到原来的状态。

光致变色材料用于全息存储的主要特点是:①存储信息可方便地擦除,并能重复进行信息的擦写。②具有体积存储功能。利用参考光束的入射角度选择性,可在一个晶体中存储多个全息图。③可以实现无损读出,只要读出时的温度低于存储时的使用温度。表10-4为应用于全光学记录的光致变色材料。

表 10-4 光致变色材料

材料	厚度/μm	灵敏波段/nm	调制方式	分辨力/(条/mm)	存储时间
无机材料:					
CaF_2:La,Na CaF_2:Ce,Na	100~800 300~900	380~460 480~950	光密度变化 光密度变化	>2000 >2000	几分钟至几天
$SrTiO_3$:Ni,Mo,Al	100~1000	330~390	光密度变化	>1000	几分钟至几天
$CaTiO_3$:Ni,Mo	100~800	480~950	光密度变化	>2000	
$LiNbO_3$:Fe,Mn	5000	紫外~850	光密度变化		几小时
卤化银硼硅酸盐玻璃	100~600	AgCl:320~420 430~630 AgBr:350~550 AgI:紫外~600	光密度变化		几天至几个月
有机材料:					
水杨叉苯胺(O-HOC$_6$H$_4$CH=C$_6$H$_5$NH$_2$)	<20	380,488~514	光密度变化	>3300	几分钟至几小时
芪(C_6H_5CH:CHC$_6H_5$)		紫外~蓝	折射率变化	2000	
甲基蒽($C_{14}H_9$-CH_3)	1000~2000	313,365	折射率变化	2000	几天

10.2.6 热塑材料

10.2.6.1 热塑材料全息存储的原理

热塑形变产生的表面浮雕全息图可用于光全息存储。热塑全息存储是利用静电力所引起的塑性流动形成位相全息图的浮雕图像。热塑全息存储分电子束型热塑记录与感光型热塑记录两类。

一、电子束型热塑记录

如果把一层绝缘热塑材料附着在导电基片上,并置于真空中,基片接地,那么,用扫描电子束就可使热塑材料带电。这种电子束把负电荷附着在热塑材料的表面,又把电性相反的等量正电荷吸引到热塑层与接地基片相接触的那一面上以使热塑材料保持电中性。正负电荷间的吸引力产生一定的静电压力作用在热塑层上,该静电压力的大小与表面电荷密度的平方成比例。如果扫描电子束受记录信号(已转换成电信号)的调制,则热塑料表面的电荷密度分布也受记录信号的调制,在热塑料表面形成一幅静电潜影图。静电力使均匀加热的塑料产生形变,当它被均匀冷却后形变终止,图像就被固定下来。图10-9(a)为热塑记录的基本过程。

二、感光型热塑记录

在感光型热塑记录方法中,采用了掺入某种光敏物质(如感光材料)的热塑材料。光全息存储过程分四步进行,如图10-9(b)所示。

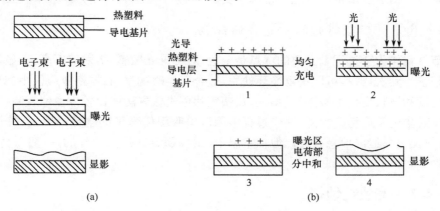

图10-9 热塑全息记录基本过程
(a)电子束型;(b)感光型。

(1)对光电热塑料层均匀充电。

(2)在相干光下曝光。入射光在光电热塑料表面产生光生电荷载流子,这些载流子在内部电场作用下都向电性相反的表面迁移。结果,部分或全部中和了预先均匀充电时储存在那里的电荷。对应于光电热塑层表面电荷密度分布的变化,在光电热塑层内形成了静电压的图像方式的变化,从而产生了可显影的潜影。

(3)均匀加热光电热塑层至熔化——显影。熔化的光电热塑层在静电压力的作用下膜层厚度发生形变。

(4)将膜层快速冷却以使形变固定——定影。全息照片就以膜的厚度变化形式记录下来。

图像再现时,用相干的单色光照射热塑层,得到的衍射光波波前受到热塑层表面光栅的调制,产生原物的再现象。

10.2.6.2 热塑材料及其制备方法

基片一般选用玻璃,有时也用透明塑料。基片不但要求对光波透明,而且光学性能要好。导电涂层的作用有两个方面:①用于通电对热塑材料加热,所以就要求电阻率十分均匀;②用于静电接地。对后者,表面电阻率的不均匀影响可以不计。薄的导电涂层是用蒸发法涂敷在基片上的。其厚度的选择要求既达到连续导电性而又能保持足够的透明度以达到满意的透射光再现。所用的金属包括铝、金、铬-金合金及银。此外,氧化铟、氧化锡、氧化锑等混合物也是满意的涂层。直接用于电阻加热的导电涂层的电阻率一般应在每方格 $10\Omega\sim100\Omega$ 的范围内。若需要均匀显影,必须严格控制电阻率,要求不均匀性保持在 $1\%\sim2\%$ 范围内。

光导热塑料的基质有聚苯乙烯、苯乙烯—辛基—丙烯酸酯的共聚物、苯乙烯—丙烯酸酯聚合物。掺入的光敏剂有 TCNE-嵌二萘和无色孔雀石绿等无机染料,还有铜苯二酸花青和掺铜硫化镉等散射光导体。热塑层涂黏大多采用从溶液的自由表面垂直地拉出的浸沉涂敷。涂层厚度主要由溶液的密度、黏度、表面张力、熔液的蒸气压和从溶液中拉出基片的速度来确定。在实际应用中,是通过选择溶质浓度来调节黏度,从而控制涂层厚度,然后再调节拉出速度以得到理想的精确厚度。

10.2.6.3　热塑材料的全息存储性能

热塑材料作为全息记录介质的优点是全色,对可见光敏感,衍射效率高,干显快,操作不需要暗室。其次,材料可以重复循环使用,适合于实时观察,布拉格效应很小(对再现照明光的角度和波长变化不敏感)。第三,热塑底片用机械方法能比较方便地复制。但热塑存储材料对尘土反应特别敏感,操作过程中因静电吸引使尘土问题更为突出,分辨力低。另外,材料受热易造成信息丢失。但在室温下,图像稳定性是比较好的,一般可持续数年之久。

10.2.7　光致抗蚀剂

10.2.7.1　光致抗蚀剂概况

光致抗蚀剂是一种感光性树脂材料,把这种材料在玻璃衬底涂成几个微米的厚度以制成感光干板,用短波长的光(紫~紫外)对这种干板进行曝光,材料受光照时就能发生光化学反应,使材料的溶解性、熔融性或亲合性发生明显的变化。当把它放入腐蚀液中,没有曝光的部分就被溶液溶解掉(正性光致抗蚀剂),用这样的方法制成的全息照片,由于表面凹凸起伏,可记录波前的位相,而成为位相型全息照片。如果把它作为涂层敷在试样表面上,然后控制光照区域,便可得到所需几何图形的保护层。

光致抗蚀剂有正性与负性两类。正性光致抗蚀剂受光照后在溶剂中的溶解度增大(即变得易溶)。如邻叠氮醌化合物,在光照后发生分解反应,同时在分子结构上经过重排,生成易水解的化合物。负性光致抗蚀剂受光照后在溶剂中的溶解度降低(即变得难溶)。如聚乙烯醇肉桂酸酯,吸收光能后产生光化学反应——树脂分子链之间产生交联,生成不溶性的高分子物质。光致抗蚀剂早已用于印刷工业的制版工艺中,现广泛地用于半导体器件和集成电路的光刻工艺中。

10.2.7.2　对光致抗蚀剂的要求

作为一个合用的光致抗蚀剂必须满足下列条件:
(1)对基片表面必须有良好的粘附能力,能方便地涂敷,形成边缘均匀的薄膜。
(2)具有足够的感光度,要有良好的分辨力。

(3)对所用的腐蚀液有良好的抗蚀性,储存稳定性好。

最早的光致抗蚀剂采用天然的水溶性高分子和重铬酸盐所组成,现在都采用合成高分子化合物。表 10-5 为主要的光致抗蚀剂品种。

表 10-5 主要的光致抗蚀剂

商 品 名	类型	主要化学结构	备注
聚乙烯醇肉桂酸酯	负性	同商品名	中国
053 抗蚀剂	负性	聚乙烯醇肉桂酸酯型	
金属抗蚀剂	负性	改性天然橡胶—双叠氮化合物	
聚酯型抗蚀剂	负性	肉桂叉丙二酸酯型	
701 正性抗蚀剂	正性	邻叠氮醌型化合物	
204 正性抗蚀剂	正性	邻叠氮醌型化合物	
KPR(KPR-2,KPR-3)	负性	聚乙烯醇肉桂酸酯	
KMER	负性	改性聚异戊二烯-双叠氮化合物	美国柯达公司
KTFR	负性	改性聚异戊二烯-双叠氮化合物	
KMNR	负性	改性聚异戊二烯-双叠氮化合物	
KAR-3	正性	邻叠氮醌型化合物	
Az-111	正性	邻叠氮醌型化合物	美国希伯来公司
Az-1350	正性	邻叠氮醌型化合物	
TPR	负性	聚乙烯醇肉桂酸酯	日本应化公司
OSR	负性	聚乙烯醇肉桂酸酯	
OMR-81	负性	改性聚异戊二烯-双叠氮化合物	
FSR	负性		
FUR	负性		日本富士药品公司
FPPR	正性		

10.2.7.3 光致抗蚀剂用于光全息存储

光致抗蚀剂在相干光下曝光并经溶剂显影后形成浮雕全息图。这种全息存储材料同热塑材料一样具有高的衍射效率和分辨力。现在全息应用最广泛的光致抗蚀剂是邻叠氮醌型化合物。

10.2.8 其它全息存储材料

除了上述介绍的各种全息存储材料外,还有一些材料正在进行研究,可望成为新型的光全息存储材料。

10.2.8.1 金属膜

采用蒸发法全息记录原理,在金属薄膜上直接记录全息图。在相干光束曝光的极短暂的时间内,薄膜所吸收的能量要较缓慢地扩散掉。这引起材料从表面区的蒸发,蒸发的量与表面同一区域内所吸收光的总强度成比例,结果就在金属膜表面产生了一个与记录波前空间强度变化相对应的表面浮雕图。这种记录介质,记录过程依赖于热,而不是波长,故可用任何波长的激光来记录。缺点是难以进行多次擦写。

10.2.8.2 非晶态膜

用作光存储材料主要利用其经光照后所发生的下列三种变化:非晶态→晶态;一种晶态→另一种晶态;一种非晶态→另一种非晶态。在发生上述相变后,引起光的透射率和折射率的可逆变化,利用这种变化进行信息存储。典型的非晶态膜系统有:As-Se-Ge 系、Te-As-Ge 系等。

10.2.8.3 磁光薄膜

磁光薄膜的全息存储常用居里点记录法。入射光束使单向磁化的铁磁材料薄膜升高到居里点温度(但低于材料分解温度),材料由铁磁性状态变为顺磁性状态。即通过热磁效应将光强变化为磁状态,实现信息写入。信息读出时,偏振的相干照明光束通过磁光薄膜时,引起偏振面的改变,衍射光束受到调制,而将信息再现。磁光膜材料研究得较多的有 MnBi 膜和 EuO 膜,还有 Gd-Fe、Gd-Co 磁性膜。磁光膜记录材料使用的条件要求比较复杂,再现效率不高,故在全息照相中尚未得到实际应用。

10.3 光盘存储材料

10.3.1 光盘存储技术简介

10.3.1.1 发展概况

光盘是利用激光束在介质表面进行逐点存储信息的新型高密度信息存储器,其原理是利用激光的热能使记录介质发生武力或化学变化而实现信息记录。光盘技术以其高密度、大容量、随机存取、可卸载和不易擦伤等优点取得迅速发展。光盘存储技术的主要优点是:存储密度高。在现有光盘产品中,120mm 只读式光盘已达单面 4.7GB 的容量,130mm 的可写式光盘的容量已达 2.6GB 的双面容量,光盘的信息记录密度只受限于光斑的尺寸、记录介质的物质的晶粒尺寸。能实现信息的实时快速存取,平均存取时间为几十毫秒。信息保存期长。可达 10 年以上,而磁盘存储技术保存的信息一般只能保存2年~3年。非接触式读/写信息方式能有效防止信息读写过程对存储介质的损伤,并能自由地更换光盘,使光盘驱动器便于和计算机联机使用。

光盘从存储功能的进展来讲,可分为如下四代。

(1)只读存储(ROM)。这种光盘只能用来播放已经记录在介质中的信息,不能写入信息。目前市场上的电视录像盘和数字音响属于此类。

(2)一次写入存储(WORM)。又称为 Direct Read After Write,DRAW。这类光盘可以写、读信息,但不能擦除。它可用来随录随放,也可用于文档存储和检索以及图像存储与处理。

(3)可擦重写存储(E-DRAW,这里的 E 表示 Erasable)。这类光盘具有写入、读出、擦除三种功能。但写入信息需要用两次动作才能完成,即先将信息道上的旧有信息擦除,然后再写入新的信息。

(4)直接重写存储(OVERWRITE)。这类光盘可以在写入新信息的同时,旧信息自动被擦除,勿需两次动作。

光盘从记录介质的存储机理来讲,目前主要分为以下两大类。

(1)相变型。用多元半导体元素(或金属元素)制成的记录介质,可利用介质的光致晶态与非晶态之间的可逆相变实现反复的写/擦。用这种介质制成的光盘叫做相变光盘。

(2)磁光型。主要利用科尔效应,用稀土—过渡金属合金制成的记录介质,具有垂直于薄膜表面的易磁化轴,利用光致磁性相变以及附加磁场作用下磁化强度取向的"正"或"负"来区别二进制中的"0"或"1"。这是磁性相变介质,用它制成的光盘叫做磁光光盘。

10.3.1.2 光盘存储系统

图 10-10 是随录随放光盘存储系统原理。激光束通过调制器受输入信号调制,成为载有信息的激光脉冲。经光学系统、偏振分束棱镜和 1/4 波片导入大数值孔径物镜,在光盘介质表面会聚成直径小于 $1\mu m$ 的光斑。激光束与介质相互作用后,在介质表面烧蚀成孔或形成相变,以此记录信息(介质表面激光作用区与未受激光作用区,形成某一物理性质有显著差别的两个状态,常见的为反射率差别,这两个状态被分别规定为"1"和"0"状态)。当物镜沿径向移动,光盘在转台上旋转时,在光盘表面形成螺旋状或同心圆信息轨道。用小功率激光束滞后几微米直接跟随记录光斑扫描信息轨道,即能根据读出光束反射强度的变化经解调后还原所记录的信息。

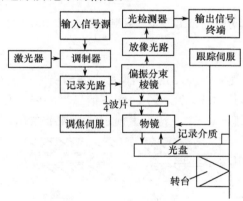

图 10-10 随录随放光盘系统原理

10.3.1.3 光盘结构

光盘的结构形式有多种。在不可擦除光盘中,较为典型的结构有单层膜型、三层膜消反射型和空气夹心饼型三种,它们的结构特点如下。

一、单层膜型

单层膜型采用玻璃或聚氯乙烯基板,表面蒸镀碲合金膜,激光辐射烧蚀薄金属而形成反射率突变的凹坑,实现信息写入(图 10-11)。单层膜型光盘结构简单,制造方便。但记录介质直接暴露在空气中,易受环境影响,如尘埃、擦伤、氧化等,使用性能得不到保证。

二、三层消反射型

美国 RCA 光盘系统中,光盘介质采用三层消反射结构(图 10-12)。在聚氯乙烯基板上蒸镀的三层膜截面设计成消反射结构,几乎能完全吸收入射光。激光辐射烧蚀薄金

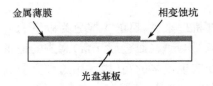

图 10-11 单层膜型光盘结构

属膜使反射层暴露。热阻挡层改善了光—热转换效率,透明保护层使三层膜免受尘埃、擦伤等影响。三层膜光盘灵敏度高,不受环境影响,有好的信号对比度与信噪比,其结构容易修正以适应不同波长的激光而获得相消反射的结果。

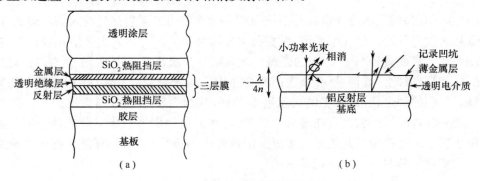

图 10-12 三层膜消反射型光盘结构与光学特性
(a)光盘结构;(b)光学特性。

三、空气"夹心饼"型

荷兰菲利浦公司的空气夹心饼式光盘由两张各自镀有一层灵敏的碲合金薄膜的聚甲基丙烯酸甲酯(PMMA)盘片组成。用两个垫圈在信息带的内外径处隔开,将薄膜密封在"夹心饼"式的结构中(图 10-13)。在薄膜上面用激光加工微孔,写入信息。

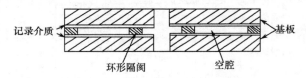

图 10-13 空气"夹心饼"式光盘结构

空气夹心饼式光盘的优点:可防止信息层记录灵敏度的衰变,可容纳任何记录过程中形成的生成物,而且两面均可记录信息。

10.3.2 光盘存储材料的要求

光盘存储材料作为光盘存储系统中的关键部件,应具有下列特性。

(1)高灵敏度、高分辨力。记录功率在数毫瓦量级。高密度光学记录系统要求记录点直径不得大于 $1\mu m$,所以记录材料的分辨力必须大于 1 000 线对/mm。

(2)高信噪比、随录随放功能。必须有足够高的信噪比记录有用信号。记录材料必须具有实时记录特性,而且能够立即对存储好的信息检索,即所谓随录随放功能。

(3)高的抗缺陷性。记录材料上的针孔、尘埃和其它表面沾染物会影响信息记录和读出,记录介质要能防止这种"噪声"源的产生。

(4)寿命长。记录材料应具有永久性的数据记录和读出能力,不受周围环境及连续读出的影响而下降。

10.3.3 不可擦除光盘材料

不可擦除光盘材料都是一些具有低熔点、低热导、高光吸收特点的金属与合金薄膜。信息记录过程是热性质的。记录材料吸收来自激光记录光源的光能后,其温度将上升到熔点或气化点之上(即产生热烧蚀),在记录层上形成与电视信号相对应的凹坑,在记录区解除了消反射条件,在未记录区保留消反射条件。信息读出过程只用小功率激光束,使读出光束的热量产生的温度低于记录温度。这样即使在连续读出的情况下也不会出现性能下降的现象。在不可擦除光盘材料中,以碲(Te)为主要成分的碲系膜最引人注目。碲的熔点为450℃,热导率为 2.4m/(m·K),具有优良的孔型能实现高密度记录。表 10-6 为碲系膜的有关特性。针对低熔点材料化学稳定性差的弱点,除碲系膜外还研究了硫系玻璃,金、铂系贵金属合金的记录介质。表 10-7 为这些材料的有关特性。

表 10-6 碲系膜性质

记录膜层与光盘结构	主要特点	研制单位
Te 空气夹心饼结构	灵敏度 $10^{-9} J/\mu m^2$,寿命大于 10 年,位出错率 10^{-4}	菲利浦
Te 三层膜结构	利用消反射原理,提高光能利用率与信噪比	RCA,IBM,菲利浦
封装的 Te 膜	镀 300Å 厚 SiO_2 保护膜,改善 Te 膜稳定性	IBM
Te-Se/光刻板/基板	孔型圆而清晰,耐湿性好	日立
Te-C/PMMA	灵敏度比 Te 膜高,稳定性好	东芝
Te-Bi/玻璃基板	灵敏度高,$0.2\times10^{-9} J/\mu m^2$,孔圆而清晰,位出错率小于 2×10^{-5},寿命 10 年~20 年	Omex
Te-Bi/聚四氟乙烯/PMMA	Te-Bi 厚 300Å,成孔激光阈值有明确界限	IBM
Te 合金膜	稳定性好,缺陷密度小于 2×10^{-5}	IBM
Te 基加硬碳保护层	膜层硬,不易擦伤,灵敏度 $2\times10^{-9} J/\mu m^2$	Honey well

表 10-7 非碲系记录介质的特性

记录膜层和光盘结构	主要特点	研制单位
Au 或 Pt 合金/聚合物/基板	激光加热使聚合物蒸发,释放气体形成气泡,气泡对读出光散射,使反射信号有较大对比度,信噪比 65dB,化学稳定性好	Thomson-CSF
Au,Pt 合金/聚合物/Al/基板夹心饼结构	气沟型结构与消反射三层膜结构结合,灵敏度高,阈值功率 4mW,稳定性好	3M
Drexon 预刻槽,预格式	含银粒的合成材料,溶剂涂覆制备,灵敏度高,信噪比低,寿命 20 年~100 年	Drexler
染料/聚酯	信噪比高(60dB),寿命大于 10 年	柯达
Au/介质层/反射层预刻槽,预格式	用 Au 膜记录前后透过率变化的物性来记录信息,灵敏度高,稳定性好,寿命大于 10 年	Burroughs
Sb_2Se_3/玻璃或 Sb_2-Se_3/Te/玻璃板	用膜层透过率变化记录信息,灵敏度高,信噪比大	光学涂膜公司
显微针状结构(Si 或 Ge)	对显微针状组织局部熔融形成高反平面,灵敏度高,信号反差 0.8,均匀性差	索尼

(续)

记录膜层和光盘结构	主要特点	研制单位
非晶态氢化半导体(Si 或 Ge)	非晶态氢化硅:低功率下形成气泡区,高功率下烧蚀成孔 非晶态氢化锗:激光作用下呈海绵状多孔区,化学稳定性好	贝尔实验室
非晶态硅/铑/基板	激光加热 Si,Rh 相互作用,形成高反射率贵金属硅化物显微标记,灵敏度低	IBM 实验室

10.3.4 可擦除型光盘材料

可擦除型光盘材料按记录信息的不同机理可分为态变型、相变型和磁光型三种。

10.3.4.1 态变型

这类材料主要是不成化学计量比的氧化物。这种材料制成的薄膜在光辐照(图 10-14)和热作用下光透过率大部分下降(即光或热的黑化现象)。这种现象是由于本征吸收极限变化引起的。其中 TeO_x 的饱和对比度大,对光作用下引起的态变(某一物理性质的变化)灵敏,所以是适用的光盘材料。在激光束作用下,TeO_x 膜不仅透过率 T 发生变化,其折射率 n 和反射率 R 也随之改变,由此实现信息的读出。在 TeO_x 中加入少量 Ge 和 Sn,薄膜的光学性质可随激光辐射条件发生可逆变化,所以可用来制作可擦除型光盘。用蒸发法制得的 $TeO_x(Ge5\%,Sn10\%)$ 薄膜,在记录频率为 5MHz(5×10^6Hz)时获得的载波噪声比为 55dB,可擦次数达 10^6。

某些非晶态半导体,如硫系化合物玻璃,在光辐照下折射率和吸收极限也发生变化。如 $As_{40}Se_{50}Ge_{10}$ 非晶薄膜,用 10mW 声光调制的 He-Ne 激光作用 2ms 后,吸收极限向长波移动,经 200℃ 热处理后吸收极限又向短波移动。适当调整成分和处理条件,利用这种可逆反应便能制成可擦型光盘材料。

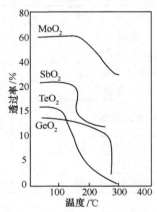

图 10-14 加热时各种氧化物记忆薄膜的透过率变化

10.3.4.2 相变型

相变型光盘材料受激光辐照后产生非晶态↔晶态的可逆相转变。材料发生相变后,许多物理性质如折射率、反射率、电阻率等也随着发生变化。利用这些变化可进行信息的写入与读出。相变型光盘材料主要有硫系半导体薄膜和一些低熔点合金材料。如非晶态 $Te_{81}Ge_{15}Sb_2S_2$ 薄膜,用 He-Cd 激光($0.44\mu m$)或 Ar^+ 激光($0.488\mu m$)辐照,记录功率为 10mW,在 μs 内熔融,冷却后成为多晶状态,以后可用 20mW 激光 μs 脉冲恢复为非晶态(擦除)。非晶态 $Te_{80}Ge_{15}As_5$ 薄膜经激光辐照熔融,冷却后在高 Ge 的非晶相中产生 Te 微晶,反射率由 60% 下降至 40%。

新发展的相变材料有 Se-Te-X-Y,其中 X 为稳定剂,一般取 Ge、Pb、As 等;Y 为敏化剂,可加快擦除速度,一般取 Ga、Sb、Sn、Bi 等。上述薄膜用溅射或蒸发法制备,擦除次数超过 10^6。目前,这类材料在实用上需要解决的主要问题是擦除时间长(约比记录时间长 5 倍以上)。

另外,某些低熔点合金相变材料也被用来进行了光盘试验。如日本研制成一种通过热能使材料的颜色发生可逆变化的金属新材料——"光记录合金"。这种新材料是银-锌、银-铝-铜之类的二元或三元合金,在室温下呈银白色,加热到 300℃ 后骤冷变成粉红色,室温下保持粉红色,再加热到 100℃~300℃ 时便还原成银白色。这种材料的信息记录与擦除状态极为稳定。

10.3.4.3 磁光型

利用线偏振光的偏振状态受磁性记录介质的影响发生改变(科尔效应),可实现信息的记录。图 10-15 为磁光型光盘。磁光记录介质是非晶态的稀土——过渡族元素(Re-Tm)磁性薄膜。它采用高频溅射和真空热蒸发的方法制备,在成膜时或成膜后进行磁化。

Re-Tm 合金可分为两类:铁系和钴系。铁系如 TbFe,DyFe 等,介质的居里温度随成分的变化不大,所以薄膜组分不均匀对薄膜性能的影响较小。铁系合金薄膜的缺点是材料稳定性差,克尔旋转角小。钴系如 GdCo、DyCo 等,采用补偿温度记录。在有两种磁性离子(A 和 B)组成的介质中,A 离子晶格(子晶格)与 B 离子晶格的磁化强度 M_A,M_B 一般是不相等的,且随温度而变。补偿温度 T_{comp} 是指 $M_A=M_B$ 时的特定温度。具有记录灵敏度高、写入温度低、材料稳定性好等特点。但是补偿温度随成分变化大,不易制得均匀薄膜。磁光材料的记录方式有补偿点记录和居里点记录两类。前者以稀土-钴合金为主,如 GdCo,TbCo,GdTbCo 及 GdTb-FeCo 等,目前已经用来制成磁光光盘;后者以稀土-铁合金为主,如 GdFe,GdTbFe 及 TbNiFe 等。

GdCo 薄膜是利用补偿点写入的典型材料。Gd 和 Co 的磁化强度对温度有不同的依赖关系,如图 10-16(a)所示。在补偿点 T_{comp},Gd 和 Co 的磁化强度正好等值反向,净磁化强度为零。图 10-16(b)示出 GdCo 的矫顽力 H_c 随温度的变化,在室温附近 H_c 很大,但在室温以上,H_c 随温度的升高以阶跃函数的规律减小。因此制备时应选择 GdCo 的组分,使 T_{comp} 正好落在室温以下,这样就可以在比室温略高的情况下,如在 70℃~80℃ 之间,使 H_c 降至极小值。补偿点写入正是利用了这一特征。

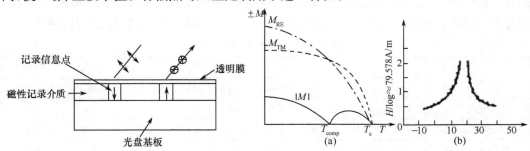

图 10-15 磁光型光盘

图 10-16 CdCo 的磁化强度 M 及矫顽力 H_c 随温度的变化

(1)信息的写入。GdCo 有一垂直于薄膜表面的易磁化轴。在写入信息之前,用强磁场 H0 对介质进行初始磁化,使各磁畴单元具有相同的磁化方向,如图 10-17(a)所示。

写入信息时,磁光读/写头的激光聚焦在介质表面,光照微区因温升而迅速退磁,此时通过磁光头中绕在读/写头物镜外的线圈(为清晰起见,线圈画在薄膜的另一面),施加一反偏磁场使微区反向磁化。写入脉冲很快拆去反偏磁场。介质中无光照的相邻磁畴,磁化强度仍保持原来的方向,从而实现磁化方向的反差记录。

(2)信息的读出。利用 Kerr 效应检测记录单元的磁化方向。若用线偏振光射到向上磁化的介质,则经反射后,偏振面会绕反射线向右旋转一个角度 θ_k,如图 10-17(b)所示;反之,若磁化向下,则向左旋转一个角度 θ_k。θ_k 一般很小,只有 $0.3°\sim0.5°$,称为 Kerr 角。光盘在读取信息时,通过磁光头中的起偏器产生线偏振光,用此光扫描信息轨道,然后通过检偏器检测各单元的磁化方向。

(3)信息的擦除。擦除信息如图 10-17(c)所示,用原来的写入光斑照射信息道,并施加与初始 H_0 方向相同的偏磁场,记录单元的磁化方向又会复原。由于翻转磁畴的磁化方向速率有限,故磁光光盘一般也需要两次动作来写入信息,即第一转,擦除信息道上的信息;第二转,写入新的信息。

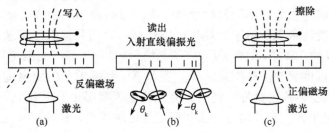

图 10-17 磁光介质的写、读、擦原理

对于稀土(RE)-铁合金磁光介质,须用居里点写入方式,其写、读、擦原理与补偿点记录方式一样。当温度高于 T_c 时,材料的 H_c 很快下降至极小值。因此在记录时,应使光照微区的温度升至 T_c 以上,再用反偏磁场实现反向磁化。常用的材料,如 GdTbFe,$T_c=150℃$;TbFe,$T_c=140℃$。

铁钴系二元非晶态薄膜的克尔旋转角较小($0.3°\sim0.35°$)。所以,现在正探索多元非晶态薄膜,如 GdTbFe 三元介质、$(Gd_{50}Tb_{50})_y(Fe_{65}Co_{35})_{1-y}$ 四元介质、SmGdTbFeCo 五元系介质等。发现 PtMnSb 多晶合金,在 720nm 波长下克尔旋转角达 $1.27°$,在 830nm 时为 $0.77°$,为迄今所获得的具有最大克尔旋转角的介质。表 10-8 为各种磁光型光盘材料的特性。

表 10-8 磁光材料的特性

材料	非晶膜						多晶膜		
	GdCo	GdFe	TbFe	TbFe-Co	GdTb-Fe	GdFe-Bi	Ft-MnSb	Mn-CuBi	Mn-AlGe
记录温度/℃	120	210	140	200	160	145	210	210	245
克尔旋转角/(°)	0.33	0.35	0.3	0.4	0.4	0.41	0.77	0.43	0.1
测定波长/nm	633	633	633	633	830	633	830	830	633

10.3.5 光信息存储材料和技术进展

随着材料科学与技术的发展,光信息存储材料和技术正朝着高效、高密的方向发展,对存储用光源和存储材料提出了新的要求。

选用波长更短的蓝色激光,降低激光波长、提高数值孔径是缩小信息符尺寸,提高信息存储密度的基本方法。DVD 光盘激光波长 650nm,NA 为 0.6,信息符尺寸为 0.4μm,单面单层 DVD 盘片的存储容量为 4.7GB。即将推出的 Blu-ray Disk,将采用 400nm 作为激光波长,数值孔径提高到 0.85。然而通过降低激光波长、提高数值孔径的方法获得容量的提升是有限的。

记录方式的革新,光盘的信息符不是凌乱地分布在光盘上,而是记录在伺服道中。伺服道的形状为阿基米德螺旋线,类似于夏天用的蚊香。"蚊香"表面称为"岸","蚊香"的空隙称为"沟"。所谓岸沟记录方式,就是在"岸"和"沟"上都记录信息;而凹槽方式仅仅在"沟"中记录信息。岸沟记录方式的优势主要是:能够较容易地确保播放专用光盘和追记型光盘之间的兼容性;能够使光读取头简单化,省略了岸沟间的切换等。

采用多阶存储。目前的光存储技术是在一个信息符单元中记录"0"和"1"两种数据状态,即二阶存储,每个信息符单元能够记录 1bit 的数据($2=2^1$);所谓多阶存储就是在一个信息符单元中记录多于两种数据状态。例如,8 阶存储就是在一个信息符单元记录八种数据状态,每个信息符单元可以记录 3bit($8=2^3$)的数据。测试显示,采用八阶存储,信息符长度为 178.5nm 时,每张光盘的存储空量可达 44GB。

实现信息存储设备的小型化。小型化也是光存储设备及其介质发展的一个方向。飞利浦开发的直径仅 3cm 的单面单层微型光盘,其容量达到 1GB。美国 Data Play 公司也研制了小型光驱,外形尺寸为 76.2mm×127mm×12.7mm。其中核心部件光学头的外形尺寸为 4.2mm×3.2mm×1.3mm,重量仅为 32mg。该光驱采用 DVD-R 技术,系统基本参数为:光源波长为 650nm,物镜的数值孔径为 0.6,记录通道间距为 0.74μm,最短记录符长度为 0.44μm,面记录密度为 3Gb/英寸^2。这款光盘的特点是非常轻巧,盘片比硬币略大,存储容量可达 500MB,数据可以保存 100 年,而且非常省电,功率不到 2mW。

习题与思考题

1. 比较全息成像技术和普通光学成像技术的特点。

2. 什么是磁光效应?利用磁性材料的磁光效应实现信息记录原理是什么?常用的利用磁光效应进行信息记录的材料有哪些?

3. 什么是光致变色材料?将光致变色材料用于信息记录的原理是什么?为了提高的信息响应速度,对光致变色材料提出了哪些改进?

4. 什么是热塑材料?将热塑材料用于信息记录的原理是什么?为了提高信息响应速度,对热塑材料提出了哪些改进要求?

5. 光盘信息存储的原理是什么?光盘信息存储技术的发展与分类原则是什么?用于信息技术的光盘存储材料的基本要求?

6. 相变型光盘记录材料和磁光型光盘记录材料各有什么特点?

第 11 章 光显示材料

11.1 光显示技术发展概况

11.1.1 显示技术的发展与分类

信息显示技术,就是把电子信号转换为可见光信号的技术。早一百多年前德国布朗就发明了阴极射线管(CRT),开始了光电显示时代。随着发光材料、器件设计及制造技术的不断改进,CRT一直占有显示领域的主导地位。但由于CRT是电真空器件,具有体积大、工作电压高、辐射X射线等缺点,难以向轻便化、高亮度化、大面积化、节能化方向发展。这就促进了各种新型显示技术的发展,如液晶显示(LCD)技术、等离子体显示(PDP)技术、场致发射显示(FED)、有机电致发光显示(OLED)、数字光处理(DLP)技术、数字打印全息图(DPH)、视频全息(holovideo)、全息屏(holoscreen)、液晶硅(LCOS)等,其中LCD、PDP、OLED已经进入市场,其产能和产值正以每年30%以上的速率增加。

光电显示大体可以分为投影式、直视式和虚拟式,如图11-1所示。目前投影显示中CRT和LCD投影是主流。投影显示可分为前投影和背投影。前投影占据空间大,投影屏幕很大;背投影占据空间小,60英寸以下屏幕多采用背投影,因为CRT亮度有限,投影

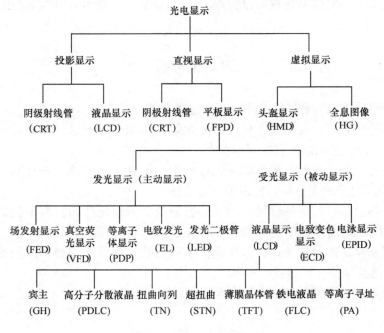

图 11-1 光电显示的分类

屏幕不能太大,LCD投影则克服了CRT投影的不足。虚拟式显示中头盔显示采用在单晶硅上集成的TFT-AM-LCD微型显示光学放大,全息显示是三维显示,直视式显示分为CRT显示和FPD显示。FPD显示又可分为发光式和受光式。发光式显示美观、视角大、暗处显示效果更好,但对视觉有刺激,不适于长时间观看显示屏。受光式显示为被动显示,主要代表是液晶显示,其功耗低、亮处显示清楚、对肉眼无刺激;但存在视角小、暗处要求照明等问题。目前现代光电显示技术正向着大屏幕、便携式、低功耗方向发展,21世纪显示器件将主要是壁挂式大屏幕、台式高分辨、高亮度多媒体化何纸张式轻便多媒体显示器。为此,需要在光电显示机理、光电显示材料、显示器件结构设计、器件制作工艺技术等方面有新的突破和新的发展。本章主要介绍CRT、LCD、PDP、EL、FED等显示材料。

11.1.2 光显示材料特性

光显示材料,是把电信号转换成可见光信号的材料。从广义看,光显示材料中也包括其他材料,如显示支撑材料(玻璃基板等)、透明电极材料、偏转膜材料等。光显示材料分为发光材料和受光材料。物质发光过程有激励、能量传输、发光三个过程。激励方式主要有电子束激发、光激发、电场激发等。电子束激发材料有阴极射线发光材料、真空荧光材料、场发射显示材料等;光激发材料有等离子体显示材料、荧光灯材料等;电场激发材料有电致发光材料、发光二极管材料。无论采用什么方式激发,发光显示材料均要辐射可见光。因此,发光材料禁带宽度E_g应满足$E_g \geqslant h\nu$可见光的条件,同时也要考虑发光材料的发光特性、性能稳定性、易制备性及成本等问题。

受光材料是利用电场作用下材料光学性能的变化实现显示的,如改变入射光的偏振状态、选择性光吸收、改变光散射态、产生光干涉等。材料电光特性变化的陡度、响应速度、电压、功耗等参数直接影响显示器性能。液晶分子具有各向异性的物理性能和分子之间作用力微弱的特点。因此,在低电压和微小功率推动下发生分子取向改变,并引起液晶光学性能的很大变化。液晶的这些特性可应用到显示技术中去。

11.1.3 显示器件特性参数

评价显示器件要综合考虑视感特性、电学特性及物理特性等,同时还应考虑制备的难易程度、成本、稳定性、寿命等。但关键参数主要是亮度、色彩、对比度、发光效率、分辨力、视角、响应时间及功耗等。

11.1.3.1 亮度

亮度指显示器件的发光强度,是指垂直于光束传播方向单位面积上的发光强度,单位为cd/m^2。发光式显示器件和受光式液晶显示器件(采用背照明透射式显示)均采用亮度参数。视感度大的绿光显示器件的亮度高,如CRT的亮度可达$500cd/m^2$,而PDP的亮度为$70cd/m^2 \sim 220cd/m^2$。受光式、反射式显示器件以反射光的强度表示亮度。

11.1.3.2 色彩

色彩是红、绿、蓝三基色混合得到的。这三种基色在CIE(国际照明委员会)色坐标图中构成一个三角形,如图11-2所示。红、绿、蓝三点越接近曲线边缘,颜色越纯,即颜色越正，色饱和度越好。以红光、绿光、蓝光三基色加法混色能够得到CIE色度图舌形曲线上的任意颜色。显示颜色可以分为黑白、单色、多色、全色。显示颜色是衡量显示器件性能优劣的重要参数。发光显示CRT、LCD及PDP已可显示几百万种颜色，达到全色显示要求。液晶显示色彩依靠背照明冷阴极灯白光和三基色滤光膜相匹配也可实现全色显示。

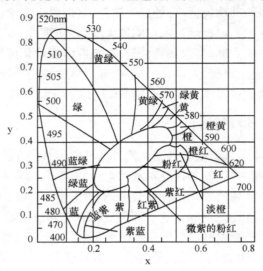

图11－2　CIE-xy色度图

11.1.3.3　对比度

对比度表示显示部分的亮度和非显示部分的亮度之比。在室内照明条件下对比度达5以上即可能基本上满足显示要求。一般主动显示器的对比度大于30，被动式显示器的对比度约为10～30。如CRT的对比度可以高达100，而ECD的对比度仅为15左右。液晶有源矩阵显示中每个像元与开关元件相结合，对比度可达到100以上。

11.1.3.4　发光效率

发光效率是指显示器件辐射出的单位能量（W）所发出的光通量，单位为lm/W。一般发光式显示器件的发光效率为0.1lm/W～1.5lm/W，其中真空荧光显示发光效率高达1lm/W～10 lm/W。发光效率是衡量发光材料性能非常重要的参数。

11.1.3.5　分辨力

显示器件分辨力有双重含义，即像元密度和器件包含的像元总数。前者为单位长度或单位面积内像元电极数或像元数量；后者为显示器件含有像元电极数量或像元数量。CRT分辨力达到100ppi～110ppi（像元数/英寸）时，因受电子束聚焦有限性和发光粉颗粒及发光效率等因素的影响，CRT的分辨力再提高有困难。LCD分辨力已达到300ppi，还有潜力可望进一步提高。

11.1.3.6　视角

在受光式被动显示中，观察角度不同，对比度不同，在液晶显示中视角问题特别突出。

由于液晶分子具有光学各向异性,液晶分子长轴和短轴方向光吸收不同,因而引起对比度不同,但 LCD 采用 MVA(多畴垂直排列)、IPS(共面转换)、ASM(轴对称多畴模式)、光学补偿膜等各种手段,视角特性能达到应用要求。在发光式主动显示中几乎不存在视角问题,因为像元就是光辐射源,光空间分布是均匀的,视角大又均匀。

11.1.3.7 响应时间与余辉时间

响应时间表示从施加电压到显示图像所需要的时间,又称为上升时间。而当切断电压后到图像消失所需要的时间称为余辉时间,又称下降时间。发光器件和铁电液晶响应时间一般为微秒量级;TN 液晶响应时间为毫秒量级。视频图像显示要求响应时间和余辉时间加起来小于 50ms 才能满足帧频的要求。

11.1.3.8 工作电压和功耗

显示器件所施加的电压为工作电压,由于显示器件的驱动电路采用集成电路,因此要求工作电压低、功耗少,并容易与集成电路相匹配。液晶显示工作电压低于 10V,功耗为 $1\mu W/cm^2 \sim 10\mu W/cm^2$,最适合与 CMOS 集成电路相匹配,并可用钮扣电池作为电源,广泛用于便携式显示器。

11.2 CRT 发光材料

11.2.1 CRT 荧光粉

CRT 是利用高能电子束激励荧光粉发光的电子显示器件。CRT 所用的发光材料具有发光效率高和发射光谱宽等特点。这些光谱包括可见光区、紫外区和红外区。余辉特性有 $10^{-7}s \sim 10^{-8}s$ 的超短余辉和长到几秒以至更长的极长余辉。它可以在几千伏到几万伏的高压下被电子束轰击发光,也可以在几十伏的低电压被电子束轰击发光。目前,CRT 用荧光粉有上百种,典型的 CRT 用荧光粉有黑白显示用的 ZnS:Ag(Zn,Cd),彩色显示用的 ZnS:Ag(蓝色),ZnS:Au(Cu,Al)(绿色),Y_2O_3:Eu(红色)等。

11.2.2 CRT 发光材料特性

11.2.2.1 发光效率

阴极射线发光的能量效率 η 为整个发光过程各阶段过程效率的乘积,即

$$\eta = (1-\gamma)(h\nu/E) \cdot S \cdot Q \tag{11-1}$$

式中:γ 是背散射因子;$h\nu$ 是发射光子的平均能量;E 是形成电子—空穴对的平均能量;S 是由热电子—空穴对到发光中心的能量转换的量子效率;Q 是发光中心内部辐射跃迁的量子效率。

设定 $S \cdot Q = 1$。若 γ 和 E 已知,就可得 η 的值。E 值与材料禁带宽度有关,一般取禁带宽度 E_g 的 2 倍~3 倍。γ 主要取决于组成发光粉元素的原子量和材料结晶状态。对粉末材料,粉末颗粒边界多次散射,使 γ 值减小。因此,γ 值与颗粒几何因子有关。尤其对高分辨力显示,发光粉颗粒尺寸要小于 $5\mu m$。分辨力和发光效率之间的要求是相矛

的,需要提高纯度、保持微晶完整性以及改进发光粉表面形貌等。

11.2.2.2 发光粉表面电荷负载

当激发电压降至"死电压"以下,发光消失。"死电压"一般为1kV~2kV。在低电压下发光效率降低,主要原因是表面形成非发光层(也称"死层")和产生空间电荷。当FED器件中占空比为1/240、电流密度为500mA/cm²时,发光层库仑剂量比CRT大三个数量级。因而,FED发光粉的发光效率更为突出。由于加速电压低、电子穿透能力低,只有发光层浅表面被激发,增加电流密度,结果发光容易饱和。当前,"线性"最好的$Y_2O_3:Eu^{3+}$在电流密度由10mA/cm²增至100mA/cm²时,发光效率降低60%。同时材料寿命也是不可忽视的。在高电流密度激发下,发光层表面容易变粗糙,形成无辐射中心,降低发光效率。

11.2.3 原料性质

由于有害杂质的含量极小,都会使CRT发光材料的性能有明显变化。因此,CRT发光材料所用原材料要求有较高的纯度,如Fe、Co、Ni、Mn的含量不得超过1×10^{-7},Cu的含量不得超过5×10^{-8}。

按作用的性质不同,可以把杂质分为激活剂、敏化剂、猝灭剂和惰性杂质。猝灭剂是损害发光性能、使发光亮度降低的杂质,Fe、Co、Ni等就是典型代表。激活剂是对某种特定的化合物起激活作用,使原来不发光或发光很微弱的材料发光。它是发光中心的主要组成部分,如硫化物荧光粉的激活剂元素是Cu、Ag、Mn等;稀土荧光粉的激活剂有Ce、Pr、Nd、Sm、Eu、Tb、Dy、Ho、Er、Tm等。一种发光材料可以同时含两种激活剂。共激活剂是与激活剂协同激活基质的杂质,如ZnS:Cu、Cl和ZnS:Cu、Al中的Cl^-、Al^{3+}就是Cu的共激活剂。当Cu^+替换ZnS中的Zn^{2+}时,Cl^-和Al^{3+}都起电荷补偿作用,使Cu容易进入基质。敏化剂是某种有助于激活剂引起的发光的杂质,使发光亮度增加。敏化剂与共激活剂的作用效果一样,但两者的作用原理不一样。如上转换材料YF_3:Yb、Er中Yb是敏化剂,Er是激活剂,通过Yb^{3+}吸收激发能,把能量传给Er^{3+}发光。惰性杂质是指对发光性能影响较小、对发光亮度和颜色不起直接作用的杂质,如碱金属、碱土金属、硅酸盐、硫酸盐和卤素等。同时在保证色坐标的前提下,每一单色荧光粉的发光效率要高。当激发红、绿、蓝三基色发光粉的三束电流比在显示白场时,要接近1:1:1。典型的CRT发光粉特性如表11-1所列。

表11-1 典型CRT发光粉特性

组分	发光色	主波长/nm	流明效率/(lm/W)	余辉时间*	用途
ZnS:Ag	蓝	450	21	S	彩色CRT
ZnS:Cu,Al	黄绿	530	17,23	S	彩色CRT
$Y_2O_2S:Eu^{3+}$	红	626	13	M	彩色CRT
ZnS:Ag	白	450	—	S	黑白CRT
(Zn,Cd)S:Cu,Al		560			示波管,雷达
$Zn_2SiO_4:Mn^{2+}$	绿	525	8	M	投影管
$Y_3(Al,Ga)_5O_{12}:Tb^{3+}$	黄绿	544	—	M	投影管
$Y_2O_3:Eu^{3+}$	红	626	8.7	M	投影管

(续)

组分	发光色	主波长/nm	流明效率/(lm/W)	余辉时间*	用途
$Zn_2SiO_4:Mn^{2+}$ As	绿	525	—	L	微机 CRT
$\gamma\text{-}Zn_3(PO_4)_2:Mn^{2+}$	红	636	6.7	L	微机 CRT

* 发光强度最大值降至10%的时间(S:1μs~1ms,M:1ms~30ms,L:30ms~1s)

11.2.4 CRT发光材料的制备

CRT发光材料的制备工艺可分为原料的制备、提纯、配料、灼烧、包膜处理等几个步骤。现以 $Y_2O_3:Eu$ 作为代表介绍制备工艺。首先,按分子式$(Y_{0.96}Eu_{0.04})_2O_3$配好料,与适量的助熔剂(如 NH_4Cl、Li_2SiO_3 等)混磨均匀,装入石英坩埚或氧化铝锅中,在1340℃下灼烧1h~2h,高温出炉,冷至室温,在253.7nm紫外光激发下选粉,用去离子水洗至中性,然后进行包膜处理。因为用 $Y_2O_3:Eu$ 涂屏时,要与聚乙烯醇和重铬酸铵涂覆液混合。若不包膜处理,$Y_2O_3:Eu$ 将被水解而发生化学变化。

包膜处理方法是:将粉放入硅酸钾和硫酸铝溶液中,混合搅拌几分钟后,静置澄清,倒去沉淀,水洗2次~3次,再加 GeO_2 的饱和溶液充分搅拌(不水洗)。$K_2O \cdot xSiO_2$ 中 $x=$ 1.5左右。反应式为 $K_2SiO_3 + Al_2(SO_4)_3 \rightarrow Al_2(SiO_3)_3 \downarrow$。$Al_2(SiO_3)_3$ 沉淀在 $Y_2O_3:Eu$ 颗粒表面上,GeO_2 的作用是防止 $Y_2O_3:Eu$ 在感光胶中水解。

近年出现的纳米材料可望解决CRT发光粉颗粒尺寸和发光粉表面层物辐射中心的问题。如粒径在1nm~10nm的 ZnS:Mn 纳米材料即可满足高清晰电视(HDTV)的高分辨力显示的要求。

11.3 等离子体显示材料

PDP是光致发光(PL)型显示器件,其发光原理与荧光灯相似,但充的气体为Xe(荧光灯为Ne);发光面积按像素计算很小,约为 $0.01mm^2 \sim 1mm^2$;放电电极间隔为100μm~300μm;三基色光是空间分离的,并以相加混色法表现彩色。PDP可以制备薄而大的显示器,视场角较广、颜色再现性较好,但PDP放电产生的紫外线的发光效率较低,功耗较大,还需进一步改进。

11.3.1 气体材料

PDP气体材料有 He、Ne、Ar、Kr、Xe 以及 Hg 蒸气等。AC-PDP用Ne气,DC-PDP用 Ne、Ar、Hg 混合气体。彩色PDP用 He:Xe(2%)或 Ar:Hg 混合混合气体。前者 Xe 辐射147nm紫外光,后者 Hg 辐射253.7nm紫外光。这种紫外光激发红、绿、蓝三基色荧光粉。Ne气体放电辐射橙色光,因此其显示是单色的。在单色PDP中掺入Ar气或Hg,可降低工作电压。Ne:Ar是混合气放电电压降低,其气体放电工作原理如图11-3所示。Ne原子亚稳激发能级略高于Ar离化能。所以,气体放电时,Ar原子容易电离。电离反应式为

$$Ne + e^- \rightarrow Ne^* + e^-$$

$$Ne^* + Ar \rightarrow Ne + Ar^+ + e^-$$

式中：Ne^* 表示亚稳激发态；e^- 表示电子。这种混合气体称为 Penning 气体。

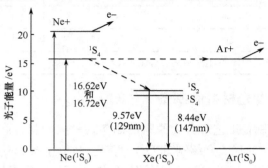

图 11-3 惰性气体能级

11.3.2 三基色荧光粉

表 11-2 为三基色氧化物荧光粉的组成、色彩和相对亮度。PDP 使用的荧光粉应满足：在真空紫外区高效发光；在同一放电电流时，通过三基色荧光粉发光混合获得白色光；三基色荧光粉色彩度鲜明；在真空紫外光和离子轰击下稳定性好；涂粉和热处理工艺具有稳定性；余辉时间短等。

表 11-2 PDP 三基色荧光粉

发光材料	发光颜色	相对亮度/%	发光材料	发光颜色	相对亮度/%
$BaMgAl_{14}O_{23}:Eu^{2+}$	蓝色	23	$Y_2SiO_5:Tb^{3+}$	绿色	81
$(Ca,Sr,Ba)_{10}(PO_4)_6Cl_2:Eu^{2+}$	蓝色	18	$LaPO_4:Ce^{3+}、Tb^{3+}$	绿色	78
$Y_2SiO_5:Ce^{3+}$	蓝色	19	$(Y、Gd)BO_3:Eu^{3+}$	红色	35
$Zn_2SiO_4:Mn^{2+}$	绿色	100	$Y_2O_3:Eu^{3+}$	红色	32
$BaO·6Al_2O_3:Mn^{2+}$	绿色	83	$YVO_4:Eu^{3+}$	红色	22

通常，彩色 PDP 用 Ne：Xe 混合气体，激发波长为 147nm。PDP 三基色荧光粉宜采用抗紫外的高效氧化物荧光材料。绿色发光的 $Zn_2SiO_4:Mn^{2+}$ 发光光谱、发光效率良好，但余辉长，约 20ms，有拖影，不适合于视频动态显示。Mn^{2+} 激发态寿命长，但紫外光激发强度增强时，Mn^{2+} 基态浓度明显减小，容易出现发光强度饱和。电视显示要求余辉短的荧光粉，如红色用 $Y_2O_3:Eu^{3+}$，绿色用 $BaAl_{12}O_{19}:Mn^{2+}$，蓝色用 $BaMgAl_{14}O_{23}:Eu^{2+}$。今后需要研究高能光子转换材料，即能转换两个或更多个低能光子的荧光材料，掺镁氟化物材料在高能光子激发下能产生多个低能光子。PDP 荧光粉烧结制作工艺与 CRT 荧光粉的制作工艺相似。

11.3.3 基板材料

PDP 是由两块玻璃基板夹着惰性气体和三基色荧光粉构成的。PDP 屏幕尺寸大，制造过程中玻璃基板要经过一系列的厚膜印刷和高温烧结，因此对玻璃基板要求高。通常烧结温度在 450℃～600℃ 之间，封接温度为 380℃～400℃，排气最高温度为 350℃。这样，烧结温度高于玻璃应变点，导致玻璃基板产生弯曲、不规则形变和热收缩。例如，对角线为1m的彩色PDP中,玻璃基板百万分之二十的热形变就会产生至少一个像元的完全错位。表11-3和表11-4分别列出日本旭硝子公司PD200和美国康宁公司CS25玻璃板特性。表11-3数据表明,PD200玻璃在热膨胀系数、应变点、退火点、软化点方面均优于钠钙玻璃。另外,PD200中碱金属含量低、电绝缘性好,但密度稍大,因而使显示器件的质量增加。由表11-4可见,CS25应变点高,改善了热性能并具有足够大的杨氏弱性模量,使3mm厚玻璃板满足工艺过程的机械强度要求。

表11-3 PD200和钠钙玻璃性能比较

性能参数	PD200	钠钙玻璃
热膨胀系数/(1/K)	83×10^{-7}	85×10^{-7}
应变点/℃	570	511
退火点/℃	620	554
软化点/℃	830	735
密度/(g/m³)	2.77	2.49

表11-4 CS25和标准碱性玻璃特性

特性参数	CD25	标准碱性玻璃
应变点/℃	610	506
退火点/℃	654	545
软化点/℃	848	726
热膨胀系数/(10^{-7}/K)	84	85
杨氏弹性模量/(9.8×10³Pa)	8.28	7.04
密度/(g/cm³)	2.88	2.49
体电阻对数值/(Ω·cm)	10.5	6.65

11.4 液晶显示材料

早在1888年,奥地利植物学家Reinitzer便发现了热致液晶,但那时未能获得任何应用。液晶是介于晶体和液体之间的中间态。液晶具有晶体的各向异性和液体的流动性,又称为流动晶体或液态晶体。液晶分子之间作用力是微弱的,要改变液晶分子取向排列所需外力很小。例如,在几伏电压和每平方厘米几微安电流密度下就可以改变向列液晶分子取向。因此,液晶显示具有低电压、微功耗特点。另一方面,液晶分子结构决定了液晶具有较强的各向异性的物理性能,稍微改变液晶分子取向,就明显地改变了液晶的光学和电学性能。上述特性使液晶得到广泛应用。20世纪70年代初,Helfrich和Schadt利用扭曲向列相液晶的电光效应和集成电路相结合,将其制成显示元件,实现了液晶材料的产业化。据国际显示产业研究机构(Display Search)公布的数据,2003年全球显示器销售额已超过580亿美元,预计2006年将达到860亿美元,液晶显示器将占有60%~75%的市场。

液晶显示器件(LCD)具有功率小,工作电压低,可与CMOS电路这节匹配,色调柔和,无软X射线以及易实现规模化生产等特点,近年来获得了高速发展。以LCD制备的电视机、便携式计算机,各种微型和大面积显示器件已经进入市场,并正在以每年20%以上的速率飞速发展。每一种新的LCD的发展都伴随着新的液晶材料的出现。

11.4.1 液晶分子结构和分类

根据分子几何形状,液晶可分为棒状分子、板状分子和碗状分子。液晶显示主要用棒状分子液晶;板状分子液晶应用于液晶显示器的光学补偿膜;碗状分子液晶尚未应用。

11.4.1.1 棒状液晶

棒状液晶分子是由中心部和末端基团组成的。中心部是由刚性中心桥键连接苯环、联苯环、环己烷、嘧啶环等组成。中心桥键是双键、酯基、甲亚胺基、偶氮基、氧化偶氮基等功能团。这些功能团和苯环类组成π电子共轭体系,形成整个分子链不易弯曲的刚性体。末端基团有烷基、烷氧基、酯基、羧基、氰基、硝基、胺基等,末端基直链长度和极性基团的极性使液晶分子具有一定的几何形状和极性。中心部和末端基不同组合形成不同液晶相和不同物理特性。已经发现的液晶有1万多种。当棒状分子几何长度(L)和宽度(d)比$L/d>4$时,才具有液晶相。

11.4.1.2 液晶相

液晶分子结构和分子之间相互作用不同,液晶分子依据取向排列不同分为三大类:向列相、近晶相和胆甾相。

一、向列相

如图11-4(a)所示,在长轴方向上,液晶分子之间平行排列,但分子重心随机分布。如图11-4所示,取δV小区域,对微观液晶分子尺寸来看,δV区足够大,其区域内液晶分子平均取向表示为指向矢n,液晶分子有序度S表示为

$$S = 1/2(3\langle\cos^2\theta_i\rangle - 1)$$

式中:$3\langle\cos^2\theta_i\rangle$为$\delta V$内$\cos^2\theta_i$的平均值;$\theta_i$为指向矢$n$和某一液晶分子长轴之间夹角。当液晶分子长轴与$n$完全平行,即$\theta_i=0$时,亦即$S=1$。当液晶分子无取向,随机分布时,$\langle\cos^2\theta_i\rangle=1/3$,$S=0$。一般向列相$S=0.5\sim0.6$。

二、胆甾相

图11-4(b)所示为胆甾相液晶分子排列,每分子层内液晶分子排列与向列相一致,每层之间指向矢n有错位,成螺旋结构,分子层法线为螺旋轴,螺距P表示指向矢旋360°所经过的距离。胆甾相可看作向列相液晶分子有规则旋转排列的特例,也可以认为是液晶分子倾斜90°的近晶液晶C^*相。胆甾相液晶多数是板状液晶。

三、近晶相

图11-4(c)为一种近晶相。其基本特征是液晶分子层状排列,液晶分子长轴与层面

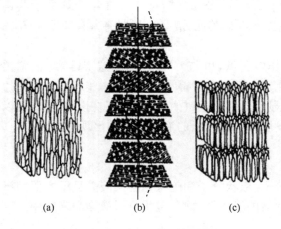

图11-4 液晶相和分子排列
(a)向列相液晶;(b)胆甾相液晶;(c)近晶相液晶。

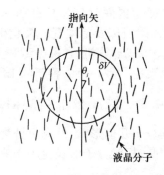

图11-5 液晶指向矢和有序参数

垂直或倾斜,或层内规则排列或无规则排列,分成十几个相,这些相的特性归纳在表11-5中。例如,SmA分子长轴垂直于层面,层内无序;SmB分子长轴垂直于层面,层内有序,同时层之间有相关性的SmL和SmE。SmC分子长轴倾斜于层面,层内无序;层内有序的分别为SmI和SmF,还有与相邻层有相关性的SmJ、SmG、SmK、SmH。含有手性基液晶分子不仅分子长轴倾斜于层面,而且层之间倾斜方向旋转形成螺旋结构,表示成SmC*。

表 11-5 近晶相分类

层面与液晶分子长轴	层内二维无序	六方晶系二维有序			分子长轴倾斜方向
		二维晶体	三维有序		
			小	大	
垂直	SmA	SmB	SmL	SmE	—
倾斜	SmC	SmI	SmJ	SmK	对角线方向
		SmF	SmG	SmH	边方向

11.4.2 液晶材料特性

光显示技术对液晶材料物理参量的主要要求如下。

11.4.2.1 介电各向异性

液晶材料的介电各向异性是指平行和垂直于分子轴的介电常数之差:$\Delta\varepsilon=\varepsilon_{/\!/}-\varepsilon_{\perp}$。$\Delta\varepsilon$ 是液晶材料最主要的物理参量之一,决定着液晶分子在电场中的行为,如阈值电压、响应速度、多路驱动能力以及显示效应等。

11.4.2.2 光学各向异性

光在液晶中传播时,非常光(e光)的折射率与寻常光(o光)的折射率之差为光学各向异性,即 $\Delta n=n_e-n_o=n_{/\!/}-n_{\perp}$。若 $\Delta n>0$,表示光在液晶中的传播速度是 $U_e<U_o$,即寻常光的传播速度比非寻常光快,称为正光性液晶,反之 $\Delta n<$ 即 $U_e>U_o$,为负光性液晶。Δn 会影响液晶显示器件的视角、对比度、响应速度等。

11.4.2.3 黏度

液晶材料的黏度 η 强烈影响着 LCD 的电光响应速度。随温度降低,黏度增加很快,这就是液晶显示在低温下不能正常工作的主要原因,也是液晶显示最主要的缺点。液晶的年度具有各向异性,向列液晶的黏度在指向矢方向上较小,而近晶液晶的黏度在分子层平行方向较小。

11.4.2.4 阈值电压

加电压后使液晶显示器件的透光率达到10%时所需的电压称为阈值电压。在一般的笔划显示中希望 V_{10} 要低,以便可使用一个电池(1.5V)即可驱动,但在字符、图像显示的多路驱动中却希望要有较高的 V_{10},以便得到陡峭的电光曲线,可消除或减少交叉窜扰。陡度 P 与电压 V 的关系为:$P=\dfrac{V_{90}-V_{10}}{V_{10}}=\dfrac{\Delta V}{V_{10}}$,同时希望 V_{10} 随温度的变化率 $\dfrac{\mathrm{d}V_{10}}{\mathrm{d}t}$ 要小。

11.4.2.5 弹性常数比

k_{33}为液晶材料的弯曲弹性常数,k_{11}是展曲弹性常数。弹性常数比k_{33}/k_{11}的大小与液晶电光曲线的陡度有关。比值愈小,电光曲线就愈陡峭,扫描线数就愈多。

另外,还有相变温度、阈值电压、工作温度、阈值陡度、视角、对比度等指标。单体液晶难以满足全部要求,现多采用组合式液晶系统以满足LCD的应用要求。

11.4.3 各种液晶显示方式

液晶显示的类型与液晶的电气光学效应有密切关系。主要有相变型(PC)、动态散射型(DS)、宾主型(GH)、扭曲向列型(TN)、双折射电场控制型(ECB)、铁电型(FLC)、反铁电型(AFLC)、高分子分散型(PD)、超双折射型/超扭曲向列型(SBE/STN)以及薄膜晶体管—有源矩阵型(TFT-AM)等。其中 TN-LCD、STN-LCD、TFT-LCD、FLC-LCD 发展最为迅速。利用扭曲向列相液晶的电光效应和集成电路相结合制成的扭曲向列相液晶显示(TN-LCD)器主要用于电子表和计算器。20 世纪 80 年代中期,超扭曲向列相液晶显示(STN-LCD)器问世,主要用于传呼机、移动电话和笔记本电脑。随着薄膜晶体管(TFT)阵列驱动液晶显示材料(TFT-LCD)的飞速发展,近年来 TFT-LCD 占据了便携式笔记本电脑等高档显示器的大部市场。其中 TFT-AM 模式是近 10 年发展最快的显示模式。

11.4.3.1 TN-LCD

在透明电极基板之间充入 $10\mu m$ 左右厚度的 $\Delta\varepsilon>0$ 的向列液晶,构成三明治夹层结构,使液晶分子的长轴在基板间发生 90°连续的扭曲,制成 TN 液晶盒。当光垂直于电极基板入射时会随着液晶分子的扭曲发生 90°的旋光。此时可以使垂直于偏振片的光通过,而平行于偏振片的光则被遮断。当对 TN 液晶盒施加电压时,液晶分子的长轴会向电场方向偏转,90°的旋光性消失。此时可以使平行于偏振片的光通过,而垂直于偏振片的光则被遮断。

11.4.3.2 STN-LCD

相对于 TN-LCD,STN-LCD 的向列液晶的扭曲角从 180°~360°,这样可以使光线产生十分细致的色彩层次,适合用于单纯矩阵驱动的大容量显示。目前 STN-LCD 已经有黑白方式和彩色方式等多种显示方式。

11.4.3.3 TFT-LCD

TFT-LCD 是电压控制型液晶,液晶的亮度与外加电压的大小有关。与 TN-LCD 类似,TFT-LCD 也用 TN 液晶组成液晶盒,但用场效应晶体管(FET)进行主动矩阵控制。由于场效应晶体管具有电容效应,能够保持电位状态。只有当 FET 下一次加电改变其排列方式为止。而 TN-LCD 一旦撤去电场,立刻就回到原来的状态。

11.4.3.4 FLC-LCD

铁电液晶(FLC)是有自发极化强度且自发极化在外电场下可以翻转的一大类手性近

晶C相液晶材料,常用S_C^*表示。FLC-LCD具有响应速度快(一般为微秒级)的特点,因而在快速显示中有着重要应用。但由于铁电液晶分子排列呈现扭曲的双稳态或人字纹结构,使得液晶分子呈弯曲状态,降低了显示器的对比度,从而限制了铁电液晶的实际应用。

11.4.4 常用的LCD液晶材料

显示用液晶材料由多种小分子有机化合物组成,这些小分子的主要结构特征是棒状分子结构。现已发展出的液晶显示材料有几十种,如各种联苯腈、酯类、环已基(联)苯类、含氧杂环苯类、嘧啶环类、二苯乙炔类、乙基桥键类和烯端基以及各种含氟苯环类等。随着LCD的迅速发展,近年还开发出多氟全氟芳环、以及全氟端基液晶化合物等。全球对LCD液晶材料低需求量已从2000年的1.4万t上升到2005年的1.9万t。日本蒂科娜(Ticona)公司总产能已达8500t/年,是全球最大的液晶材料生产商。常见的液晶材料主要有向列型液晶、胆甾相型液晶和层列型液晶等。

11.4.4.1 向列型液晶

一、甲亚胺(西夫碱)系

此类液晶主要应用于动态散射(DS)和电控双折射模式(ECB)。表11-6为甲亚胺类液晶化合物性能。表中No3和No4具有$\Delta\varepsilon>0$、黏度稍大、介电各向异性值($\Delta\varepsilon=15\sim20$)大、阈值电压低等特点。TN-LCD初期曾用此类液晶材料。但西夫碱基容易吸收水分解,稳定性差,后来未能得到实际规模化应用。

表11-6 甲亚胺系液晶化合物

Y—⟨◯⟩—CH=N—⟨◯⟩—Z

序号	Y	Z	相变温度/℃		$\Delta\varepsilon$
			C-N	N-I	
1	CH_3O-	C_4H_9-	22	47	负
2	C_2H_5O-	C_4H_9-	37	80	负
3	C_3H_7-	-CN	65	77	正
4	C_4H_9O-	-CN	65	108	正

二、安息香酸酯系

这类液晶化合物中心部的两个苯环之间由酯类连接,其分子结构和典型化合物如表11-7所列。这类液晶稳定性好,化合物品种丰富,具有多种性能,混合液晶的主要组分可以得到广泛应用,主要用于低阈值、多路驱动显示。

三、联苯类和联三苯系

这类液晶是正性液晶,是末端基为烷基和烷氧基的氰基联苯液晶化合物。它具有无色、化学性能稳定、光化学性能稳定、介电各向异性($\Delta\varepsilon\approx13$)及黏度($\eta\approx35\times10^{-6}m^2/s$)和双折射率($\Delta n\approx0.2$)等数值适中的特点,广泛应用于LCD。表11-8为这类液晶的典型分子结构和性能。氰基联苯液晶和氰基联三苯液晶混配可增宽温度范围、增大双折射率及改进多路驱动性能。

表 11-7 安息香酸酯系液晶化合物

Y—⌬—CO—O—⌬—Z

Y	Z	相变温度/℃		Δε
		C-N	N-I	
CH₃O-	C₆H₁₃O-	55	77	负
CH₃O-	C₅H₁₁-	29	42	正
C₅H₁₁-	C₅H₁₁-	(33)	(12)	正
C₆H₁₃-	-CN	45	47	正

注：( )为单向相变

表 11-8 联苯和联三苯系液晶化合物

Y—⌬—⌬—Z

Y	Z	相变温度/℃		Δε
		C-N	N-I	
C₅H₁₁O-	-CN	24	35	正
C₆H₁₃-	-CN	14	29	正
C₅H₁₁-	-CN	48	68	正
C₇H₁₅O-	-CN	54	74	正
C₃H₇-⌬-	-CN	182	257	

四、环己基羧酸酯系

这类液晶化合物见表 11-9。它们的特点是黏度低、温度范围宽。当 Z 末端基为烷基、烷氧基时，黏度很低（$\eta < 20 \times 10^{-6} \mathrm{m}^2/\mathrm{s}$），多用于低黏度混合液晶低成分，是快速响应混合液晶的主要组分。这种液晶的 k_{33}/k_{11} 小，可用于多路驱动液晶材料。Z 末端基为氰基时，得到正性液晶，其双折射率小（$\Delta n \approx 0.12$）。介电各向异性也小（$\Delta \varepsilon \approx 8$）。

表 11-9 环己基羧酸酯系液晶化合物

Y—⟨H⟩—CO—O—⌬—Z

Y	Z	相变温度/℃		Δε
		C-N	N-I	
C₄H₉-	C₆H₁₃-	26	31	负
C₅H₁₁-	C₅H₁₁-	37	47	负
C₃H₇-	C₂H₅O-	47	78	负
C₄H₉-	C₅H₁₁O-	29	66	负
C₃H₇-	-CN	54	69	正

五、苯基环己烷基系和联苯基环己烷基系

这类液晶化合物见表 11-10。它们的稳定性好、黏度低，是非常有用的 LCD 材料。联苯基环己烷基类液晶向列相的各向同性相（N-I）的相变温度高，可用于宽温混合液晶。

表 11-10 苯基环已烷基系和联苯基环已烷基系液晶化合物

Y	Z	相变温度/℃		$\Delta\varepsilon$
		C-N	N-I	
C_3H_7-	-CN	43	45	正
$C_5H_{11}-$	-CN	30	55	正
$C_5H_{11}-$	-⟨○⟩-CN	95	219	正

六、嘧啶类

表 11-11 为典型的嘧啶类液晶材料。这类液晶具有介电各向异性大($\Delta\varepsilon\approx8$)、温度范围宽、弹性常数比($k_{33}/k_{11}$)很小的特点,用于宽温度范围、低阈值、多路驱动显示。

表 11-11 嘧啶类液晶化合物

Y	Z	相变温度/℃		$\Delta\varepsilon$
		C-N	N-I	
$C_7H_{15}-$	-CN	44	50	正
C_4H_9-⟨○⟩-	-CN	94	246	正
$C_6H_{13}-$	$C_6H_{13}O-$	31	60	正
$C_6H_{13}-$	$C_9H_{19}O-$	37	61	正

七、环己基乙烷系

表 11-12 所列为液晶化合物具有乙基中央桥键的环己烷基类化合物的特点。主要特点是黏度低,尤其两端末端基均为烷基或烷氧基时,黏度很低,约为 $13\times10^{-6}\,\mathrm{m^2/s}$,弹性常数比 k_{33}/k_{11} 约为 1.0,是快速响应的多路驱动材料。

表 11-12 环己烷基乙基类液晶化合物

N	m	相变温度/℃			$\Delta\varepsilon$
		C-N(S)	S-N	N(S)-I	
C_3H_7-	C_2H_5O-	21	—	34	负
$C_5H_{11}-$	C_2H_5O-	18	—	46	负
C_3H_7-	-CN	38	—	45	正
$C_5H_{11}-$	-CN	30	—	51	正
$C_7H_{15}-$	-CN	45	—	55	正

八、环己烯系

表 11-13 为环己烯系液晶的典型化合物,特点是低黏度和低双折射率($\Delta n\approx0.08$)。如 TN-LCD 器件设计成使用光透射第一极小时,需要这类 Δn 值小的液晶材料。

表 11-13 环己烯类液晶化合物

N	m	相变温度/℃		
		C-N(S)	S-N	N(S)-I
3	5	(-11)	12	27
3	7	(29)	36	39
5	3	(4)	21	30

九、二苯乙炔系

烷基烷氧基二苯乙炔类典型液晶化合物如表 11-14 所列。这类液晶具有双折射率大($\Delta n \approx 0.28$)、黏度小($\sim 20 \times 10^{-6}$ m²/s)、相变温度高的特点。设计薄层液晶显示器件时,需要使用这类 Δn 值大的液晶材料。

表 11-14 二苯乙炔系液晶化合物

n	m	X	相变温度/℃	
			C-N	N-I
3	2	—	89	96
4	2	—	54	80
4	2	F	45	51
5	2	—	62	89
5	2	CH₃	42	54

十、二氟苯撑系

表 11-15 为 2,3-二氟苯撑类液晶化合物。这类液晶值随中央桥键变化很大,引入氟原子,使弹性常数比增大、介电各向异性为负,同时黏度降低,应用于 ECB 和 STN 显示模式

表 11-15 二氟苯撑系液晶化合物

分子结构	相变温度/℃	Δε	Δn	ν
C₅H₁₁—〇—COO—〇—OC₂H₅ (F,F)	C51N631	-4.6	0.09	18
C₃H₇—〇—〇—COO—〇—OC₂H₅ (F,F)	C87Sn(81)S_A98N222I	-4.1	0.11	37
C₅H₁₁—〇—C≡C—〇—OC₂H₅ (F,F)	C57N61I	-4.4	0.25	17
C₃H₇—〇—〇—C≡C—〇—OC₂H₅ (F,F)	C84N2291	-4.1	0.29	27

11.4.4.2 胆甾相型液晶

胆甾相型液晶刻分为两大类：一是具有胆甾相基（C27H45—）的胆甾相介电体；一是手性向列液晶。手性向列液晶是将 2—甲基丁基（2MB）或 2—甲基丁氧基（2MBO）等光学活性分支作为通常的向列液晶的末端基，替换烷基或烷氧基构成的。胆甾相型液晶具有旋光性、选择性光散射、圆偏振光二色性等，且这些特殊的读昂学性质随电压、温度的变化而变化迅速，可用于彩色 LCD 显示。

11.4.4.3 层列型液晶

所有层列性液晶都有层状结构，流动性差，不易受外界电场、磁场、温场的影响。但层列型 A（S_A）液晶、层列型 C（S_C）液晶以及手性层列型 C（S_C^*）液晶等可以看成是二维液体，对外界的电场、磁场、温场等反应敏锐，已在大容量显示器、存储型显示器及光开关等领域得到应用。层列 A 液晶有联苯系 A 液晶等；手性层列型 C 液晶有铁电液晶和反铁电液晶等。

在某一温度范围内发生自发极化，而且自发极化强度可以因电场反向而反向取向的液晶称为铁电液晶。铁电液晶也具有电滞回线。1975 年，R. Meyer 等合成了第一个铁电型液晶 DOBAMBC（p-decyloxybenzylidene-p'-amino-2-methylbutylcinnamate），铁电液晶分子具有三个条件：①分子具有手性基；②在分子长轴垂直方向上有永久偶极子；③具有 S^* 相，如 S_C^*、S_I^* 相等。具有这种特性的液晶化合物已合成了 2 000 多种。铁电液晶分子与向列液晶分子的中央部分结构一致，末端烷基或烷氧基比向列液晶稍长。主要差别在另一末端有间隙部和手性基。间隙部极性基和手性基不对称碳越靠近，自发极化强度越大。间隙部极性基大小决定介电向异性正负性。用 CN 基时，形成负介电各向异性。通常铁电液晶屏的厚度为 $2\mu m \sim 3\mu m$，响应时间为微秒级。

实用的 S_C^* 液晶都是要通过多种方式进行混合后形成多组分液晶，如 S_C^* 与不同的 S_C^* 混合；S_C^* 与非手性 S_C 液晶混合；非手性 S_C 液晶与手性物质（光学活性体）混合。

最常见的反铁电液晶的分子结构的中心结构单元由三个苯环和一个酯基组成，在其段基中与手性碳相连的酯基对反铁电相态 $S_mC_A^*$ 出现十分重要。

上述各类单体液晶难以全部满足各种 LCD 器件要求的性能。因此，常采用混合液晶来调制物理性能，以满足器件要求。混合液晶的组分随器件种类和特性不同而不同。混合配制液晶时，应注意每种液晶化合物的物理性能和器件性能之间的关系，由此确定最佳混合配方。

11.4.5　LCD 辅助材料

11.4.5.1　取向材料

由于液晶分子之间相互作用力微弱，器件中基板表面状态将直接影响液晶分子的取向排列。所以，把取向材料涂布在基板表面可以控制液晶分子排列的取向程度。取向材料要求强附着力、透明、稳定、绝缘性能好等。取向材料有氧化物和氟化物及高分子材料。由于无机材料涂布工艺复杂，目前主要采用高分子材料——聚酰亚胺系材料。

聚酰亚胺系取向膜材料的特点是，单体的聚酰胺酸具有良好的可溶性，作涂布材料容易调节浓度和黏度，可通过固化形成不熔的稳定的透明膜。聚酰亚胺系聚合物作为液晶取向剂时，需要选择与显示元件的各种要求及制造工艺要求相匹配的结构。

11.4.5.2 偏振膜

由于 TN、STN、FLC 等 LCD 器件均是调制偏振光的显示器，因此需要偏振膜材料。偏振膜主要利用双色性、双折射、反射和散射等光学性质的某一种实现偏振。液晶显示用偏振膜是利用高分子膜双色性制作的。

一般用聚乙烯醇薄膜作偏振膜基片，用湿式延伸法均匀拉伸 PVA 膜，使 PVA 分子按延伸方向排列，同时吸附碘化物或染料得到偏振基片。为了提高耐热、耐湿性，用硼碳、乙二醛等的交联反应，减小 OH 基的聚乙烯化。

为确保偏振膜的寿命和机械强度，在偏振基片两面借用黏接剂粘贴乙酰纤维薄膜、聚酯膜或聚碳酸酯薄膜，提高偏振膜的耐热、耐湿性能。这种支撑膜具有无双折射、透明、表面平滑、耐热、耐湿、高机械强度等特点。在支撑膜中掺入吸收紫外光材料，还可改善 LCD 的户外使用性能。

11.4.5.3 手性掺杂剂

向列液晶中如掺有螺旋结构的手性材料，可以控制 TN-LCD 中液晶分子扭曲方向，防止缺陷，同时在 WBE 和 STN 显示中控制液晶分子扭曲角度和螺距等。初期手性剂用过胆甾液晶，后来都用人工合成的手性材料。

11.4.5.4 玻璃基板

所有平板显示器件均是做在可以透明的、导电的基板材料上的，如玻璃、塑料等。目前应用的最多的是镀有铟锡氧化物(ITO)透明导电薄膜的平板玻璃。不同的显示器件的制造工艺、热处理、加工条件及不同的器件性能等，对玻璃基板材料、表面平整度、热和机械性能等要求均不相同。

目前 TN-LCD 和 STN-LCD 普遍使用碱石灰玻璃，TFT-LCD 则使用无碱玻璃、硼硅玻璃、石英玻璃等。表 11-16 列出玻璃的组分和特性。TN-LCD 和 STN-LCD 器件制造工艺的最高温度为 450℃，容许伸缩量小于 10μm。碱石灰玻璃特性能满足 TN 和 STN 工艺条件。碱金属对 TFT 影响很大，因此 TFT-LCD 使用无碱玻璃。多晶硅 TFT 制作工艺的最高温度达 650℃，所以使用熔融石英玻璃。

表 11-16 玻璃的组分和特性

玻璃的种类		碱石灰玻璃(AS)	中性硼硅玻璃(AX)	无碱玻璃		
				AN	其它	熔融石英
化学组分 (%质量)	SiO_2	72.5	72	56	49	>99.9
	Al_2O_3	2	5	15	11	30×10^{-6}
	B_2O_3	—	9	2	15	—
	RO	12	7	27	25	—
	R_2O	13.5	7	—	—	2×10^{-6}

(续)

玻璃的种类	碱石灰玻璃(AS)	中性硼硅玻璃(AX)	无碱玻璃		
			AN	其它	熔融石英
热膨胀率/(1/K)50℃～200℃	$8×10^{-6}$	$5×10^{-6}$	$4×10^{-6}$	$5×10^{-6}$	$0.5×10^{-6}$
畸变点/℃	510	530	660	590	1.070
密度/(g/cm³)	2.49	2.41	2.78	2.76	2.20
杨氏模量/10^4Pa	7300	7100	8900	6900	$743×10^3$
泊松比μ	0.21	0.18	0.23	0.28	0.17
弯曲强度/kPa	670	550	690	650	700
折射率	1.52	1.50	1.56	1.53	1.45
耐热冲击/Δ℃	85	130	140	150	1000
水的接触角/℃	6.7	14.4	29.5	31	—

注：AS、AX、AN 系日本旭硝子公司产品

笔记本电脑LCD玻璃板厚度一般为0.7mm,移动电话LCD玻璃板厚度一般0.5mm和0.4mm。有时也用塑料膜取代玻璃板。TFT-LCD布线最小图形为$5\mu m\sim10\mu m$。因此,在玻璃板上缺陷也应要求小于$5\mu m$。TN和STN-LCD玻璃板缺陷规定小于$50\mu m$,但STN-LCD玻璃板表面波纹凹凸要求小于$0.05\mu m$,对于平整度要求很高。

11.4.5.5 ITO膜

ITO透明导电膜,是一种含氧空位的n型氧化物半导体材料,它的电阻率、透过率与氧化铟中锡含量、氧空位浓度及膜厚度有关。随着LCD分辨力的提高,在简单矩阵显示中,ITO电极刻蚀精度要求高,ITO膜太厚会影响刻蚀精度。通常,膜厚20nm时,电阻值为100Ω/□;67nm时,为30Ω/□;200nm时为10Ω/□。STN LCD用于VGA显示中ITO电阻要求在10Ω/□以下。这样,ITO膜厚200nm以上时,会给刻蚀工艺带来难度。因此需要研究开发低电阻、高透过率ITO膜材料。

制作ITO膜的方法有,蒸镀法、溅射法、喷镀法、高温熔胶膜法及浸渍烧结法,在工业生产大量使用溅射法:将氧化铟和氧化锡混合物烧结成靶材,在氩气和少量氧气混合气体中玻璃基板上溅射得到ITO膜。在膜厚20nm～30nm时,电阻率为$2.0×10^{-4}\Omega\cdot cm\sim2.5×10^{-4}\Omega\cdot nm$。在$1m^2$以上大面积玻璃板上可得到均匀的ITO膜。

11.5 发光二极管材料

在半导体二极管中,如果施加正向电压时,通过pn结分别把n区电子注入到p区、p区空穴注入到n区,电子和空穴会复合发光,这样可以把电能直接转化成光能,即成为发光二极管(LED)。LED具有小型化(发光芯片为几百微米)、高效率、长寿命、低电压(约2V)、低电流(20mA～50mA)等特性,已经应用于各种显示器件之中。

1923年,Lossew观察了SiC注入发光;1952年研制了Ge和Si的pn结发光;1955年得到GaP的pn结发光;1969年实现了GaP红色LED,外部发光效率达到7.2%。近来,获得了GaN系列高亮度蓝色LED和白光全色LED。

11.5.1 材料特性和发光机理

LED 是 pn 结本征发光器件,发光颜色由材料的禁带宽度决定。要获得各种颜色的 LED,并有高效率发光,LED 材料应具备三个条件:导电性能可控;对发射光透明;发光跃迁概率高。

11.5.1.1 导电性能可控

由于 LED 器件结构的核心是 pn 结,因此材料应该可以提纯且能够掺入极少量施主或受主杂质,得到 n 型材料或 p 型材料,导电性能好。GaAs、GaP 等Ⅲ-Ⅴ族半导体材料满足这种要求。用液相外延工艺,容易制作 pn 结 GaAs 的 LED。而离子键占主导的宽禁带Ⅱ—Ⅵ族材料的导电性难以控制。如果在 ZnSe 中掺入 Al 施主杂质,增加电子浓度时,可以自发产生 Zn 空位,补偿电子,使 ZnSe 导电率变化不明显。近年来,由于低温下高纯材料制备技术的发展,在 GaN 系列和 ZnSe 中获得了高亮度蓝色 LED。

11.5.1.2 对发射光透明

当光能量低于材料的禁带宽度时,光可以透过;当光能量高于材料的禁带宽度时,光被吸收,不能透过。一般来说,本征发光能量略微低于禁带宽度约 0.1eV。图 11-6 为Ⅲ-Ⅴ族化合物半导体材料的禁带宽度和发光波长。表明利用三元系或四元系混晶方法能够得到任意禁带宽度,因而可得到任意波长的发光。

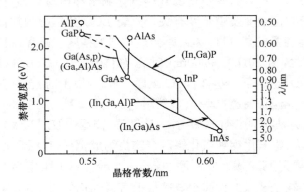

图 11-6 Ⅲ-Ⅴ族化合物半导体禁带宽度与晶格常数的关系

11.5.1.3 发光跃迁概率高

在半导体中,发生直接跃迁时电子和空穴动量之和近似为零,光吸收或光辐射过程的跃迁概率高。如果电子和空穴动量之和不为零,发光前后能量差会传送到晶格,增加晶格振动能。这种发光跃迁过程称为间接跃迁,且跃迁几率远低于直接跃迁。图 11-7 为能带结构。由图可知,直接跃迁的价带顶和导带底处在同一位置,而间接跃迁的导带底和价带顶不处在同一位置,结果发光效率低。为了改善发光效率,在 GaP 中掺入 N 原子,形成等电子陷阱(图 11-7(c))。等电子陷阱束缚激子,通过激子发光提高了发光效率,虽然发光效率仍低于直接跃迁,但比间接跃迁高。

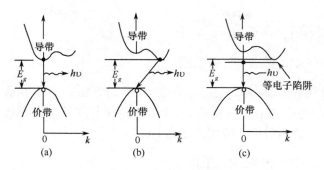

图 11-7 能带结构
(a)直接跃迁(GaAs);(b)间接跃迁(GaP);(c)等电子陷阱(GaP:N)。

11.5.2 材料制备

LED衬底材料是单晶体,其中GaAs、GaP、InP单晶体一般采用水平布里奇曼法、液封提拉法制备。不同薄膜层一般用液相外延、气相外延、MBE、MOCVD等外延工艺进行制备。表11-17归纳了各种LED的制作方法和性能。

表 11-17 各种 LED 的制作方法和性能

材料		制作方法	发光色	波长/nm	外量子效率		流明效率		亮度/mcd
发光层	衬底				产品/%	最高/%	产品/(lm/W)	最高/(lm/W)	
GaP(Zn,O)	GaP	LPE	红	700	约4	15	约0.8	3.0	30
$Ga_{0.65}Al_{0.35}As$	GaAs	LPE(SH)	红	660	约3	7	约1.2	2.1	500
$Ga_{0.65}Al_{0.35}As$	GaAs	LPE(DH)	红	660	约15	21	约6.6	1.2	3000
$GaAs_{0.6}P_{0.4}$	GaAs	VPE+扩散	红	660	0.1	0.15	0.04	0.07	20
$GaAs_{0.45}P_{0.55}(N)$	GaP	VPE+扩散	红	650	0.2	0.5	0.15	0.35	100
$GaAs_{0.35}P_{0.65}(N)$	GaP	VPE+扩散	橙	630	0.3	0.65	0.6	1.2	300
InGaAlP	GaAs	MOCVD(DH)	橙	620	4.2	—	—	—	3000
$GaAs_{0.25}P_{0.75}(N)$	GaP	VPE+扩散	橙	610	0.3	0.60	1.0	2.0	300
$GaAs_{0.15}P_{0.85}(N)$	GaP	VPE+扩散	黄	590	0.12	0.25	0.5	1.1	200
InGaAlP	GaAs	MOCVD(DH)	黄	590	—	1.2	—	—	2500
$GaAs_{0.1}P_{0.9}(N)$	GaP	VPE+扩散	黄	583	0.10	6.20	0.55	1.1	200
InGaAlP	GaAs	MOCVD(DH)	黄绿	566	—	—	—	—	800
GaP(N)	GaP	LPE	黄绿	565	0.3	0.7	1.8	4.3	500
GaP(N)	GaP	LPE	黄绿	560	0.12	0.3	0.96	1.6	250
GaP	GaP	LPE	纯绿	555	0.08	0.2	0.54	1.36	200
$ZnTe_{0.1}Se_{0.9}$	ZnSe	MBE(DH)	绿	512	—	5.3	—	17	—
$In_{0.23}Ga_{0.77}N(Si,Zn)$	Al_2O_3	MOCVD(DH)	蓝绿	500	—	2.4	—	—	2000
ZnSe-ZnCdSe	ZnSe	MBE(DH)	蓝	489	—	1.3	—	1.6	—
SiC(N,Al)	SiC	LPE	蓝	470	0.02	0.05	—	—	30
$In_{0.06}Ga_{0.94}N(Si,Zn)$	Al_2O_3	MOCVD(DH)	蓝	450	3.8	5.4	3.6	—	2500

注:SH为单异质结;DH为双异质结

11.5.3　各种 LED 简介

11.5.3.1　GaP∶ZnO 红光 LED

1970 年,GaP 红光 LED 开始进行工业生产,用 LPE 法在 GaP 衬底上外延生长 pn 结发光层。Zn-O 对等电子中心作为发光中心,克服了 GaP 间接带发光效率低的问题,发光效率最高达到 15%,是当前广泛应用的红光 LED。

11.5.3.2　GaP∶N 绿光 LED

生产技术类似于 GaP∶ZnO 红光 LED,但掺入杂质不同。掺 N 得到等电子陷阱,发光波长 565nm,发光效率 0.3%～0.7%,发光效率低,但比视感度比红光高 10 倍,肉眼感觉很亮,200mA 时亮度达到 500mcd。

11.5.3.3　GaAsP 红光 LED

$GaAs_{1-x}P_x$ 系中 x 值不同,发光由红外波长到绿光波长。用 VPE 法生长 n 型 GaAsP,然后扩散 Zn 得到 pn 结。以 GaP 作为衬底时,$GaAs_{0.45}P_{0.55}$ 发光波长为 650nm,基本不被衬底吸收,发光效率达到 0.5%。

11.5.3.4　GaAlAs 系 LED

$Ga_{1-x}Al_xAs$ 系随 x 值增大禁带宽度增大,发光波长由 900nm 变到 640nm。x 值大于 0.35 时,直接跃迁变成间接跃迁。用 LPE 法生长外延层,红外波段用 GaAs 作衬底,晶格匹配好,外延层质量好。当发光波长为 660nm 时,GaAs 衬底透过率差,因此用 GaAlAs 作衬底,以单异质结(SH)或双异质结(DH)提高发光效率。在 20mA 条件下,工业生产 SH 结构外量子效率为 3%,DH 结构外量子效率为 15%,亮度达到 3000mcd。

11.5.3.5　InGaAlP 系橙、黄光 LED

$In_{0.5}(Ga_{1-x}Al_x)_{0.5}P$ 与 GaAs 衬底晶格匹配,x 由 0 到 0.6,即发光波长 660nm 到 555nm 之间具有直接带结构,由红光到绿光波段内将能得到高效 LED 器件。已开发的 InGaAlP LED,黄光和橙光亮度为 1 000mcd 以上,黄绿光亮度 800 mcd。

11.5.3.6　GaN 系蓝光 LED

很难制备 GaN 单晶体和 p 型 GaN 单晶薄膜。一般用 VPE 法在 Al_2O_3 衬底上生长 n-GaN 膜,然后扩散 Zn 制备绝缘层,得到 MIS 结构蓝光 LED,发光效率 0.03%,10mA 时亮度为 10mcd,但可靠性差。为了改善性能,用 MOVPE 法在 Al_2O_3 衬底上生长 AlN 层,作为晶格失配缓冲层,得到了质量良好的 GaN 薄膜。后来用 GaN 取代 AlN 缓冲层,研制成功 InGaN DH 结构蓝色 LED,发光波长为 450nm,亮度为 2500 mcd。

11.5.3.7　Si 基 GaN 系 LED

由于 Si 晶体与 GaN 的晶格系数严重不匹配,因此长期以来很难在 Si 衬底上制备

GaN 的 LED。近年采用特殊缓冲层,也可以在 Sichendi 上制备 GaN 外延薄膜。如采用 AlN 缓冲层或 AlN/AlGaN 缓冲层,制备了无裂纹的 GaN 外延薄膜,得到了 360nm、420nm、530nm 和 600nm 的 LED。随后利用 AlGaN/GaN 超晶格,在 Si(111)衬底上获得了高亮度的蓝光 AlGaN 多量子阱 LED。在 20mA 工作电流下,发射峰值波长为 452nm,半高宽 22nm。

11.5.3.8 功率型白光 LED

随着 GaN 材料的研究取得突破和蓝、绿发光二极管的问世,在照明领域正在孕育着第二次产业革命——照明技术革命,即用基于白光 LED 的半导体灯逐步取代白炽灯和荧光灯。半导体照明采用 LED 作为新型光源,同样亮度下,耗电仅为普通白炽灯的 1/10,而寿命却可以延长 100 倍。由于半导体照明具有高效、节能、环保、使用寿命长、响应速度快、耐振动、易维护等显著优点,在国际上被公认是为最有可能进入通用照明领域的新型固态冷光源。目前实现照明用 LED 白光主要有三条途径。

(1) 将红、绿、蓝三色 LED 功率型芯片集成封装在单个器件之内,调节三基色的配比,理论上可以获得各种颜色的光。通过调整三色 LED 芯片的工作电流可产生宽谱带白光。

(2) 采用高亮度的近紫外 LED(~400nm)泵浦 R1G1B 三色荧光粉,产生红、绿、蓝三基色。通过调整三色荧光粉的配比可以形成白光。

(3) 以功率型 GaN 基蓝光 LED 为泵浦源,激发黄色无机荧光粉或黄色有机荧光染料,由激发获得的黄光与原有蓝光混合产生视觉效果的白光。

与小功率 LED 相比,照明用功率型 LED 主要存在散热、发光效率、显色性、空间色度均匀性、稳定性等问题。此外,在将多个 LED 组装在一起构成实用的 LED 照明系统时,还存在 LED 的驱动问题。因此,功率型白光 LED 的制作和产业化还需解决许多技术问题,在芯片制备、器件封装、系统集成三方面取得突破。

11.6 场发射显示材料

11.6.1 FED 发光材料

场发射显示又称真空微显示器,1986 年公开,1993 年全色 FED 问世。作为新一代薄型电子显示器件备受关注。FED 与 CRT 的发光机理基本一致,也是电子射线激发发光(阴极发光)。但 CRT 是热阴极,即把阴极加热后发射电子;而 FED 是冷阴极,通过将强电场集中在阴极上的圆锥型发射极上发射电子。CRT 的每个电子发射源都使用一个热阴极(彩色 CRT 则使用 3 个热阴极),而 FED 是把无数个微米大小的阴极(发射极)配置在平面上,阴极和阳极之间间隔 $200\mu m$ 至几毫米,从而实现排版显示。

CRT 和 FED 均使用电子束激发的发光材料,但加速电子束的电压不同。CRT 加速电压为 15kV~30kV,FED 为 300V~8kV。CRT 采用逐点扫描方式,寻址时间短,约为纳秒量级,而 FED 采用矩阵式逐行扫描方式,寻址时间为几十微秒。因而,FED 的电流大并长时间寻址,使发光粉库仑负载很大,而 FED 粉容易发光饱和并老化。能满足条件的发光粉有:ZnO:Zn、$ZnGa_2O_4$(蓝粉)、$ZnGa_2O_4$:Mn(绿粉)、Gd_2O_2S:Tb(绿粉)、

Y$_2$O$_2$S：Eu(红粉)等,但这些粉的亮度偏低。开发新型 FED 发光粉是 FED 显示的当务之急,如碳纳米管材料等。

氧化物 FED 发光材料优于硫化物材料。在高电流密度激发下,ZnS 基质材料表面粗糙,易老化。另一方面,为防止表面电荷的积累,必须考虑发光粉表面导电性。氧化物材料表面导电性好,因为氧化物材料具有高浓度的氧空位和晶格间阳离子。图 11-8 为 ZnGa$_2$O$_4$ 和 ZnO：Zn 的热释发光强度曲线。图 11-8 表明,ZnGa$_2$O$_4$ 具有高浓度和宽深度范围的陷阱,是氧空位引起的。因此,要注意改善表面导电性能,同时防止增加无辐射发光过程。

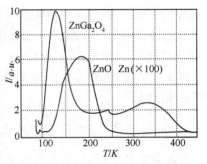

图 11-8　ZnO：Zn 和 ZnGa$_2$O$_4$ 热释发光

11.6.2　冷阴极材料

CRT 和 FED 的主要区别在于阴极结构和材料。前者采用热阴极;后者采用平面阵列的微尖冷阴极,微尖密度为 10^6 微尖/cm^2～10^9 微尖/cm^2(每像元对应 1 000 多个微尖),平均电流密度可达 10^3 A/cm^2。在室温下,可利用微尖形成强电场并发射电子。因此,要求微尖材料功函数低、稳定性好、热导率高、击穿电压高等。主要冷阴极微尖材料有金刚石薄膜、硅单晶及金属钼等。金刚石材料具有负的电子亲和势,有效功函数为 0.2eV～0.3eV(Si 为 4.5eV)。所以,金刚石 FEA 的工作电场强度低,为 10^5 V/cm,而金属和硅 FEA 工作电场强度为 10^7 V/cm。金刚石表面状态稳定、击穿电压高(10^7 V/cm)、热导率高(20W/(cm/K)),因此可在低真空度(1.33Pa～10^{-2}Pa)下工作,金刚石膜是最好的微尖材料。一般用真空蒸发法在硅微尖上包一层金刚石膜制作金刚石 FEA。利用激光沉积法研制了纳米晶粒无定性金刚石膜的 FEA。

11.7　电致发光材料

在电极为透明导电薄膜低平版电容器中,放入几十微米厚的混有介质的发光粉,然后在电极之间加上一定的电压,就可以从玻璃一面看到发光,通常用交流或直流电压都可以获得电致发光。电致发光有高电场发光(本征发光)和低电场结型发光(注入型发光)。前者发光材料是粉末或薄膜材料,后者是晶体材料,两者的发光机理和器件结构都有区别。通常,电致发光是指高电场发光。低电场结型发光器件是发光二极管。

11.7.1　无机电致发光材料

11.7.1.1　粉末发光材料

ZnS 是粉末电致发光的最佳基质材料。这种材料对 ZnS 纯度要求高,特别是 Fe、Co、Ni 等重金属杂质含量要求低于 $0.1×10^{-6}$～$0.3×10^{-6}$,同时要求结晶状态好,有较好的分散性和流动性。制备 ZnS 有硫化氢法、均相沉淀法、气相合成法等。制备高纯 ZnS 采用气相合成法。气相合成法制备的 ZnS 纯度高、结晶状态好,缺点是成本高。

在粉末 ZnS 材料里,发光特性是由激活剂和共激活剂决定的。在交流电场下,Cu 是激活剂,Al^{3+}、Ca^{3+}、In^{3+}、稀土元素和 Cl、Br、I 是共激活剂。发光特性与这些激活剂和共激活剂的元素、浓度、烧结条件等有关。表 11-18 为粉末发光材料的基本特性和亮度特性。图 11-9 为粉末 EL 材料发光光谱。可见 ZnS 基质发光粉光谱能覆盖可见光波段。通过显微镜观察到发光出现在颗粒局部线条上,发光线尾端形成彗星状。当电场极性变化时,彗星尾部始终朝向正电极,如图 11-10 所示。Cu 杂质主要起两种作用:一是 Cu 取代 Zn 成受主,组成发光中心;二是 Cu 析出,在线缺陷上形成导电性发光线。在 ZnS 材料中稀土元素可作激活剂,如 ZnS:Er,谱带半宽度小于 10nm,发光颜色纯。但是稀土离子半径比锌离子半径大得多,在 ZnS 中溶解度很小,往往得不到好的电致发光。

表 11-18 粉末电致发光材料特性

发光材料	发光颜色	λ_{max}/nm	尺寸小于 10μm 颗粒所占比例/%	亮度/(cd/m²)	击穿电压/V
ZnS:Cu	浅蓝色	455	>60	19.9	350
ZnS:Cu、Al	绿色	510	>55	59.7	350
ZnS:Cu、Mn	黄色	580	>50	19.9	350
(Zn、Cd)(S、Se):Cu	橙红色	650	>75	19.9	350
ZnS:Cu	蓝色	455	>65	19.9	350

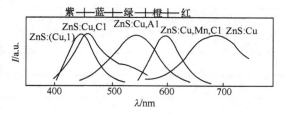

图 11-9 粉末交流电致发光光谱

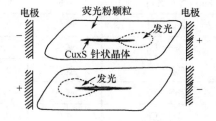

图 11-10 ZnS:Cu,Cl 粉末交流电致发光的形貌

11.7.1.2 薄膜发光材料

将发光体制成薄膜后,在电场作用下发光称为薄膜电致发光。无机薄膜型 EL 的结构由两个绝缘层加一个发光层构成的三明治形状,电极配置在两侧。整个器件由衬底玻璃板、ITO 电极、绝缘层(0.2μm~0.3μm)、发光层(0.5μm~1μm)、绝缘层(0.2μm~0.3μm)和背金属电极组成。如果玻璃片另外设置,则整个器件只有 2μm 左右。发光材料要求覆盖整个可见光范围,禁带宽度大于 3.5eV。一般选用 Ⅱ-Ⅵ 族化合物半导体材料,如 ZnS、CaS、SrS、Zn_2SiO_4 和 $ZnGa_2O_4$ 等。表 11-19 为无机 EL 基质材料的物理性能。在这些基质材料中掺入过渡族金属(Mn)或稀土元素(Eu、Tb、Ce)而得到发光中心。ZnS:Mn^{2+} 是典型的薄膜电致发光材料。ZnS 晶格是由 Zn 和 S 原子组成的闪锌矿晶系,它们的电子结构为 Zn:$1s^22s^22p^63s^23p^63d^{10}4s^2$,S:$1s^22s^22p^63s^23p^4$ 其发光亮度达到商业应用水准。ZnS:Mn 光流明效率可达到 4lm/W~5lm/W,激发频率为 60Hz,最高亮度 300mcd/m²~500mcd/m²,是应用最广泛的 FEL 材料。

表 11-19 EL 基质材料性能

晶体结构	ZnS 闪锌矿	CaS 石盐	SrS 石盐	$CaGa_2S_4$ 正交晶系	$SrGa_2S_4$ 正交晶系	$ZnGa_2O_4$ 尖晶石	Zn_2SiO_4 铍石硅
晶格常数/nm	0.540 9	0.569 7	0.601 9	a=2.009 b=2.009 c=1.211	a=2.084 b=2.049 c=1.221	8.37	
离子性	0.623	≥0.785	—	—	—	—	—
E_g/eV	3.83	4.41	4.30	4.20	4.40	4.40	5.40
介电常数	8.32	7.30	9.40	15.0	1.40		

表 11-20 列出当前发光效率最高的 FEL 三基色发光材料和白光 FEL 材料。正在研究开发的氧化物和氟化物基质发光材料还有,Zn_2SiO_4:Mn^{2+}、$ZnGa_2O_4$:Mn^{2+}、ZnF_2:Mn^{2+}、ZnF_2:Gd^{3+}、CaF:Eu^{2+} 等。还研究超晶格 FEL,如掺 Mn 的 CdTe(2nm～3nm)/Zn(3nm～8nm)等。

表 11-20 FEL 材料

发光材料	发光颜色	CIE_x	CIE_y	亮度/(cd/m²)60Hz	光流明效率/(lm/W)
ZnS:Mn	黄色	0.5	0.50	300	3～6
CaS:Eu^{2+}	红色	0.68	0.31	12	0.2
ZnS:Mn(加滤光片)	红色	0.65	0.35	65	0.8
ZnS:Tb	绿色	0.30	0.60	100	0.6～1.3
SrS:Ce	蓝色	0.30	0.50	100	0.8～1.6
$SrGa_2S_4$:Ce	蓝色	0.15	0.10	5	0.2
ZnS:Mn	蓝色	0.15	0.19	10	0.3
SrS:Ce	白色	0.44	0.48	470	1.5

11.7.2 有机电致发光材料

1987 年,Tang 等人首次报道了非晶体有机电致发光器件(OLED),1990 年 Burroughes 等人报道了第一个高分子电致发光器件。有机电致发光(OEL)具有驱动电压低、反应时间短、发光亮度和发光效率高、易于调制颜色等,可用于超薄大面积平面显示、可折叠的"电子报纸"以及高效率的野外和室内照明等。在无机电致发光中发出蓝色光是一个难题,但在 OEL 中却容易得到高亮度的蓝色光。因此,OEL 已经成为当前 EL 领域的研究热点之一。

好的电致发光材料应有利于空穴和电子的注入。即具有较小的阈值电流 I_{th} 和较大的电子亲和能。图 11-11 为一些有机电致发光材料。OEL 中空穴传输层起电子阻挡层作用。图中 TPD 和 NPB 是典型的空穴传输材料。Alq、BAlq、BeQ_2、DPVBi 等材料是基质材料。其中 Alq 是最常用的材料,电子迁移率为 $10^{-5}cm^2/(V/s)$,电致发光响应速度小于 $1\mu s$,一般发光层厚度为 100nm,驱动电压为 10V 左右。这些基质材料中掺入少量二苯嵌蒽、香豆素 6、AO、MQA、OA、DCJT 等荧光材料而得到较高的发光效率。例如,Alq 或 BAlq 材料中掺入香豆素 6、OA、DCJT 得到绿光和红光,掺入二苯嵌蒽得到蓝光。DPVBi

基质材料本身就是较好的蓝光材料。由这些材料制成 OEL 器件,其结构为 ITO/HTL/EML(ETL)/MgAg,其中 HTL 指空穴传输层,EML 指发光材料层,ETL 指电子传输层。表11-21 列出 Alqs(8 羟基喹啉的 Al 配合物)三基色发光特性。表11-21 说明,OEL 光流明效率高,绿光色度接近 CRT,但蓝光和红光色度纯度低。这是由于光谱谱带宽,需要调整掺杂浓度,改进半宽度。改进基质和掺杂剂可提高流明效率,如 OA 掺入到 BeQ_2 得到绿光,流明效率为 15lm/W。

近年发现并研究了许多聚合物电致发光材料,如共轭聚合物、含金属配合物的聚合物、掺杂的聚合物等。聚对亚苯基亚乙烯基(PPV)及其衍生物是最早报道的聚合物电致发光材料。PPV 及其衍生物的主要特点有:①大多同时具备电子、空穴和发光三项功能,单独制膜即可制备器件;②通过共轭链骨架上取代基的修饰或通过控制共轭链的长度,可以得到不同波长的发射光;③薄膜制备工艺简单,成膜性好,可制备大面积发光层,成本低;④容易实现软屏显示,即全塑的平面显示器。聚噻吩及其衍生物也是一类很好的电致发光显示材料。在 ITO 电极上涂布一层聚二氧乙基噻吩(PEDOT)/聚对苯乙烯磺酸(PSS),能够显著降低空穴注入界面的阳极能垒高度,从而极大提高发光效率,降低驱动电压,延长器件的寿命,显著改善器件的综合性能。

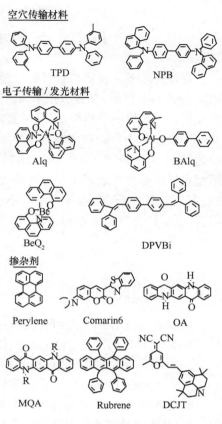

图 11-11 有机电致发光材料

表 11-21 Alqs 发光特性

发光颜色	蓝	绿	红	发光颜色	蓝	绿	红
基质材料	Balq	Alq	Alq	CIE_y	0.194	0.619	0.381
掺杂材料	芘	香豆素	DCJT	驱动电压/V	10	8	9
亮度/(cd/m²)	355	1980	770	流明效率/(lm/W)	0.56	3.9	1.3
CIE_x	0.163	0.263	0.616				

此外,聚呃二唑及其衍生物是一类性能优良的电子传输材料,三苯胺类(TPA)类聚合物有良好的空穴传输性能。聚烷基芴类被认为最有希望商业化的蓝光材料。已用于 OEL 的聚合物还有聚对苯(PPP)、聚对亚苯基亚乙炔(PPE)、聚吡咯(PPY)、聚对吡啶乙烯撑(PPYV)、聚乙烯咔唑(PVK)、聚喹啉铝、双 8-羟基喹啉锌及双 8-羟基喹啉、席夫碱-锌等。目前 OEL 的半寿命一般为几千小时,已具备了应用条件。OEL 薄膜厚度一般为 100nm,因微小的厚度不均匀或微晶物等容易引起电击穿,成膜过程中应防止各层膜材料结晶化。另外,如有机材料与电极直接接触,容易与氧或水分产生化学反应,影响寿命,是当前 OEL 应用中的难题之一。

11.8 光显示技术与材料的发展前景

现代光电显示技术与材料的发展已经能够为人类社会提供丰富多彩的 CRT、LCD、PDP 等产品。目前，光显示技术正向着高分辨力、大显示容量；平板化；大型化；便携式方向发展。计算机显示器与 HDTV 要求每帧图像像素的分辨力在 1000 行以上，像素组在 200 万以上。CRT 的对角线尺寸最大已经达到 45 英寸(1143mm)、LCD 的对角线尺寸已经达到 60 英寸(1500mm)、PDP 的对角线尺寸最大已经达到 100 英寸(2500mm)。许多新型光显示器件应运而生。数字光处理技术、数字打印全息图、视频全息、全息屏、液晶硅、发光塑料、电子纸、电子屏幕等不断涌现。可以相信，随着科学技术的进步，必将出现更多、更新的光显示技术和材料。

习题与思考题

1. 光电显示技术大致可分为哪三大类？发展趋势是什么？
2. 发展迅速的液晶显示技术大体上有哪几种类型？
3. CRT 和 FED 的主要区别是什么？
4. 什么是直接跃迁？什么是间接跃迁？它们的发光效率如何？
5. 液晶大致上可分为哪三大液晶相？
6. 为什么要在基板上涂敷取向材料后再安装液晶材料？
7. 简述各类 LCD 的特点和应用范围，对液晶材料及其辅助材料的基本要求。
8. 试给出一种新型光显示技术的范例。

第 12 章　纳米电子材料

纳米科学与技术是 21 世纪科技产业革命的最重要内容之一,纳米科技将改变几乎每一种人造物体的特性。纳米科技是高度交叉的综合性学科,包括物理、化学、生物学、材料科学和电子学。它不仅包含以观测、分析和研究为主线的基础学科,同时还有以纳米工程与加工学为主线的技术科学,所以纳米科学与技术也是一个融前沿科学和高技术于一体的完整体系。纳米是十亿分之一米,即 $1\ nm=10^{-9}m$,纳米材料通常是指材料在某一维、二维或三维方向的尺度在 1nm～100nm 之间的一类材料。按照纳米材料的几何形状特征,纳米材料可以分为:①纳米颗粒或粉体(零维);②碳纳米管和其它一维纳米线、纳米管(一维);③纳米带材和纳米薄膜(二维);④纳米胶体晶体(三维);⑤中孔或介孔材料,入分子筛、多孔硅和⑥有机纳米材料等。纳米科学技术则是研究在纳米尺度下原子、分子和其它类型物质的运动和变化的科学,同时实现对纳米材料的原子、分子进行操纵和加工超细微加工的技术。

12.1　纳米碳管

20 世纪 70 年代,法国科学家恩杜(Endo)利用气相生长技术制成了直径为 7nm 的碳纤维。与此同时,日本科学家饭岛(S. Iijima)也独立发现了超细的管状碳纤维结构。遗憾的是,他们都没有对这些碳纤维结构进行细致的研究和表征。20 世纪 80 年代中期在对 C_{60} 的富勒烯结构研究的基础上,人们意识到碳存在无限种近似石墨结构的可能性。1991 年,饭岛等在石墨放电的灰烬中发现了碳纳米管,由于碳纳米管具有极其完整的结构,表现出具有很高的杨氏模量和抗拉强度,依据其结构的螺旋性和直径的不同,可以表现出金属、半导体和绝缘体等不同的导电特征,因而在研究介观领域的基本物理问题和新颖纳米器件研制方面具有重要的应用前景。利用碳纳米管的上述性质,已经开发出先进的扫描探针、具有整流特性的纳米碳管电子器件和可用于平板显示的场致发射电子源。

电弧放电法和激光蒸发法是目前获得高品质纳米碳管材料主要方法。这两种方法的核心是利用 3000℃ 以上的局部高温将碳源蒸发,形成可供碳纳米管生长的碳原子,因而限制了合成碳纳米管的数量,制约了碳纳米管的规模化生产。同时,与碳的其他存在形式与金属催化剂颗粒混杂,不利于对碳纳米管的提纯、操纵和组装,对碳纳米管器件的构建极为不利。因此,发展可控合成技术获得碳纳米管的有序结构,对于研究碳纳米管的基本性质和探索碳纳米管的潜在应用是一条重要而切实可行的途径。碳纳米管合成的目标是实现对碳纳米管生长的位置、图形和方向以及碳纳米管的螺旋度、直径和形态缺陷等原子结构进行控制。采用化学气相沉积法,在不同的衬底上实现了多壁碳纳米管和单壁碳纳米管的生长。图 12-1 是碳纳米管的高分辨电子显微照片。

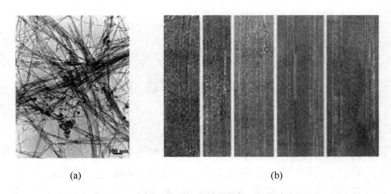

图12-1 纳米碳管的高分辨电子显微镜照片
(a)单壁碳纳米管；(b)从左到右为SWNT,MWNT(包含2层、3层、4层石墨片层)。

12.1.1 纳米碳管的结构

理想纳米碳管是由碳原子形成的石墨烯片层卷成的无缝、中空的管体，侧面由碳原子六边形组成，长度一般为几十纳米至微米级，两端由碳原子的五边形封顶。图12-2为碳纳米管的结构。单壁碳纳米管可能存在三种类型的结构：单壁纳米管、锯齿形纳米管和手性型纳米管。

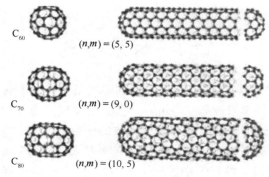

图12-2 纳米碳管的结构

石墨烯的片层一般可以从一层到上百层，SWNT的直径一般为1nm～6nm，最小直径大约为0.5nm，与C_{36}分子的直径相当，但SWNT的直径大于6nm以后特别不稳定，会发生SWNT管的塌陷，长度则可达几百纳米到几个微米。因为SWNT的最小直径与富勒烯分子相似，故也有人称其为巴基管或富勒管。MWNT的层间距约为0.34nm，直径在几个纳米到几十纳米，长度一般在微米量级，最长者可达数毫米。由于纳米碳管具有较大的长径比，所以可以把其看成为准一维纳米材料。

纳米碳管中的碳原子以sp^2杂化，但是由于存在一定曲率，所以其中也有一小部分碳属sp^3杂化。在不考虑手性的情况下，SWNT可以由两个参量完全确定（直径和螺旋角或两个表示石墨烯的指数(n,m)或者螺旋向量Cn和垂直向量T），MWNT则需要三个以上的参数表示。

12.1.2 碳纳米管的制备

常见的碳纳米管的制备方法有电弧放电法、激光闪蒸法和化学气相沉积法。制备的基本原理是利用电弧放电，或激光蒸发过程中产生的局部高温使碳原子和铁、钴、镍等金属催化剂原子气化、沉积形成碳纳米管。而化学气相沉积法是利用沉积区的高温，活化含碳的烯烃和铁、钴、镍等金属催化剂在金属催化剂诱导下形成碳纳米管。

12.1.2.1 取向多壁碳纳米管的制备

在 CVD 生长过程中，控制碳纳米管取向的早期方法，是让其在受限的环境中（如介孔硅的细孔或氧化铝孔道中）生长。事实上，碳纳米管在 CVD 生长过程中，可以自组织成规则排列的结构，而且这个自我排列的动力就是碳纳米管之间的范德华力。通过合理地设计衬底以增强催化剂衬底间的相互作用，以及控制催化剂颗粒的大小等，可以具有特殊图形碳纳米管排列方式。将硅衬底是在 HF/甲醇溶液中电化学腐蚀 n 型硅片得到的多孔硅。如此处理过的衬底表面将形成位于宏观多孔层（孔径为亚微米量级）上的纳米多孔薄层（孔径约为 3nm）。多孔硅衬底上的催化剂方形阵列图案是透过掩膜蒸镀 5nm 厚的铁膜得到的。将该衬底置于直径 2 英寸的管式炉中，在 700℃温度下通入流量为 $1000cm^3/min$（标准状态）的乙烯气流 15min～60min 进行 CVD 生长。图 12-3 所示的扫描电镜像，即为生长在多孔硅衬底表面方形铁（催化剂）图案之上的具有规则间隔的柱状碳纳米管束阵列。这些碳纳米管柱都展现出非常尖锐的边缘和棱角，而且没有零星的碳纳米管从柱体中旁逸斜出。碳纳米管的长度，也就是碳纳米管柱的高度可以通过改变 CVD 生长过程的时间，将其控制在适当的范围内，而柱体的宽度和轮廓则由掩膜的形状来控制。

图 12-3 多壁碳纳米管柱状束阵列的扫描电镜像

碳纳米管自取向的机制与碳纳米管的底端生长模式有关。由于多孔硅衬底上的纳米多孔层是优良的催化剂载体，故而形成于该纳米多孔层上的铁催化剂颗粒将和衬底发生强烈的相互作用并牢牢贴附在衬底表面。CVD 生长过程中，碳纳米管的最外层与其邻近碳纳米最外层通过范德华力相互作用形成管束从而使得所有碳纳米管的生长都垂直于衬底表面。在自取向碳纳米管的合成中，多孔硅衬底比平面硅衬底更具优势：在同时包含有多孔硅和平面硅两部分的衬底上生长碳纳米管时发现，碳纳米管在多孔硅上的生长速度较之在平面硅上的要高。该结果意味着，乙烯分子可以渗透过宏观多孔硅层从而有效地维持碳纳米管柱中内部和外部碳纳米管的生长。由于在多孔的衬底表面上有利于形成尺寸分布范围很窄的催化剂纳米颗粒，因此在多孔的衬底表面上有利于形成尺寸分布范围很窄的催化剂纳米颗粒，因此生长于多孔硅衬底上的碳纳米管的直径便显示出良好的单分散性，并且催化剂-衬底之间较强的相互作用能防止催化剂颗粒在高温的 CVD 过程中发生团聚。

12.1.2.2 单壁碳纳米管的制备

化学气相沉积法已经成功地用于制备多壁碳纳米管，但直到最近才得以利用 CVD 方法合成出高品质的 SWNTs。以甲烷作为碳源，并以承载于大表面积的氧化铝之上的氧化铁纳米颗粒作为催化剂，就可以在CVD过程中生长出结构完好的SWNTs。生长过程在高温环境(850℃～1000℃)下进行，以克服在形成小直径(<5nm)SWNTs时的高应变能，最终获得几乎没有缺陷的管状结构。选择甲烷作为碳源是采用CVD方法制备SWNTs的关键。研究表明，甲烷在高温下非常稳定，没有明显的自热解。这种稳定性能防止容易使催化剂中毒并包覆碳纳米管的无定形碳的形成。于是，过渡金属催化剂颗粒对甲烷的催化分解便成为SWNTs生长中的最主要过程。

在使用甲烷的CVD方法中，催化剂材料的化学特性和结构特性决定着SWNTs的产量和质量。优化催化剂可以合成大量高品质的SWNTs。目前，常用的催化剂由Fe/Mo双金属元素构成，以氧化铝-硅混合材料制得的溶胶-凝胶作为其载体。图12-4为以Fe-Mo为催化剂合成的大量SWNTs的透射电镜像。该图像显示出大量无缺陷和不受无定形碳包覆的单极及成簇的SWNTs。其直径分布在0.5nm～0.7nm范围，1.7nm左右数量最多。质量增益研究表明，碳纳米管的产量可高达催化剂质量的45%。系统的研究发现，用于合成SWNT的良好的催化剂材料必须具有较强的金属—载体相互作用，具备大的表面积和孔洞体积，并能在高温下保持这些特性而不致烧结。强烈的金属—载体相互作用使得金属高度分散，形成高密度的催化点。催化剂的开孔结构则可以促成作为反应物的碳氢化合物及其中间产物的有效扩散。由于介孔体积较大的催化剂能提供较高产量SWNT，SWNT的CVD生长过程中气体的扩散起到了控制速度的作用。

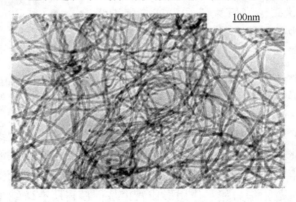

图12-4 以Fe-Mo为催化剂合成的大量SWNTs的透射电镜像

12.1.2.3 阳极氧化铝(AAO)模板合成碳纳米管阵列

可以利用氧化铝模板合成与气相催化生长相结合的方法来生长有序碳纳米管及其阵列。多孔氧化铝模板通常是在硫酸或草酸溶液里通过阳极腐蚀法来制备的。这种模板由六角形的柱状纳米孔组成，孔的分布高度有序，孔径均匀而且可以在较大范围内可调(5nm～300nm)，孔的深度一致并也可在较大范围内改变(几十纳米到几百微米)。利用这种有序孔结构特点的模板来限制碳纳米管的生长，有望实现碳纳米管的尺寸、取向和形状的可控。该方法的一般过程：先用电化学沉积方法在模板的孔内引入金属(如Fe、Co、Ni及其合金)纳米颗粒催化剂，然后在Ar或N_2与碳氢气体(如甲烷、乙烯、乙炔等)混合气氛中，通过催化热解碳氢化合物来制备碳纳米管。利用该方法可以获得直径一致、呈有序排列的碳纳米管阵列。这种碳纳米管阵列特别适合于碳纳米管基本性质的研究和场发射方面的应用。所生长的碳纳米管是单分散的(即每个孔内只长一根碳纳米管)、开口的,因而特别适合于在碳纳米管内填充其他物质。

实验发现,碳纳米管的直径强烈依赖于模板孔的尺寸,由于模板孔的直径是可调的,因而可以通过改变模板孔的尺寸来调整所制得的碳纳米管的直径。碳纳米管直径的可调为研究其性质(如场发射性质)与尺寸之间的相关性提供了便利。

在模板法合成碳纳米管的过程中,除了金属纳米颗粒的主催化作用外,模板的孔壁本身也对碳纳米管的生长起到辅助催化的作用,这使得生长的碳纳米管的形状依赖于孔的形状。氧化铝模板孔的形状除了直径之外,还可以通过改变制备模板的条件得到其他形状的孔。因此,如果选择不同孔形的模板,便可生长不同形状的碳纳米管,即实现了碳纳米管的形状可控。在适合的条件下,可以获得高度有序排列的碳纳米管阵列,这种碳纳米管阵列对研究不同直径的碳纳米管场发射性质是非常重要的。不过该方法也有一些不足的地方,如所制备的碳纳米管尺寸较大,难以获得单壁的碳纳米管;所制备的碳纳米管的石墨化程度不够高,也限制了它的性能发挥。

12.1.3 碳纳米管的应用

在碳纳米管/金属基复合材料中,碳纳米管可作为金属的增强材料来提高金属的强度、硬度、耐摩擦、磨损性能以及热稳定性。在纳碳米管/陶瓷基复合材料,碳纳米管在基体中可以增强增韧,同时对基体的某些性能有一定的改善作用。碳纳米管作为导电、导热添加物制备功能性复合材料是碳纳米管复合材料的研究重点。碳纳米管具有一定吸附特性,由于吸附的气体分子与碳纳米管发生相互作用而引起其电阻可发生较大改变,通过检测其电阻变化可检测气体成分,因此单壁碳纳米管可用作气体分子传感器。采用碳纳米管作为场发射平板显示器,可以提高画面的清晰度,电耗低,辐射小和寿命长等一系列优点。

碳纳米管电化学储氢容量高,可用于高容量储氢材料或新型电池。纳米碳管还可以有望用于锂离子电池负极材料、电化学电容器、真空电源开关、场发射电子枪以及制版技术等。纳米碳管的直径小,其孔结构适合大量气体的迅速吸附和脱附,而且不同条件的表面处理可改变纳米碳管表面的官能团,使其具有不同的选择吸附作用,因此可用来控制不同种类的污染。碳纳米管还可以用作新型催化剂载体,比传统的催化剂载体(Al 或 Si)具有更大的优越性。碳纳米管作为新型的碳材料,其应用领域将越来越广阔。

12.2　宽禁带化合物半导体纳米材料

由于硅、锗的 k 空间能带结构均为间接带型,电子在价带和导带间的跃迁概率极小。另外硅、锗的价带与导带间的能隙约为:$E_g^{Si}=1.12eV$,$E_g^{Ge}=0.67eV$,因此仅能红外波段才能发生效率极低光电转换现象。为了能在可见光波段实现高效率的光电转换,宽禁带半导体材料越来越为人们所重视。化合物半导体材料通过调制材料组分和参杂,可以改变其物性:化合物半导体纳米材料由于纳米材料特有的量子限域效应,导致的能带宽化,使光致发光现象蓝移;氧化锌和氮化镓纳米材料由于结构完整、带宽适中而倍受青睐。

12.2.1 氧化锌纳米材料的制备和应用

ZnO具有许多优异的特性,如熔点高,热稳定性好,机电耦合性能好,电子诱生缺陷浓度低,原料廉价,无毒性。因此,作为一种压电、压敏和气敏材料,ZnO很早便得到应用。ZnO还是一种新型的Ⅱ-Ⅵ族宽禁带化合物半导体材料,由于其紫外受激发射强度随温度升高迅速猝灭,因而作为光电子材料的研究一直受到冷落。直至在室温下观测到ZnO微晶薄膜(具有纳米结构)的光泵激光发射,因其激子结合能(60meV)比GaN(25meV)、ZnSe(22meV)高,可在室温及更高温度下工作。而且,ZnO的光增益系数($300cm^{-1}$)高于GaN($100cm^{-1}$),这使ZnO迅速成为短波半导体激光器件材料研究的国际热点。在纳米颗粒体系中,由于量子限域效应,光电载流子被束缚而形成很高的局域密度,使其低压、短波特征更明显,并且易实现短波光发射和紫外激光发射。同时,纳米ZnO表现出很强的界面效应,使其比体材料及其它金属氧化物材料有更高的导电率、透明性和传输率等。此外,纳米ZnO能有效地置入一定介质体系或经特殊条件处理,改变其光谱发射结构并增强可见光(两个量级)和紫外(1个量级)光的发射强度。最近,利用纳米ZnO的自组装行为获得了一些特殊形态和性质的纳米结构(如纳米棒、纳米带、纳米柱等),并得到ZnO纳米线阵列激光器件。

目前,氧化锌纳米材料的制备研究主要集中在纳米颗粒、纳米线和纳米薄膜等纳米结构上。大体上可以分为化学法制备和物理法制备。其中化学合成工艺在材料制备中具有无可比拟的优越性:生产成本低,生长条件适中,装置简单,操作容易,颗粒尺寸小。而物理方法常用来获得大面积的纳米薄膜和纳米线及其阵列。

12.2.1.1 化学方法制备纳米氧化锌颗粒

化学合成工艺具有生产成本低、生长条件要求低、装置简单、操作简便等诸多优点,但有机溶剂的介入使ZnO的纯度不太高。常用来制备纳米ZnO的化学方法有:共沉淀法、溶胶—凝胶法、乳胶法、水热合成法、电化学沉积法和电泳法等。

常用的溶胶—凝胶(sol-gel)法及共沉淀法等化学合成方法制备ZnO纳米颗粒的基本原理为:用锌盐与碱在有机醇溶液中反应得到原生ZnO胶体或沉淀,然后脱水、干燥处理得到纳米颗粒,或直接淀积到衬底材料上得到纳米颗粒膜。这类方法可在短时间内获得高浓度、小颗粒(<5nm)的单一分散体系的ZnO纳米微粒。电化学沉积和电泳法也是制备良好纳米ZnO颗粒和膜的重要方法。电解反应池以金属为牺牲阳极,不锈钢为阴极,非水反应介质及稳定剂添加在电解池中,可通入一定气氛,胶体颗粒淀积在池底部的衬底基片上。这种方法可用于制备多种金属氧化物纳米颗粒。图12-5为溶胶—凝胶法制备的氧化锌纳米微粒的透射电子显微镜照片,图中小图是单个氧化锌纳米微粒的高分辨透射电子显微镜图像。

利用化学方法可有效地对纳米ZnO进行表面修饰。在纳米ZnO表面添加适当的覆盖层材料,改变表面形貌使其表面钝化,以减少表面缺陷和悬键。常用有机物作为覆盖层材料,如有机物聚乙烯吡咯烷酮(PVP)和四辛烷基溴化铵(TOAB)等。常用溶胶-凝胶和电化学沉积方法实现ZnO的表面修饰。图12-6为化学气相沉积制备的各种形貌的纳米氧化锌材料的各种形貌图。

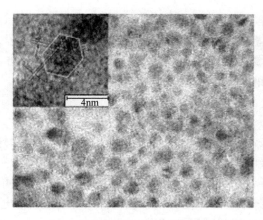

图 12-5 Sol-Gel 法制备的 ZnO 纳米微粒的 TEM 照片
（插图是单个 ZnO 纳米微粒的 HTEM 图像）

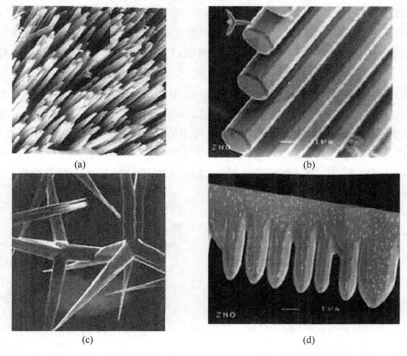

图 12-6 化学气相沉积制备的各种形貌的纳米氧化锌材料
(a)纳米氧化锌阵列；(b)纳米氧化锌棒；(c)四角针状纳米氧化锌；(d)梳妆纳米氧化锌。

12.2.1.2 物理方法制备氧化锌纳米线

常用物理方法来获得大面积 ZnO 纳米膜及特殊结构的氧化锌纳米结构。因物理方法的生长环境稳定,生长条件可控,易实现定向,定型生长,是可以获得优良光电性能的材料。这类方法能将反应物质离解成自由离子,然后在一定的低温环境下重新发生键合,形成完整有序、成分均匀、性能稳定的 ZnO 纳米颗粒或纳米膜。但物理方法往往设备昂贵,不易大批量生产。常用物理方法有：脉冲激光沉积、分子束外延、磁控溅射、喷雾热解、球磨合成、等离子体合成、气相反应、热蒸镀和金属氧化等。上述方法大部分是用高能粒子束轰击或直接加热高纯 ZnO 靶材,使其离化后淀积到低温衬底上(如 Al_2O_3,Si 等)而得,所以 ZnO 纳米膜的质量与离化速率(取决于轰击粒子束能量)、温差控制、环境气氛等因素有关。金属 Zn 直接氧化获得纳米 ZnO 是一种非常简易的新方法,但同时存在氧化不完全的问题,使获得的纳米 ZnO 常伴有氧空位存在。

12.2.1.3 纳米氧化锌的应用

纳米氧化锌可用来制造远红外线反射纤维的材料,俗称远红外陶瓷粉。这种远红外线反射功能纤维通过吸收人体发射出的热量,可以再向人体辐射一定波长范围的远红外线,除了可使人体皮下组织中血液流量增加,促进血液循环外,还可遮蔽红外线,减少热量损失,故此纤维较一般纤维蓄热保温。纳米氧化锌还可制成抗静电涂料及白色导电纤维,同时其调色优于常用导电材料碳黑,应用更为广泛。

氧化锌是一种半导体催化剂的电子结构。在光照射下,当一个具有一定能量的光子或具有超过这个半导体带隙能量 E_g 的光子射入半导体时,一个电子从价带激发到导带,而留下了一个空穴。价态电子跃迁到导带,价带的孔穴把周围环境中的羟基电子抢夺过来使羟基变成自由基,可以作为强氧化剂而完成对有机物(或含氯)的降解,将病菌和病毒杀死。

氧化锌是很好的光致发光材料,可利用紫外光、可见光或红外光作为激发光源而诱导其发光。图 12-7 为纳米氧化锌的光致发光谱及纳米氧化锌的光泵浦激发光谱。氧化锌的氧化锌在室温下拥有较强的激发束缚能,可以在较低激发能量下产生有效率的放光。氧化锌是在蓝紫外光或见光区颇有发光潜力的材料,近来广泛应用于平面显示器上或一些特殊功能的颜料上,在一定能量的光照下,颜料呈红色,而无光照时呈黑色。

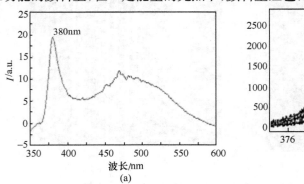
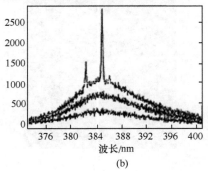

图 12-7 纳米氧化锌的光致发光谱及光泵浦激发光谱
(a)纳米氧化锌的光致发光谱;(b)纳米氧化锌的光泵浦激发光谱。

12.2.2 氮化镓纳米线的制备

在宽禁带半导体材料中,SiC 和 ZnSe 长期以来一直是研究开发的重点,尽管 SiC 是间接带型半导体材料,其蓝光 LEDs 的发光亮度很低,但 SiC 蓝光 LEDs 在 GaN 蓝光 LEDs 实现商品化之前仍是唯一商品化 LEDs 产品。而 ZnSe 材料由于实现能蓝光 LDs 达数小时之久,更成为重点研究的材料。GaN 材料由于没有合适材料作为衬底(常用蓝宝石衬底与 GaN 的晶格失配达 14%)、位错密度大、材料的 n 型本征浓度太高而无法实现 p 型掺杂。由于发展平板显示技术的需要,在 20 世纪 80 年代末,成功地研发出了 GaN 基 LEDs 蓝光发光二极管,并很快实现商品化。

12.2.2.1 氮化镓的性质

Ⅲ族氮化物,主要包括 GaN、AlN、InN($E_g<2.3V$)、AlGaN、GaInN、AlInN 和 AlGaInN 等,其禁带宽度覆盖了红、黄、绿、蓝、紫和紫外光谱范围。在通常条件下,它们以六方晶系的铅锌矿结构存在,但在一定条件下也能以立方晶系的闪锌矿结构存在。表 12-1 给出了两种结构的 AlN、GaN 和 InN 在 300K 时的带隙宽度和晶格常数。GaN 材料非常坚硬,其化学性质非常稳定,在室温下不溶于水、酸和碱,熔点较高,约为 1700℃。GaN 的电子室温迁移率目前可以达 $900cm^2/(V·s)$。在蓝宝石衬底上生长的 GaN 样品存在较高($>10^{18}/cm^3$)的 n 型本底载流子浓度,现在较好的 GaN 样品的本底 n 型载流子浓度可以降到 $10^{16}/cm^3$ 左右。由于 n 型本底载流子浓度较高,制备 p 型 GaN 样品的技术难题曾经一度限制了 GaN 器件的发展。1988 年,Akasaki 等人首先通过低能电子束辐照(IEEBI),实现掺 Mg 的 GaN 样品表面 p 型化。随后,Nakamura 采用热退火处理技术,更好更方便地实现了掺 Mg 的 GaN 样品的 p 型化,目前已经可以制备载流子浓度在 $10^{11}/cm^3 \sim 10^{20}/cm^3$ 的 p 型 GaN 材料。

表 12-1 两种结构 AlN、GaN、InN 的带隙宽度和晶格常数(300K)

	AlN	GaN	InN
纤锌矿结构			
带隙宽度/eV	6.2	3.39	1.89
晶格常数 a/nm	0.3112	0.3189	0.3548
晶格常数 c/nm	0.4982	0.5185	0.5760
闪锌矿结构			
带隙宽度/eV	5.1	3.2~3.3	2.2
晶格常数/nm	0.438	0.452	0.498

在 GaN 材料体系中,GaInN 的使用最为广泛。这是因为 GaInN 为直接带隙材料,通过改变 In 组分,可以调整发光波长,发光范围基本可以覆盖整个可见光光谱;另外 GaInN 的电子迁移率较高,适合制作高频电子器件。但是在 In 组分较大时,GaInN 同 GaN 或 AlN 的晶格失配较大,材料生长较为困难。

12.2.2.2 氮化镓纳米棒的制备

利用高温下氨气和金属镓蒸气发生反应,可以获得氮化镓。在实际生长过程中,通过对氮化镓的尺寸加以限制,可以获得氮化镓纳米线。图 12-8 是在碳纳米管表面形成的氮化镓纳米线的透射电子显微镜照片。利用气相—液相—固相反应生长原理,以氨气和金属镓作为反应物,利用镍、钴和金等作为金属催化剂,可以在不同的衬底(硅、蓝宝石等)上实现氮化镓纳米材料的制备,图 12-9 是化学气相沉积法的氮化镓纳米棒的扫描电子显微镜照片,图中小图是氮化镓纳米棒的透射电子显微镜照片。纳米棒顶端的金属催化剂颗粒既是氮化镓纳米棒的生长点,同时又对纳米棒的尺寸起限制作用。

图12-8 氮化镓纳米线的高分辨透射电子显微镜照片

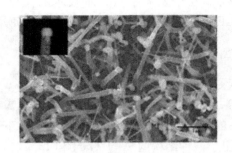

图12-9 化学气相沉积法的氮化镓纳米棒的扫描电子显微镜照片
(图中小图是氮化镓纳米棒的透射电子显微镜照片)

12.2.2.3 GaN 的应用

GaN 基短波长激光器在信息存储、显示、打印等领域有着广泛的应用前景，GaN 基大功率蓝光 LED 是下一代固态照明光源的基石。利用 GaN 材料体系，可以制备蓝、绿光 LEDs、蓝紫、紫外光 LDs 以及高频、大功率电子器件以及紫外（UV）光探测器。利用 MOCVD 生长技术和多缓冲层生长方式，降低位错密度可以制备高品质氮化镓基材，通过激光无损剥离蓝宝石基氮化镓，并进行 FIB、表面压膜制备光子晶体、干法、湿法腐蚀粗化出光表面等以提高出光效率。已经制备出了 GaN-基白光光源用高亮度 LED 芯片、具有自聚焦透镜作用的周期性结构的 LED 芯片，垂直结构与平面结构的激光剥离的芯片，也制备出了电注入多种结构的 GaN 基激光二极管，实现了波长为 405nm 的电注入条型和脊型波导 GaN 基激光二极管的受激发射。

12.3 半导体超晶格

天然的晶态半导体材料，是原子在空间作周期性排列构成的。这种周期性是自然形成的，它使每种半导体都具有其特有的能带结构。如果用天然半导体材料晶格常数的若干倍做周期，将两种材料 A、B（可以是禁带不同的材料，也可以是导电类型不同的材料）按不同方式组合生长在一起，就可以构成异质结、量子阱或超晶格等原来在自然界并不存在的新材料。现在若按 B-A-B 方式组合生长成材料，并假设 B 材料的禁带大于 A 材料，A 层中处于在能带边缘附近的电子或空穴若进入两侧的 B 层，其能量显然是处在 B 材料的禁带内。只要 B 层不是十分薄，它们将几乎会被完全反射回来。换句话说，电子和空穴将被限制在 A 层内，就好像落入热能陷阱之中一样。这种约束电子和空穴的特殊能带结构称为"量子阱"。这时，阱中电子能量不再能取连续值而只能取少数特定的分离值。如果分隔量子阱 A 的势垒材料 B 比较薄，不同阱之间存在有足够强的状态耦合，上述按 B-A-B 方式人工生长出的周期性结构就成为超晶格。这里"超"的含义是指在天然的周期性以外又附加了人工周期性。超晶格是人工制作的，是按天然材料晶格常数的若干倍周期排列而成。人工附加的周期性必然使超晶格材料具有原来天然半导体材料不具备的、十分独特的性能。例如在体材料中电子和空穴可以在 x、y、z 的三维空间作自由运动。

到了量子阱中,电子和空穴沿阱宽方向的运动因受势阱的限制不再能作自由运动,它们只能在 x、y 的二维平面内作自由运动。如果进一步附加维度限制,电子、空穴的运动即可成为一维自由(量子线),甚至成为完全受限(量子点)。电子运动状态由三维向二维、一维甚至零维的转变使量子阱、量子线和量子点中的电子态发生了重大变化,因而也使得这类低维半导体表现出崭新的重要特性。

12.3.1 半导体超晶格结构

1970 年,美国 IBM 实验室的江崎和朱兆祥提出了超晶格结构的概念。他们设想,如果用两种晶格匹配很好的半导体材料交替地生长周期性结构,每层材料的厚度在 100nm 以下,则电子沿生长方向的运动将会产生振荡,可用于制造微波器件。他们的这个设想两年以后利用分子束外延设备得以实现。图 12-10 为半导体超晶格的显微结构。

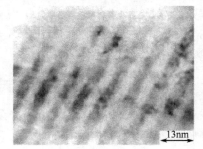

图 12-10 半导体超晶格的显微结构

按超晶格的组成材料性质来分类,有 Ⅲ-Ⅴ、Ⅱ-Ⅵ、Ⅳ-Ⅵ 化合物半导体超晶格,Ⅳ 族元素半导体和非晶半导体超晶格;按组成材料间的晶格匹配状态来分类,又可以分成匹配和应力超晶格。此外,还有组分可调超晶格和掺杂超晶格等。但最通用的分类方法是按异质结界面能带衔接状态来划分:

Ⅰ 类跨立型——窄能隙半导体的导带底价带顶均被宽能隙半导体的禁带所包容。其中以 GaAS/AlAs,GaSb/AlSb,AaAs/GaP 为典型代表。在这些材料体系内,无论是电子还是空穴在实空间中均被限制在作为量子阱的窄能隙材料之中。

Ⅱ 类错开型——宽、窄能隙材料的禁带相互错位,使一种材料的禁带不再能完全包容另一种材料的禁带,结果使电子和空穴分别被约束在不同的组成材料之中。

Ⅲ 类破隙型——它是 Ⅱ 类错开型的一种特例。由于两种禁带的相互错位很大,结果使一种材料的导带底低于另一种材料的价带顶,如 GaSb/InAs 体系中 GsSb 的价带顶高于 InAs 导带底。该体系实际上已由半导体转变成半金属。

Ⅳ 类零隙型——典型的材料体系有 HgTe/CdTe。由于 HgTe 能带边 T_6、T_8 相相位置逆转形成零能隙半导体,CdTe 的 T_8 轻空穴带变为 HgTe 的导带,它们相互间的能量差为 40meV。

异质界面处的能带边不连续性在很大程序决定了超晶格、量子阱的所有性质,因而是器件设计十分重要的参数。但要正确定出能带边不连续性并非是件容易事,需要有更好的理论处理方法、高质量的异质外延和准确测定异质界面处能带边不连续性的实验方法。

早期的半导体器件是由单一的半导体材料组成的,人们把这类器件称为同质结器件。在同质结器件内,载流子的运动由半导体中的杂质分布所决定(这类器件设计与研制称为杂质工程)。在很长一段时间内,这种同质结器件,包括双极型器件与 MOS 器件是半导体电子学的基础。但自 20 世纪 70 年代起,随着化合物半导体的研究与发展,人们开始了异质结器件的研究。异质结器件是由两种不同的半导体材料组成。在异质结器件中,载流子的运动由异质材料所构成的结区所控制。由于异质结特殊的能带结构,可以使载流子与固体杂质原子分开，亦可以使载流子在某些区域形成积累区或耗尽区。因为异质结器件的工作是由异质结材料的能带结构决定，人们把对异质结器件的设计与研制称为"能带工程"。显然利用不同半导体材料的不同组合来构成异质结器件，必然会大大地丰富半导体器件的结构形式，为发展新型的半导体器件开拓出一个崭新的领域。

异质结的能带结构与同质结不同，因而异质结有许多与同质结迥然不同的电学性质和光学性质，如对于跨元型的异质结，如果 $Si_{1-x}Ge_x$ 为本征型，Si 为 p 型，由于 $Si_{1-x}Ge_x$ 区的空穴能量较 Si 区低，因此 Si 中的空穴将离开 Si 中的母体杂质原子而转移到 $Si_{1-x}Ge_x$ 区。这种离化杂质与空穴的分离即使在低温下亦能保持住。由于 $Si_{1-x}Ge_x$ 区是本征型，电离杂质散射很弱，因而 $Si_{1-x}Ge_x/Si$ 异质结在很低的温度下仍具有较高的电导，而不像同质结在低温时会出现载流子"冻结"的现象。如果将上述跨立型的异质结改为 I 型 $Si_{1-x}Ge_x$ 与 n 型 Si，在低温下就不会出现载流子"冻结"的现象。这是因为导带中能带偏移较小所致。

12.3.2　半导体超晶格制备

分子束外延技术(MBE)一直是制备半导体超晶格的主要技术。早期多用于晶格匹配的异质结、超晶格材料的生长。图 12-11 为 MBE 的结构。随着 MBE 技术的提高，20 世纪 80 年代中期以来，利用 MBE 方法已经能够制备晶格失配的材料组成的异质结和超晶格。

对于 Ⅲ-Ⅴ/Ⅳ 失配异质结材料的生长，还需考虑在非极性材料上生长极性材料可能产生的反相畴问题。以 GaAs/Si 为例，当 Ga 束与 As 束同时到达加热的 Si(100) 表面时，由于化学键强度的不同，首先是 As 原子与 Si 键合，然后再交替地结合 Ga 原子和 As 原子。如果在 Si 表面存在单原子层高度的台阶，则会沿台阶出现 Ga-Ga 键或 As-As 键。由于沿台阶方向两边 Ga 和 As 结合的相位相反，因此称这种结构缺陷为反相畴。

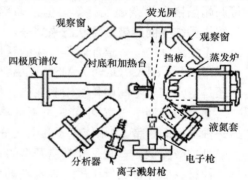

图 12-11　分子束外延装置

MBE 生长晶格失配异质结和超晶格的一个关键问题是要降低位错密度，将在衬底界面上产生的位错限制在界面附近的薄层中，限制它向外延层延伸。发展了有效的 MBE 生长工艺如在衬底上面先生长一层超晶格或组分阶变的缓冲层，可阻挡位错向外延层的蔓延；改变生长温度，采用两步或三步生长法；对外延层原位退火或后退火等。在实际生长时，常常将以上这些方法结合起来用以取得更好的效果。如曾有人在 GaAs 衬底上外延 InGaAs 时，采用了多段降低应变的超晶格结构作过渡层，获得了 $n=1\times 10^{15} cm^{-3}$，$\mu_c \approx 4700 cm^2/V \cdot s$ 的高质量 $In_{0.4}Ga_{0.6}As$ 外延层。目前 GaAs/Si(晶格失配度约为 4%)外延层中的位错密度可降到 $10^6 cm^{-2}$ 水平，还需进一步降低才能满足高性能器件的需要。至于 GaAs/Si 反相畴的问题已找到了较好的解决途径，主要是使 Si 衬底表面上的所有原子台阶均有双原子层高度，如选用从 (100) 向 [011] 偏几度的晶面作为外延表面等。

12.3.3 几种重要的半导体超晶格

12.3.3.1 GaAs/AlGaAs 材料体系

GaAs/AlGaAs 是第 I 类超晶格量子阱材料，也是发展最早、研究最多、生长工艺最为成熟的材料体系。由于可以制备出具有近乎理想界面的调制掺杂异质结构，二维电子气在低温(0.3K)下的迁移率最高达 $1.1\times 10^7 cm^2/V·s$，接近理想值。除调制掺杂的异质结构以外，采用 GaAs/AlGaAs 体系还可制备出各种高质量的量子阱、双势垒共振隧穿和超晶格等结构。阱宽为 $200\times 10^{-10}m$ 左右的量子阱光荧光光谱的半高宽(FWHM)已小于 1meV。由于 GaAs/AlGaAs 体系已具备很高的材料质量，因此已大量用来制备各种电子、光电子器件。如调制掺杂异质结的高电子迁移率特性立刻被用来开发成新型超高速、低功耗器件，如高电子迁移率晶体管(HEMT)，有时又称二维电子气场效应晶体管(TEGFET)或调制掺杂场效应晶体管(MODFET)。1995 年，HEMT 的特性已经达到跨导 $g_m>450ms/mm$、截止频率 $f_T>55GHz$、单门延迟时间 12.2PS/门（栅长 $L_g=0.25\mu m$、温度 $T=77K$)的水平。用 GaAs/AlGaAs 制成的异质结双极晶体管(HBT)也具有十分优良的特性。如果能使双极晶体管中发射区禁带的 E_g 大于基区的 E_g 可以获得很高的注入效率和电流增益。在用 MBE 外延的 AlGaAs 作发射区、GaAs 作高掺杂($10^{19}m^{-3}$～$10^{20}m^{-3}$)薄基区(几十埃)的 npn HBT 中，当电子从发射区向基区注入时，界面处导带底的能量偏移使进入基区的电子具有很高的动能，使得电子在基区渡越时间大大缩短；另一方面基区的高掺杂也使基区串联电阻大大下降。这些都有利于改善器件的高频性能。采用发射极条宽为 $0.25\mu m$ 的 HBT 的最高振荡频率已高于 200GHz。

12.3.3.2 GaAs 衬底上和 InP 衬底上 InGaAs/AlGaAs 材料体系

在研制 GaAs/AlGaAs 调制掺杂异质结结构时发现，当 AlGaAs 组分 x>0.3 时，AlGaAs 中存在 D_x 中心。一旦 D_x 中心上电子被激发到导带，中心附近的晶格发生弛豫形成势垒阻止电子重新被俘获。这些过量的电子被转移到界面 GaAs 一侧产生所谓的持久光电导效应，结果使 HEMT 器件的 I-V 曲线出现异常，使 HEMT 的阈值很难做到均匀一致。另一方面，小组分 x 值又限制了界面处的导带不连续性的提高，故二维电子气的面密度值也无法大于 $1\times 10^{12}cm^{-2}$。为克服 GaAs/AlGaAs HEMT 器件制作中的固有缺陷，在 AlGaAs 层和 GaAs 层之间加入一层 InGaAs($x\approx 0.2$)薄应变层来做沟道层，构成所谓的膺位形调制掺杂异质结结构，或称 P-HEMT 器件。由于 InGaAs 的禁带比 GaAs 窄，P-HEMT 中的 AlGaAs 层的 x 值可以取小于 0.3。这一方面避免了 D_x 中心的产生，另一方面仍能保持足够大的界面处导师带不连续性，使二维电子气的面密度提高到大于 $2\times 10^{12}cm^{-2}$ 数值。此外，由于 AlGaAs 有效质量比 GaAs 小，更易获得高的电子迁移率和峰值漂移速度。因此 P-HEMT 器件的跨导 g 高达 650ms/mm，驱动电流大于 600mA/mm。但由于 InGaAs 与 GaAs 晶格不匹配，实际生长的 InGaAs 层不仅需要很薄，以防止产生失配位错，而且 In 的组分值也只能控制在 0.15～0.2 范围。

近年又研制了在 InP 衬底上生长晶格匹配的 InGaAs($x\approx 0.47$)/InGaAs($x\approx 0.48$)调制掺杂材料。由于这种材料体系的导带偏移量大于 0.5eV，而且 InGaAs 中的 T-L 谷间能隙比 GaAs 大,减弱了谷间散射,因此其饱和电子速度比 GaAs 高一倍以上,室温迁移率高达 10cm/(V·s),载流子面密度为 $3\times10^{12}\text{cm}^{-2}$。目前所研制出的器件跨导大于 1000ms/mm,$f>120\text{GHz}$,门开关速度小于 6.0ps。这些均使此种材料体系具有很大的吸引力,但目前还很不成熟:一是 InP 衬底质量还远不如 GaAs,而且由于材料性软不易获得高质量的衬底表面质量;二是生长晶格严格匹配的结构要求对 In 组分的控制精度 Δx 小于 1%。由于 In 组分的精确控制取决于多种因素,如炉温的控制精度,坩埚中原料的消耗状况,In、Ga、Al 束流比例的稳定性,甚至系统液氮供应充足好与否均会影响 In 组分值的控制。

12.3.3.3 SiGe/Si 异质结超晶格

在 Si(100) 衬底上先生长一层完全弛豫的 $Si_{1-x/2}Ge_{x/2}$ 缓冲层,然后在它上面生长 $Si_{1-x}Ge_x/Si$ 超晶格,超晶格中的 $Si/Si_{1-x}Ge_x$ 将受到大小相同方向相反的应力,这种超晶格称为对称应变超晶格。在这类超晶格内的平均应变为零,生长的周期数原则上可以不受限止,超晶格中 $Si_{1-x}Ge_x$ 与 Si 各层间的能带排列为 II 型。导带的最低点在 Si 层的 $\Delta_\perp$ 态,价带的最高点为 $Si_{1-x}Ge_x$ 层的重空穴态。

在由 Ge 与 Si 组成的超晶格中,最引人注意的是,由 n 个单层 Si 和 m 个单层 Ge 所组成的短周期超薄超晶格。常用符号 Si_nGe_m 来表示。由于 Si 与 Ge 都是非直接带隙材料。价带顶在 T 点,而导带底则在 $\Delta=0.8X$ 处。带间跃迁必须有声子参与,以满足动量守恒条件。由于这个原因,Si 与 Ge 的带间跃迁的概率十分低。对于 Si_nGe_m 短周期超晶格,如果缓冲层的设计使它成为对称应变超晶格,Si 层受到双轴张应力,则 Si 中导带分裂为 Δ_P 态(四重态)及 $\Delta_\perp$ 态(二重态),且后者具有最低能量。理论计算表明,如果取 $m+n=10$,超晶格 Si_nGe_m 的超晶格势将使 $\Delta_\perp$ 折叠到布里渊区的中心,形成准直接带隙(Δ_P 不受布里渊区折叠的影响)。这种准直接带隙的跃迁几率虽较直接带隙材料 GaAs 等仍低,但较 Si、Ge 等间接跃迁几率约高三个数量级。

利用 $Si_{1-x}Ge_x/Si$ 材料研制成的器件有异质结双极型晶体管、异质结红外探测器、雪崩型光探测器、调制掺杂场效应晶体管、光波导及数字型光电开关等。在这些新器件中,最令人瞩目的是 $Si_{1-x}Ge_x/Si$ 异质结双极型晶体管(简称 HBT)和 $Si_{1-x}Ge_x/Si$ 异质结红外探测器。

G.L.Patton 等人所研制的 HBT 采用 $Si_{1-x}Ge_x$ 的厚度为 4.5×10^{-8}m,组分 x 自零增加至 0.08,基区薄层电阻为 17kΩ/□,发射极采用重掺杂多晶 Si,晶体管的截止管的截止频率高达 75GHz,接近了 GaAs 晶体管的水平。$Si_{1-x}Ge_x$ HBT 除了频率响应特点外,它的另一优点是电流放大系数 β 随着温度的下降而增加。如在 300K 时,$Si_{1-x}Ge_x$ HBT 的 β 为 500,而 77K 时可增加至 13000。$Si_{1-x}Ge_x/Si$ 的 n 型 MODFET 的研制也取得了长足的进步。1992 年,AT&T Bell 实验室的 Xie 等人采用应变弛豫 SiGe 缓冲层结构,研制出调制掺杂 SiGe/Si 异质结的二维电子气长期实迁移率已高达 $17700\text{cm}^2/(V·s)$(4.2K)。同年,德国 Daimler-Benz AG 公司研制出 N-MODFET 的室温跨导达 340ms/mm,77K 下达到 670ms/mm,已接近 III-V 族半导体 MODFET 的水平。

$Si_{1-x}Ge_x/Si$ 异质结红外探测器是由重掺杂的 p 型 $Si_{1-x}Ge_x$ 和 p 型 Si 构成。这种探测器有很多优点:首先,它的工作波段宽,可在 $2\mu m$ 至 $16\mu m$ 的范围内工作,覆盖了

$3\mu m \sim 5\mu m$ 和 $8\mu m \sim 12\mu m$ 两个红外大气窗口；其次这种探测器的量子效率较高。与用于长波波段的 IrSi 肖特基势垒探测器相比，$Si_{1-x}Ge_x/Si$ 探测器的量子效率约高数倍；三是 SiGe/Si 异质结探测器在垂直辐照下工作，使用方便；四是这种探测器适宜于研制大面积的红外焦平面列阵。B. Y. Tsaur 等研制成带 CCD 读出电路的 400×400 元 $Si_{1-x}Ge_x/Si$ 异质结红外探测器焦平面列阵，获得了十分清晰的图像。$Si_{1-x}Ge_x/Si$ 异质结红外探测器在 65K 下，$8\mu m \sim 10\mu m$ 波段的比探测率 $D*$ 可达到 $1 \times 10^9 cmHz^{1/2}/W$。

最近，出现了 Si/Ge/C 硅基三元合金异质结量子阱。与 Si/Ge 二元合金相比，由于增添一个新组分 C，给应变的控制、能带的剪裁带来了新的自由度，而且 Si/Ge/C 材料体系还更为稳定。

12.4 硅基半导体纳米材料

通常硅材料没有发光特性，但当硅材料（纳米硅晶、纳米硅线）的尺寸达到纳米级时（约为 6nm），在靠近可见光波段就会有较强的光致发光现象。同时，硅基纳米结构如纳米 SiO_2 纳米线和多孔硅的发光现象同样预示了硅和硅基半导体纳米材料在光电子器件领域的应用前景。

12.4.1 硅和二氧化硅纳米线

早在 1986 年，Tersoff 就利用理论模型预测了硅的一维结构的存在。1997 年，Takahito 小组在扫描隧道显微镜的金针尖上生长出了硅纳米线。近年来，已经采用不同的方法成功合成了大长径比的 SiNWs。基于量子限域效应，硅纳米线具有特异的电学、光学、机械和化学性质，可制成一维量子线、高速场发射晶体管和小型微波发射器等功能元件。最近有报道 SiNWs 显示出非同寻常的场发射、电导率以及可见光致发光等物理性质，而直径小于 100nm 的 SiNWs 则有望实际应用于极低功耗的量子线高速场效应晶体管和发光器件。

12.4.1.1 一维 Si 纳米材料的分类

按照微观形貌分类，一维（或准一维）Si 纳米材料可分为 Si 纳米线（SiNWs）Si 纳米管（SiNTs）以及其它 Si 纳米结构。由于容易形成 sp^3 轨道杂化，因此稳定的 SiNTs 的结构可能与磷纳米管的电子结构相似，有着与管直径和手性无关的半导体特性。

12.4.1.2 SiNWs(SiNTs) 的合成与制备方法

SiNWs(SiNTs) 的主要合成与制备方法有激光蒸发法、化学气相沉积法、热蒸发法和电化学沉积法等，其中最常用的是基于气-液-固生长机制的化学气相沉积法。不同的方法得到的材料形态和性质有所不同，目前的研究热点是 SiNWs 有序阵列的制备。

一、激光蒸发法

在激光蒸发沉积体系中，SiNWs 的合成关键在于靶材的选择与制备。一般常用的靶材由掺有少量金属元素的 Si 制成（如 $Si_{0.9}Fe_{0.1}$ 靶），另一种靶材由紧密压实的高纯 Si 和 SiO_2 粉末组成。激光烧蚀法的基本原理是：靶装靶装在管式炉中心位置，并加热至反应温度。使用受激激光器产生脉冲能量对靶材进行轰击,并使其在高温下发生反应。用惰性气体作为载气,在下游的石英管内壁上和冷端附近的衬底上就会收集到 SiNWs。图 12-12 为激光蒸发法制备纳米硅线的透射电镜图和纳米硅线的生长机理。

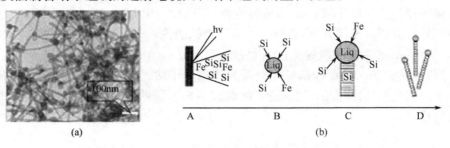

图 12-12 激光蒸发法制备纳米硅线的透射电镜图和纳米硅线的生长机理

二、化学气相沉积法

化学气相沉积制备硅纳米线(硅纳米管)通常都需使用催化剂,根据衬底形式不同又分为基片法和模板法两大类,其原理是:硅源反应物经高温分解后,气相 Si 原子将溶解在纳米尺度的催化剂合金液滴中,液相中的 Si 另一侧不断析出并结晶,从而实现一维生长。

基片法中常使用单晶 Si 片作为衬底,通过溅射或涂膜烧结等过程在衬底片上镀一层金属催化剂薄膜。最常用的是 Au,因为 Au 和 Si 能在较低温度下(约为 363℃)形成富硅合金,所以这种方法需要的生长温度比激光烧蚀法和热蒸发法的要低。除了 Au,还可以用 Ni、Fe 和 Ti 等作催化剂,如用 Ni 薄膜获得了最小直径约为 10nm 的硅纳米线,最佳反应温度为 900℃,与 Si-Ni 体系的低共熔温度(966℃)接近。

以激光蒸发法、热蒸发法及上述的基片法得到的 SiNWs 方向常常杂乱无章,又彼此缠绕,给实验参数定性描述及性能测试带来困难。相比之下,利用模板进行化学气相沉积则可以制备出高度有序的纳米线和纳米管阵列,并且可以通过改变模板的孔径来控制一维结构的直径。因此,近年来倾向于通过模板法合成 SiNWs。目前最常用的模板是阳极氧化铝膜板(AAO),在 AAO 模板中溅射或电化学沉积少量的金属催化剂,利用纳米孔道的一维约束效应,就可以生长得到有序的 SiNWs 阵列。

三、热蒸发法

硅在 1200℃ 左右有很高的蒸气压(大约 1.4Torr),所以硅纳米线能够用简单的热蒸发法合成。实验表明,在高温下用热蒸发法制备的 SiNWs 的产量和质量与激光烧蚀法的差不多。Feng 等在石英舟上放置 Si(95wt%) 和 Fe(5wt% 作催化剂)的混合粉末,然后在石英管中 1200℃ 下热蒸发,在 150Torr 气压下合成的 SiNWs 直径分布均匀(13 ± 3nm),长几十微米。此外,通过热蒸发高纯 Si 和 SiO_2 混合粉末、SiO 粉末也得到了较高产率的 SiNWs。

12.4.1.3　SiNWs 的生长机制

SiNws 的制备方法与技术有很多种,目前,气-液-固生长和氧化物辅助生长两种基本的生长机制成功地解释了 SiNWs 的一维生长过程,而制备得到的 SiNTs 在产物中是与 SiNWs 共存的,所以其生长机理仍不十分明确。

一、气-液-固生长模型

气-液-固(VLS)生长机理是 Wagner 和 Ellis 在 1964 年解释硅晶须生长时首次提出

来的。目前制备硅纳米线的很多方法都是基于 VLS 机制。根据该模型,金属催化剂首先在固体衬底上与硅形成合金液滴,硅源分解产生的气相硅原子因液滴表面的吸附作用而沉积在液滴上,当液滴中的 Si 达到过饱和状态时,晶体将开始从液滴中析出,并按一定方向择优生长,最终得到 SiNWs。该生长过程涉及到气(气相硅原子)、液(合金液滴)、固(结晶 SiNWs)三相,故称之为气-液-固机制,由此得到的 SiNWs 的直径取决于端部合金液滴的直径大小。以 Au 作催化剂为例,VLS 过程可以概括成以下四个步骤:①硅源从气相到 Au 表面的质量输运;②硅源在 Au 表面的反应;③Si 在 Au-Si 共晶液滴中的扩散;④Si 从过饱和 Au-Si 共晶液滴中析出并结晶,其中第二步是整个过程中的关键,决定了 SiNWs 的生长速度。

特别是:Yan 等人在没有任何气态和液相硅源的情况下,在镀镍的 Si 片上生长了无定形 SiNWs,这里不同于上述的 VLS 机制,他们把该过程归结为固-液-固生长机制。

二、氧化物辅助生长模型

通过热蒸发 SiO 或激光烧蚀,含少量 SiO_2 的 Si 粉末靶材均可在硅衬底上合成较高产量的硅纳米线,这种过程中均未使用金属催化剂。Lee 等据此提出氧化物辅助生长模型(OAG),即氧化硅促进了 SiNWs 的生长。由热蒸发或激光烧蚀产生的 $Si_xO(x>1)$ 起到了关键作用。按照下述两个步骤,在衬底上的 Si 纳米粒子将会形核。

$$Si_xO \rightarrow Si_{x-1} + SiO(x>1) \qquad 2SiO \rightarrow Si + SiO_2$$

该分解反应导致了 Si 纳米粒子的沉积,并成为覆盖有氧化硅鞘层的 SiNWs 的晶核,该鞘层将阻止 SiNWs 的横向生长,最终在 SiO_2 鞘层的限制下 Si 纳米粒子沿一个方向不断沉积生长成为 SiNWs。

与 VLS 机制相比,氧化物辅助生长最主要的优点是不需要金属催化剂,从而避免了由金属本身引起的杂质污染。其不足之处是需要较高的反应温度(一般在 1200℃ 左右)。

12.4.1.4 SiNWs 的性质及应用

一、光学性质

对 SiNWs 阵列的光致发光谱(PL)研究表明,与 SiC 相比,其室温 PL 强度增加了 4 倍。不过,SiNWs 的 PL 强度随温度升高会迅速衰减。图 12-13 为退火处理后 SiNWs 的 PL 光谱。可以看到,在 538.6nm 处有很强的峰,其对称性良好。这说明退火后 SiNWs 消除了缺陷及内应力。这种强的可见光波段(538.6nm)的光致发光可能暗示了量子限域效应使 SiNWs 转变为直接带隙。因此,通过仔细"裁剪"和控制 SiNWs 的直径、长度及生长方向等微观参数,完全有可能将其应用于未来的纳米级光学器件中。

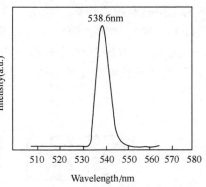

图 12-13 退火处理后 SiNWs 的 PL 光谱

二、电学性质

通过对 SiNWs 的 I-V 曲线及其掺杂特性进行的研究表明,在不同栅电压下,直径 70nm 的本征 SiNWs 和直径 150nm 掺硼 SiNWs 的 I-V 特性显示,当 $V_g=0$ 时,掺硼 SiNWs 的电阻率(1Ω·cm)比本征 SiNWs(3.9×10²Ω·cm)小两个数量级。显然,电导率随栅电压的增加而减小,这是 p 型半导体的特征。而直径为 60nm 的掺磷 SiNWs 的 I-V 数据表明,其电导率随栅电压的增加而增加,暗示掺磷 SiNWs 是典型的 n 型半导体。

三、场发射性能

目前,场发射器阵列技术已发展到接近实际应用的阶段,制备具有高的束填充密度的大面积场发射器阵列至关重要。有尖锐端部的纳米管和纳米线是一类有望应用于冷阴极场发射器件的材料,可用有序 SiNWs 阵列来制作场发射阵列器件。

四、SiNWs 的应用进展

硅纳米线的量子限域效应与材料的低维度相关,衬底上生长的 Si 纳米线有很高的表面/体积比。SiNWs 具有很多潜在的应用前景,如制做高容量、小尺寸可充电电池,以及用 SiNWs 作锂电池的电极材料,其容量比常见的高 8 倍。

12.4.2 多孔硅

1956 年,Uhlir 采用在 HF 溶液中用电化学方法对单晶硅进行阳极处理,首次制得了多孔硅。Pickering 等人在 1984 年观察到多孔硅在可见光波段的光荧光现象。近 20 年来,多孔硅由于在微电子及光电子学等领域巨大的应用前景而引起广泛的关注,已将多孔硅用于集成电路中的器件隔离和 SOI 材料生长。

多孔硅的发光现象引起了人们的极大兴趣,认为这不但可以在发光器件,大屏幕显示等方面得到应用,更重要的是可能为以硅为基底的光电子学的发展打开大门。如果将多孔硅发光性能与已经高度发展的集成电路技术结合起来,那将为光电子学的发展开辟一条新路。

12.4.2.1 多孔硅的结构

低孔度多孔硅基本上保持原衬底硅的单晶结构框架,只是在多孔硅层中形成许多孤立的孔洞,孔洞呈枝杈状。但是有一些研究表明,多孔硅中含有非晶成分。Canham 等指出,当孔度达到 80%,相邻的孔将连通,而留下一些孤立的晶柱或晶丝,称为量子线,如图 12-14(a)所示,而量子线的结构是有序的。Raman 散射研究和光荧光测量也支持多孔硅的结构是有序晶体这一观点。但是 Vasquez 和 George 对多孔硅做了 X 射线光电子能谱(XPS)和电子衍射分析,认为多孔硅主要表现了非晶体特性。

图 12-14(b)是多孔硅的结构。Cullis 和 Canham 首先对高孔度多孔硅作了 TEM 分析,发现高孔度多孔硅总体上呈现为无规则的珊瑚状,其中包含了一些丝状物,这就是

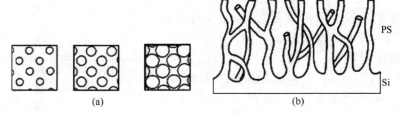

图 12-14 多孔硅的结构

量子线。根据 TEM 和 HREM 分析可以认为,多孔硅是由许多小颗粒组成,颗粒的内核是有序的,外面覆盖一个无序壳层,这些颗粒在空间堆成无规则的珊瑚状。多孔硅的结构对环境敏感,制成后在保存过程中其结构会有某些变化,变化还随环境不同而异。

12.4.2.2 多孔硅的光学性质

一、多孔硅荧光特性

原来只能发射微弱的红外光的非直接带隙硅,成为多孔硅后却能发射很强的可见光,波长可以从红、橙、黄直到绿色。图 12-15 是孔度为 77% 的多孔硅的光荧光谱线。曲线右段 1.15eV 处的一个小峰 BE_{TO} 是单晶硅带间复合发射的谱峰,而左段 1.42eV 处大的谱峰 PS1 则是多孔硅引入的荧光光谱峰。可以看到,多孔硅荧光光谱不但光子能量比原单晶高,而且强度也大得多。

多孔硅荧光光谱随着制备条件,保存环境等的不同表现出许多不同的特点,而这些特点往往是探寻多孔硅发光机理的重要线索。

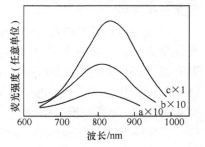

图 12-15 多孔硅的光荧光谱

(1) 多孔硅的孔度与荧光波长的关系。荧光波长随多孔硅的孔度增加而移向短波段,即光子能量随孔度而增大。低孔度的多孔硅基本上无荧光发射,孔度达到 60% 在近红外区开始出现荧光;孔度 70% 以上,荧光开始从红外区进入可见光区;孔度 30% 以上,可进入橙光段。

(2) 蓝移现象。多孔硅的电化学处理结束之后切断电源,继续在 HF 中进行化学腐蚀称为开路腐蚀,光谱可以继续向短波波段移动,或者电化学处理结束,将样品从 HF 溶液中取出,由于多孔的样品吸附了大量的 HF 溶液,化学腐蚀依然进行,光谱也会移向短波段,这种现象称为蓝移现象。刚制成的样品,谱峰位于 600nm,随时间逐渐向短波长方向移动,开始移动较快,逐渐减慢,以后基本保持不变。如果在氧气或空气中低温加热,蓝移过程将以更快的速度进行。

(3) 荧光的退化与恢复。荧光在空气或氧气中不仅有蓝移现象,它的发光强度也往往随之变化。一般光强随时间而减弱,甚至猝灭。如果加温或有光照存在,退化过程则更快。但是退化的荧光经 HF 腐蚀,往往可以恢复或部分恢复其发光强度。在氮气中也可以在一定程度上恢复。

(4) 多孔硅荧光瞬态特性。多孔硅荧光瞬态衰减过程不是简单的指数过程,而是包含了两个以上的指数过程,反映了复合过程的复杂性。

二、多孔硅的发光机理

发光机理是当前多孔硅研究的焦点,至今已提出了十余个模型,大体上可分为三大类:量子尺寸效应、非晶发光模型和与表面相关的发光模型。

(1) 量子尺寸效应。从量子理论得知,当晶体的尺寸在某一维度上足够小(一般小于 5nm),这一维度将产生量子限制效应,使禁带或能级间距增大,辐射复合的发光将移向高能量。Canham 提出的发光量子线可称为二维量子线,而另一些作者认为,荧光起源于电化学腐蚀残留下的晶体框架,它们是类似毛团状的量子网络。近来的 TEM 分析表明,多孔硅更可能是由量子点构成。对于多孔硅荧光光谱瞬态过程也已进行了许多研究。有些研究提出复合过去低维度(一维或零维)结构中的激子过程,或有激子参与。TEM,特别是 HREM 分析结果,对量子尺寸效应是一个有力的支持。

(2)非晶发光模型。由于多孔硅的晶格常数比原衬底硅大,会产生较大的应力。此外,自然氧化过程也在多孔硅表面引起应力,过大的应力会引起表面层甚至整个晶粒无序化。Pickering 等报道,多孔硅中含有较多的氧,形成无序混合相 α-Si:O,其发光光谱也与非晶硅相似。发光光谱是由悬挂键缺陷态及带边跃迁引起,而带边跃过谱的能量受氧、氢等的影响很大。

(3)与表面相关的发光模型。这类模型有数种,有的与多孔硅的晶体结构有关,有的则无直接关系。

①Siloxene 衍生物发光模型。从化学上早已知道,Siloxene($Si_6O_3H_6$)是一类具有荧光性质的物质。测量表明,化学合成的 Siloxene 与阳极处理生成的多孔硅具有类似的光荧光谱、红外吸收谱和 Siloxene 谱。由此认为,多孔硅表面具有 Siloxene 的衍生物 Si—O—H,并产生荧光。这个模型引起了人们的注意,但如何用这样的模型解释多孔硅一系列的特性,有待进一步工作。

②SiH_2 模型。红外吸收光谱分析表明,多孔硅表面存在 Si—H_2。升温退火 H 解吸,HF 浸泡又可恢复。这些变化与光荧光谱的变化有对应关系,从而认为,多孔硅发光是由 SiH_2 引起。另有报导,多孔硅中存在有 $SiH_x(x=1\sim2)$ 官能团,它们可能是电化学处理过程中生成的,或电化学过程停止后化学淀积而成。

③表面吸附分子发光模型。多孔硅荧光谱的温度关系既与单晶硅不同,也有别于非晶硅。在空气或氧气中,荧光衰减及至猝灭,有光照时衰减猝灭加速,说明有光化学反应发生。故认为,多孔硅巨大的表面积化学吸附的某些分子是荧光的起因,如氢、氟、氧、碳等。在多孔硅表面这些分子的存在业已证明。

④晶粒间表面局域态复合模型。Xie 等通过 TEM 和瞬态荧光光谱分析提出,刚制成的样品,晶粒被 H 钝化,在空气中 O 逐渐置换 H,形成表面局域态,通过局域态的复合而发光。局域态的分布决定了荧光光谱随时间的非单一指数衰减特性。对于晶粒表面局域态的产生还有另一种观点,认为它起因于晶粒表面的应力。

12.4.2.3 多孔硅的形成机理

一、多孔硅的形成

最早提出的,也是至今最常用的制取多孔硅的方法是电化学腐蚀法。一般腐蚀槽是用聚四氟乙烯制成,把样品 Si 片接电源阳极,用铂片或硅片作阴极。最常用的电解液为 HF,或 HF 加乙醇。实验中使用的硅样品是 p 型掺 B 硅(100)薄片($\phi 76mm, \rho=0.01\Omega\cdot cm$),使其在黑暗中处于蓄电池中作横向阳极氧化处理。清洁后,样品被置于 HF 溶液中以除去氧化物。阳极氧化溶液包含有体积比为 1:2:1 的氢氟酸(40%)、乙醇(99.7%)及去离子水的混合物。将硅样品在恒定电流密度 $30mA/cm^2$ 下置入阳极氧化溶液中 10min、20min、40min,然后再把被浸蚀的薄片浸在过氧化氢(3%)中 10min。这样,厚度分别为 $1\mu m$、$2\mu m$ 和 $4\mu m$ 的均匀 PS 膜就制成了。PS 膜的厚度依赖于阳极氧化的时间。多孔硅的生长与许多因素有关,如样品的型号,电阻率和晶向,溶液的成分和浓度,电流密度和环境温度。此外,PS 膜的生长对光照敏感。

多孔硅生长的化学反应过程较复杂,至今并不完全清楚,但对一些基本过程已有较一致的看法。在 HF 溶液中,硅的化学腐蚀速度(无电场作用)是极慢的,其表面硅键被氢钝化,可以组成 Si—H 和 Si—H$_2$ 两种键。多孔硅形成的电化学过程如图 12-16 所示。

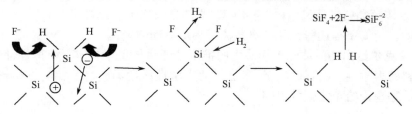

图 12-16 多孔硅形成的电化学过程

二、多孔硅形成机理

电化学阳极腐蚀是一种抛光过程。在加了电场后,作为阳极的样品(金属或半导体)上凸出的部位电力线最集中,一般首先受到腐蚀,因而起到抛光作用。而多孔硅电化学腐蚀时却形成多孔状结构。为了解这一现象,已经提出了许多解释和模型。

(1) Beale 耗尽模型。本征半导体是高阻材料,其费米能级被钉在禁带中央。如果腐蚀过程中出现了孔,当孔与孔之间的壁层厚度小于耗尽层的厚度,孔壁中的载流子全部耗尽,它不能再向 Si/HF 界面提供空穴,腐蚀停止,孔壁将不再继续腐蚀。由此可以解释,样品掺杂浓度等参数对多孔硅生长的影响。

(2) 扩散限制模型。Witten 和 Sanders 提出了一种扩散限制模型,用来分析固相中杂质沉淀、固液反应等,其要点是假设反应速度是由参与反应过程的反应物的扩散过程所限制。

在多孔硅形成过程中,空穴必须参与。在样品中,特别是在高阻样品中,空穴浓度低,要维持电化学过程不断进行,就要依靠体内一个扩散长度内空穴不断产生并向 Si/HF 界向扩散。当然每一个空穴的扩散是随机运动的,空穴一旦扩散到 Si/HF 界面,立即与界面上的 Si 反应,如果界面不平,那些凹陷处获取空穴的概率最大,增强了腐蚀,并形成正反馈,而且孔壁一旦出现凹处,同样会增强腐蚀,孔洞将出现枝权。根据这一模型,孔与孔之间残留的壁层厚度约为 2 倍的扩散长度,而扩散长度是与半导体掺杂浓度等参数直接有关。

(3) 量子模型。该模型认为,当晶丝或晶粒尺寸减小至数十埃,发生量子尺寸效应,硅的带隙变宽,载流子的浓度随即下降,晶丝或晶粒的载流子将耗尽,从而限制了小尺寸晶粒继续腐蚀。这一模型将多孔硅的形成机理与发光机理统一了起来。

习题与思考题

1. 当原子排列成周期结构时,孤立原子核外的电子的能级,将由分立能级过渡为具有准连续分布特征的能带结构。但是当物质的尺寸减小到纳米量级时,核外电子的能级,又将由具有准连续分布特征的能带结构过渡为分立能级结构。对于这样的变化,请用量子力学的相关理论给以定性说明。

2. 随着粒径、线径或薄膜厚度的减小,比表面积大大增加。请以钢球模型估计,粒径分别是 5nm、3nm 和 2nm 时,表面原子占总原子量的比。

3. 简述半导体超晶格结构的分类依据和方法。

4. 半导体超晶格结构又叫做"量子阱",指的是载流子可以被局域在某一个二维材料薄层内运动。请简要描述"量子阱"对载流子局域运动的原理。

5. 弗伦克尔给出的晶体临界切应力的推论被证明与实际晶体不相符合,但人们在测量纳米材料的力学性质时,却发现纳米材料的力学性质远远超过了相应体材料性质。请结合晶体缺陷理论给予定性的说明。

主要汉英词汇索引

A

岸沟　land-groove
凹槽　groove

B

薄膜电致发光　film electro luminescence, FEL
苯基衍生物晶体　Benzene derivative crystal
波导色散　waveguide dispersion
波前　wave front
波列　wave train
半导体激光器　semiconductor laser
边界限定薄膜馈料生长法　edge-defined film-fed growth method, EFG
布里奇曼法　Bridgeman
玻璃光纤　glass optical fiber
"半"子　semion
宾主　guest host, GH

C

磁性材料　magnetic materials
磁化率　magnetic susceptibility
磁导率　magnetic permeability
磁致伸缩　magnetostriction
磁感应强度　magnetic induction
磁畴　magnetic domain
磁滞回线　technical magnetization curve
磁化曲线　representative magnetization curve
磁阻　magnetroresistance
磁矩　magnetic moment
磁铅石　magnetoplumbite
磁光效应　magneto-optic effect
弛豫型铁电体　relaxor ferroelectrics
掺钇稳定型氧化锆　yttrium stabilized zirconia, YSZ
差频　difference-frequency generation
畴结构　domain structure
催化剂　catalyst
材料色散　material dispersion
超大规模集成电路　ultra-large cale integrated circuit
超导电性　superconductivity
超导体　superconductor
超坡莫合金　super-permalloy
超导量子干涉仪　superconducting quantum
超双折射　super-birefringence
超扭曲向列　super-twisted nematic
超晶格　superlattice
场发射显示　field emission display, FED
场效应晶体管　field effect transistors
场致发射显示器　field emission display, FED

D

电卡效应　electrocaloric effect
电滞回线　hysteresis loop
电弧放电法　arc discharge
电光效应　electro-optic effect
电子磁矩　magnetic moment
电致发光　electro luminescence, EL
电致发光显示器　electroluminescent dis-

play, ELD
电致伸缩效应 electrostriction effect
电子极化 electron polarization
动态随机存取存储器 dynamic random access memories, DRAM
短路电流 short circuit current
多模光纤 multi-mode fiber
多壁碳纳米管 multi-walled carbon nano-tubes, MWNTs
多晶纤维 polycrystal Fiber
多层陶瓷电容器 multilayer ceramic capacitor, MLCC
多晶硅 polycrystalline silicon
多层集成电路技术 multilayer integration circuit, MLIC
低温共烧陶瓷 low temperature cofired ceramics, LTCC
单晶纤维 single crystal fiber, SCF
单模光纤 single-mode fiber
单壁碳纳米管 single-walled carbon nano-tubes, SWNTs
钉扎 pinning
等离子体显示 plasma display panels, PDP
等离子体激活化学气相沉积法 plasma activated chemical vapor deposition, PCVD
导模法 Czochralski Method
动态散射 dynamic scattering, DS

E

二倍频 second harmonic generation
二氯二硫脲合镉 bichloride thiourea cadimium crystal, BTCC
二氧化硅 silicon dioxide
二卤素三丙烯基硫脲合镉 dihalogen triallythiourea cadmium
二苯嵌蒽 perylene
2-甲基-4-硝基苯胺 2-methyl-4-nitroaniline, MNA
2.4-二硝基苯胺基丙酸甲酯 methy-(2,4-dinitrophenzl)-amino-2-propanoate, MAP

F

非致冷红外焦平面阵列 uncooled infrared focus plane array, UIFPA
非线性光学效应 non-linear optic effect
非晶硅 amorphous silicon
非线性光学 non-linear optics
非线性极化 non-linear polarization
非线性光学晶体 non-linear optical crystal
反常光生伏打效应 anomalous photovoltaic effect
反铁磁材料 anti-ferro-magnetic materials
反衬度 modulation degree
反转分布 Inverted population
超晶格 superlattice
分子束外延 molecular beam epitaxial, MBE
复介电常数 complex permittivity
复电导率 complex conductivity
阈值 threshold
富勒烯 fullerene
法拉第磁光效应 faraday magneto-optical effect
发光二极管 light emitting diode, LED
氟锆酸盐玻璃 fluorozirconate Glass
氟铍酸盐玻璃 fluoroberyllate Glass
氟铪酸盐玻璃 fluoroharnate Glass
氟铝酸盐玻璃 fluoroaluminate Glass

G

光电效应 electro-optic effect
光伏效应 photovoltaic effect
光参量振荡 optical parametric oscillation
光参量放大 optical parametric amplification
光纤通信 optical fiber communication
光纤 optic fiber
光纤材料 optic fiber material

光波导　optic waveguide
光致发光　photo luminescence
光密度　optical density
光折变效应　photorefraction effect
光折变材料　photorefraction materials
光致变色材料　photochromic materials
光致抗蚀剂　photoresist
光盘　optical disk
光致发光谱　photoluminescence spectrum, PL
共蒸发法　co-evaporation method
固体激光器　solid state laser
固体氧化物燃料电池　solid oxide fuel cell, SOFC
固体电解质　solid electrolyte
归一化频率　normalized frequency
工作物质　working medium
《关于限制在电子电器设备中使用某些有害成分的指令》　RoHS, Restriction of Hazardous Materials
管外化学气相沉积法　outside vapor phase Deposition, OVD
干涉条纹　interference fringe
硅纳米线　silicom Nanowires, SiNWs
Si 纳米管　silicon NanoTubes, SiNTs
硅一绝缘体　silicon on Insulator, SOI
高分子分散　polymer dispersed, PD

H

红宝石　ruby
和频　sum-frequency generation
化学气相沉积法　chemical vapor deposition, CVD
合金　alloy
化学气相沉积　modified chemical vapor deposition, MOCVD

J

间氨基苯酚　m-aminophenol

间位二硝基苯　m-dinitrobenzene
间位二羟基苯　m-dihydroxybenzene
间硝基苯胺　m-nitroaniline, m-NA
介电调谐率　tunability
介电常数　dielectric constant
交换积分　exchange integral
尖晶石型　spinnel
自由电子激光器　free electron laser
集成铁电学　integrated ferroelectrics
建筑用光伏集成系统　building-integrated photovoltaics
近空间升华法　close-spaced sublimation method
界面极化　interface polarization
基质材料　host material
极化　polarization
阶跃光纤　step-index fiber, SIF
晶格场　lattice field
晶格　superlattice
晶体光纤　crystal optical fiber
激光、激光器　laser
激光晶体　laser crystal
激光陶瓷　laser ceramic
激光玻璃　laser glass
激活离子　excitation ion
激活剂　excitation element
激光蒸发法　laser ablation
激光加热基座生长法　laser-heated pedestal growth method, LHPG
胶体晶体　colloidal crystal
居里温度　Curie temperature
巨磁阻效应　giant magnetroresistance, GMR
矫顽力　coercive force
金属间化合物　intermetallic compound
金属有机化学气相沉积　metal-organic chemical vapor deposition, MOCVD
场发射阵列　field emission array, FEA
中间能带电池　intermediate metallic band soliar cells

绝缘体　insulator
聚偏二氟乙烯　PVDF
聚氟乙烯　PVF
聚氯乙烯　PVC
聚-γ-甲基-L-谷氨酸酯　PMLG
聚碳酸酯　PC
聚全氟乙丙烯　Feflon FEP
机械成型法　mechanical shaped preform, MSP

K

开路电压　open circuit voltage
孔硅　porous silicon
可擦重写存储　erasable-DRAW
可擦重写铁电光盘　ferroelectric optical disc, FOD
克尔电光效应　Kerr electro-optic effect
科尔效应　Kerr effect
抗磁材料　diamagnetic materials
快离子导体　fast ion conductor, FIC
快离子导电陶瓷　ion conductive ceramics
空穴　hole
空穴迁移率　hole mobility

L

硫酸三甘肽　triglycine sulfate
罗息盐　Rochelle salt
离子极化　ionic polarization
量子点　quantum particles
量子限域效应　quantum confined effect
量子阱　quantum well
量子线　quantum wire
临界温度　critical temperature
临界磁场　critical magnetic field
临界电流密度　critical electric current density
L-磷酸精氨酸　L-Arginine phos phate

M

弥散相变　diffuse phase transition

脉冲激光沉积　pulsed laser deposition, PLD
模式　Mode
模间色散　modal dispersion
模板　templet
米线　nanowires
马氏体　martensite
马西森定则　Mathiessen rule
马尿酸　urobenzoic acid

N

内禀特性　intrinsic property
能隙　energy band gap
纳米科学与技术　nano science and technology, Nano ST
纳米材料　nano materials
内禀特性　intrinsic property
诺伯里定则　Norbury rule
尿素　urea
扭曲向列　twisted nematic, TN

O

奥氏体　osmondite

P

泵浦　pump
频率上转换　frequency up-conversion
珀耳帖效应　Peltier effect
漂移　drift
偏氟乙烯　vinylidene fluoride, VDF
坡明杜　permendur
坡莫合金　Permalloy

Q

切割—填充法　dice-and-fill
任意子　anyon
气体激光器　gas laser
去模法　lost mould
全息照相术　holograph
全光材料　all fiber optic materials

全息光栅　holographic grating
全息透镜　holographic len

R

热释电效应　pyroelectric effect
热蒸发法　thermal evaporation
热磁效应　thermomagnetic effect
热塑材料　thermoplast materials
溶胶—凝胶　Solution-Gelution, Sol-Gel
染料敏化太阳电池　dye-sensitized solar cell effect, Pockels' effect
软磁材料　soft magnetic materials

S

剩余极化　remanent polarization
顺电体　paraelectrics
射频磁控溅射　radio frequency magnetron sputtering
受激辐射　excited radiation
受激吸收　excited absorption
受激振荡　self excited oscillation
受主　acceptor
束缚电荷　induced electron
损耗　loss
色散位移光纤　dispersion shifted fiber, DSF
色心　color center
色散方程　dispersive equation
色散曲线　dispersion curve
数值孔径　Numerical aperture
三倍频　tripling harmonic generation
四倍频　fourth harmonic generation generation
塑料光纤　plastic optical fiber
扫描电子显微镜　scanning electron microscope, SEM
顺磁性　para-magnetism
斯纳格效应　Sagnac effect
塞贝克效应　Seebeck effect
3-乙酰氨基-4-4（N, N'-二甲氨基)-硝基苯　3-acetamido-4-4（n, n'-dimethylamino-nitrobenzene, DAN
3-甲基-4甲氧基-4'4硝基二苯乙烯　3-methyl-4-methoxy-4'4-introstilbene, MMONS
三氟乙烯　trifluoroethylene, TRFE
3-甲氧基-4-羟基一苯甲醛　3-methoxy-4-hydroxybenzalde-hyde, MHBA
4-氨基-4'-硝基-二苯硫醚　4-amino-4'-nitrodiphenzl sulfide, ANDS
4,4'-二甲氧基查尔酮　4,4'-dimethoxy chalcone, 4,4'-DMOC
4-氨基二苯甲酮　4-aminodi benzophenone, ABP
施主　donor
石榴石型　garnet
双折射电场控制　electrically controlled birefringence, ECB

T

铁电体　ferroelectrics
铁电随机存取存储器　ferroelectric random access memories, FRAM
铁电液晶　ferroelectric liquid crystal, FLC
铁电光盘　ferroelectric optical disc, FOD
铁磁材料　ferromagnetic materials
铁氧体磁性材料　ferrite
透明铁电陶瓷　transparent ferroelectric ceramics
透明陶瓷　Transparent ceramic
透射电子显微镜　electron microscope, SEM
透射率　transparency
太阳能　solar energy
太阳电池　solar cell
太阳电池组件　solar module
太阳能材料　solar energy materials
填充因子　fill factor
碳纳米管　carbon nanotubes, CNs
调制传递函数　modulation transfer function, MTF

梯度光纤　graded-index fiber，GIF
汤姆逊效应　Thomson effect
酮　ketone

W

无机晶体　inorganic crystal
5-硝基吡啶脲　nitrouracil，$C_4N_3H_3O_4 \cdot H_2O$
无铅压电铁电陶瓷　lead-free piezo/ferro-elctric ceramics
位错群　dislocation group

X

谐振式极化　harmonic polarization
吸收谱　absorption spectrum
线性光学　linear optics
线性极化　linear polarization
相位匹配　phase matching
相图　phase diagram
相对介电常数　relative permittivity
相长干涉　constructive interference
相变　phase change
斜光线　oblique ray
吸收系数　absorptivity
线性电光效应　linear electrooptic
酰胺　acylamide
仙台斯特合金　Sendust alloy
稀土元素　rare earth element，RE
香豆素　comarin
下拉法　modified pulling down method，MPD
X射线光电子能谱　X-ray photoelectron Spectroscopy，XPS

Y

永磁材料　permanent magnet material
钇铝石榴石　Yttrium aluminum garnet
衍射效率　diffraction efficiency
氧化物辅助生长模型　oxide-asistance-growth，OAG
一次写入存储　write Once Read Many
亚铁磁材料　ferrimagnet materials
永磁材料　permanent magnet material
有机晶体　organic crystal
有序与无序转变　order-disorder transition
有机电致发光　organic Electroluminescence，OEL
有机金属络合物　organic metallic complex compoand
有序度　order degree
气-液-固生长模型　vapor-liquid-solid，VLS
一水甲酸锂　monohydrate lithium formate，MLF
一水二氯氨基硫脲合镉　thiosemicarbazide cadimium chloride monohydrate crystal，TSCCC
压电效应　piezoelectric effect
氧化物玻璃光纤　oxide Glass Fibers
氧化物辅助生长模型　oxide-assistance-growth，OAG
液晶显示器　liquid crystal display
阴极射线管　cathode ray tube，CRT

Z

自化极化　spontaneous polarization
自发辐射　spontaneous radiation
自发极化　spontaneous polarization
准铁电相　quasi-ferroelectric phase
转换效率　conversion efficiency
真空介电常数　absolute permittivity
真波　true wave
真空荧光显示　vacuum fluorescence display，VFD
增益　gain
增益饱和　gain saturation
折射率椭球　ellipsoid of refractive index
折射率分布函数　refractive index distri-

bution function
子午线　meridional ray
蒸发方法　thermal evaporation
子阱　quantum well
只读存储 read only Memory, ROM
准同型相界　morphotropy phase boundary, MPB

正常金属　normal metal
超导量子干涉仪　superconducting quantum interference device, SQUID
重费米子　heavy Fermion
轴向气相沉积法　vapor phase axial deposition, VAD
字节　Byte

参 考 文 献

[1] 黄昆,韩汝琦. 固体物理学. 北京:高等教育出版社,1988.
[2] R. Coelheo. Physics of Dielectrics for the Engineer. Amsterdam-Oxford-New York, Elsevier Scientific Publishing Company, 1979.
[3] David W. Richerson. Modern Ceramic Engineering. Taylor & Francis Grop, CRC Press, 2006.
[4] 张良莹,姚熹. 电介质物理. 西安:西安交通大学出版社,1991.
[5] A. J. Monlson, J. M. Herbert. Electroceramics. Chapman and Hall,1990.
[6] Y. Xu. Ferroelectric Materials and Their Applications. Amsterdam-Oxford-New York, Elsevier Scientific Publishing Company. 1993.
[7] 周寿增. 稀土永磁材料及其应用. 北京:冶金出版社,1995.
[8] B. D. Cullity. Introduction to Magnetic Materials. Addison-Wesley Publishing Company,1972.
[9] V. L. Ginzburg. E. A. Andryushin. Superconductivity. World Scientific, Singapore,1994.
[10] 张裕恒,李玉芝. 超导物理. 合肥:中国科技大学出版社,1991.
[11] 周玉. 陶瓷材料学(第2版). 北京:科学出版社,2004.
[12] 王青圃,张行愚,赵圣之. 激光物理学. 济南:山东大学出版社,1993.
[13] V. G. Dmitriev, G. G. Gurzadyan, D. N. Nikogosyan. Handbook of Nonlinear Optical Crystals, Second, Revised and Updated Edition, Springer. Verlag, Berlin, 1997.
[14] 张克从,王希敏. 非线性光学晶体材料科学. 北京:科学出版社,1990.
[15] 赵连城,国风云. 信息功能材料学. 哈尔滨:哈尔滨工业大学出版社,2005.
[16] E. A. B. Salch, M. C. Teich. Fundamentals of Photonics. New, York, John Wiley and Sons, lnc, 1991.
[17] 张玉龙,唐磊. 人工晶体—生长技术、性能与应用. 北京:化学工业出版社,2005.
[18] G. H. Brown, J. W. Doane, V. D. Neff. Structure and Physical Properties of Liquid Crystals, Butter, Worth, London, 1971.
[19] 马如璋,蒋民华,徐祖雄. 功能材料学概论. 北京:冶金工业出版社,1999.
[20] 李金桂,肖定全. 现代表面工程设计手册,北京:国防工业出版社,2000.
[21] 干福熹. 信息材料. 天津:天津大学出版社,2000.
[22] 田民波. 电子显示. 北京:清华大学出版社,2001.
[23] 朱静. 纳米材料和器件. 北京:清华大学出版社,2003.
[24] 张福学,王丽坤. 现代压电学. 北京:科学出版社,2002.
[25] 师昌绪,李恒德,周廉. 材料科学与工程手册. 北京:化学工业出版社,2004.
[26] 雷永泉,新能源材料. 天津:天津大学出版社,2000.